高等职业教育“十二五”规划教材
制冷与空调/制冷与冷藏专业

制冷装置制造与检测

主　编　戴路玲
副主编　朱桂华
参　编　李玉春　董　苏　张鹏高

机 械 工 业 出 版 社

本书是根据我国高职高专教育人才培养的特点及目标，基于工作任务的项目化、理实一体化教学而编写的通用教材。本书共7个项目：认识制冷机械生产过程与组织管理、制订制冷机械加工工艺规程、分析制冷机械典型零件切削加工工艺、制冷装置换热器的制造与检验、空调系统风管的制作与安装、小型家用制冷设备塑料件的成型、制冷装置的装配与检验。

本书可作为高职高专院校制冷与空调、制冷与冷藏等专业的教学用书，也可作为成人高校、民办高校及中职相关专业的教学用书，还可作为相关专业工程技术人员的业务参考书及培训用书。

图书在版编目（CIP）数据

制冷装置制造与检测/戴路玲主编．—北京：机械工业出版社，2012.2
高等职业教育“十二五”规划教材．制冷与空调/制冷与冷藏专业
ISBN 978-7-111-37198-4

Ⅰ.①制…　Ⅱ.①戴…　Ⅲ.①制冷装置—机械制造工艺—高等职业教育—教材②制冷装置—检测—高等职业教育—教材　Ⅳ.①TB657

中国版本图书馆CIP数据核字（2012）第011387号

机械工业出版社（北京市百万庄大街22号　邮政编码100037）
策划编辑：王海峰　张双国　责任编辑：王海峰　张双国
版式设计：刘　岚　责任校对：陈延翔
封面设计：马精明　责任印制：杨　曦
北京双青印刷厂印刷
2012年4月第1版第1次印刷
184mm×260mm・14.75印张・362千字
0 001—3 000册
标准书号：ISBN 978-7-111-37198-4
定价：28.00元

凡购本书，如有缺页、倒页、脱页，由本社发行部调换

电话服务
社服务中心：(010)88361066
销售一部：(010)68326294
销售二部：(010)88379649
读者购书热线：(010)88379203

网络服务
门户网：http://www.cmpbook.com
教材网：http://www.cmpedu.com
封面无防伪标均为盗版

前　言

本书是根据我国高职高专教育人才培养的特点及目标，充分考虑当前多数高职高专院校教学改革的需要，基于工作任务的项目化、理实一体化教学而编写的通用教材。本书以工作任务引领的方式将相关知识点融入到完成工作任务所必备的工作项目中，使学生在掌握必要基本理论知识的同时，实践能力、职业技能、分析问题和解决问题的能力也得到提高。

本书共7个项目：认识制冷机械生产过程与组织管理、制订制冷机械加工工艺规程、分析制冷机械典型零件切削加工工艺、制冷装置换热器的制造与检验、空调系统风管的制作与安装、小型家用制冷设备塑料件的成型、制冷装置的装配与检验。每个项目都提出了明确的学习目标、工作任务及要求，引领整个学习过程；项目下的相关知识以专业理论知识为背景，以技术实践知识为焦点，为学生职业技能的培养奠定基础；相关实践形成相对独立、完整的工作任务，旨在培养职业技能，充分体现高职教育的职业性和高等性的统一，体现能力本位的高职教育特色。项目后的自我评估，供学生自测、自检。

本书内容体系新颖，突出了高职高专教育培养学生动手实践能力的特色，符合高职高专制冷与空调、制冷与冷藏专业培养高素质技能型人才的目标和要求。具体体现在：

(1) 较好地体现了高职教育的特色。高职教育强调技术能力的训练和职业素质的训导，本书从岗位工作任务分析着手，融合相关职业资格标准，转化、提炼、升华工程技术项目，形成教学情境，以项目任务作为出发点和落脚点，搭载职业知识和能力，淡化理论，注重实践，内容体系更趋合理。

(2) 项目的编排具有典型性。本书所有项目的编写均贴近于生产实际，使学生做到举一反三、灵活应用，缩短专业知识和工程实践的空间距离，有利于学生培养工程意识，及早进入工作状态，提高职业素养。

(3) 项目后习题内容丰富，便于自学。每个项目配有大量的思考练习题和工程实践题目，便于学生通过习题和实践，加强对理论知识的理解和动手能力的培养。

本书由南京化工职业技术学院戴路玲任主编并统稿，常州工程职业技术学院朱桂华任副主编，参加编写的人员有戴路玲（项目一、项目二、项目四（部分)、项目七)、朱桂华（项目三)、顺德职业技术学院李玉春（项目四（部分))、德司达（南京）染料有限公司董苏（项目五)、南京化工职业技术学院张鹏高（项目六)。

本书在编写过程中，得到了职业教育专家匡奕珍教授，顺德职业技术学院郑兆志高工，南京化工职业技术学院魏龙副教授等的大力帮助和具体指导，在此表示衷心的感谢。

限于编者的经验和水平，书中难免有错误和不当之处，恳请读者批评指正，以使本书日臻完善。

编　者

目　录

项目一　认识制冷机械生产过程与组织管理

一、学习目标

1. 终极目标

了解制冷机械的生产过程及生产过程的组织与管理。

2. 促成目标

1）熟悉制冷机械产品的生产过程和工艺过程。

2）了解零件的制造过程。

3）了解生产纲领、生产类型及其工艺特征。

4）了解制冷机械生产过程的空间组织、时间组织及物料组织。

5）了解生产调度、生产进度控制、在制品的控制。

6）了解生产现场的工艺管理。

7）了解制冷产品的全面质量管理。

二、工作任务

到制冷空调生产企业进行生产实习。

三、相关知识

（一）制冷机械生产过程

1. 生产过程和工艺过程

（1）生产过程　产品的生产过程是指把原材料转变为成品的各个相互联系的劳动过程的总和。制冷机械产品的生产过程一般包括以下几个过程，如图 1-1 所示。

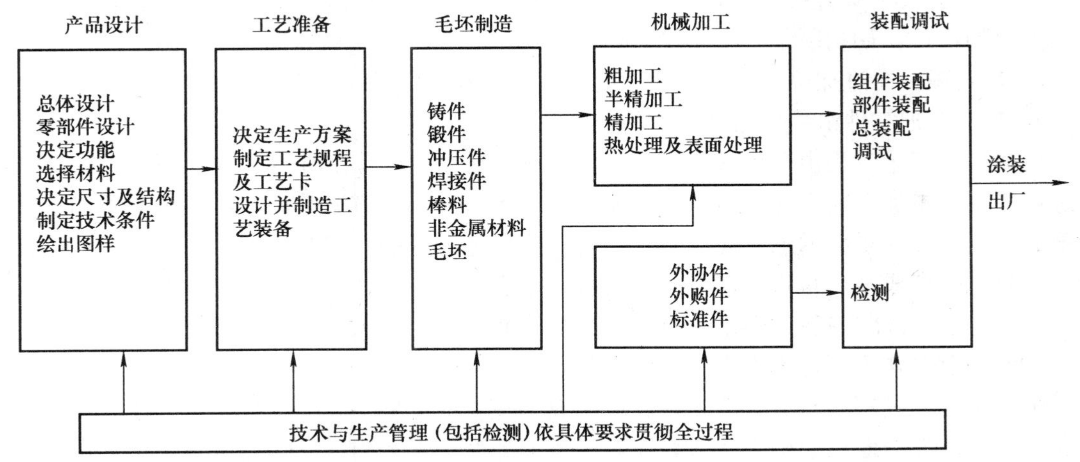

图 1-1　制冷机械产品的生产过程

1）生产技术准备过程包括产品投产前所进行的各种技术准备工作，如市场调查分析、产品研发、工艺设计、专用工艺装备的设计制造、生产计划的编制、生产资料的准备、劳动组织等。

2）基本生产过程指生产产品的过程，一般包括毛坯的制造、零件的加工、热处理、检验、部件和产品的装配、调试、油漆和包装等。基本生产过程是生产过程的主体。

3）辅助生产过程是为保证基本生产过程的正常进行所必需的辅助过程，包括工艺装备的设计制造、能源供应、设备维修等。

4）生产服务过程是为基本生产过程和辅助生产过程所做的各种生产服务活动，包括原材料、外购件和工具的采购、运输、保管、供应及产品包装、销售等。

生产技术准备过程是整个机械制造生产过程是否有效率和有效益的前提，而基本生产过程则是其核心，其他过程都应服从和服务于生产技术准备过程和基本生产过程。为了便于组织生产和提高劳动生产率，取得更好的经济效益，现代工业趋向于专业化协作，即将一种产品的若干零部件分散到若干专业化厂家进行生产，总装厂只生产主要零部件及进行总装调试。这种企业间采取动态联盟，实现异地协同设计与制造的生产模式是目前制造业发展的重要趋势。

（2）工艺过程　在生产过程中改变毛坯的形状、尺寸、相对位置和性质等，使其成为成品或半成品的过程，称为工艺过程。它包括毛坯制造、零件加工、热处理、质量检验和机器装配等。在工艺过程中，以机械加工方法按一定顺序逐步地改变毛坯的形状、尺寸和表面质量，使之成为合格零件的工艺过程，称为机械加工工艺过程。同样，将加工好的零件装配成产品使之达到所要求的装配精度并获得预定技术性能的工艺过程，称为装配工艺过程。

在产品生产中，机械加工工艺过程起着十分重要的作用，它是获得复杂构形和高精度零件的主要技术手段。机械加工工艺过程中典型的工艺有：

① 变态加工。改变原材料的性质，如熔炼钢铁、有色金属等。

② 成型加工。在不改变原材料的量的情况下，改变其形态、形状或结构，如铸造、锻压等成形加工。

③ 连接加工。使不同的材料或工件结合成为一体，如焊接、黏结、电镀、涂覆等。

④ 分离加工。从材料或工件上切除一部分，使之成为形状、尺寸、精度及表面粗糙度符合要求的零件，如切削加工、切割等。

⑤ 热处理。通过加热、冷却及化学处理改变材料的组织、性能或表面成分与质量。

⑥ 装配。把零件组装成组件、部件及产品。

机械加工工艺过程由一个或若干个按一定顺序排列的工作次序（工序）组成，毛坯依次通过这些工序被加工成零件。之所以要划分成若干工序，一方面是由于零件具有不同形状和精度的表面，这些表面的加工往往不是一台机床所能完成的。另一方面，划分工序可以提高效率、降低生产成本。每道工序又可分为若干个安装、工位、工步和进给。

1）工序。工序是指一名或一组工人，在一个工作地点的一台机床（或其他设备）上，对一个或同时对几个工件连续完成的那部分工艺内容。

工序是工艺过程和制定生产计划及进行成本核算的基本单元。划分工序的主要依据是零件在加工中的工作地点或机床是否变更、完成的那部分工艺内容是否连续。图 1-2 所示的圆盘零件，单件小批生产时其加工工艺过程见表 1-1，成批生产时其加工工艺过程见表 1-2。

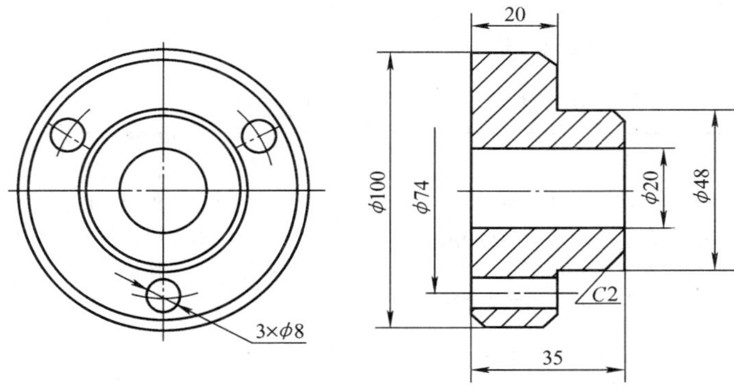

图 1-2　圆盘零件

表 1-1　圆盘零件单件小批机械加工工艺过程

工序号	工序名称	安装	工步	工 序 内 容	设　　备
1	车削	Ⅰ	 1 2 3 4	（用自定心卡盘夹紧毛坯小端外圆） 车大端端面 车大端外圆至 φ100mm 钻 φ20mm 孔 倒角	车床
		Ⅱ	 5 6 7	（工件调头，用自定心卡盘夹紧大端外圆） 车小端端面，保证尺寸 35mm 车小端外圆至 φ48mm，保证尺寸 20mm 倒角	
2	钻削	Ⅰ	 1 2	（用夹具装夹工件） 依次加工 3 个 φ8mm 孔 在夹具中修去孔口的锐边及毛刺	钻床

表 1-2　圆盘零件成批机械加工工艺过程

工序号	工序名称	安装	工步	工 序 内 容	设　　备
1	车削	Ⅰ	 1 2 3 4	（用自定心卡盘夹紧毛坯小端外圆） 车大端端面 车大端外圆至 φ100mm 钻 φ20mm 孔 倒角	车床
2	车削	Ⅰ	 1 2 3	（以大端面及胀胎心轴） 车小端端面，保证尺寸 35mm 车小端外圆至 φ48mm，保证尺寸 20mm 倒角	车床
3	钻削	Ⅰ	 1	（钻床夹具） 钻 3 个 φ8mm 孔	钻床
4	钳	Ⅰ	1	修去孔口的锐边及毛刺	

工序安排与该产品数量多少有关。一般来说，产品及零件的技术质量要求越高，加工工序特别是精加工工序数目越多。生产工艺方法和设备的技术水平和专用化程度越低，工序的

划分越粗。大批量生产条件下劳动分工细，设备和工艺专用化程度高，工序划分细。机械加工工序分散和工序集中的优缺点见表 1-3。

表 1-3　工序分散和工序集中的优缺点

	工序分散	工序集中
优点	1）使用通用机床和工具，调整方便 2）对工人技术水平要求低，操作容易熟练 3）便于工序平行加工	1）减少工件装卸次数，节约时间，提高生产效率 2）采用多工位、多刀多刃工艺、高效和专用机床 3）便于组织管理
缺点	1）多次装卸工件，辅助时间多 2）基本时间不能重合，辅助时间多，效率低 3）工序数目多，组织管理复杂	1）工艺装备技术要求高，数量多，投入大 2）工人技术水平要求高，不易提高操作熟练程度 3）不便组织平行加工

2）安装与工位。工件在加工前，使其在机床（夹具）上定位和夹紧的过程称为安装。在一道工序中可以有一个或多个安装。工件加工中应尽量减少装夹次数，因为多一次装夹就多一次装夹误差，而且增加了辅助时间。因此，生产中常采用各种回转工作台、回转夹具或移动夹具等，以便在工件一次装夹后，可使其处于不同的位置加工。此时，在每个加工位置上所完成的那部分工作就称为工位。

图 1-3 所示为一种利用回转工作台在一次装夹后顺序完成装卸工件、钻孔、扩孔和铰孔 4 个工位加工的实例。

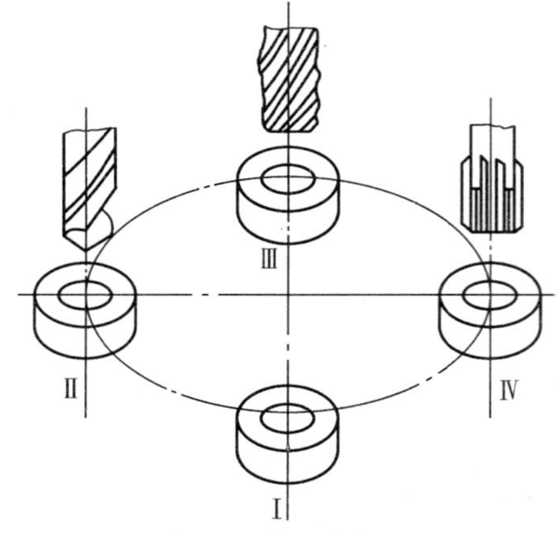

图 1-3　多工位加工
工位Ⅰ—装卸工件　工位Ⅱ—钻孔
工位Ⅲ—扩孔　工位Ⅳ—铰孔

3）工步与进给。为了便于分析和描述工序的内容，工序还可以进一步划分工步。工步是指在加工表面（或装配时的连接表面）和加工（或装配）工具不变的条件下，所连续完成的那部分工序。一个工序可以包括几个工步，也可以只有一个工步。表 1-1 中工序 1，在安装Ⅰ中进行车大端面、车外圆、钻 ϕ20mm 孔、倒角等加工，由于加工表面和使用刀具的不同，即构成 4 个工步。

对于那些一次装夹中连续进行的若干相同的工步应视为一个工步。如图 1-2 所示，零件上 3 个 ϕ8mm 孔钻削，可以作为一个工步。

为了提高生产效率，有时用几把刀具同时加工几个表面，此时也应视为一个工步，称为复合工步。

在一个工步内，当被加工表面的切削余量较大，需要分几次切削时，每进行一次切削，称为一次进给。一个工步可以包括一次进给或几次进给。

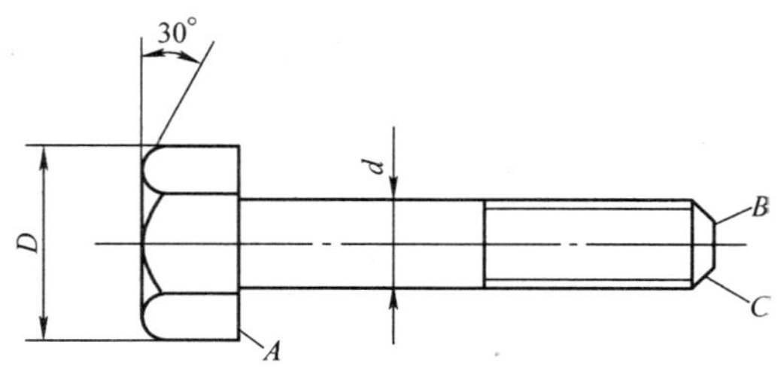

图 1-4　六角螺钉零件图

图 1-4 所示为六角螺钉零件图，表 1-4 为其机械加工工艺过程。需要说明的是，工序、工位、工步、进给的划分随着企业具体情况（如工

作面积大小、操作人数、设备的质量、数量以及制件的数量等）的不同而不同。

表 1-4　六角螺钉机械加工工艺过程

工序号	工序名称	安装	工步	工位	进给
1	车削	自定心卡盘	1）车端面 B 2）车外圆 D 3）车螺纹外径 d 4）车端面 A 5）倒角 C 6）车螺纹 7）切断	1	1 1 2 1 1 10 1
2	车削	自定心卡盘	倒棱	1	1
3	铣削	旋转夹具	铣六方（复合工步）	3	3

2. 零件的制造过程

零件的制造过程是机械制造过程中最基础、最重要的环节，其目的是通过一系列的工艺方法，获取具有一定形状、尺寸、力学性能和理化性能的零件。零件制造的主要工艺方法有材料成形、机械加工、特种加工和热处理。其中，材料成形和机械加工是主要加工工艺，热处理工艺穿插于成形工艺、机械加工工艺之间，改变材料的内部组织、力学性能和理化性能。特种加工在产品制造过程中的使用相对较少。

（1）材料成形工艺　材料成形工艺用于制造零件毛坯或精度要求不太高的零件，成形方法有铸造、压力加工、粉末冶金等。批量大、形状复杂的零件有时直接由模具成形，如家用电器的外壳、发动机的机体、汽车的内外覆盖件等。随着精密铸造、精密锻造等技术的发展，越来越多的零件可直接成形制造。精密成形制造的原材料消耗少、生产效率高，但专用模具的投资大、模具制造周期长，不适用于小批量生产。

（2）机械加工工艺　机械加工主要是通过切削加工使零件达到一定的形状和尺寸要求。机械加工至今仍然是提高零件精度和表面质量的主要手段，在机械制造中占有很重要的地位。机械加工在机械加工系统中进行。机械加工工艺系统如图 1-5 所示。

其中，物质流是制造系统的本质，在物料流动的过程中，原材料变成了产品。能量流为物料流提供了动力，电力驱动电动机，再驱动各种机械运动，实现加工和运输等。信息流则控制物料运动，控制能量做功。

要获得同一种几何形状和尺寸的零件，可以采用不同的工艺方案。不同的加工方法有不同的加工顺序和加工过程。确定这些加工顺序、加工过程就是制订机械加工工艺。

3. 生产纲领、生产类型及工艺特征

（1）生产纲领　企业在计划期内生产的产品的数量称为生产纲领。计划期为一年的生产纲领称为年生产纲领。零件的年生产纲领可按下式计算。

$$N=Qn(1+\alpha)(1+\beta)$$

式中　N——零件的年生产纲领，单位为件/年；

Q——产品的年生产纲领，单位为台/年；

n——每台产品中该零件的数量，单位为件/台；

α——备品的百分率；

β——废品的百分率。

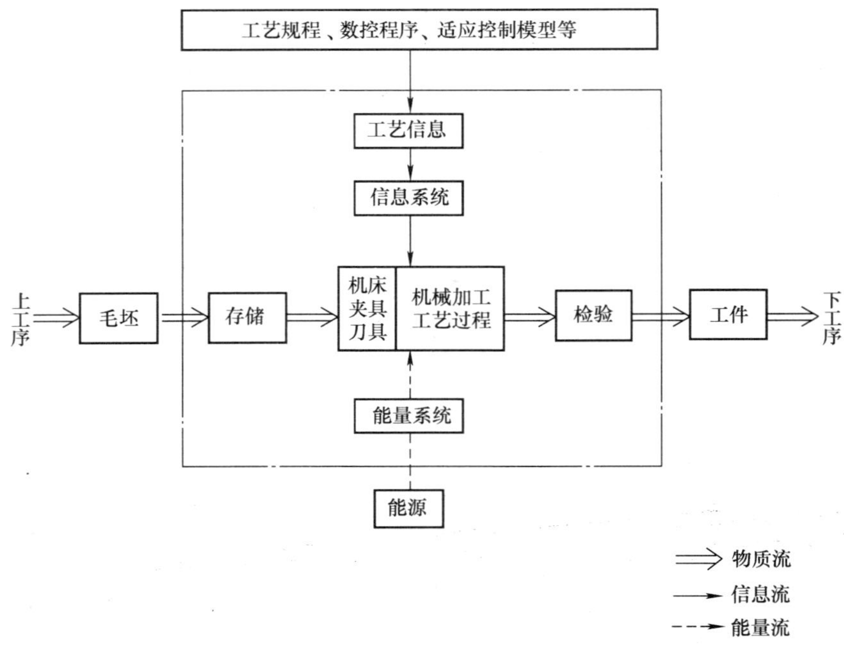

图 1-5　机械加工工艺系统

生产纲领的大小对生产组织形式和零件加工过程起着重要的作用，它决定了各工序所需专业化和自动化的程度，决定了所应选用的工艺方法和工艺装备。

（2）生产类型和工艺特点　产品的用途不同，则其市场需求量也不同。因此不同的产品有不同的生产批量。例如，家电产品的市场需求可能是几千万台，而专用模具、长江三峡巨型发电机组等的需求则往往只是单件。根据产品的大小、特征、生产纲领、投入生产的批量和生产的连续性，可以分为三种不同的生产类型。

1）单件生产。产品品种多，而每一品种的结构、尺寸不同且数量很少，各个工作地的加工对象经常改变，很少重复。例如，重型机械、夹具、模具制造和新产品的试制等都属于单件生产。

2）成批生产。一年中分批轮流地制造几种不同的产品，每种产品均有一定的数量，工作地点的加工对象周期性地重复。机床、电动机制造是典型的成批生产。成批生产又可按其批量的大小分为小批生产、中批生产和大批生产。

3）大量生产。同一种产品的数量很大，大多数工作地经常重复地进行某一零件的某一道工序的加工。例如，汽车发动机、轴承等的制造通常都是以大量生产的方式进行的。

成批生产中，小批生产的工艺特点与单件生产类似，大批生产的工艺特点与大量生产类似，中批生产的工艺特点介于小批生产和大批生产之间。

在企业中，生产纲领决定了生产类型，但不同产品的大小和结构复杂程度对生产类型也有影响。生产类型的划分见表 1-5。生产类型不同，拟定零件的工艺过程时所选用的工艺方法、机床设备、工具、模具、夹具、刀具、量具、毛坯及对工人的技术要求等方面均有不同。各种生产类型的工艺特征见表 1-6。

表 1-5　生产类型的划分

生产类型		年生产纲领/件		
		重型零件（>30kg）	中型零件（4～30kg）	轻型零件（≤4kg）
单件生产		≤5	≤10	≤100
成批生产	小批	5～100	10～200	100～500
	中批	100～300	200～500	500～5 000
	大批	300～1 000	500～5 000	5 000～50 000
大量生产		>1 000	>5 000	>50 000

表 1-6　各种生产类型的工艺特征

工艺特征	生产类型		
	单件生产	成批生产	大批生产
工件的互换性	用修配法，没有互换性，广泛采用钳工修配	大部分有互换性。装配精度要求高时，灵活应用分组装配法和调整法，少数采用钳工修配	全部有互换性。少数装配精度较高处，采用分组装配法和调整法
毛坯的制造方法及加工余量	铸件用木模手工造型。锻件用自由锻。毛坯精度低，加工余量大	部分铸件用金属模机器造型。部分锻件用模锻。毛坯精度和加工余量中等	铸件广泛采用金属模机器造型。锻件广泛采用模锻，以及其他高生产率的毛坯制造方法。毛坯精度高，加工余量小
机床设备及其布置形式	通用机床、数控机床或加工中心。按机床类别采用机群式布置	数控机床、加工中心或柔性制造单元。设备条件不够时，也采用部分通用机床、部分专用机床。按工件类别分工段排列设备	专用生产线、自动生产线、柔性制造生产线或数控机床。按流水线和自动线排列设备
工艺装备	大多采用通用夹具、标准附件、通用刀具和万能量具。靠划线及试切法达到精度要求	广泛采用夹具或组合夹具，部分靠找正装夹，达到精度要求。较多采用专用刀具及专用量具或三坐标测量机	广泛采用专用高效夹具、复合刀具、专用量具或自动检验装置。靠夹具及调整法达到精度要求
对工人技术要求	需要技术熟练的工人	需要一定熟练程度的工人和编程技术人员	对操作工人的技术要求较低，对生产线调整工的技术水平要求高
工艺规程	有简单的工艺路线卡	有工艺规程，关键零件有详细的工艺规程	有详细的工艺规程
成本	较高	中等	较低

4. 制造哲理与生产模式

在大批量制造模式下，提高工序效率可以显著提高生产率。因此，制造技术的许多研究致力于切削速度的提高。在机床方面，高速机床的旋转速度已达到数万转，甚至高达十万余转。在刀具方面，硬质合金车刀的车削速度达 200m/min，陶瓷车刀可达到 500m/min，聚晶金刚石或聚晶立方氮化硼刀具的切削速度达 900m/min。在磨削加工方面，人们开发了强力磨削技术，一次磨削的最大背吃刀量可达 6～12mm，比普通磨削金属去除率提高了 3～5 倍。为此，机床的刚性也有了很大的改进。

在大批量生产情况下，由于生产准备终结时间占的比例很少，加工的辅助时间（如装夹、换刀时间）也经过精确的设计，因而基本加工时间占比例较大，提高切削速度、加大背吃刀量这些单工序优化的措施取得了良好的效益。

20 世纪初叶至中期，以 Ford 生产方式为代表的典型大批量生产模式占主导地位。专用设备、刚性生产线，以互换性和质量统计分析为主的质量保证体系，代表了其结构特征。这时单工序优化的制造技术研究对提高生产率、降低制造成本起到了重要作用。

随着经济的发展，人们消费水平提高，消费要求日趋个性化，多品种、小批量的生产模式逐渐占据主导地位。据统计，近年来在欧、美、日的制造业中，产品的 70%～75%已按多品种、小批量的生产方式组织。

在多品种、小批量的生产类型中，提高切削速度等单工序优化的措施的效益就不再是那么显著。因为辅助时间占了较大的比例，因此必须在如何缩短辅助时间方面下工夫。

对制造过程的深入研究，不难发现切削用量的提高并未使生产效率按比例地提高。如刀具的改进使切削速度提高了几十倍，但产品制造进程的缩短却非常有限，企业从这一技术改进中所获效益则更少。原因之一是企业的在制品相当多，在制品放在机床上进行切削加工的时间和全部通过时间（从购进材料到产品销售）的比值小于 5%，而机床开动加工的时间利用率也仅占 5%～10%。在制品通过时间直接影响企业流动资金的利用率，而设备利用率则关系到固定资产的利用率。如何提高设备利用率及缩短在制品通过时间，成了提高制造业效益的关键。

从系统观点及经济角度来诊断制造过程的瓶颈问题、分析在制品滞留时间，发现存在如下问题：

① 批量制造中，为防止质量事故、设备事故等因素的超量投料。

② 工序进度不平衡，设备有闲置时间。

③ 生产准备时间长，如消化图样、准备工艺装备、编制及输入数控程序、对刀等。

④ 工件装夹时间。

⑤ 工件在机床工序间的运输时间。

⑥ 工件检测时间。

数控机床的发展，为实现中、小批量生产自动化提供了有利条件。柔性制造单元、柔性制造系统，计算机辅助设计和计算机辅助制造的开发应用，为实现单件小批、中批生产自动化开辟了广阔的前景。采用小型计算机控制的 CNC 机床可以减少对刀及消化图样的时间。采用加工中心，实行工序集中，刀库用对刀系统管理刀具，并利用安装在刀库的传感器检测尺寸，减少了装卡时间、工件运输时间、对刀时间、生产准备时间及工件检测时间。以成组技术为基础并综合了机械制造、管理工程和计算机科学的柔性制造系统（FMS），在统一调度、物流控制及 CNC 程序的存储与输入等项均有节省并取得效益。柔性制造系统的另一个优势是一次投资，长期受益，扩大了设备对市场变化的适应性。

计算机集成制造系统（CIMS）更是将制造中的信息（技术、管理、控制等信息）集成，保证了统一的计划与调度，进一步缩短在制品通过时间，提高了设备利用率。

然而制造自动化系统需要巨额的投资。20 世纪 80 年代初期，人们对以 CIMS 为代表的自动化制造系统寄予了很大的希望，认为它能带来巨大的效益。但是统计表明，制造业采用CIMS的实际效益与期望值尚存在差距。

现今世界高科技的发展使产品技术寿命越来越短，市场需求越来越难以把握。CIMS实际上是快速按订单生产的自动化系统，虽然FMS等使制造系统柔性有了很大提高，但硬件设备的柔性是有限的，它只能针对某一类型的产品具有柔性。在这种情况下，CIMS、FMS的巨额投资则可能成为企业的包袱。

如何面对日趋激烈的市场竞争，使企业保持良好的效益，管理科学提出了许多新概念及企业运行的方法。例如，日本丰田生产系统所实施的及时生产（Just In Time，JIT）及生产监控（Autonomation）方法。JIT的概念是在需要的时间内生产需要数量的合格产品，它以看板（Kanban）方式运作。看板就是一种卡片，上面写有工序所必须完成的零件类型、数量、存放位置等信息。丰田的运作方式是后工序根据需要凭看板到前工序索取所需数量的零部件。生产监控的意思是在生产中保证进入下一工序的是100%的合格品。这种生产方式灵活适应了市场的变化，做到了大量减少在制品。

信息高速公路的发展大大缩短了人们之间的距离，使基于网络的远程设计及制造成为现实。美国里海（Leigh）大学及通用汽车公司（GM）共同提出了敏捷制造的概念。敏捷制造（Agile Manufacturing，AM）主要解决如何快速响应市场的问题，其中的核心概念就是虚拟公司。

虚拟公司又称动态联盟（Virtual Organization），就是当有了好的产品设计（技术及市场均占优的）后，不需要像常规的方法那样组织生产，而是通过计算机网络在全球范围内选取最优的制造资源组成联盟（或称虚拟公司），通过网络、数据库、多媒体等技术的支撑来协调设计、制造、装配、销售活动，各加盟单位根据贡献和合同分享利润。当该产品的市场寿命结束时，虚拟公司就自行解体。

这种以最快的速度把企业内部的优势和企业外部不同公司的优势集合起来所形成的竞争力，是以固定专业部门为基础的静态不变的组织结构的竞争力无法比拟的。虚拟公司是敏捷制造的核心，具有以下几个明显的优点：

① 常规生产组织方式是可行性分析、吸引投资、征地建厂或扩大生产线、工艺设计、设备招标引进、安装调试、产品试制、工装准备等，逐渐形成批量生产能力。这是一个长周期的过程，而虚拟公司则充分利用现有资源与技术，大大缩短了产品上市周期。

② 虚拟公司在全球范围内优化组织制造资源，因而可以在经济和技术实力上很方便地超过它的所有竞争对手，获得最好的质量及较低的经济成本。

③ 它不需要固定资产的再投资，避免了固定资产的投资风险及贷款利率，虚拟公司可以获得稳定的利润。

④ 可兼容企业间的竞争和合作，保存竞争的活力，又避免过度的竞争。

要实现这一思想，需要一些技术支撑，同时还需要在企业管理观念上发生一些变化。

近半个世纪特别是近20年以来，随着产品性能的完善化及其结构的复杂化、精细化，以及功能的多样化，各类产品制造过程和管理工作的信息量呈爆炸性增长趋势，促使制造技术的发展转向如何提高制造系统的信息处理能力和效率上来。目前，先进制造设备离开了信息的输入和处理就无法运转，如FMS一旦被切断信息来源就会立即停止工作。专家们认为，制造系统正在由原先的能量驱动型转变为信息驱动型，这就要求制造系统不但要具有柔性，而且还要表现出智能，否则就难以处理如此大量而复杂的信息工作量。此外，瞬息万变的市场需求和激烈竞争的复杂环境，也要求制造系统表现出更高的灵活、敏捷和智能。因而，智能制造在未来的生产活动中将会越来越受到高度的重视。

虽然，智能制造尚处于概念和实验阶段，但各国政府均将智能制造模式列为国家发展计划，大力推动实施。智能制造是制造技术的发展，特别是信息技术发展的必然，是自动化和集成技术向纵向发展的结果。

（二）制冷机械生产过程的组织与控制

1. 生产过程的组织形式

（1）生产过程组织的基本要求　合理组织生产过程就是在保证按质按量完成生产任务的前提下，尽可能地以最少的消耗来获得最大的经济效益。为此，组织生产过程必须满足以下5点基本要求。

1）连续性。生产过程的连续性是指劳动对象在生产过程中各阶段的运动自始至终在连续不断地进行着，没有或很少有中断现象。提高生产过程连续性可以缩短产品生产周期，减少在制品数量，提高设备或生产面积利用率，加速流动资金周转等，从而有利于降低产品成本，提高企业经济效益，因而具有重大经济意义。

一般来说，提高生产过程连续性可以采取多种技术组织措施。例如，提高生产过程机械化和自动化水平，以强制节奏来保证连续性；车间平面布置符合工艺流向，使其运输路线短而流畅；采用先进的生产组织形式——流水线生产；合理分解和组合工序，使各工序的单件时间大致相同，以减少工序间的停顿现象；做好生产技术准备工作和生产服务工作，以减少停工待料现象等。

2）比例性。生产过程的比例性即协调性，是指企业基本生产过程和辅助生产过程之间，生产过程各阶段直至各工序之间，在生产能力上都要保持适当的比例关系。例如，毛坯制造与加工装配之间，设备维修与基本生产之间，工具生产能力与需求之间，加工与检验之间的比例都应符合生产需求，以保证各阶段和各部门之间的协调。

要保证生产过程的比例性，首先在建厂时就应详细分析将要生产的产品结构及其特点，根据产品的技术要求确定各生产车间规模的大小及各种设备及人员的需求量，使之符合比例要求，然后再根据生产要求确定辅助部门的规模和设备及人员的需求量等。在工厂正式投产后，在安排生产任务时，还要做好综合平衡工作，加强生产调度，克服生产过程中的薄弱环节。

生产过程的比例性并不是固定不变的。随着生产纲领的变化，科学技术的不断发展，各种新技术、新工艺、新材料等的广泛采用，新产品的试制与投产，工人技术水平的提高，生产组织的不断完善，厂际协作关系的变化等，都会影响甚至破坏原来的比例关系，从而出现新的不平衡。为此，工厂有关管理部门必须根据新的情况，采取必要的技术和组织措施，在不平衡中寻求新的平衡，建立新的比例关系。因此，企业管理人员必须经常注意生产过程的比例性问题。

3）平行性。平行性是指生产过程各阶段尽可能组织平行生产。例如，同一产品的各种零件在配套的前提下，尽可能组织平行生产；一些相同零件在不同工艺阶段同时进行加工；一批相同零件同时在不同工序上进行加工等。生产过程的平行性有利于缩短生产周期，减少在制品数量，并为连续生产创造条件。

4）节奏性。节奏性即均衡性，是指生产过程的各个阶段和各道工序都要按照规定的节奏，在相同的时间间隔内生产和交付等量的产品，使各工作地的负荷保持相对稳定，避免发生时松时紧或前松后紧的现象，以均衡地完成生产任务。

生产过程实现均衡生产有利于保证设备、人力的负荷均衡，从而能提高设备和工时的利用率。同时，还有利于建立正常的生产秩序和管理秩序，保证产品质量和安全生产。均衡地进行生产还有利于节约物资消耗，减少在制品，加速流动资金周转，从而降低成本。生产均衡性是现代化生产的要求，只有满足了生产过程的比例性、连续性和平行性的要求，才能真正实现均衡生产，从而给企业带来良好的经济效益。

5）适应性。适应性是指企业生产过程中对产品品种的变动要有较强的应变能力。随着科技的进步和生产的发展，市场对工业产品的需求日新月异，从而迫使企业不断开发新产品。可以说，目前大多数企业已朝着多品种、小批量生产方向发展。在这种条件下，生产过程适应性已作为一种新的要求而提到议程上来。这就要求人们改变观念，采取新的组织方法和组织形式，以适应这种变化。

从上述对生产过程5个方面的要求可知，这些要求之间既有区别，又有联系和相互制约，而影响这些要求的因素又是动态的和多变的。因此，必须采用系统工程的思想和方法，权衡利弊得失，科学地寻找出一个较令人满意的生产过程组织方案。

（2）生产过程的空间组织和时间组织　生产过程是在一定时间和一定空间中进行和实现的。因此，生产过程组织应包括空间组织和时间组织两个部分。

1）生产过程的空间组织。生产过程的空间组织是指企业各生产单位在空间上如何布置，以便形成一个既有分工又有密切协作的有机整体，保证生产过程高质高效进行的空间布局。生产过程的空间组织包括工厂的总体规划布置、生产单位的设置、机器设备设施的配备和布置等。这里仅就企业生产车间空间组织作一简略介绍。

机械制造企业的车间和工作地集中了厂房、设备与工艺装备、操作人员、材料和产品等主要有形资源，是制造产品实体的主要场所。车间和工作地的设立和布置是否合理，直接影响企业内的分工协作关系、工艺过程的流向、产品的运输路线和运量、过程能否有效进行以及企业效益的好坏。组织企业生产车间有两个不同的原则，相应的也存在着两种专业化形式。

① 工艺专业化组织原则。简称工艺原则，即按照生产过程的各个工艺阶段的工艺特点，集中同类型机器设备、同工种工人和相同工艺方法，设立和按机床类型布置生产单位，生产制造各种不同的产品对象。按工艺原则建立的车间（或工段、小组）称为工艺专业化车间（或工段、小组）。由于专业化程度不同，其形式也各有不同。有完成一个工艺阶段全部工种作业的工艺专业化车间，如铸造车间、锻造车间、机械加工车间等；有完成某个工艺阶段中部分或一种工种作业的工艺专业化工段（或小组），如铸造车间中的造型工段、浇注工段、清理工段，机械加工车间的车工工段、铣工工段等。

按照工艺专业化组织原则建立和布置的生产单位，较能适应多品种、多变换的生产，工艺管理集中方便，有利于提高工艺质量，有利于生产设备和工作面积的充分利用。但是不同工艺之间联结和协作关系复杂，交叉重复运输和周转增加，在产品工序间的等待时间增长。

② 对象专业化组织原则。简称对象原则，是以产品或零部件为对象，将其全部或大部分工艺过程集中在一个生产单位来组织生产的一种方法和形式。在这种生产单位中，集中所

有为生产同一种产品或零部件所需要的各种机器设备和不同工种的工人，并各自进行不同的工艺加工。按照对象专业化原则组建和布置生产单位可以大大缩短产品加工路线，减少交叉重复运输及周转，减少车间之间的联系协作和等待时间，提高生产过程的连续性和比例性，缩短生产周期，减少在制品的占有量，提高生产的经济效益。其缺点主要是规模小、对产品品种变换的适应性较差。

总的来说，按对象原则建立的生产单位是一种优点较多、经济效益较好的生产组织形式。因此，对象原则一般适用于大量、大批生产类型，而工艺原则一般适用于单件、小批生产类型。

在实际工作中，这两种专业化原则往往是结合采用的，也称“混合组织原则”。这种组织原则吸收了上述两种原则的优点，同时又尽可能地避免其缺点。混合原则的主要形式有两种，一种是在对象原则基础上，局部采用工艺原则来组成生产单位，如某汽车厂发动机车间按对象原则建立曲轴工段、箱体工段、凸轮轴工段等，而这些对象的热处理则集中在按工艺原则建立的热处理工段中进行；另一种则是在工艺原则基础上，局部采用对象原则组成。如机械加工车间按工艺原则组成车床工段、铣床工段、磨床工段等，而标准件因产量大而专门组成按对象原则建立的标准件工段。

总之，建立车间专业化生产组织应从企业的生产类型、生产技术水平等出发，考虑现实的生产需要和今后的发展规划，在若干备选方案中选择一个最佳方案。

2）生产过程的时间组织。合理组织生产过程，不仅要求生产单位在空间上密切配合，而且要求在时间上紧密衔接，保证生产过程的连续性和节奏性，提高设备利用率和劳动生产率，缩短产品的生产周期，保证对用户的交货期。

缩短产品生产周期，首先要缩短零部件的加工周期，为此必须正确选择零件在各工序间的移动方式。

零件的移动方式是指零件从一道工序到下一道工序的传送方式。它与一次投产的数量有关。当一次只投入一个零件时，则只能依次经过各道工序进行加工。如果一次投入一批零件，通常可采用的移动方式有三种，相应的会有不同的生产周期。

① 顺序移动方式。顺序移动方式指一批零件在前一道工序全部工件加工完毕后，整批转移到下一道工序继续加工的移动方式，如图 1-6 所示。在顺序移动方式下，一批零件在各道工序加工的时间是集中的，工序内加工过程连续进行，设备没有停歇，生产过程组织简单。但每个零件工序间都有中断时间，批生产周期长，一般用于批量不大和工序时间短的生产。

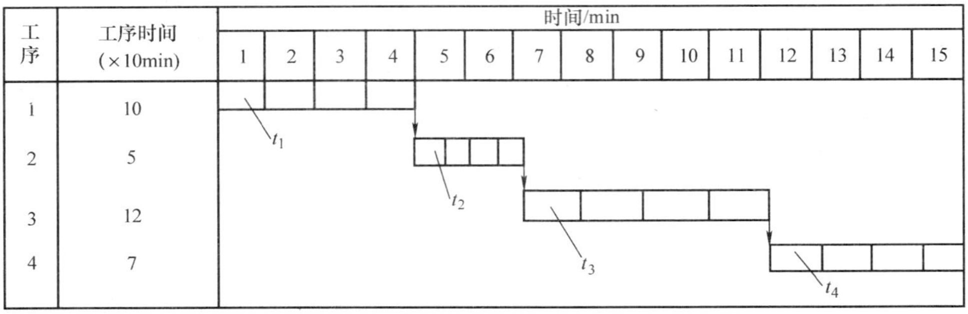

工序	工序时间（×10min）	时间/min														
		1	2	3	4	5	6	7	8	9	10	11	12	13	14	15
1	10															
2	5															
3	12															
4	7															

图 1-6　顺序移动方式示意图

顺序移动方式的生产周期等于该批零件全部工序加工时间的总和，即

$$T_s = nt_1 + nt_2 + nt_3 + \cdots + nt_m = n\sum_{i=1}^{m} t_i$$

式中　T_s——顺序移动方式下一批零件的工艺周期，单位为 min；

n——零件批量；

t_i——零件在第 i 工序的单件工艺时间，单位为 min/件；

m——工序数。

② 平行移动方式。平行移动方式是每个零件在前道工序加工完毕后立即转移到下道工序加工，使同一批量中的各个零件同时在各道工序上平行地进行加工，如图 1-7 所示。在平行移动方式下，每个零件工序间无等待时间，批零件的工艺周期最短，但运输工作量最大。当后道工序的单件加工时间小于前道工序时，后道工序每个零件都有中断和停歇时间；反之亦然。较理想的情况是，各道工序加工时间相等，工序间衔接紧凑，无中断和等待。若批量足够大，就宜采用流水生产。

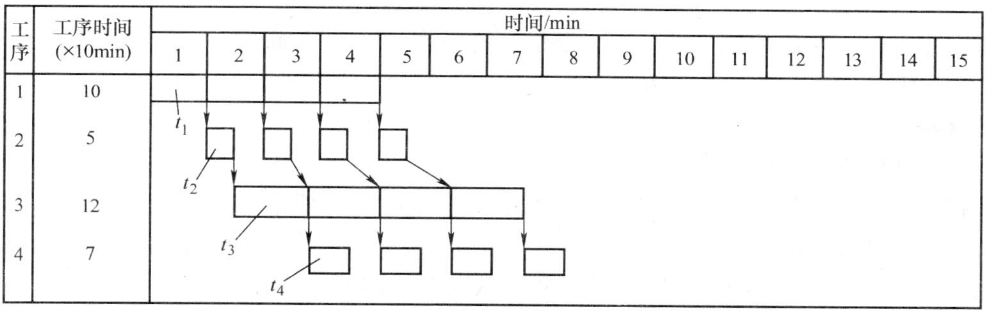

工序	工序时间(×10min)	时间/min														
		1	2	3	4	5	6	7	8	9	10	11	12	13	14	15
1	10															
2	5															
3	12															
4	7															

t_1　t_2　t_3　t_4

图 1-7　平行移动方式示意图

在平行移动方式下，一批零件的工艺周期为

$$\begin{aligned} T_p &= t_1 + t_2 + \cdots + nt_L + \cdots + t_m \\ &= t_1 + t_2 + t_L + \cdots + t_m + (n-1)t_L \\ &= \sum_{i=1}^{m} t_i + (n-1)t_L \end{aligned}$$

式中　T_p——平行移动方式下一批零件的工艺周期，单位为 min；

t_L——最长工序单件的工艺时间，单位为 min/件。

③ 平行顺序移动方式。平行顺序移动方式是综合平行移动和顺序移动方式优点的一种综合应用方式，如图 1-8 所示。它要求一批零件在每一道工序的设备上加工时要连续进行，又不采取零件在工序间整批转移，使一批零件在各道工序上尽可能平行地加工，又使各工序的设备在加工过程中不发生停歇。平行顺序移动方式的工艺周期比平行移动方式长，但短于顺序移动方式。设备和人员的停歇时间不像平行移动方式那样零散，运输次数相对较少，但生产过程组织较复杂。

计算平行顺序移动方式的工艺周期，可用顺序移动方式的工艺周期减去平行顺序移动方式下重合部门的时间，即

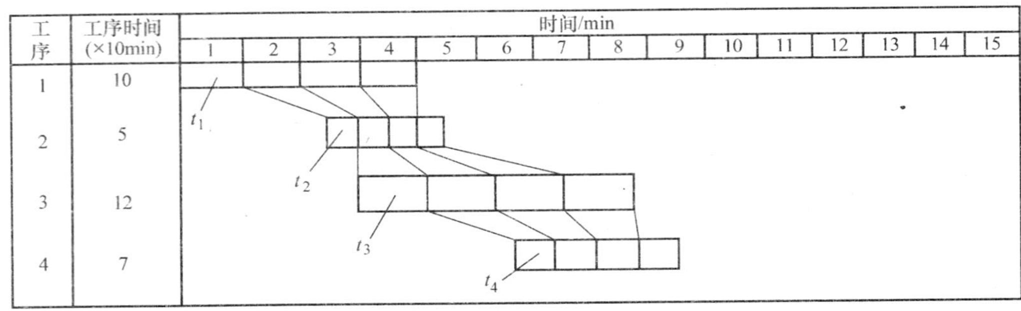

图 1-8 平行顺序移动方式示意图

$$T_{ps}=n\sum_{i=1}^{m}t_i-(n-1)\sum_{j=1}^{m-1}t_{sj}$$

式中 T_{ps}——平行顺序移动方式下一批零件的工艺周期，单位为 min；

t_{sj}——每一对相邻两工序中较短的工序单件工艺时间，单位为 min/件。

批量生产过程时间组织方式的选择要综合考虑多种因素，如工件大小、批量大小、零件加工工序时间长短、运输及生产单位专业化形式等。批量小、零件加工工序时间短时，宜采用顺序移动方式；批量大、零件加工工序时间长时，可选择平行移动方式或平行顺序移动方式。工艺专业化生产单位宜采用顺序移动方式，对象专业化生产单位可选择平行移动方式或平行顺序移动方式。在多种零部件同时生产的复杂生产过程中，除了批零件的移动方式外，还要以主要零件为基础，综合考虑所有零部件之间的衔接配合，以确定整个生产过程的时间组织。

3）生产物料组织。物料组织是企业生产过程中所需零部件从加工、组装、仓储、运输直到总装的全过程。简单地说，就是根据企业的总装生产计划及现有库存情况，制订相应的零部件需求计划，包括零部件的数量、规格及需求日期，由采购部门向外协厂商发出订购合同，外协厂商再根据这些资料向下一级外协厂商订购相应的原材料。

在虚拟化或有虚拟化趋势的企业里，其对各外协厂商的组织调度就显得非常重要。如家用空调、冰箱、冰柜、陈列柜、制冰机、饮水机等小型制冷装置，它们的市场需求很大，因此要求企业产能大，速度快。此外，由于这类产品体积小、质量小，易于实现传输带输送，因而适于流水线生产。流水线上快速的装配特点，要求零部件及时、准确供应。为提高企业的专业化程度，现代企业更多的是生产一部分关键零部件，或者连关键零部件也不生产，只设计出相应的图样，由大量外协配套厂商帮助加工生产部装后，运到企业的总装车间进行装配。因此，这类企业对各外协厂商的组织调度就显得非常重要。图 1-9 和图 1-10 所示为一些物料组织流程示例。

图 1-9 所示的物料组织相对较为简单，总装企业容易对零部件的组装（部装）进度、组装（部装）质量进行控制与跟踪。但由于生产计划、采购合同由总装企业向配套企业一级一级逐次传递下去，使得时间周期较长。

图 1-10 所示的物料组织相对较为复杂，物料在总装企业与配套企业进行了往返，而且总装企业对零部件的组装（部装）进度与组装（部装）质量进行控制与跟踪相对较难，需要总装企业具有较强的调度能力，企业间有较成熟的协作关系、配合流程。但由于部分零部件的生产计划、采购合同不是向配套企业一级一级地传递下去，因此时间周期相对较短。

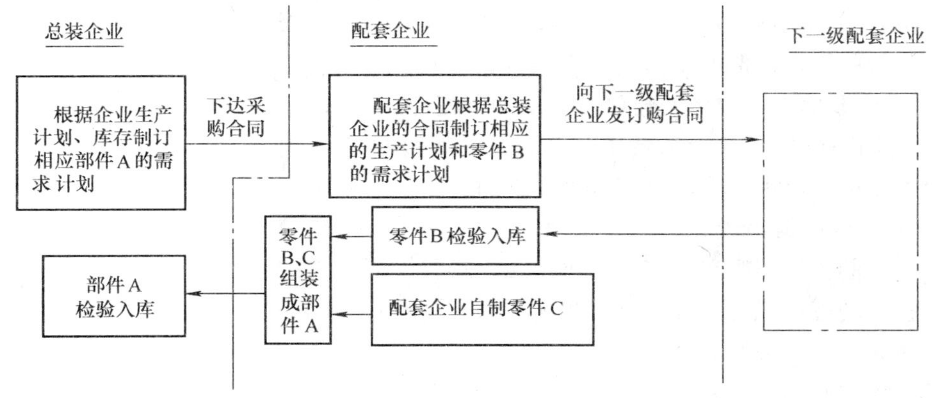

图 1-9　物料组织流程Ⅰ

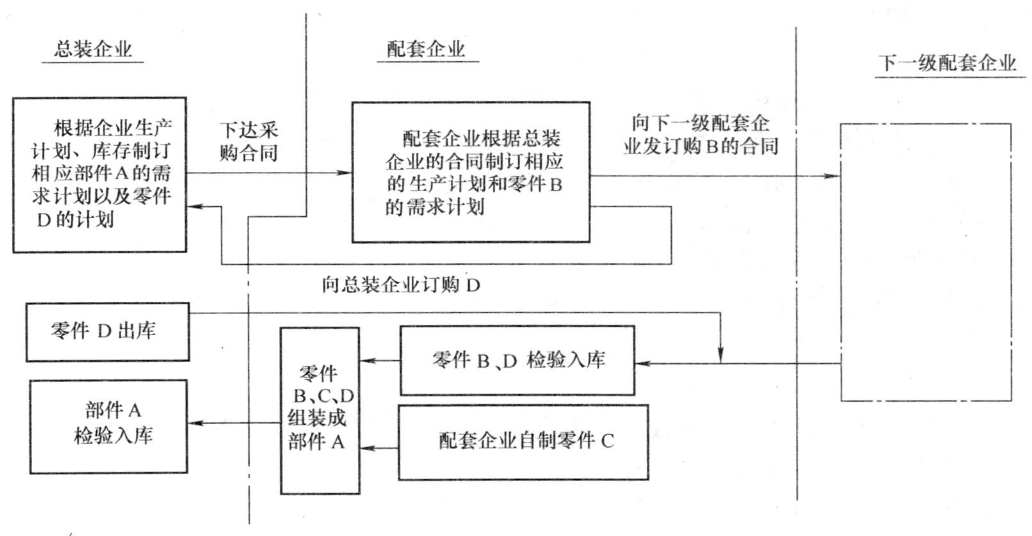

图 1-10　物料组织流程Ⅱ

物料组织过程是灵活多变的，需根据具体情况进行选择与调整，一般应重点考虑的因素有：各配套企业与总装企业以及配套企业间的协作关系、协作程序；总装企业与各配套企业的装配水平、检验水平、仓储能力、运输能力及各企业的综合管理水平等。同时，在现代商业竞争日益加剧的情况下，如何防止技术机密外泄也成为企业的一大课题。因此，在物料组织过程中，应尽量避免关键零部件经过太多的配套企业，减少泄密的几率。尤其是在新产品的研发试制阶段更是如此，必要时需与外协厂商签订保密责任协议。

2. 生产过程控制

企业的生产活动都是根据生产计划和生产作业计划的要求进行的，但在执行计划的过程中，实际执行结果和计划要求之间难免存在偏差。所谓生产过程控制，就是发现这种偏差并采取强有力的纠偏措施，以时间为主要参数，对生产过程各环节的投入产出按品种、规格、数量进行监督、分析和处理，保证生产活动按既定的标准和计划进行。

任何需求都有一定时限性，因此，必须确保生产任务按时完成，按时交货。任何企业完成生产任务都需消耗一定的时间，因此为了保证按时交货，必须按时投入。资金积压会有损企业的经济效益，因此生产必须准时，既不必提前，也不能误期。按量，既不超量生产，也不短缺。有效的生产控制必须具备三个条件：

① 建立作业标准，如生产数量、质量和进度计划、在制品定额、材料消耗定额等。

② 能及时得到实际执行结果和标准结果之间偏差的信息。这要求企业建立高效的信息反馈和处理系统，以保证及时掌握动态生产过程。

③ 强有力的纠偏措施。

三者之间的关系很简单，没有标准就没有衡量实际结果的依据，没有反馈信息就无法知道生产过程的动态，没有纠偏措施，也就失去了生产控制的意义。因此，标准是基础，反馈是前提，纠偏措施是关键。

生产过程控制的控制者是各级生产指挥与调度人员。被控制者是各生产单位、生产服务部门的负责人和生产作业人员。广义上讲，生产控制贯穿生产过程的始终，其控制范围包括生产全过程，如生产作业控制、质量控制、库存控制等。狭义的生产控制主要是指生产（车间）作业控制（Shop Floor Control），包括生产调度、生产进度控制和在制品控制等。

（1）生产调度　生产调度是对企业的生产过程进行直接控制和调节。生产调度的任务是在企业日常生产活动中，根据生产作业计划的要求，对企业的生产进行有效的指挥、监督和控制，从而保证生产计划的圆满完成。生产调度工作的主要内容包括：

1）控制生产进度和在制品流转。

2）督促做好生产技术准备和生产服务工作。

3）检查生产过程中的物资供应和设备运行状况。

4）合理调配劳动力。

5）调整厂内运输。

6）组织厂部和车间生产调度会议，监督有关部门贯彻执行调度决议。

7）做好生产任务完成情况的检查、记录和统计分析工作。

一般情况下，生产调度人员根据产品加工的工艺要求、生产作业计划、实际生产情况和作业准备情况等，以签发施工单的方式下达作业指令。图 1-11 所示为施工单的一般形式。

×××××工厂　月份 施工单

工程总号　　工程附号　　产品名称

<table>
<tr><td colspan="2">零件图号</td><td colspan="2"></td><td>每台件数</td><td></td><td colspan="2">材料名称及规格</td><td colspan="2"></td></tr>
<tr><td colspan="2">零件名称</td><td colspan="2"></td><td>共投件数</td><td></td><td colspan="2">材料数量</td><td colspan="2"></td></tr>
<tr><td rowspan="2">序号</td><td rowspan="2">加工内容</td><td colspan="3">定额工时</td><td rowspan="2">完工日期</td><td colspan="4">检查结果</td></tr>
<tr><td>准备</td><td>单件</td><td>总工时</td><td>送检</td><td>合格</td><td>检查员章</td><td>日期</td></tr>
<tr><td></td><td></td><td></td><td></td><td></td><td></td><td></td><td></td><td></td><td></td></tr>
<tr><td></td><td></td><td></td><td></td><td></td><td></td><td></td><td></td><td></td><td></td></tr>
<tr><td></td><td></td><td></td><td></td><td></td><td></td><td></td><td></td><td></td><td></td></tr>
<tr><td></td><td></td><td></td><td></td><td></td><td></td><td></td><td></td><td></td><td></td></tr>
</table>

生产调度员：　　定额员：　　年　月　日

图 1-11　施工单的一般形式

（2）生产进度控制　它是从原材料投入生产到成品入库为止的全过程的控制，包括投入进度控制、生产进度控制和工序进度控制等。生产进度控制是生产控制的重要内容，通过有效的生产进度控制可以保证生产作业计划的顺利进行，从而使企业连续、均衡地生产产品。

1）投入进度控制指控制产品（零部件）开始投入的日期、数量和品种是否符合生产作业计划的要求，同时，也包括原材料、零部件投入提前期，以及设备、劳动力、技术组织措施、项目投入使用日期的控制。

2）生产进度控制指控制产品（零部件）的出产日期、生产提前期、出产量、出产均衡性和成套性等。

3）工序进度控制指产品（零部件）在生产过程中对每道加工工序的进度所进行的控制，主要用于单件生产、成批生产中。工序控制的方法有按工票和加工路线单进行控制等。

生产进度控制经常使用一些图表的方法，直观地掌握生产进度，便于同生产作业计划比较，及时地对生产进度进行调整。经常采用坐标图、条形图、网络图和平衡线图来控制进度。

① 坐标图。一般以横坐标为时间轴，纵坐标表示产量或工作量，在坐标图上绘出计划产量曲线和实际产量曲线，通过两者之间的分析和对比找出差距和原因，并采取相应措施。如某生产线在一旬内每日计划产量和实际产量数据资料见表 1-7，根据表中的数据即可绘制如图 1-12 所示的坐标图。

表 1-7　计划产量与实际产量表

日　期	计　划		实　际	
	当　日	累　计	当　日	累　计
1	100	100	50	50
2	120	220	150	200
3	140	360	100	300
4	180	540	150	450
5	250	790	200	650
6	340	1130	300	950
7	420	1550	450	1400
8	500	2050	600	2000
9	400	2450	400	2400
10	300	2750	400	2800

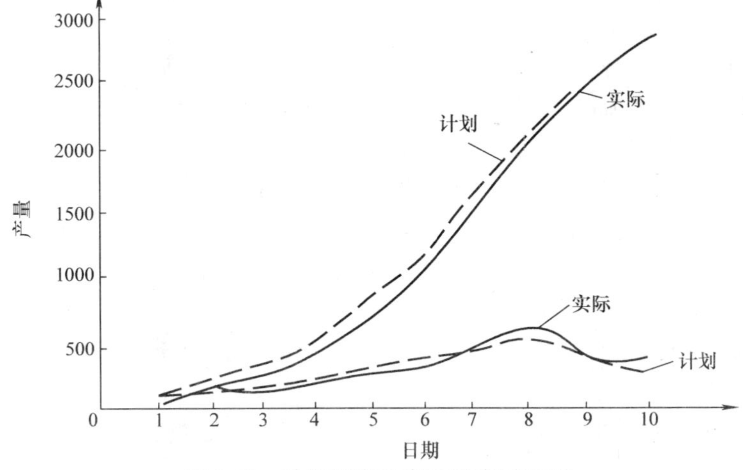

图 1-12　计划进度和实际进度对照图

② 条形图又称为甘特图，是一种安排生产作业计划并检查其完成情况的图表。它把各项工作或各种零件的进度用横条表示在具有时间的坐标上，通过条形图可以看出各种零件的进度及产品配套情况。

图 1-13 所示是检查某产品配套零件生产进度的条形图。图表上方是月计划的日期，任务累计行是从月初开始累计的日产量。从图中可以看出，图号 11-1002 及 11-1003 两种零件是影响配套的零件。

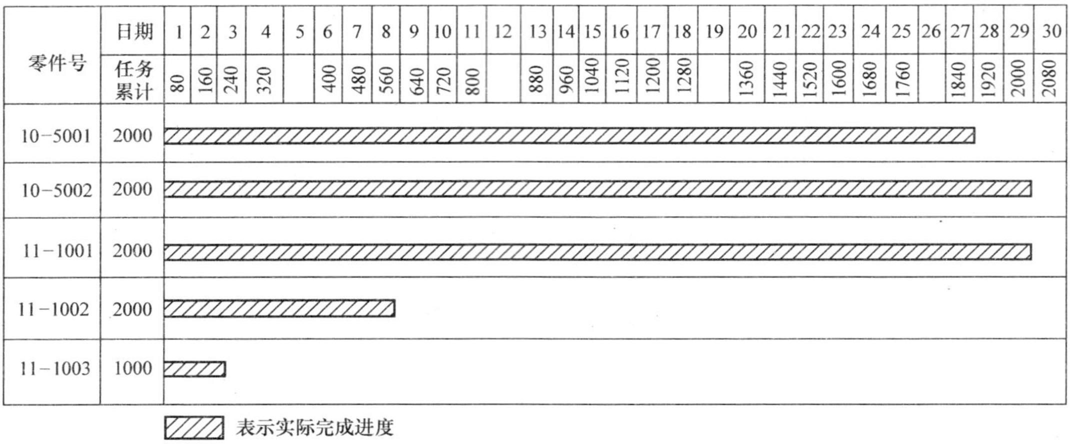

零件号	日期	1	2	3	4	5	6	7	8	9	10	11	12	13	14	15	16	17	18	19	20	21	22	23	24	25	26	27	28	29	30
	任务累计	80	160	240	320		400	480	560	640	720	800		880	960	1040	1120	1200	1280		1360	1440	1520	1600	1680	1760		1840	1920	2000	2080
10-5001	2000																														
10-5002	2000																														
11-1001	2000																														
11-1002	2000																														
11-1003	1000																														

▨ 表示实际完成进度

图 1-13　零件成套检查图表

（3）在制品控制　各工艺阶段或工序保持一定数量的在制品是保证生产过程连续、均衡的必要条件，但在制品占用过多会导致流动资金占用过多，影响企业的资金周转。在制品控制就是对各车间、各工序在制品实物和账户进行计划、协调和控制，在保证生产正常进行的条件下，降低在制品占用，提高企业的经济效益。

在大量流水生产条件下，在制品控制工作比较简单。若流水线上各工序能力平衡，在制品占用主要表现为工艺在制品、运输在制品和保险在制品，这些在制品数量不多，易于控制；若流水线各工序生产能力不平衡，则要计算工序间的周转在制品，不需要计算运输在制品。周转在制品是由工序单件作业时间所决定的，降低周转在制品可以通过提高工序的同期化水平来实现。

在多品种成批生产条件下，在制品控制工作比较复杂。经常出现这样的情况：某些零部件生产过量，在制品、半成品占用很多，而另外一些零部件则出现了短缺，最终导致产品不能配套。做好在制品控制工作，应从以下几方面入手：

1）做好在制品管理的基础工作，包括建立健全在制品、半成品的收发领用制度。

2）建立高效的生产管理信息系统。将有关反映在制品、半成品流转的转交单、入库单、领用单等输入计算机，计算机可以计算出各种产品的配套情况、各种零部件在各车间、工段的占用情况，从而为调度员进行动态调度提供依据。

3）合理地存放和保管在制品、半成品，采用 ABC 重点分析法对在制品、半成品进行分类管理。

4）定期做好在制品、半成品的清点、盘存工作，保证账物相符。

（三）现场工艺管理

各种机械产品的具体制造工艺方法和过程是不同的，它们在工厂内的制造过程大致都可分为三个阶段：毛坯制造、零件加工和产品装配。其制造过程中所采用的方法和装备一般取决于产品的产量。

工艺过程是一个复杂的流程，实现一个优良的工艺过程必须满足优质、高效、低耗的基本要求。

工艺管理是指企业承包中对有关工艺路线的拟定、工艺规程的编制、工艺装备的设计和制造实施工艺的技术加工方法等的一系列管理活动，包括工艺路线、工艺规程、工艺装备的日常工艺管理活动。

工艺路线（即工艺流程）是指工人从原材料投入开始，使用工具和设备直接改变劳动对象，使之成为具有一定使用价值产品的连续过程。工艺路线可以分解为一系列工序。

工艺规程是规定生产中合理加工方法的技术文件，如生产过程卡、工艺卡、工序卡和检验卡等。它是组织生产和工人进行生产操作的重要依据。

工艺装备是指企业加工产品时，用以实现工艺规程的各种工具（如刀具、量具、夹具、模具等）的总称。按照其使用范围的不同，分为通用和专用两种。

关于零件制造工艺规程的编制、零件机械加工工艺路线的拟定、机械加工工序设计等，将在项目二中介绍。

1. 产品工艺性分析与审查

产品工艺性分析与审查是企业新产品设计、老产品改造、测绘设计、协作加工的重要工艺设计环节。

产品的工艺性分析用来研究零件结构的加工工艺性、装配工艺性、生产成本以及维修保养性等一系列问题。

进行产品工艺性审查是为保证产品设计结构的合理性、工艺的可行性和经济性。一般需注意以下审查原则：

1）保证继承性系数，即原有零件数和新设计产品零件总数之比。该系数增大，可以减少试制时间，降低投产成本。

2）保证提高结构的标准化系数，即标准规格零件和新设计零件总数之比。该系数增大，可提高企业的生产协作水平。

3）保证材料利用系数的提高。

4）保证零件的平均精度合理，保证加工合理，应尽量采用生产率较高的先进加工方法。

5）保证新产品设计结构符合分解原则，保证装配劳动量合理。

工艺方案是指在新产品试制工作中，根据图样和设计任务书编写的、进行工艺设计工作的指导性文件。其主要内容包括：新产品的性质及其特点，新产品试制中的技术关键及其解决办法，主要零件的加工方法，外协件的安排，对工艺路线和工艺规程的安排或要求，对设备及工艺装备的特殊需要、技术组织措施等。

2. 工艺过程的优化

工艺过程的优化是研究工艺过程的输入变量和输出变量之间的关系，寻找可控输入变量的最佳组合和最佳水平，使输出变量达到最优。输出变量可以是产品质量、产量或成本。输入变量和输出变量之间的关系可用数学描述方法，通过建立数学模型，运用动态规划方法求得使输出变量为最优时输入变量的水平。如根据优化准则建立的目标函数为 $\phi(x_i, y_i)$，用 $F(x_i, y_i)\geqslant 0$ 代表约束条件，其数学描述为

$$\begin{cases} M_{min}\text{或}(M_{max}) & \phi(x_i, y_i) \\ \text{约束条件} & F(x_i, y_i)\geqslant 0 \\ & (x_i, y_i)\in S \end{cases}$$

式中 x_i, y_i——输入变量；

$\phi(x_i, y_i)$——输出值；

S——输入变量可能的取值范围。

然后，利用动态规划方法求得最优解，即为工艺设计时输入变量的最优水平。

还有一种更为简单实用的寻求输入变量最优组合和最优水平的方法是正交试验法。若是两位级试验，对与输出变量可能有关的 k 个输入变量，分别确定高（＋）和低（－）两个水平。在全因子析因试验中，通过 2^k 次试验，即可确定 k 个因素对输出变量的主效用和交互作用，从而确定哪些因素对输出变量有显著影响，并可按照前次试验结果提示的方向对有显著影响的因素再进行试验，便可获得最优的输入变量水平及其组合。在非完全析因试验中，通过适当设计，可以将试验次数减少到 2^{k-n} 次部分因子试验，以降低试验费用。这部分内容读者可查阅相关书籍。

（四）质量管理

产品质量和各种耗费是直接影响顾客满意度、企业经济效益以及企业生存发展的两大因素。提高产品质量、降低各种耗费是企业生产经营永恒的主题。机械制造企业在质量方面指挥和控制组织的协调活动称为质量管理。质量管理是企业确定质量方针、目标和职责，并在质量管理体系中通过质量策划、质量控制、质量保证和质量改进使其实施的全部管理职能的所有活动，是围绕着使产品质量能满足不断更新的质量要求开展的策划、组织、计划、实施、检查和监督、审核等所有管理活动的总和。

质量控制是生产过程控制的重要组成部分。质量管理和控制的发展大致经历了三个阶段。第一个阶段是质量检验阶段。这时的质量管理和控制方法仅限于产品制成后的检验，不能有效地控制产品质量。这种事后检验产品质量的做法从 20 世纪初一直持续到第二次世界大战前夕。第二个阶段是统计质量控制阶段，即在质量管理中引进概率论和数理统计方法，用来控制生产过程中的产品质量，使质量管理从事后把关检验发展到预防出现废次品。从第二次世界大战开始到 20 世纪 50 年代末都是采用这种质量管理方法。第三个阶段是全面质量管理阶段。这是 20 世纪 60 年代初提出的一种对质量进行系统管理的方法。我国自 20 世纪 80 年代初推行全面质量管理以来，在实践和理论上都发展较快，质量管理的一些概念和方法先后被确定为国家标准。

1988 年我国等效采用、1992 年等同采用了 ISO9000《质量管理和质量保证》系列标准，这对于推动我国的全面质量管理工作的发展并使其与国际惯例接轨，对于增强我国产品的国际竞争力都起到了巨大的作用。

1. 全面质量管理

产品质量是过程质量和工作质量的综合反映，是企业素质的综合体现。过程质量是产品质量的保证，过程质量的好坏取决于企业组织和全体员工的工作质量。质量管理的根本途径在于提高工作质量，改善过程质量，保证和持续改进产品质量。质量管理需要由企业最高领

导负全责，调动各级职能部门领导、与质量有关的所有人员和全体员工的积极性，各司其职，各尽其责，共同协作，实现全员、全过程和全面的管理。一个企业在其全部活动和过程中，以质量为中心，以全员参与为基础，通过让顾客满意和本组织所有者、员工、供应商、合作伙伴和社会等相关方持续满意和受益的一套综合的、全面的管理理念和管理方式，达到持久成功和发展，就是全面质量管理（Total Quality Management，TQM）。

全面质量管理具有如下几个基本特征：

1）全面质量管理的对象——“质量”的含义是全面的，不仅包括产品质量，而且包括产品质量赖以形成的工作质量。工作质量是指企业的生产工作、技术工作和组织工作对达到产品质量标准和提高产品质量的保证程度。全面质量管理工作以改进工作质量为主要内容，通过提高工作质量，不仅可以保证和提高产品质量，而且有助于降低成本，及时供货、完善服务，从而增强企业的竞争能力。

2）全面质量管理的范围是全面的，即要求实现对生产全过程的质量管理。产品质量是经过生产全过程一步一步形成的，全面质量管理要求把不合格的产品消灭在它的形成过程中，做到防检结合，预防为主，并从全过程各环节上致力于质量的提高。为此，必须把质量管理工作的重点，从单纯的事后检验转到事先控制不合格品的产生以及产品设计方面上来，消除各环节上产生不合格品的各种隐患，形成一个稳定的生产系统。

实行全过程的质量管理，必须树立“下道工序就是用户”的观念，各道工序的质量都要经得起它的“用户”的检验，满足下道工序的要求。

实行全过程的质量管理，要求把质量管理从原来的生产制造过程扩大到产品市场调查、设计、试制、原材料供应、生产制造、劳动、设备、销售直至用户服务等各个环节，形成“一条龙”的总体质量管理。

3）全面质量管理要求参加质量管理的人员是全员性的。产品质量的好坏是许多工作和许多环节的综合反映。因此，质量的保证和提高有赖于企业所有人员的共同努力。为此，必须加强全面质量管理的普及教育，广泛建立各类质量管理小组，把质量管理工作做深做细。

4）全面质量管理用以管理质量的方法是全面多样的。全面质量管理需要运用质量检验、数理统计等方法，如控制图、因果图、直方图、排列图等。另外，还必须注意把数理统计等科学方法与改善组织管理、改革专业技术等方面紧密结合起来，综合发挥它们的作用。

需要指出的是，PDCA循环是综合处理质量问题的一种有效方法。PDCA循环即计划（Plan）、实施（Do）、检查（Check）、处理（Action）的循环。它分为4个阶段和8个步骤依次进行，如图1-14所示。

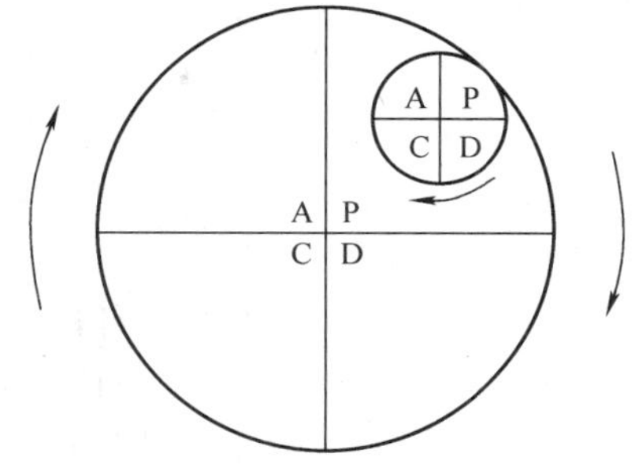

图1-14　大循环与小循环关系示意图

1）P阶段——计划阶段。该阶段包括4个步骤：① 分析现状，找出存在的质量问题；② 分析产生质量问题的原因；③ 找出影响质量问题的主要原因；④ 针对所找出的影响质量的主要原因，制订对策计划。

2）D阶段——实施阶段。该阶段只有一个步骤，即实施对策计划。

3）C 阶段——检查阶段。该阶段也只有一个步骤，即检查效果。

4）A 阶段——处理阶段。该阶段包括两个步骤，① 总结经验，制订标准，巩固成绩；② 遗留问题，转入下一个循环。

PDCA 每经过一次循环，都能解决一个或一些质量问题，从而使企业的质量管理工作走上一个新的台阶。另外，就一个企业而言，其循环是一个大环，而企业中各部门、车间、班组等的循环则是大环中的小环。这样大环带动小环转动，小环保证大环的运转，通过 PDCA 循环把企业各项工作有机地组织起来，彼此促进，共同保证企业质量目标的实现。

2. ISO9000 系列标准

（1）ISO9000 系列标准概述　为了适应国际贸易往来和技术经济合作的要求，保证购买者的利益，规范厂商质量管理与质量保证行为，保证产品质量，避免质量风险，国际标准化组织（ISO）于 1987 年发布了 ISO9000《质量管理和质量保证》系列标准。这个系列标准至今还在不断增加完善之中。现已有 100 多个国家和地区采用了 ISO9000 系列标准，并将它作为国际贸易的重要标准。

我国于 1992 年等同采用 1987 年颁发的 ISO9000 标准。1994 年，国际标准化组织中负责制定质量体系与质量管理的 TC176 委员会对 ISO9000 进行了修订。目前，我国执行的是国家技术监督局 1994 年 12 月 24 日发布的系列标准，并取代了 1992 年等同采用的 ISO9000 标准，其标准号为 GB/T 19000 系列标准。

ISO9000 并非某一个产品或过程的技术性标准，它是一个如何建立和不断完善一个企业或事业单位质量体系的标准。事实上，它为质量体系和质量管理提供了一个基本的框架结构。

ISO9000 系列标准主要包括 ISO9000～ISO9004，其中 ISO9000 和 ISO9004 为指南性标准，具体标准为三种质量保证模式，即 ISO9001、ISO9002 及 ISO9003。其中，ISO9001 内容最为广泛，包括设计、开发、生产、安装和服务各个环节，共 20 个要素。

ISO9000 正式标准包括以下几个部分：

ISO8402：1994（GB/T 6583—1994）质量管理和质量保证术语。

ISO9000—1：1994（GB/T 19000.1—1994）质量管理和质量保证标准　第 1 部分：选择和使用指南。

ISO9001：1994（GB/T 19001—1994）质量体系　设计、开发、生产、安装和服务的质量保证模式。

ISO9002：1994（GB/T 19002—1994）质量体系　生产、安装和服务的质量保证模式。

ISO9003：1994（GB/T 19003—1994）质量体系　最终检验和试验的质量保证模式。

ISO9004—1：1994（GB/T 19004.1—1994）质量管理和质量体系要素　第 1 部分：指南。

（2）ISO9000 系列标准内容简介　从以上内容可知，ISO9001 是用于供方在设计、开发、生产、安装和服务的各阶段能够保证符合规定的要求，其内容和要求最为广泛。ISO9002 不含设计控制，ISO9003 不含设计控制、采购、过程控制和服务要素，并且其中一些要素的要求也比 ISO9001 要弱。ISO9001～ISO9003 对各要素的要求见表 1-8。

表 1-8　ISO9001～ISO9003 要素对照表

要素编号	要　　素	ISO9001	ISO9002	ISO9003
4.1	管理职责	■	■	○
4.2	质量体系	■	■	○
4.3	合同评审	■	■	■
4.4	设计控制	■	×	×
4.5	文件和资料控制	■	■	■
4.6	采购	■	■	×
4.7	顾客提供产品的控制	■	■	■
4.8	产品标识和可追溯性	■	■	○
4.9	过程控制	■	■	×
4.10	检验和试验	■	■	○
4.11	检验、测量和试验设备的控制	■	■	■
4.12	检验和试验状态	■	■	■
4.13	不合格品控制	■	■	○
4.14	纠正和预防措施	■	■	○
4.15	搬运、贮存、包装、防护和交付	■	■	■
4.16	质量记录控制	■	■	○
4.17	内部质量审核	■	■	○
4.18	培训	■	■	○
4.19	服务	■	■	×
4.20	统计技术	■	■	○

说明：
■——全部要求
○——比 ISO9001 和 ISO9002 的要求少
×——不存在该要素

有关 ISO9001 中 20 个要素的具体要求参阅国标 GB/T 19001—2008（质量管理体系要求）。

ISO9001 适用于要求供方质量体系提供从合同评审、设计直到售后服务都能进行严格控制的能力的足够证据，以保证从设计到售后服务各阶段都符合规定的要求，并强调对设计质量的控制。

ISO9002 适用于要求供方质量体系提供具有对生产过程进行严格控制能力的足够证据，以保证在生产的安装阶段符合规定要求，防止和发现生产、安装过程中的任何不合格现象，强调预防为主，质量控制和质量检验相结合。

ISO9003 适用于要求供方质量体系提供具有对产品最终检验和试验进行严格控制的能力的足够证据，强调检验把关。

三种模式的选择要考虑设计过程的复杂性、设计的成熟性、生产过程的复杂性、产品或服务的特性、产品或服务的安全性和经济性六个因素。

ISO9004 是指导企业建立质量体系的标准文件。该标准阐述了企业建立质量体系的原则，质量体系应包含的基本要素，各基本要素的含义，要素的目标，要素间的接口及所要求的文件、记录等。

（3）ISO9000 认证　ISO9000 作为质量体系的标准，适用于以下四种情况。

① 质量管理的指南。

② 合同情况，在第一方和第二方之间。

③ 第二方认证或注册。

④ 第三方认证或注册。

为了确信和向外部展示其质量体系符合 ISO9000 的要求，供方可以在企业内部按照 ISO9000 标准的要求进行自我认证，或由顾客评定供方的质量体系（第二方认证），或由专门的认证机构对其质量体系进行认证（第三方认证）。为了避免重复认证，一般企业都采用第三方认证方式。

在评价质量体系时，需从以下三个方面入手。

① 方法（Method）——过程是否被确定？过程程序是否被恰当地形成文件？

② 展开（Development）——过程是否被充分展开并按文件要求贯彻实施？

③ 结果（Result）——在提供预期的结果方面，过程是否有效？

三者之间的关系可用图 1-15 来说明。

(4) 贯彻 ISO9000 系列标准中应注意的问题　我国近年来已有越来越多的企业通过了 ISO9000 的认证，有些企业正在准备申请 ISO9000 认证，ISO9000 认证工作取得了显著成绩。为了更好地贯彻这个标准，从认识上讲，有几点应加以注意：

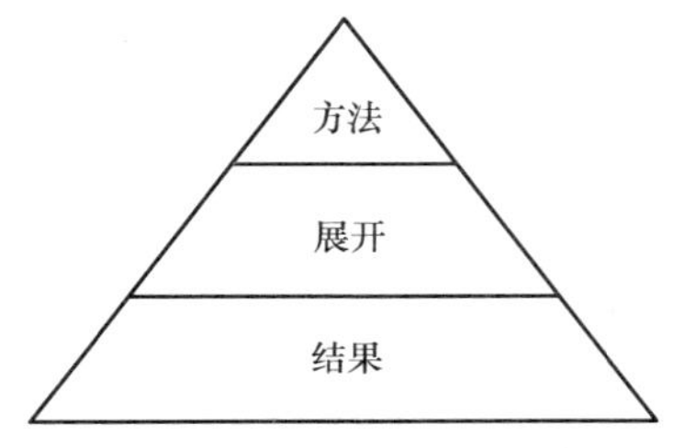

图 1-15　质量体系评价的三个方面

① 加深对 ISO9000 系列标准本质的理解。ISO9000 系列标准并非产品或工艺的技术标准，而是质量体系和质量管理的标准。通过了 ISO9000 认证并不意味着其产品质量一定很高。应当通过 ISO9000 的认证和各种文档的建立，促进企业产品质量的提高和更新。

② 端正进行 ISO9000 认证的目的。某些管理层人员不是通过 ISO9000 的认证活动来不断地改进企业质量体系，不重视质量体系的完善，而是采用“补救”的方式对待 ISO9000 的认证。这种作法并不能达到企业实施认证的真实目的，认证耗费很大，却收不到预期的效果。

③ ISO9000 并非“最佳”境界。一个企业通过了 ISO9000 认证，只是表明它按照 ISO9000 的要求建立并实施了质量体系。客观上讲，ISO9000 的要求是基本的要求，并非一个世界级企业的标准。因此，企业通过了 ISO9000 认证后，还要有其持续改进的计划，不断完善其质量体系和进一步提高本企业的技术水平和管理水平。这一点对我国已通过 ISO9000 质量体系认证的企业尤为重要。

四、自我评估

1. 什么是生产过程和机械加工工艺过程？举例说明。
2. 什么是工序、安装、工位、工步和进给？划分工序的主要依据是什么？
3. 什么是生产纲领？什么是生产类型？它们之间有何内在联系？
4. 机械制造的生产类型有几种？在工艺过程上各有什么特点？
5. 企业组织产品的生产有哪几种模式？试作比较。
6. 何为虚拟公司？它有什么优点？
7. 生产过程组织的基本要求有哪些？
8. 什么是生产过程的空间组织？它有哪两种专业化形式？
9. 零件的移动方式的含义是什么？通常可采用的移动方式有哪三种？各有何特点？

10. 什么是生产过程控制？有效的生产控制必须具备哪些条件？

11. 什么是生产调度？生产调度工作的主要内容包括哪些？

12. 生产进度控制主要包括哪些内容？

13. 如何做好在制品的控制工作？

14. 产品的工艺性分析与审查的目的是什么？产品工艺性审查一般需注意的原则有哪些？

15. 什么是全面质量管理？试述全面质量管理的基本特征。

16. 简述 ISO9000 系列标准的内容。

17. 如图 1-16 所示零件，单件小批生产时其机械加工工艺过程如下所述，试分析其工艺过程的组成（包括工序，工步，进给，安装）。

机械加工工艺过程：① 在刨床上分别刨削 6 个表面，达到图样的要求。② 粗刨导轨面 A，分两次切削。③ 刨两越程槽。④ 精刨导轨面 A。⑤ 钻孔。⑥ 扩孔。⑦ 铰孔。⑧ 去毛刺。

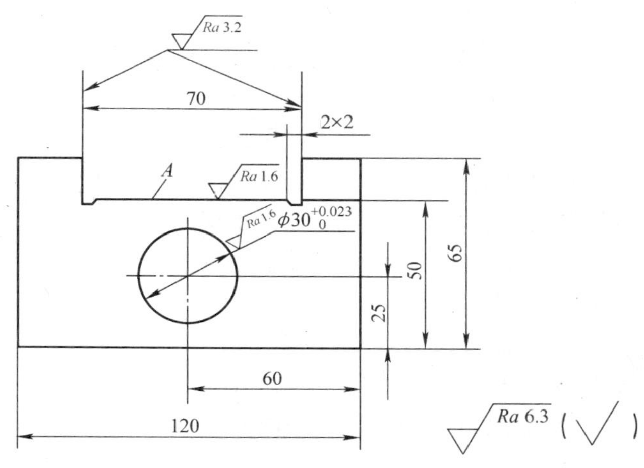

图 1-16　题 17 图

18. 如图 1-17 所示零件，毛坯为 ϕ35mm 棒料，批量生产时其机械加工工艺过程如下所述，试分析其工艺过程的组成。

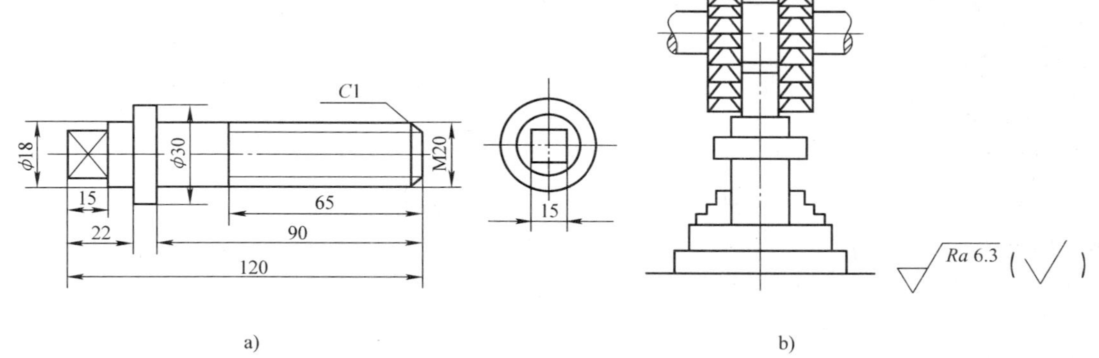

图 1-17　题 18 图

机械加工工艺过程：① 在锯床上切断下料。② 车一端钻中心孔。③ 调头，车另一端面钻中心孔。④ 将整批工件靠螺纹一边都车至 ϕ30mm。⑤ 调头车削整批工件的 ϕ18mm 外圆。⑥ 车 ϕ20mm 外圆。⑦ 在铣床上铣两平面，转 90°后铣另外两平面。⑧ 车螺纹，倒角。

19. 某厂年产 4105 型柴油机 1 000 台，已知连杆的备品率为 5%，机械加工废品率为 1%，试计算连杆的生产纲领，说明其生产类型及主要工艺特点（一般零件质量小于 100kg 为轻型零件，大于 100kg 且小于 2 000kg 为中型零件，大于 2 000kg 为重型零件）。

20. 某机床厂年产 C6136N 型卧式车床 350 台，已知机床主轴的备品率为 10%，废品率为 4%。试计算该主轴零件的年生产纲领，并说明它属于哪一种生产类型，其工艺过程有何特点。

项目二　制订制冷机械加工工艺规程

一、学习目标

1. 终极目标

掌握典型零件的加工工艺规程的制订方法和步骤。

2. 促成目标

1）了解机械加工工艺规程的基本概念。

2）熟悉机械加工工艺规程的内容和作用。

3）熟悉制订机械加工工艺规程的步骤。

4）会对零件表面加工方案进行分析、比较。

5）会选择零件毛坯。

6）会选择零件定位基准。

7）会拟定零件加工工艺路线。

8）会进行零件加工工序内容设计。

二、工作任务

完成柴油机凸轮轴（见图 2-1）加工工艺规程的设计与制定。

三、相关知识

（一）基本内容

机械加工工艺规程简称工艺规程，是规定零件加工工艺过程和操作方法等的工艺文件。它是在具体生产条件下，将合理的工艺过程和操作方法按规定的形式制订成工艺文本，经审批后用来指导生产并严格贯彻执行的指导性文件。

1. 工艺规程的内容和作用

工艺规程一般包括下列内容：毛坯类型和材料零件加工工艺路线，各工序的加工内容和要求，采用的加工设备和工艺装备，工件质量的检验项目和检验方法，切削用量，工时定额，工人技术等级等。

工艺规程有以下几方面的作用：

1）工艺规程是指导生产的主要技术文件，是指挥现场生产的依据。

生产的计划和调度、工人的操作和质量检查等都是以工艺规程为依据的，所有生产人员都不得违反工艺规程。对于大批大量生产的工厂，由于生产组织严密、分工细致，要求工艺规程比较详细，才能便于组织和指挥生产。对于单件小批生产的工厂，工艺规程可以简单些。但无论生产规模大小都必须要有工艺规程，否则，生产调度、技术准备、关键技术研究、器材配置等都无法安排，生产将陷入混乱。同时，工艺规程也是处理生产问题的依据，如产品的质量问题，可按工艺规程来明确各生产单位的责任。按照工艺规程进行生产可以

进、排气凸轮
59°30′
D
15°
C
B
27°
A
R5.45
R77.275
R16
18.1
39.55±0.05
32±0.05
油泵凸轮
4.97
R5.5
R20.5
φ30±0.05
35°09′
2.34
37±0.05
10P9($^{+0.015}_{-0.051}$)
35$^{0}_{-0.20}$
A
排气
104°±25′
110°$^{0}_{-1°}$
90°±25′
进气
油泵0线
3个凸轮轴
// 0.01 A−B
0.007
0.02 C
0.006
0.02 C
Ra 12.5
C1
Ra 0.5
R
C
2−B4/14
A
GB/T 145−2001
油
泵
φ40$^{-0.035}_{-0.050}$
φ25
进
气
排
气
φ28$^{-0.06}_{-0.08}$
B
11$^{0}_{-0.4}$
0.5
16
28$^{+0.3}_{0}$
45
74
14
129
14
26
224
Ra 6.3
Ra 3.2
技术要求
1. 材料QT600−3Q。
2. 正火处理：240～290HBW。
3. 凸轮表面中频淬火，淬硬度1.5～2，硬度45～50HRC。

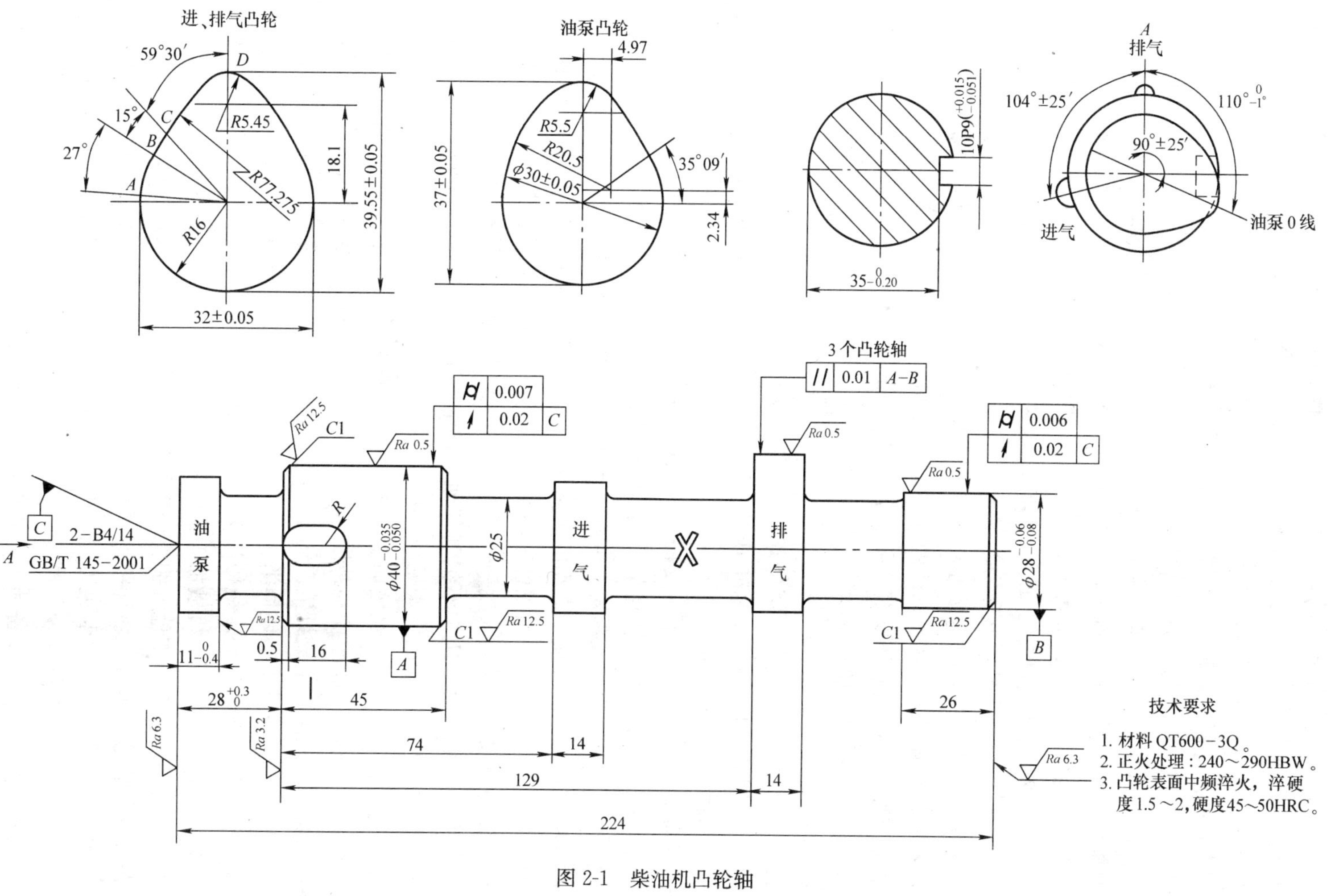

图 2-1 柴油机凸轮轴

保证产品质量，获得较高的生产效率和经济效益。

工艺规程并不是固定不变的，它是生产工人和技术人员在生产过程中实践的总结，它可以根据生产实际情况进行修改，但必须有严格的审核手续。

2）工艺规程是生产组织和管理工作的基本依据。

首先，在产品投产以前，要作大量的技术准备和生产准备工作。例如，刀具、夹具和量具的设计与制造（或采购），原材料的供应及毛坯的制造，必要的设备改装或添置等，所有这些工作都是以工艺规程为依据来安排和组织的。其次，工厂的设计和调度部门根据工艺规程，安排各零件的投料时间和数量，调整设备负荷，各工作地按工时定额有节奏地进行生产等，使整个企业的各科室、车间、工段和工作地紧密配合，保证均衡地完成生产计划。

3）工艺规程是新建和扩建工厂或车间的基本资料。

在新建或扩建工厂时，只有依据零件的工艺规程，才可以确定生产所需要的机床和其他设备的种类、数量和规格，进一步计算所需车间的面积、机床的布局，以及生产工人的工种、技术等级和数量。各辅助部门的工作安排也都以工艺规程为依据。

工艺规程是生产工人和技术人员在生产过程中的实践总结，在实施工艺过程中，还必须不断总结及积累经验，使它不断改进和完善。

2. 工艺文件的格式

将工艺规程的内容填入一定格式的卡片，即成为生产准备和生产过程所依据的工艺文件。中华人民共和国机械行业标准JB/T 9165.2—1998中详细规定了工艺规程的格式。常用的工艺文件格式有下列几种。

（1）机械加工工艺过程卡　这种卡片又称为工艺路线卡，它是以工序为单位，简要说明零件加工（包括毛坯制造、机械加工和热处理等）过程的一种工艺文件。它是制订其他工艺文件的基础，也是生产技术准备、编排作业计划和组织生产的依据。

在这种卡片上一般应注明产品的名称与型号，零件的名称与图号，毛坯的种类与材料，工序的序号、名称及内容，完成各工序的车间，所用的机床和工艺装备，以及工时定额等。由于各工序的说明不够具体，故一般不能直接指导工人操作，而多作生产管理方面使用。但在单件小批生产中，由于通常不编制其他更详细的工艺文件，而是直接以这种卡片指导生产。机械加工工艺过程卡的格式见表2-1。

（2）机械加工工艺卡　机械加工工艺卡是以工序为单位，详细说明整个工艺过程的工艺文件。它是用来指导工人生产和帮助车间管理人员和技术人员掌握整个零件加工过程的一种主要技术文件，广泛用于成批生产的零件和小批生产中的重要零件。机械加工工艺卡片内容包括零件的材料、质量、毛坯种类、工序号、工序名称、工序内容、工艺参数、操作要求以及采用的设备和工艺装备等。机械加工工艺卡的格式见表2-2。

（3）机械加工工序卡　机械加工工序卡是在工艺过程卡或工艺卡的基础上，按每道工序编制的工艺文件。它更详细地说明整个零件各个工序的加工要求，是用来具体指导工人操作的工艺文件。在这种卡片上，详细地说明了工序的内容和进行步骤，绘有工序简图，注明了该工序的定位基准和工件的装夹方式、加工表面及其工序尺寸和公差、加工表面的表面粗糙度和技术要求、刀具的类型及其位置、进刀方向，并详细说明该工序每个工步的内容、切削用量、工时定额以及所用设备和工艺装备等。工序卡用于大批量生产的零件。机械加工工序卡的格式见表2-3。

表 2-1　机械加工工艺过程卡示例

机械加工工艺过程卡			产品型号		零（部）件图号		共 1 页	
			产品名称	解放牌汽车	零（部）件名称	万向节滑动叉	第 1 页	
材料牌号	45 钢	毛坯种类：锻件	毛坯外形尺寸		每毛坯件数：1	每台件数：1	备注	

工序号	工序名称	工序内容	车间	工段	设备	工艺装备	工时 准终	工时 单件
10	车	车外圆、螺纹及端面	机加		CA6140	车夹具，车刀，卡板		
20	车	钻、扩花键底孔及镗止口	机加		CA6140	车夹具，ϕ25mm、ϕ41mm 钻头，ϕ43mm 扩孔钻，YT5 镗刀		
30	车	倒角	机加		CA6140	车夹具，成形刀		
40	钻	钻 Rp1/8 底孔	机加		Z525	钻模，ϕ3.8mm 钻头		
50	拉	拉花键孔	机加		L6120	拉床夹具，拉刀，花键量规		
60	铣	粗铣二端面	机加		X62	铣夹具，ϕ175mm 高速钢镶齿三面刃铣刀，卡板		
70	钻	钻、扩 ϕ39mm 孔并倒角	机加		Z535	钻模，ϕ25mm、ϕ37mm 钻头，ϕ38.7mm 扩孔钻，90°锪钻		
80	镗	粗、精镗 ϕ39mm 孔	机加		T740	镗刀头，专用夹具		
90	磨	磨端面	机加		M7130	$GB46ZR_1$，A6P350×40×127 砂轮，卡板，专用夹具		
100	钻	钻 M8 底孔并倒角	机加		Z4112-2	钻模，ϕ6.7mm 钻头，120°锪钻		
110	钻	攻螺纹 M8，Rp1/8	机加		Z525	钻模，M8、Rp1/8 机用丝锥		
120	冲	冲箭头	机加		油压机			
130	检	终检	机加					

描图	
描校	
底图号	
装订号	

										编制（日期）	审核（日期）	会签（日期）		
标记	处数	更改文件号	签字	日期	标记	处数	更改文件号	签字	日期					

表 2-2 机械加工工艺卡示例

机械加工工艺卡		产品型号		零（部）件图号		共 3 页
		产品名称	解放牌汽车	零（部）件名称	万向节滑动叉	第 1 页

材料牌号	45 钢	毛坯种类	锻件	毛坯外形尺寸		每毛坯件数	1	每台件数	1	备注	

工序号	安装号	工步号	工序内容	切削用量				设备名称及编号	工艺装备名称及编号			工人技术等级	工时	
				切削深度/mm	切削速度/(m·min^{-1})	每分钟转数或往复次数	进给量/(mm·r^{-1})		夹具	刀具	量具		准终	单件
			模锻											
			退火											
10			车外圆，螺纹及端面											
		1	车端面至 ϕ30mm，保证尺寸 185±0.5mm	3	154	760	0.4	CA6140	车夹具	YT15 端面车刀	卡规			0.16
		2	车外圆 ϕ62mm，L_1=90mm	1.5	154	760	0.6	CA6140	车夹具	YT15 外圆车刀	卡规			0.22
		3	车外圆 ϕ60mm，L_2=20mm	1	154	760	0.6	CA6140	车夹具	外圆车刀	卡规			0.06
		4	倒角 C1.5		154	760		CA6140	车夹具	外圆车刀				
		5	车螺纹 M60×1，L_3=15mm		35	185	1	CA6140	车夹具	螺纹车刀	螺纹环规			0.5
20			钻、扩花键底孔、镗止口											
		1	钻通孔 ϕ25mm	12.5	14.4	183	0.38	CA6140	车夹具	ϕ25 钻头				2.3
		2	扩钻通孔 ϕ41mm	8	7.46	58	0.56	CA6140	车夹具	ϕ41 钻头				4.57
		3	扩孔至 ϕ43mm	0.9	7.8	58	0.92	CA6140	车夹具	ϕ43 扩孔钻				3
		4	镗止口 ϕ55mm，保证尺寸 140±0.3mm		74	430	0.21	CA6140	车夹具	YT5 镗刀	塞规			0.27
			其余从略											

										编制（日期）	审核（日期）	会签（日期）		
标记	处数	更改文件号	签字	日期	标记	处数	更改文件号	签字	日期					

描图

描校

底图号

装订号

表 2-3　机械加工工序卡示例

机械加工工序卡	产品型号		零（部）件图号		共　页
	产品名称	解放牌汽车	零（部）件名称	万向节滑动叉	第　页

车间	工序号	工序名称	材料牌号
	7	钻、扩 ϕ39 孔，倒角	45
毛坯种类	毛坯外形尺寸	每坯件数	每台件数
锻件		1	1
设备名称	设备型号	设备编号	同时加工件数
立式钻床	Z535		1

夹具编号	夹具名称	切削液	
	钻模		
		工序工时	
		准终	单件
			1.52

序号	工步内容	工艺装备	主轴转速 /(r·min^{-1})	切削速度 /(m·min^{-1})	进给量 /(mm·r^{-1})	切削深度 /mm	进给次数	时间定额	
								机动	辅助
1	钻孔 ϕ25mm，保证尺寸 185mm	ϕ25 钻头	195	15.3	0.32	12.5	1	0.5	
2	扩钻孔至 ϕ37mm	ϕ37 钻头	68	7.8	0.57	6	1	0.72	
3	扩孔至 ϕ38.7mm	ϕ38.7 扩孔钻	68	8.26	1.22	0.85	1	0.3	
4	倒角 C2.5	90°锪孔					1		

										编制（日期）	审核（日期）	会签（日期）			
标记	处数	更改文件号	签字	日期	标记	处数	更改文件号	签字	日期						

描图

描校

底图号

装订号

对于自动和半自动机床上完成的工序，还要有机床调整卡。对于检验工序，还要有检验工序卡。卧式加工中心加工壳体的刀具调整卡片见表 2-4。

表 2-4　加工壳体的刀具调整卡片

工件材料铸铁		刀具表	图号：3.9078.3211.00					程序编号
			名称：壳体					No0074
序号	刀具名称规格	刀具材料	加工深度/mm	刀具编号	刀补号		刀具总长	备　注
					L	D		
	ϕ2.5mm 中心钻		30	54	1			
	ϕ11mm 麻花钻		80	80	2			
	ϕ13mm 麻花钻		80	72	3			
	ϕ15mm 麻花钻		80	121	4			90°角
	ϕ16.5mm 麻花钻		85	33	5			
	ϕ24mm 麻花钻		50	51	6			90°角
	ϕ30mm 麻花钻		60	53	7			
	ϕ36mm 麻花钻		50	178	8			90°角
	ϕ14mm 立铣刀		15	392	9	10		
	ϕ16mm 立铣刀		80	27	11			长
	ϕ13.8mm 立铣刀		95	56	12			专用
	ϕ17.8mm 立铣刀		80	93	13			专用
	ϕ24.8mm 立铣刀		40	511	14			专用
	ϕ31.8mm 立铣刀		50	79	15			专用
	ϕ20mm×14mm×ϕ18mm 立铣刀		55	74	16			特制
	ϕ16mm×10mm×ϕ14mm 立铣刀		40	75	18			特制
	ϕ16mm×5mm×ϕ14mm 立铣刀		30	76	20			特制
	ϕ95mm 盘铣刀		5	164	22			
	ϕ14mm 铰刀		95	280	23			
	ϕ18mm 铰刀		80	219	24			
	ϕ25mm 铰刀		50	381	25			
	ϕ32mm 铰刀		50	456	26			
	ϕ16.6mm×ϕ14mm 镗刀	YG	80	792	27			刀头向上停止
编制		校对		共　页				
日期		日期		第　页				

3. 制订工艺规程的原始资料

制订工艺规程时，通常应具备下列原始资料：

1）产品图样及技术条件，如产品的全套装配图和零件工作图。产品的装配图能帮助了解零件在产品中的位置、作用和工作条件。零件图则表明了零件的尺寸公差、几何公差、表面粗糙度要求和其他技术要求。

2）产品验收的质量标准。

3）产品的年生产纲领，以便确定生产类型。

4）毛坯资料。毛坯资料包括各种毛坯制造方法的技术经济特征，各种型材的品种和规格，毛坯图等。在无毛坯图的情况下，需实地了解毛坯的形状、尺寸及力学性能。

5）现场的生产条件。为了使制订的工艺规程切实可行，一定要了解和熟悉现场的生产条件，如毛坯的生产能力，工人的技术水平以及专用设备与工艺装备的制造能力，企业现有设备状况等。

6）国内外工艺技术发展的情况。工艺规程的制订，要经常研究国内外有关工艺技术资料，积极引进适用的先进工艺技术，不断提高工艺水平，以获得最大的经济效益。

7）有关的工艺手册及图册，如各种工艺手册和图表，还应熟悉本企业的各种企业标准和行业标准。

4. 制订机械加工工艺规程的步骤

1）计算年生产纲领，确定生产类型。

2）分析零件图及产品装配图，对零件进行工艺分析。

3）选择毛坯，确定毛坯的种类、形状、尺寸和精度。

4）拟订工艺路线。

这是制订工艺规程的关键一步，其主要工作有：选择定位基准，确定各表面的加工方法，安排加工顺序，确定工序集中与分散的程度，以及安排热处理、检验及其他辅助工序等。在拟定工艺路线时，一般是提出几个可能的方案，进行分析对比，最后确定一个最佳的方案。

5）确定工序所采用的设备和工装。

6）确定各工序的加工余量、计算工序尺寸及其公差。

7）确定各工序的切削用量和工时定额。

8）确定各主要工序的技术要求及检验方法。

9）填写工艺文件。

（二）制订机械加工工艺规程需要解决的几个主要问题

1. 零件的工艺分析

（1）分析研究部件装配图，审查零件图　制订工艺规程时，首先应分析产品零件的工作图样和所在部件的装配图样，熟悉该产品的用途、性能及工作条件，明确该零件在产品中的位置和作用；了解并研究各项技术条件制定的依据，找出其主要技术要求和技术关键，以便在拟订工艺规程时采取适当的措施加以保证。

零件图的具体分析内容如下：

1）零件的视图、尺寸、公差和技术要求等是否齐全。了解零件的各项技术要求，找出主要技术要求和加工关键，以便制订相应的加工工艺。

2）零件图所规定的加工要求是否合理。图 2-2 所示的汽车钢板弹簧吊耳，使用时钢板弹簧与吊耳的内侧面是不接触的，所以吊耳内侧面的表面粗糙度可由原设计要求的 $Ra3.2\mu m$ 增大到 $Ra12.5\mu m$，这样在铣削时就可以增大进给量，减少铣削时间。

3）零件的选材是否恰当，热处理要求是否合理。图 2-3 所示的方头销，方头部分要求淬火硬度为 55～60HRC，所选材料为 T8A，该零件上有一个孔 $\phi 2H7$ 要求在装配时配作。

由于零件全长只有 15mm，方头部分长仅为 4mm，如果用 T8A 材料局部淬火，势必使全长均被淬硬，以至配作时 ϕ2H7 孔无法加工。若材料改用 20Cr 进行局部渗碳淬火，便能解决问题。

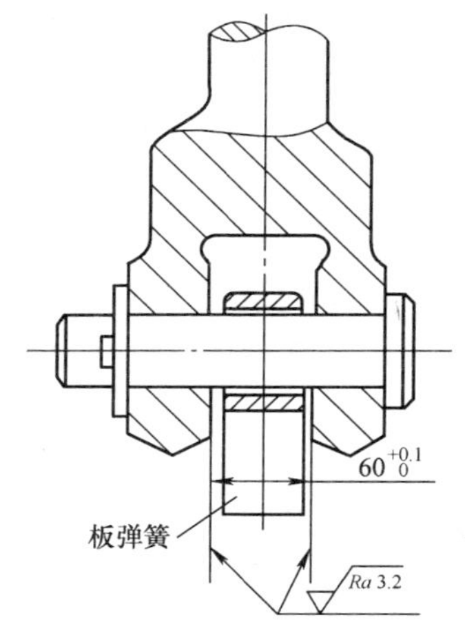

图 2-2　汽车钢板弹簧吊耳

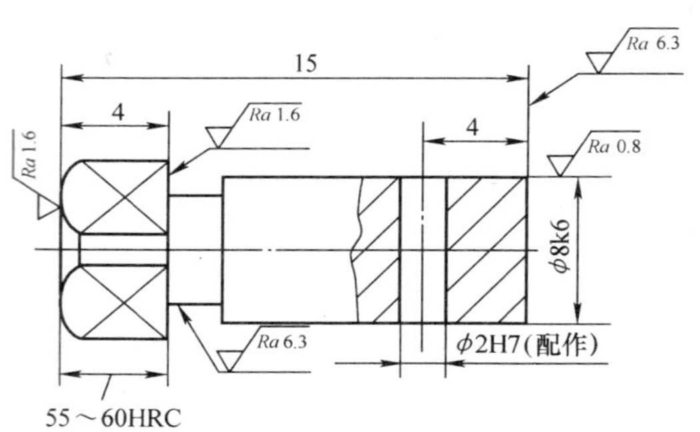

图 2-3　方头销

（2）零件的结构工艺性分析　机械零件的结构由于使用要求不同而具有各种形状和尺寸。但是，各种不同的零件都是由一些基本的典型表面和特形表面组成的。在分析零件结构时，应根据组成该零件各种表面的尺寸、精度、组合情况，选择适当的加工方法和加工路线。

零件的结构工艺性对其工艺过程的影响很大。使用性能相同而结构不同的两个零件，它们的加工方法与制造成本可能有很大的差别。所谓良好的结构工艺性，是指所设计的零件在满足产品使用要求的前提下，毛坯的制造、零件加工、产品的装配和维修的可行性与经济性。下面从零件的机械加工和装配两个方面，对零件的结构工艺性进行分析。

1）机械加工对零件结构的要求。

① 便于装夹。零件的结构应便于加工时的定位和夹紧，装夹次数要少。如图 2-4a 所示的零件，拟用顶尖和鸡心夹头装夹，但该结构不便于装夹。若改为图 2-4b 所示的结构，则可以方便地装置夹头。

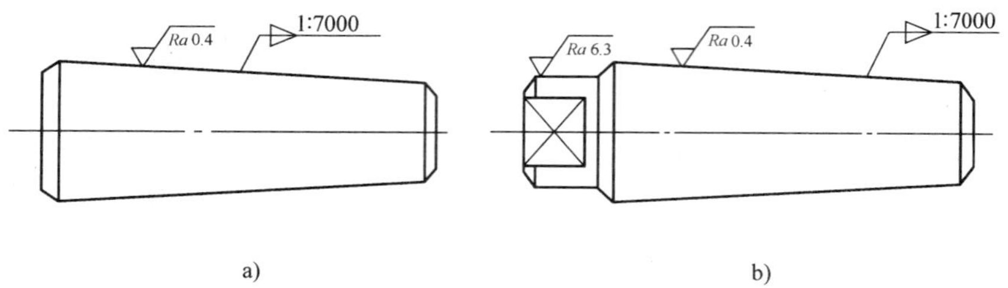

图 2-4　便于装夹的零件结构示例

a）改正前　b）改正后

② 便于加工。零件的结构应尽量采用标准化数值，以便使用标准化刀具和量具。同时，还需注意退刀和进刀，易于保证加工精度要求，减少加工面积及难加工表面等。表 2-5 为加

工难易程度不同的零件结构对比示例。

表 2-5　零件机械加工结构工艺性示例

序号	零件结构			
	工艺性不好		工艺性好	
1	孔离箱壁太近：① 钻头在圆角处易引偏；② 箱壁高度尺寸大，需加长钻头才能钻孔	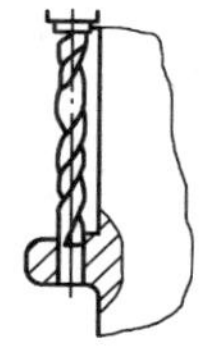	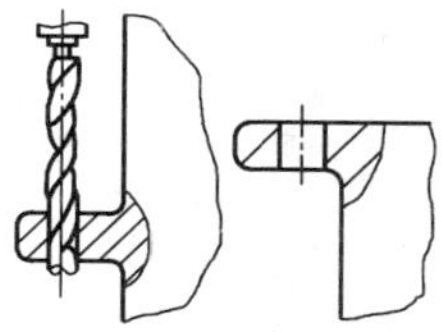	① 加长箱耳，不需加长钻头即可钻孔；② 只要使用上允许，将箱耳设计在某一端，则不需加长箱耳，即可方便加工
2	车螺纹时，螺纹根部易打刀，工人操作紧张，且不能清根	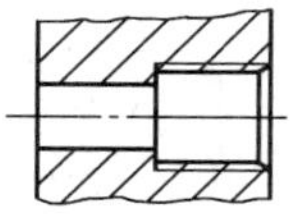	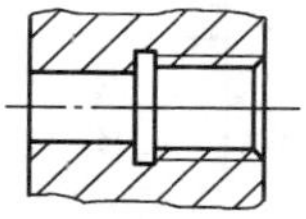	留有退刀槽，可使螺纹清根，操作相对容易，可避免打刀
3	插键槽时，底部无退刀空间，易打刀	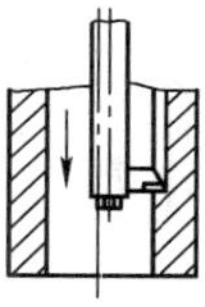	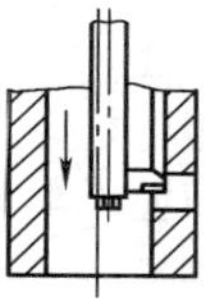	留有退刀空间，避免打刀
4	键槽底与左孔母线齐平，插键槽时易划伤左孔表面	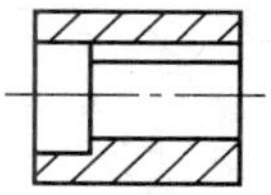	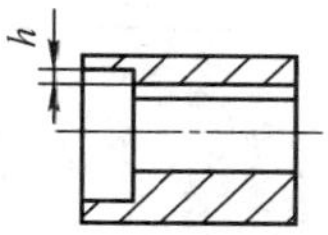 h	左孔尺寸稍大，可避免划伤左孔表面，操作方便
5	小齿轮无法加工，无插齿退刀槽	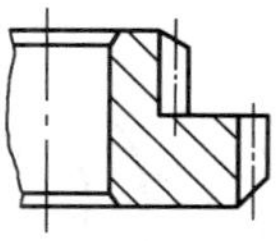	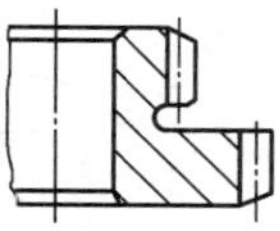	大齿轮可滚齿或插齿，小齿轮可插齿加工
6	两端轴径需磨削加工，因砂轮圆角而不能清根	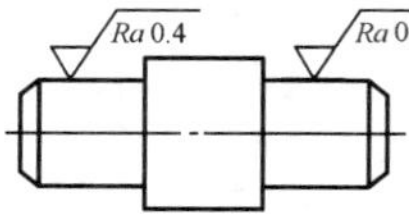 Ra 0.4　Ra 0.4	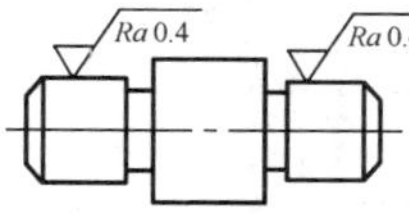 Ra 0.4　Ra 0.4	留有退刀槽，磨削时可以清根
7	斜面钻孔，钻头易引偏	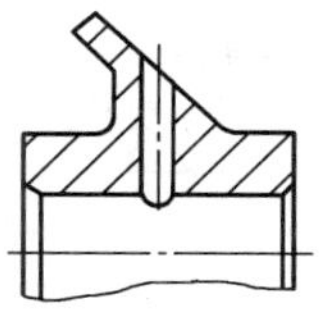	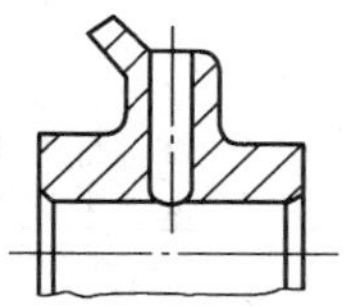	只要结构允许，留出平台，可直接钻孔
8	锥面需磨削加工，磨削时易碰伤圆柱面，并且不能清根	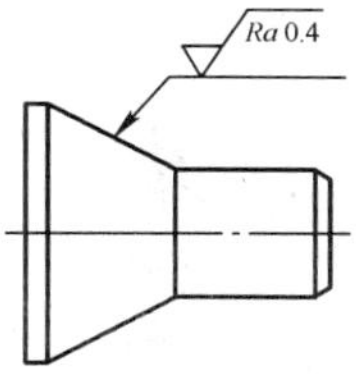 Ra 0.4	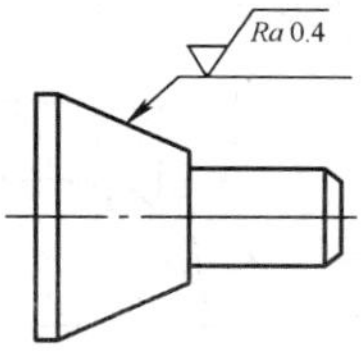 Ra 0.4	可方便地对锥面进行磨削加工

（续）

序号	零件结构			
	工艺性不好		工艺性好	
9	加工面设计在箱体内，加工时调整刀具不方便，观察也困难	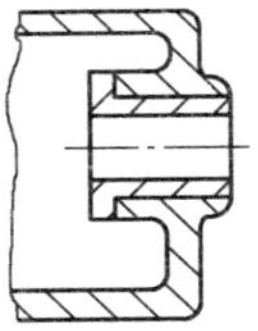	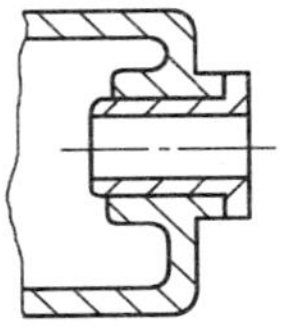	加工面设计在箱体外部，加工方便
10	加工面高度不同，需两次调整刀具加工，影响生产率	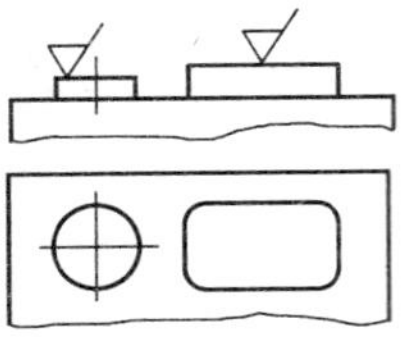	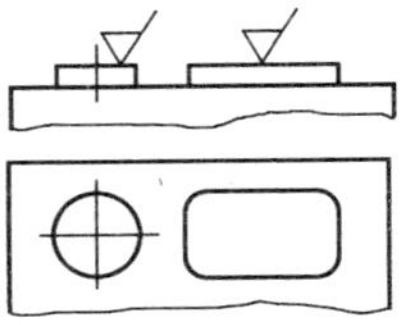	加工面在同一高度，一次调整刀具，可加工两个平面
11	3个空刀槽的宽度有3种尺寸，需用3把不同尺寸刀具加工	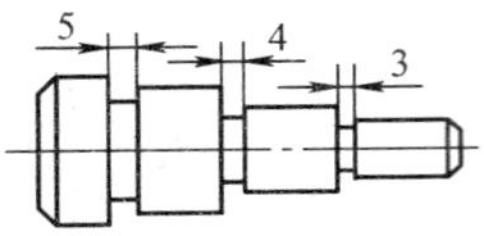 5　4　3	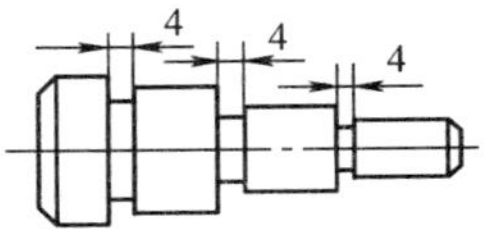 4　4　4	同一个宽度尺寸的空刀槽，使用一把刀具即可加工
12	同一端面上的螺纹孔尺寸相近，由于需更换刀具，因此加工不方便，而且装配也不方便	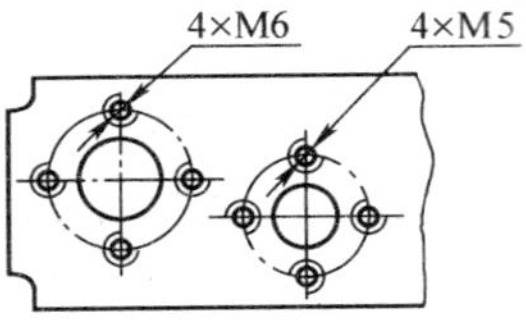 4×M6　4×M5	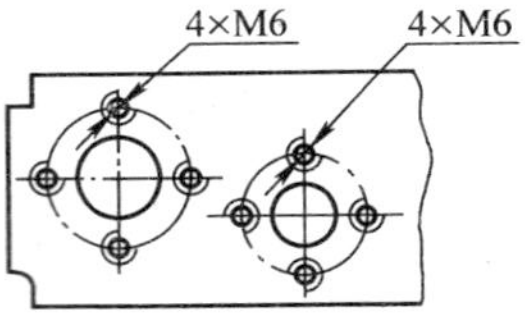 4×M6　4×M6	尺寸相近的螺纹孔，应该为同一尺寸螺纹孔，方便加工和装配
13	加工面加工时间长，并且零件尺寸越大，平面度误差越大	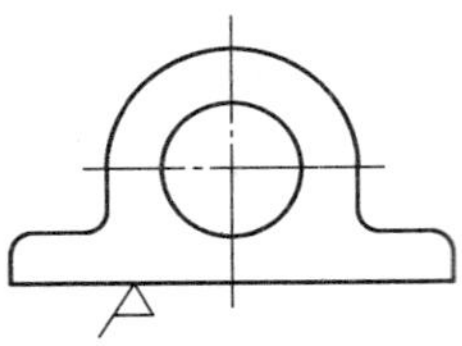	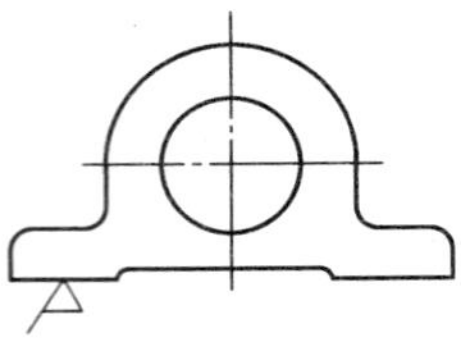	加工面减小，节省工时，减少刀具损耗，并且容易保证平面度要求
14	外圆和内孔有同轴度要求，由于外圆需在两次装夹下加工，同轴度不易保证	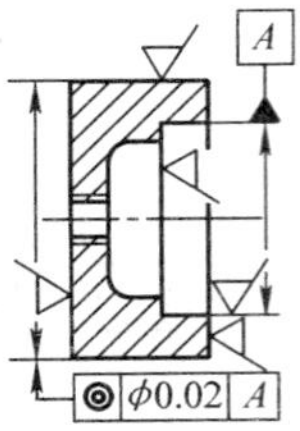 A　◎ φ0.02 A	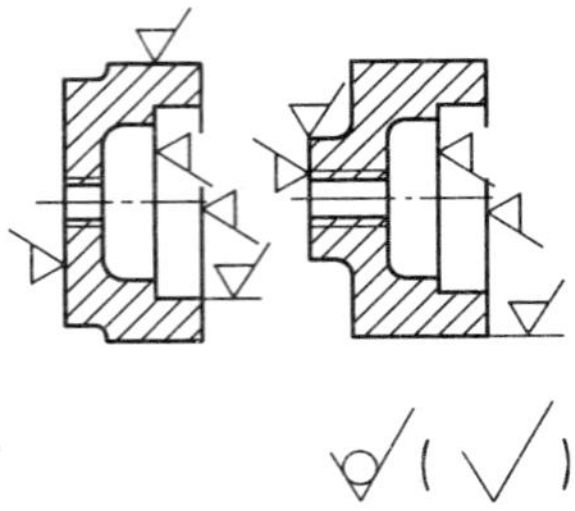	可在一次装夹下加工外圆和内孔，同轴度要求容易得到保证
15	内壁孔出口处有阶梯面，钻孔时易钻偏或钻头折断	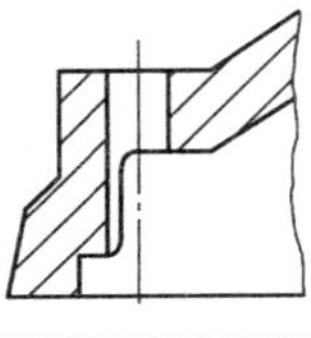	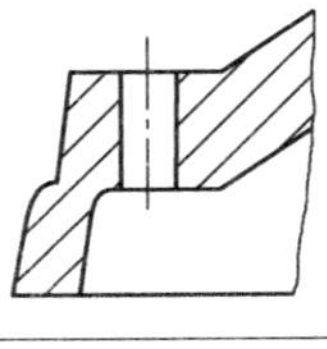	内壁孔出口处平整，钻孔方便，容易保证孔中心位置度

（续）

序号	零件结构			
	工艺性不好		工艺性好	
16	加工 B 面时以 A 面为定位基准，由于 A 面较小定位不可靠	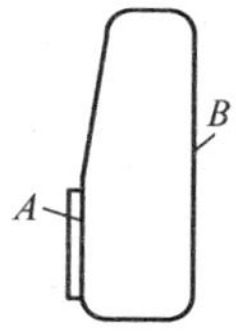	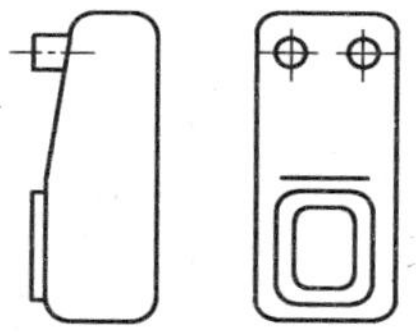	附加定位基准，加工时保证 A、B 面平行，加工后将附加定位基准去掉
17	键槽设置在阶梯轴 90°方向上，需两次装夹加工	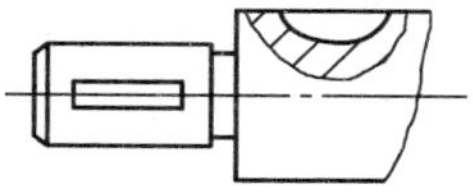	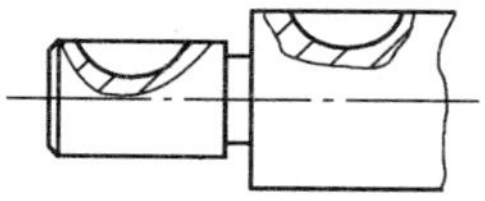	将阶梯轴的两个键槽设计在同一方向上，一次装夹即可对两个键槽加工
18	钻孔过深，加工时间长，钻头耗损大，且钻头易偏斜	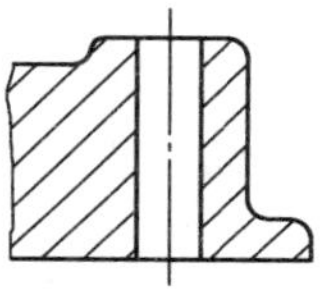	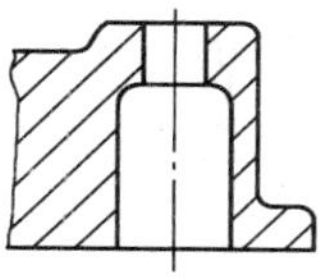	钻孔的一端留空，钻孔时间短，钻头的使用寿命长，不易引偏
19	进、排气（油）通道设计在孔壁上，加工相对困难	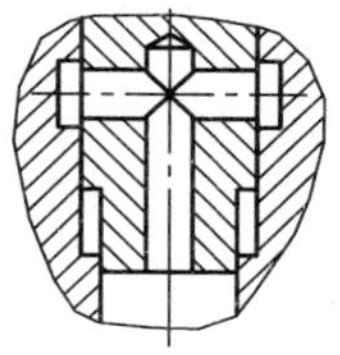	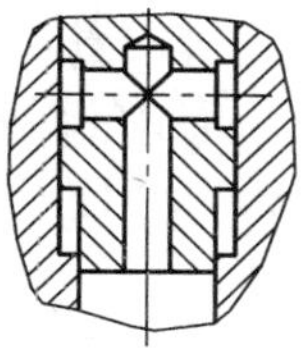	进、排气（油）通道设计在轴的外圆上，加工相对容易

③ 便于数控机床编程。被加工零件的数控工艺性问题涉及面很广，下面结合编程的可能性与方便性来作工艺性分析。编程是否方便常常是衡量数控工艺性好坏的一个指标。如图 2-5 所示，某零件经过抽象的尺寸标注方法，若用 APT 语言编写该零件的源程序，要用几何定义语句描述零件形状时，将遇到麻烦，因为 B 点及其直线 OB 难于定义。解决此问题需要迂回，即先过 B 点作一平行于 L_1 的直线 L_3 并定义它，同时还要定义出直线 AB，才能求出 L_3 与直线 AB 的交点 B，进而定义 OB。否则就要进行机外手工计算，应尽量避免。由此可见，零件图样上尺寸标注方法对工艺性影响较大。为此，对零件设计图样应提出不同的要求，凡经数控加工的零件，图样上给出的尺寸数据应符合编程方便的原则。

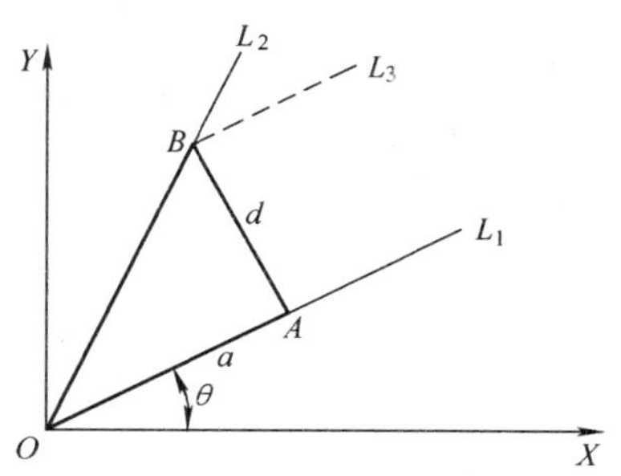

图 2-5　工艺性差的尺寸标注

零件的外形、内腔最好采用统一的几何类型或尺寸，这样可以减少换刀次数，还有可能应用控制程序或专用程序以缩短程序长度。如图 2-6a 所示，由于圆角大小决定着刀具直径大小，很容易看出工艺性好坏。所以应对一些主要的数控加工零件推荐规范化设计结构及尺寸。图 2-6b 所示表明应尽量避免用球头刀加工（此时 $R=r$），一般考虑为 $d=2(R-r)$。

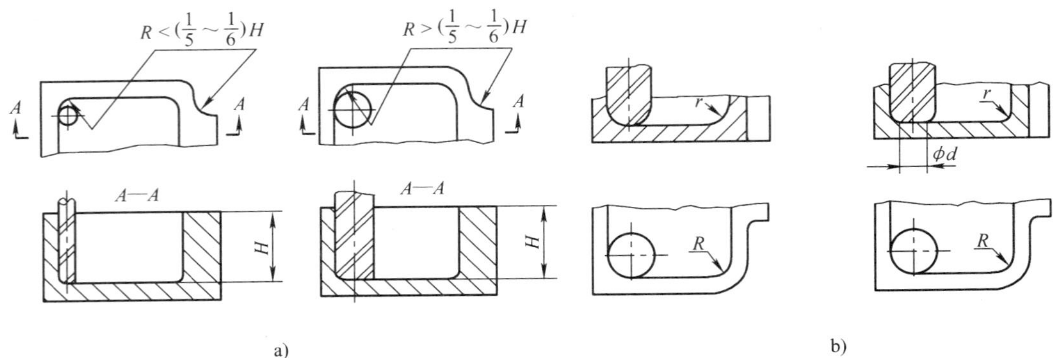

图 2-6 数控工艺性劣对比

此外，有的数控机床有对称加工的功能，编程时对于一些对称性零件，如图 2-7 所示的零件，只需编其半边的程序，以节省编程时间。

④ 便于测量。设计零件结构时，还应考虑测量的可能性与方便性。如图 2-8 所示，要求测量孔中心线与基准面 A 的平行度。在图 2-8a 所示的结构中，由于底面凸台偏置一侧而平行度难于测量，而在图 2-8b 所示的结构中由于增加了一个对称的工艺凸台，并使凸台位置对称，使得测量大为方便。

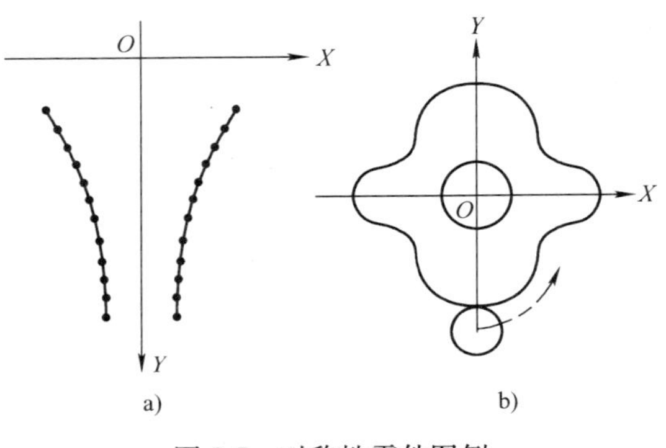

图 2-7 对称性零件图例

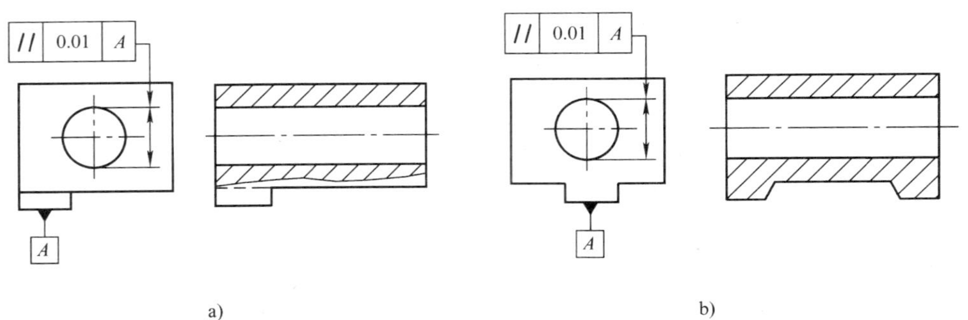

图 2-8 便于测量的零件结构示例

a）改进前的结构 b）改进后的结构

2）装配和维修对零件结构工艺性的要求。零件的结构应便于装配和维修时的拆装。图 2-9a 左图所示结构无透气口，销钉孔内的空气难以排出，故销钉不易装入，改进后的结构如图 2-9a 右图所示。在图 2-9b 中，为保证轴肩与支承面紧贴，可在轴肩处切槽或孔口处倒角，如图 2-9b 右图所示。图 2-9c 所示为两个零件配合，由于同一方向只能有一个定位基面，故图 2-9c 左图所示不合理，而右图所示为合理的结构。在图 2-9d 中，左图所示螺钉装配空间太小，螺钉装不进，改进后的结构如图 2-9d 右图所示。

图 2-10 所示为便于拆装的零件结构示例。在图 2-10a 左图中，由于轴肩超过轴承内圈，

故轴承内圈无法拆卸，图 2-10a 右图为合理结构。图 2-10b 所示为压入式衬套，若在外壳端面设计几个螺孔，如图 2-10b 右图所示，则可用螺钉将衬套顶出。

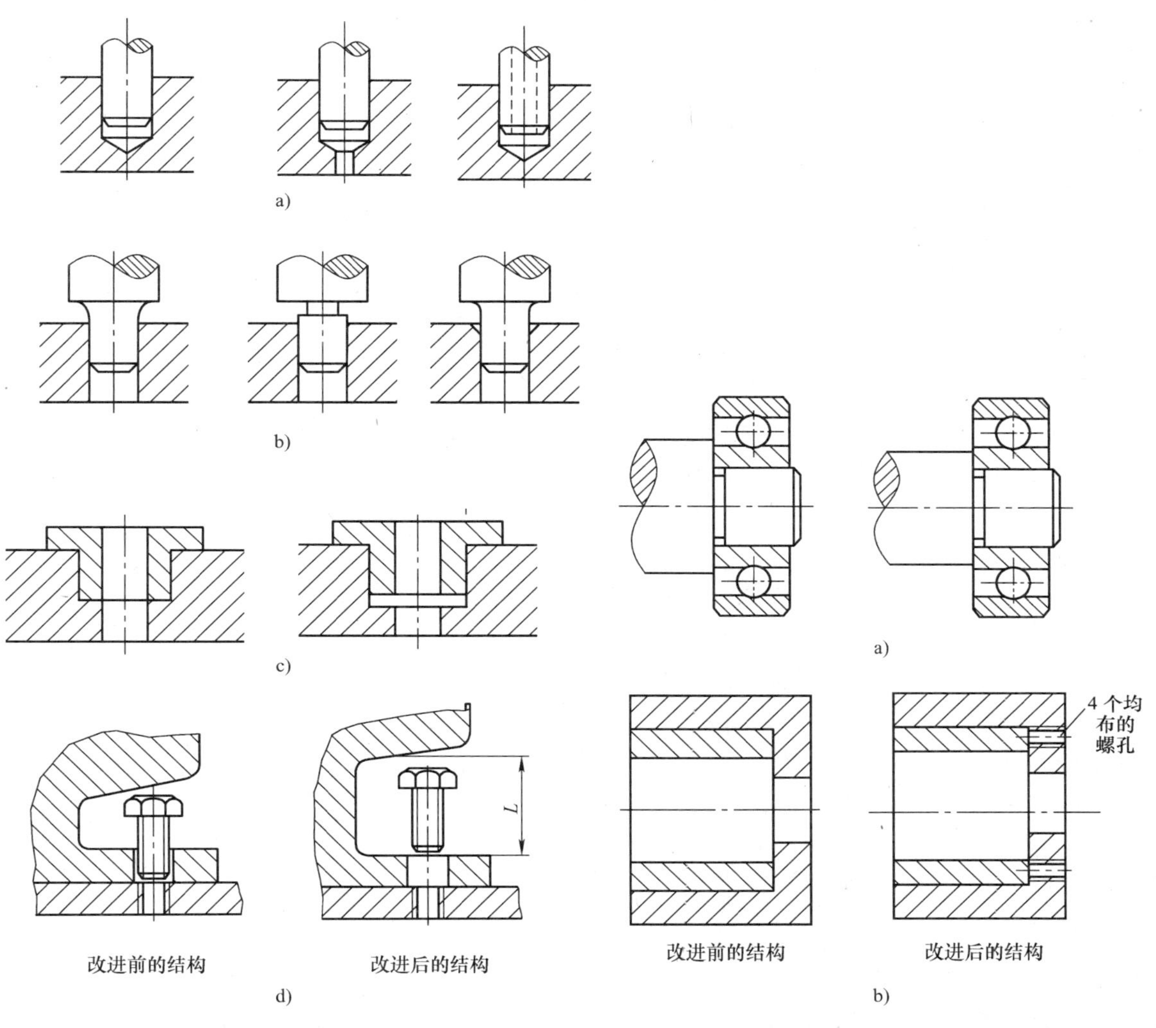

图 2-9　便于装配的零件结构示例

图 2-10　便于拆卸的零件结构示例

2. 毛坯的选择

毛坯是根据零件所要求的形状、工艺尺寸等制成的供进一步加工用的生产对象。制订工艺规程时，选择毛坯的基本任务是：选定毛坯的制造方法及了解毛坯的制造误差和缺陷。毛坯的选择对零件工艺过程的经济性有很大影响，而且还会影响零件的力学性能和使用性能。零件加工过程中的材料消耗、工序数量、加工工时，以及零件的机械强度、金属纤维组织、内部缺陷等都与毛坯的选择有很大关系。因此，选择毛坯种类和制造方法时，应全面考虑机械加工成本和毛坯制造成本，以达到降低零件生产总成本、提高质量的目的。

（1）常见的毛坯种类

1）铸件。对形状较复杂的毛坯，一般可用铸造方法制造。目前大多数铸件采用砂型铸造，对尺寸精度要求较高的小型铸件，可采用特种铸造，如永久型铸造、精密铸造、压力铸造、熔模铸造和离心铸造等。各种铸造方法及工艺特点见表 2-6。

表 2-6 各种铸造方法及工艺特点

毛坯制造方法	最大质量/kg	最小壁厚/mm	形状的复杂性	材料	生产方式	精度等级（IT）	尺寸公差值/mm	表面粗糙度/μm	其他
手工砂型铸造	不限制	3～5	最复杂	铁碳合金、有色金属及其合金	单件生产及小批生产	14～16	1～8	—	加工余量大，一般为 1～10mm；由砂眼和气泡造成的废品率高；表面有结砂硬皮，且结构颗粒大；适于铸造大件；生产率很低
机械砂型铸造	至 250	3～5	最复杂		大批生产及大量生产	14 左右	1～3	—	生产率比手制砂型高数倍至十数倍；设备复杂；但要求工人的技术低；适于制造中小型铸件
永久型铸造	至 100	1.5	简单或平常			11～12	0.1～0.5	12.5	生产率高，因免去了每次制造铸型；单边余量一般为 1～3mm；结构细密，能承受较大压力；占用的生产面积小
离心铸造	通常 200	3～5	主要是旋转体			15～16	1～8	12.5	生产率高，每件只需 2～5min；力学性能好且少砂眼；壁厚均匀；不需泥芯和浇注系统
压铸	10～16	0.5（锌）1.0（其他合金）	由压铸模制造难易程度而定	锌、铝、镁、铜、锡、铅各金属的合金		11～12	0.05～0.15	6.3	生产率最高，每小时可制 50～500 件；设备昂贵；可直接制取零件或仅需少许加工
熔模铸造	小型零件	0.8	非常复杂	适于切削困难的材料	单件生产及成批生产		0.05～0.2	25	占用的生产面积小，每套设备约需 30～40m²；铸件力学性能好；便于组织流水线生产；铸造延续时间长，铸件可不经加工
壳模铸造	至 200	1.5	复杂	铸铁和有色金属	小批至大量	12～14		12.5～6.3	生产率高，一个制砂工班产为 0.5～1.7t；外表面余量为 0.25～0.5mm；孔余量最小为 0.08～0.25mm；便于机械化与自动化；铸件无硬皮

（续）

毛坯制造方法	最大质量/kg	最小壁厚/mm	形状的复杂性	材料	生产方式	精度等级（IT）	尺寸公差值/mm	表面粗糙度/μm	其　他
自由锻造	不限制	不限制	简单	碳素钢、合金钢	单件及小批生产	14～16	1.5～2.5	—	生产率低且需高级技工；余量大，为3～30mm；适用于机械修理厂和重型机械厂的锻造车间
模锻（利用锻锤）	至100	2.5	由锻模制造难易而定	碳素钢、合金钢及合金	成批及大量生产	12～14	0.4～2.5	12.5	生产率高且不需高级技工；材料消耗少；锻件力学性能好，强度增加
精密模锻	通常100	1.5	由锻模制造难易而定	碳素钢、合金钢及合金	成批及大量生产	11～12	0.05～0.1	6.3～3.2	光压后的锻件可不经机械加工或直接进行精加工

2）锻件。毛坯经锻造后可得到连续和均匀的金属纤维组织。因此锻件的力学性能较好，常用于强度要求较高、受力复杂且形状比较简单的重要钢质零件。锻造方法可分为自由锻造和模锻。其中，自由锻件的精度低，生产率低，主要用于单件、小批生产和大型锻件的制造。模锻锻造件的尺寸精度高、质量好，生产率高，主要用于产量较大的中小型锻件。各种锻造方法及工艺特点见表2-6。

3）型材。型材品种规格很多，主要有板材、棒材、线材等；常用截面形状有圆形、方形、六角形，以及管材、板材、带材等。就其制造方法，又可分为热轧和冷拉两大类。热轧型材尺寸较大，精度较低，用于一般的机械零件。冷拉型材尺寸较小，精度较高，主要用于毛坯精度要求较高的中小型零件。

4）焊接件。将型钢或钢板焊接（熔化焊、接触焊、钎焊）成所需要的结构件即为焊接件，主要用于单件、小批生产和大型零件及样机试制。其优点是结构质量小、制造周期短、节省材料，但其抗振性较差、热变形大，且需经时效处理后才能进行机械加工。

5）冲压件。用冲压的方法制成的工件或毛坯。冲压件的精度较高（尺寸误差为0.05～0.50mm，表面粗糙度 Ra 值为1.25～5μm），冲压的生产率也较高，适用于加工形状复杂、批量较大的中小尺寸板料零件。

6）冷挤压件。冷挤压零件的精度可达IT6～IT7级，表面粗糙度 Ra 值为0.16～2.5μm。可挤压的金属材料有碳钢、低碳合金钢、高速钢、轴承钢、不锈钢以及有色金属（铜、铝及其合金），适用于批量大、形状简单、尺寸小的零件或半成品的加工。不少精度要求较高的仪表、航空发动机的小零件经挤压后，不需要再经过切削加工便可使用。

7）粉末冶金件。以金属粉末为原料，用压制成形和高温烧结来制造金属制品和金属材料，其尺寸精度可达IT6级，表面粗糙度 Ra 值为0.08～0.63μm，成形后无需切削，材料损失少，工艺设备较简单，适用于大批量生产。但金属粉末冶金生产成本高，结构复杂的零件以及零件的薄壁、锐角等成形困难。

（2）毛坯的选择原则　毛坯的种类与质量对加工质量、材料消耗、生产率、成本密切相关。一般要求毛坯与成品零件尽可能接近，以节约材料、降低成本，但因此又会造成毛坯制造难度增大，成本提高。为合理解决这一矛盾，在选择毛坯时必须考虑以下问题：

1）零件的生产纲领。当零件的产量较大时，应选择精度较高和生产率都比较高的毛坯制造方法。这时所增加的毛坯制造费用可由减少材料消耗的费用和机械加工的费用来补偿。例如，铸件采用金属模机器造型或精密铸造，单件小批生产时应选择精度和生产率较低的毛坯制造方法。

2）零件材料及其工艺特性。零件的材料大致确定了毛坯的种类。例如，铸铁零件应选择铸件毛坯；钢质零件当形状不复杂、力学性能要求不太高时可选用型材，当形状复杂而力学性能要求不高时可用铸钢件，当力学性能要求高时则宜用锻件；有色金属零件常选择型材或铸造毛坯。

3）零件形状和外形尺寸。形状复杂的毛坯一般采用铸造方法制造，薄壁零件不宜用砂型铸造。一般用途的阶梯轴，如果各段直径相差不大，可选用圆棒料；如果各段直径相差较大，为减少材料消耗和机械加工的劳动量，则宜采用锻造毛坯。尺寸大的零件一般选择自由锻造，中小型零件可考虑选择模锻件。

4）现有生产条件。选择毛坯时，不应脱离生产设备和工艺水平，但又要结合产品的发展，积极创造条件，采取先进的毛坯制造方法。

5）新工艺、新材料。为节约材料和能源，提高机械加工生产率，应充分考虑精密铸造、精锻、冷轧、冷挤压、粉末冶金、异型钢材及工程塑料等在机械制造中的应用，这样，可大大减少机械加工量，甚至不需要进行加工，经济效益非常显著。

（3）毛坯的形状及尺寸　现代机械制造发展的趋势之一是精化毛坯，使毛坯形状和尺寸尽量接近零件，从而实现少屑甚至无屑加工。但由于现有毛坯制造技术和设备投资的经济性方面的原因，以及产品零件的加工精度和表面质量要求越来越高，使得目前毛坯的某些表面仍需留有加工余量，以便通过机械加工达到零件的技术要求。毛坯制造尺寸与零件图样上相应尺寸的差值称为毛坯加工余量，毛坯制造尺寸的公差称为毛坯公差。毛坯加工余量和毛坯公差都与毛坯制造方法有关，生产中可参阅有关机械加工工艺手册选取。

确定毛坯的形状与尺寸的步骤如下：① 选取毛坯加工余量和毛坯公差；② 将毛坯加工余量叠加在零件的相应加工表面上，从而计算出毛坯尺寸；③ 标注毛坯的尺寸与公差。

在有些情况下，毛坯的形状要与零件的形状有所不同。例如，为了加工时装夹工件方便，在其毛坯上要做出必要的工艺凸台，如图 2-11 所示，工艺凸台在零件加工后一般应切除。又如车床丝杠的开合螺母外壳，它由两个零件合成一个铸件毛坯，待加工到一定阶段后再切割分离开，以保证加工质量和加工方便，如图 2-12 所示。

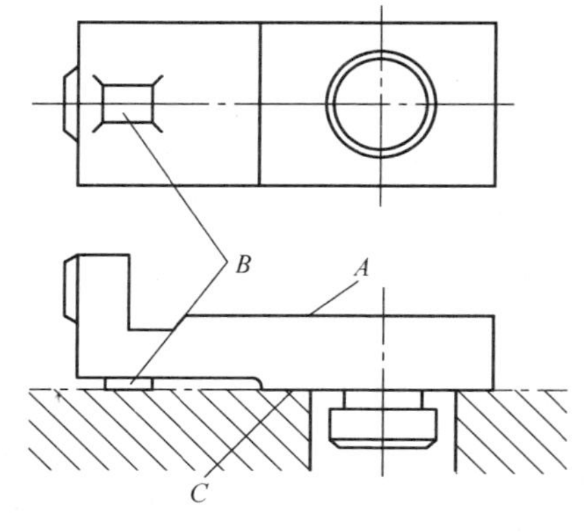

图 2-11　工艺凸台

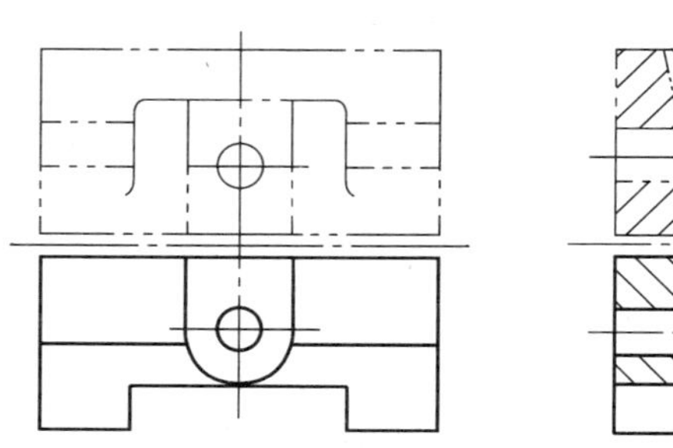

图 2-12　车床丝杠的开合螺母外壳示意

3. 工件的定位及定位基准的选择

为了在工件的某一部位上加工出符合规定技术要求的表面，在机械加工前必须使工件在机床上占据某一正确的位置，这个过程称为工件的定位。在制订机械加工工艺规程时，正确选择定位基准，对保证零件的加工精度和合理安排加工顺序有着至关重要的影响。选择定位基准不同，工艺过程也随之不同。

(1) 工件定位原理

1) 六点定位原理。任何刚体在空间都有 6 个自由度，即沿空间 3 个互相垂直的坐标轴 $\overrightarrow{X}$、$\overrightarrow{Y}$、$\overrightarrow{Z}$ 的移动和绕 3 个坐标轴 $\overset{\frown}{X}$、$\overset{\frown}{Y}$、$\overset{\frown}{Z}$ 的转动（见图 2-13）。如果用 6 个支承点与工件接触使其 6 个自由度完全消除，则该工件在空间的位置就完全确定了，这就是六点定位原理。

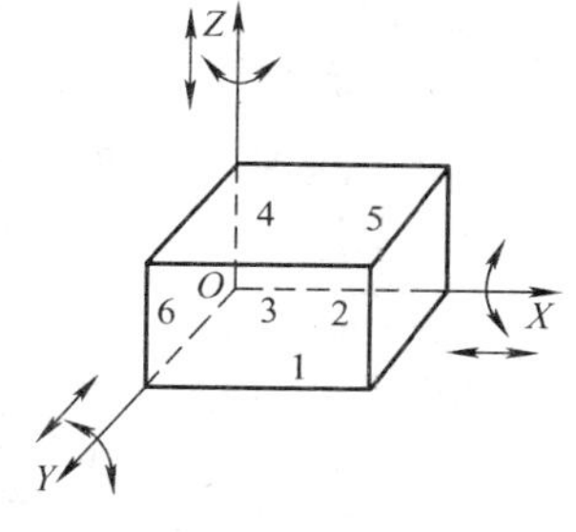

图 2-13　空间自由度

2) 完全定位与不完全定位。工件在定位时应限制的自由度数，完全由工件在该工序中的加工要求决定。如图 2-14 所示的工件，要求其顶面加工后与底面的距离为 h，则按此要求只需限制 $\overrightarrow{Z}$、$\overset{\frown}{X}$、$\overset{\frown}{Y}$ 三个自由度。若要求在工件顶面铣一个槽，要求其侧面和底面分别平行于工件的侧面和底面，且此槽与侧面和底面还有一定的距离要求，那么除了消除 $\overrightarrow{Z}$、$\overset{\frown}{X}$、$\overset{\frown}{Y}$ 三个自由度外，还须限制 $\overset{\frown}{Z}$、$\overrightarrow{Y}$ 两个自由度。若在工件上钻两个孔，就必须限制工件的 6 个自由度。工件的 6 个自由度全部被限制，在空间占有完全正确的唯一位置的定位，称为完全定位；部分自由度被限制（不到 6 个）的定位，称为不完全定位。实际加工中，具体需要限制哪几个自由度，需要根据加工工序确定。

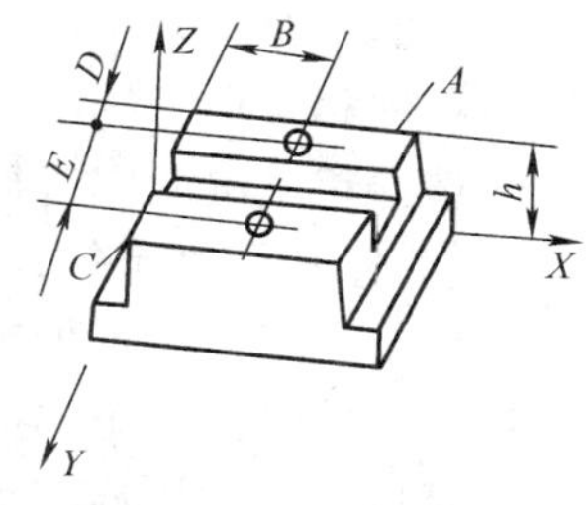

图 2-14　加工要求与自由度

3) 欠定位与过定位。按工艺要求应该被限制的自由度而未被限制的定位，称为欠定位。欠定位不能保证加工精度，因而是不允许的。工件的某一自由度同时被一个以上的定位支点限制的定位，称为过定位。如图 2-15 所示，齿轮的内孔用长销定位，底面用平面定位，这就是过定位了。因为平面限制了 $\overrightarrow{Z}$、$\overset{\frown}{X}$、$\overset{\frown}{Y}$ 三个自由度，长销限制了 $\overrightarrow{X}$、$\overrightarrow{Y}$、$\overset{\frown}{X}$、$\overset{\frown}{Y}$ 四个自由度，可以看出其中 $\overset{\frown}{X}$、$\overset{\frown}{Y}$ 被重复限制了。由于工件和夹具都有误差，这时工件的位置就有两个可能：按长销定位时，底面靠不牢；按底面定位时，长销会被压弯。

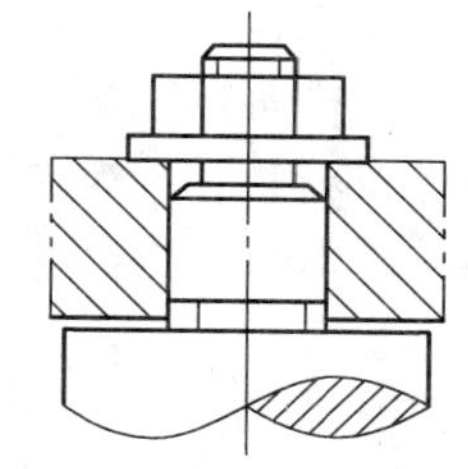

图 2-15　过定位示意图

(2) 定位基准的选择　工件的正确定位除了要遵守六点定位原则外，还要正确选择定位基准，避免产生定位误差和夹紧误差。

基准是用来确定生产对象上的几何要素之间的几何关系所依据的那些点、线、面。在加工时用于工件定位的基准称为定位基准。定位基准有粗基准和精基准之分。在加工过程的第一道工序中，只能用毛坯的未加工表面作为定位基准，称为粗基准。在以后的加工工序中，一般用加工过的表面作为定位基准，称为精基准。

1) 粗基准选择原则。在制订零件加工工艺规程时，总是首先考虑选择怎样的精基准把各个主要表面加工出来，然后再考虑选择怎样的粗基准把作为精基准的表面先加工出来。

选择不同的粗基准所带来的影响可以通过图 2-16 的例子来说明。

图 2-16 所示的零件毛坯，由于在铸造时内孔 2 与外圆 1 之间难免会有偏心，因此在加工时，如果用不需加工的外圆 1 为粗基准（用自定心卡盘夹持外圆）加工内孔，由于此时外圆 1 的中心线与机床主轴的回转中心线重合，所以加工后内孔 2 与外圆 1 是同轴的，即加工后孔的壁厚是均匀的，但是内孔的加工余量却是不均匀的，如图 2-16a 所示。反之，如果选择内孔 2 作为粗基准（用单动卡盘夹持外圆 1，然后按内孔 2 找正），由于此时内孔 2 的中心线与机床主轴的回转中心线重合，内孔 2 的加工余量是均匀的，但加工后的内孔 2 与外圆 1 不同轴，即加工后的壁厚是不均匀的，如图 2-16b 所示。

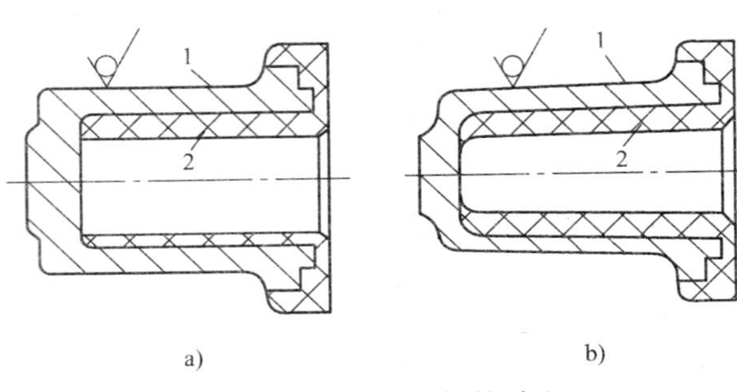

图 2-16 粗基准选择的对比
1—外圆 2—内孔

由此可见，粗基准的选择主要影响不加工表面与加工表面间的相互位置精度（例如图 2-16 加工后的壁厚均匀性），以及影响加工表面的余量分配；要保证各重要加工面都有足够的加工余量和相互位置精度，同时还要保证装夹可靠。

选择粗基准时应遵循以下原则。

① 对于同时具有不加工面与加工面的零件，为了保证加工表面与不加工表面间的相互位置精度，尽量用不加工表面作粗基准。如果零件上有多个不加工表面，则以其中与加工面间相互位置精度要求高的表面作粗基准。如图 2-16a 所示的零件，为了保证内孔 2 镗削后零件壁厚均匀，应选择不加工面（外圆 1）作粗基准。

② 如果零件上所有表面都需机械加工，则应选择重要表面或加工余量要求均匀的表面作为粗基准。如图 2-17 所示床身零件，导轨面是重要表面，要求耐磨性要好，且整个导轨面内应具有一致的力学性能，因此要求加工余量均匀。在铸造床身毛坯时，由于铸造精度较低，导轨面与床腿底面不平行，加工时应选择导轨面作为粗基准先加工床腿底面，如图 2-17a 所示，然后以床脚平面作精基准定位加工导轨面（见图 2-17b)，保证了导轨面的加工余量均匀，进而保证了导轨面的质量。

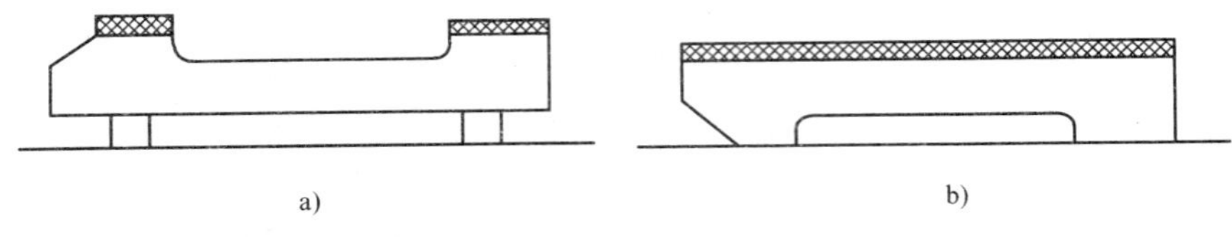

图 2-17 床身加工粗基准的确定

③ 粗基准在同一尺寸方向上尽可能避免重复使用。因为毛坯表面精度低，每一次装夹的位置都是随机的、变化的，难以保证加工精度。如图 2-18 所示的小轴加工，如果重复使用 B 面加工 A 面、C 面，则 A 面和 C 面的轴线将产生较大的同轴度误差。

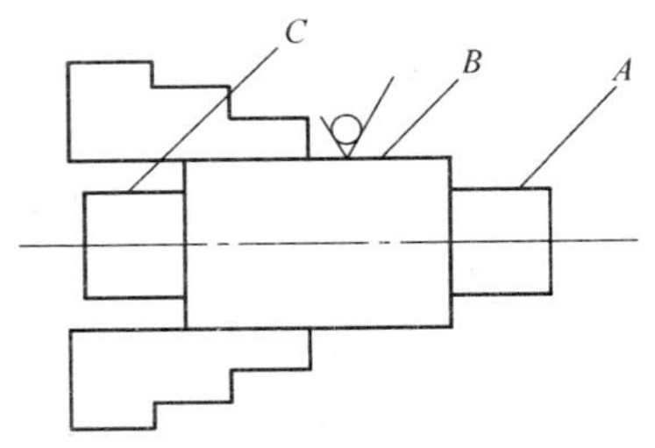

图 2-18 重复使用粗基准示例

④ 尽可能选大而平整的表面作粗基准，没有飞边、浇口、冒口或其他缺陷，以便定位可靠。

2）精基准选择原则。精基准的选择应从保证零件加工精度出发，同时考虑装夹是否方便、夹具结构是否简单。选择精基准一般应遵循如下原则。

① 基准重合原则。尽可能选择设计基准或工序基准作为定位精基准，以避免因基准不重合所带来的定位误差。如图 2-19 所示，选择设计基准 A 为定位基准加工 B 面时，由于基准重合只产生加工误差 δa，只要加工误差 δa 在尺寸 a 的公差范围之内即可满足加工要求。而在加工 C 面时，其设计基准为 B 面，当采用 A 面进行定位时，加工完的 C 面即使和 A 面没有加工误差（实际上是有加工误差的），由于加工 B 面时尺寸 a 已经产生误差 δa，相应的尺寸 b 也会有 δa 的误差。可以看出 δa 不是加工 C 面产生的误差，而是由于基准不重合产生的，这种由于基准不重合造成的定位误差称为基准不重合误差。对加工 B 面而言，设计基准和定位基准都是 A 面，符合基准重合原则；而对加工 C 面而言，设计基准是 B 面而定位基准是 A 面，不符合基准重合原则。可以看出，加工完 C 面获得的尺寸 b 不仅有自身的加工误差 δb 还有基准不重合造成的误差 δa。两者之和应小于尺寸 b 的公差，因此增加了加工 C 面的难度。

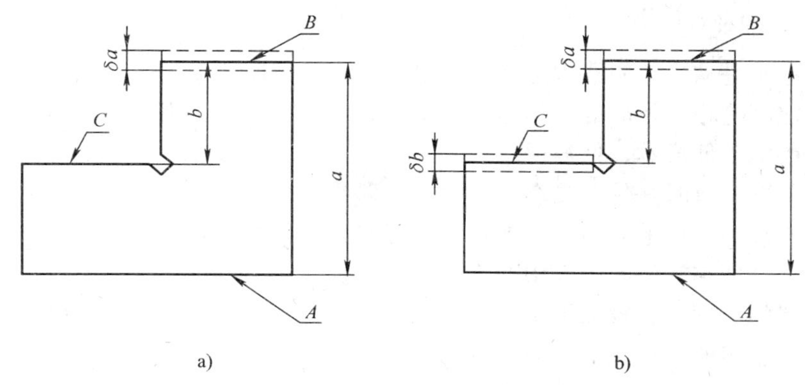

图 2-19　基准不重合引起的误差

② 基准统一（基准不变）原则。一个零件上往往有很多表面需要加工，这些表面之间还有相互位置精度要求。采用某一个或一组表面作为统一的精基准来定位，把尽可能多的其他表面都加工出来，这样因基准统一，易于保证各加工表面间的相互位置精度。

如轴类零件，采用顶尖孔作为统一精基准加工各个外圆表面及轴肩端面，这样可以保证各个外圆表面之间的同轴度以及各轴肩端面与轴心线的垂直度。机床主轴箱箱体多采用底面和导向面作为统一精基准加工各轴孔、前端面和侧面。一般箱体形零件常采用一个大平面和两个距离较远的孔作为统一精基准。圆盘和齿轮零件常采用一端面和短孔作为统一精基准。活塞常采用底面和止口作为统一精基准。

采用基准统一原则可减少工装设计及制造的费用、提高生产率，并且可以避免基准转换所造成的误差。

③ 互为基准原则。对于相互位置精度要求较高的表面，往往采用互为基准、反复加工的方法予以保证。如加工精密齿轮时，先以内孔定位加工齿形面，齿面淬硬后再磨齿。因齿面淬硬层较薄，磨齿余量应力求小而均匀，所以就需先以齿面为定位基准磨内孔（见图 2-20），再以内孔为定位基准磨齿面，从而保证磨齿余量小而均匀，且与齿面的相互位置精度又较易得到保证。

④ 自为基准原则。对于本身精度要求较高或加工余量尽可能小且均匀的加工表面，常采用选择加工表面本身作为定位基准。如图 2-21 所示，磨削车床导轨面，用可调支承支撑床身零件，在导轨磨床上用百分表找正导轨相对机床运动方向的正确位置，然后加工导轨面。满足了精磨导轨面余量小且均匀的要求，提高了导轨的表面加工质量。此外，用浮动铰刀铰孔、用拉刀拉孔、用无心磨床磨外圆等，均为自为基准的实例。

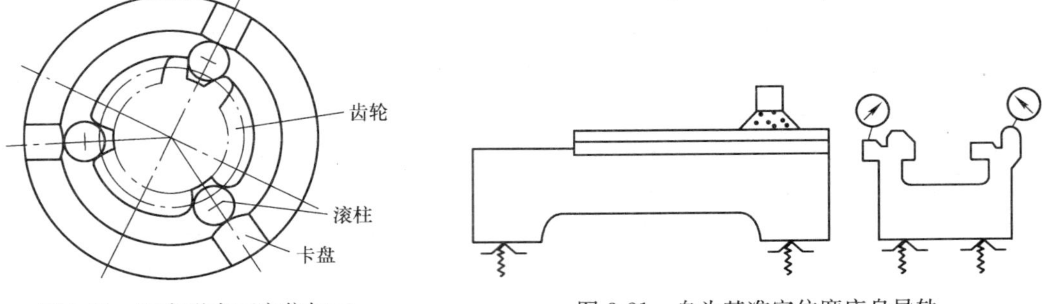

图 2-20 以齿形表面定位加工

图 2-21 自为基准定位磨床身导轨

以上选择原则是从生产实践中总结归纳出来的，是长期加工工艺经验的积累。

有些原则之间是相互矛盾的，具体使用中要抓住主要矛盾，在确保加工质量的前提下，力求所选基准能实现低成本、低消耗。

(3) 辅助基准　有时工件上没有能作为定位基准用的恰当表面，这时就必须在工件上人为设置或加工出定位基准，称为辅助基准。辅助基准在零件的工作中并无用处，它完全是为了加工需要而设置的。例如，轴加工用的中心孔、箱体工件的两工艺孔、活塞加工用的止口和下端面（见图 2-22）就是典型的例子。

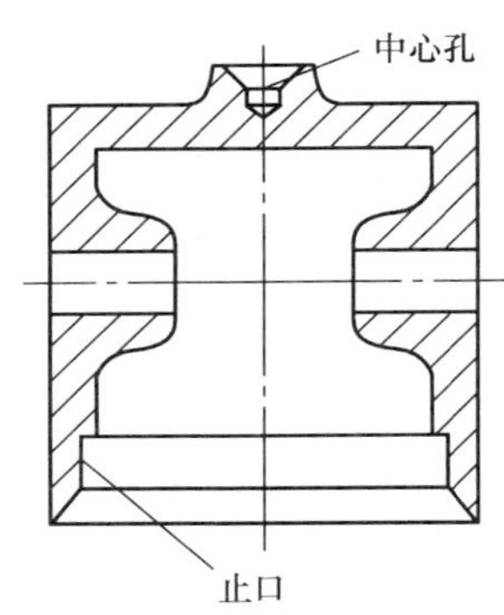

图 2-22 活塞加工用的辅助基准

工件上往往有多个表面需要加工，会有多个设计基准。要遵循基准重合原则，就会有较多定位基准，因而夹具种类也较多。为了减少夹具种类、简化夹具结构，可设法在工件上找到一组基准，或者在工件上专门设计一组辅助定位基面，用它们来定位加工工件上多个表面，遵循基准统一原则。

4. 工艺路线的拟订

拟订工艺路线是指拟订零件加工所经过的有关部门和工序的先后顺序。工艺路线的拟订是制订工艺规程的关键，其主要任务是选择各个加工表面的加工方法和加工方案，确定各个表面的加工顺序以及整个工艺过程的工序数目和工序内容。它与零件的加工要求、生产批量及生产条件等多种因素有关。关于工艺路线的拟订，目前还没有一套普遍而完善的方法，而多是采取经过生产实践总结出的一些综合性原则。在应用这些原则时，要结合具体的生产类型及生产条件灵活处理。

(1) 表面加工方法的选择

1) 典型表面加工方法。机械零件尽管多种多样，但均由一些诸如平面、外圆表面、内孔表面、锥面、螺纹、齿形等常见的基本表面和特形表面组成。加工零件的过程实际上是加工这些表面的过程。而每一种表面的加工方法都不是唯一的。表面的技术要求越高，加工过程越长，采用的加工方法越多。选择表面加工方法时，一般先根据表面的加工精度和表面粗糙度要求，结合生产率和经济性及工厂的生产条件，选定最终加工方法；然后将采用的加工方法按一定顺序组合起来，依次对表面进行由粗到精的加工，以达到规定的技术精度要求，即确定加工方案。

各种加工方法所能达到的经济精度和经济表面粗糙度等级，以及各种典型的加工方法，在机械加工的各种手册中均能查到。表 2-7、表 2-8、表 2-9 分别摘录了外圆、内孔和平面等典型表面的加工方法所能达到的加工经济精度和经济表面粗糙度（经济精度以公差等级表示），表 2-10 摘录了各种加工方法加工轴线平行孔系的位置精度（用距离误差表示），供选用时参考。

表 2-7　外圆柱面加工方法

序号	加工方法	经济精度（公差等级表示）	经济表面粗糙度值 $Ra/\mu m$	适用范围
1	粗车	IT11～IT13	12.5～50	适用于淬火钢以外的各种金属
2	粗车-半精车	IT8～IT10	3.2～6.3	
3	粗车-半精车-精车	IT7～IT8	0.8～1.6	
4	粗车-半精车-精车-滚压（或抛光）	IT7～IT8	0.025～0.2	
5	粗车-半精车-磨削	IT7～IT8	0.4～0.8	主要用于淬火钢，也可用于未淬火钢，但不宜加工有色金属
6	粗车-半精车-粗磨-精磨	IT6～IT7	0.1～0.4	
7	粗车-半精车-粗磨-精磨-超精加工（或轮式超精磨）	IT5	0.012～0.1（或 Rz0.1）	
8	粗车-半精车-精车-精细车（金刚车）	IT6～IT7	0.025～0.4	主要用于要求较高的有色金属加工
9	粗车-半精车-粗磨-精磨-超精磨（或镜面磨）	IT5 以上	0.006～0.025（或 Rz0.05）	极高精度的外圆加工
10	粗车-半精车-粗磨-精磨-研磨	IT5 以上	0.006～0.1（或 Rz0.05）	

表 2-8　孔加工方法

序号	加工方法	经济精度（公差等级表示）	经济表面粗糙度值 $Ra/\mu m$	适用范围
1	钻	IT11～IT13	12.5	加工未淬火钢及铸铁的实心毛坯，也可用于加工有色金属，孔径小于 15～20mm
2	钻-铰	IT8～IT10	1.6～6.3	
3	钻-粗铰-精铰	IT7～IT8	0.8～1.6	
4	钻-扩	IT10～IT11	6.3～12.5	加工未淬火钢及铸铁的实心毛坯，也可用于加工有色金属，孔径大于 15～20mm
5	钻-扩-铰	IT8～IT9	1.6～3.2	
6	钻-扩-粗铰-精铰	IT7	0.8～1.6	
7	钻-扩-机铰-手铰	IT6～IT7	0.2～0.4	
8	钻-扩-拉	IT7～IT9	0.1～1.6	大批、大量生产（精度由拉刀的精度而定）

（续）

序号	加工方法	经济精度（公差等级表示）	经济表面粗糙度值 $Ra/\mu m$	适用范围
9	粗镗（或扩孔）	IT11～IT13	6.3～12.5	除淬火钢外各种材料，毛坯有铸出孔或锻出孔
10	粗镗（粗扩）-半精镗（精扩）	IT9～IT10	1.6～3.2	
11	粗镗（粗扩）-半精镗（精扩）-精镗（铰）	IT7～IT8	0.8～1.6	
12	粗镗（粗扩）-半精镗（精扩）-精镗-浮动镗刀精镗	IT6～IT7	0.4～0.8	
13	粗镗（扩）-半精镗-磨孔	IT7～IT8	0.2～0.8	主要用于淬火钢，也可用于未淬火钢，但不宜用于有色金属
14	粗镗（扩）-半精镗-粗磨-精磨	IT6～IT7	0.1～0.2	
15	粗镗-半精镗-精镗-精细镗（金刚镗）	IT6～IT7	0.05～0.4	主要用于精度要求高的有色金属加工
16	钻（扩）-粗铰-精铰-珩磨；钻-（扩）-拉-珩磨；粗镗-半精镗-精镗-珩磨	IT6～IT7	0.025～0.2	精度要求很高的孔
17	钻（扩）-粗铰-精铰-珩磨；钻-（扩）-拉-珩磨；粗镗-半精镗-精镗-研磨	IT5～IT6	0.006～0.1	

表 2-9　平面加工方法

序号	加工方法	经济精度（公差等级表示）	经济表面粗糙度值 $Ra/\mu m$	适用范围
1	粗车	IT11～IT13	12.5～50	端面
2	粗车-半精车	IT8～IT10	3.2～6.3	
3	粗车-半精车-精车	IT7～IT8	0.8～1.6	
4	粗车-半精车-磨削	IT6～IT8	0.2～0.8	
5	粗刨（或粗铣）	IT11～IT13	6.3～25	一般不淬硬平面（端铣表面粗糙度 Ra 值较小）
6	粗刨（或粗铣）-精刨（或精铣）	IT8～IT10	1.6～6.3	
7	粗刨（或粗铣）-精刨（或精铣）-刮研	IT6～IT7	0.1～0.8	精度要求较高的不淬硬平面，批量较大时宜采用宽刃精刨方案
8	粗刨（或粗铣）-精刨（或精铣）-宽刃精刨	IT7	0.2～0.8	
9	粗刨（或粗铣）-精刨（或精铣）-磨削	IT7	0.2～0.8	精度要求高的淬硬平面或不淬硬平面
10	粗刨（或粗铣）-精刨（或精铣）-粗磨-精磨	IT6～IT7	0.025～0.4	
11	粗铣-拉	IT7～IT9	0.2～0.8	大量生产，较小的平面（精度视拉刀精度而定）
12	粗铣-精铣-磨削-研磨	IT5 以上	0.006～0.1（或 Rz0.05）	高精度平面

表 2-10 轴线平行的孔系的位置精度（经济精度） （单位：mm）

加工方法	工具的定位	两孔轴线间的距离误差或从孔轴线到平面的距离误差	加工方法	工具的定位	两孔轴线间的距离误差或从孔轴线到平面的距离误差
立式钻床或摇臂钻床上钻孔	用钻模	0.1～0.2	卧式镗床上镗孔	用镗模	0.05～0.08
	按划线	1.0～3.0		按定位样板	0.08～0.2
立式钻床或摇臂钻床上镗孔	用镗模	0.05～0.03		按定位器的指示读数	0.04～0.06
车床上镗孔	按划线	1.0～2.0		用块规	0.05～0.1
	用带有滑磨的角尺	0.1～0.3		用内径规或用塞尺	0.05～0.25
坐标镗床上镗孔	用光学仪器	0.004～0.015		用程度控制的坐标装置	0.04～0.05
金刚镗床上镗孔		0.008～0.02		用游标尺	0.2～0.4
多轴组合机床上镗孔	用镗模	0.03～0.05		按划线	0.4～0.6

必须指出，经济精度的数值不是一成不变的。随着科学技术的发展、工艺技术的改进，加工经济精度会逐步提高。

2）选择加工方法时考虑的因素。选择加工方法，一般是根据经验或查表来确定，再根据实际情况或工艺试验进行修改。从表 2-7～表 2-9 的数据可知，满足同样精度要求的加工方法有若干种，所以选择时还要考虑下列因素：

① 选择相应能获得经济精度的加工方法。如加工精度为 IT7，表面粗糙度为 $Ra0.4\mu m$ 的外圆柱表面，通过精车是可以达到要求的，但不如磨削经济。

② 工件材料的性质。如淬火钢的精加工要用磨削，但精加工有色金属圆柱表面时，为避免磨削时堵塞砂轮，要用高速精细车或精细镗（金刚镗）。

③ 工件的结构形状和尺寸大小。如对于加工精度要求为 IT7 的孔，采用镗削、铰削、拉削和磨削均可达到要求。但箱体上的孔，一般不宜选用拉孔或磨孔，而宜选择镗孔或铰孔，孔径大时选镗孔，孔径小时选铰孔。

④ 结合生产类型考虑生产率和经济性的要求。大批量生产时，应采用高效率的先进工艺。如用拉削方法加工孔和平面，同时加工几个表面的组合铣削和磨削等。单件、小批生产时，宜采用刨削、铣削平面和钻、扩、铰孔等加工方法，避免盲目地采用高效加工方法和专用设备而造成经济损失。

⑤ 现有生产条件。应该充分利用现有设备，选择加工方法时要注意合理安排设备负荷。同时要充分挖掘企业潜力，发挥工人的积极性和创造性。

（2）加工阶段的划分 当零件表面精度和表面粗糙度要求比较高时，往往不可能在一个工序中加工完成，而划分为几个阶段来进行加工。

1）工艺过程的 4 个加工阶段。

① 粗加工阶段。粗加工切除各表面上的大部分加工余量，使毛坯形状和尺寸接近于零件成品。该阶段的特点是使用大功率机床，选用较大的切削用量，尽可能提高生产率和降低刀具磨损等。

② 半精加工阶段。半精加工消除粗加工后留下的误差，使工件达到一定的精度，为精加工做准备，并完成一些次要表面的加工（如钻孔、攻螺纹、铣键槽等)。

③ 精加工阶段。精加工保证各主要表面达到图样要求。

④ 光整加工阶段。光整加工用于表面粗糙度及加工精度要求高的表面。其主要任务是提高表面粗糙度或进一步提高尺寸精度及形状精度，一般不能用于提高零件的位置精度。

应当指出，加工阶段的划分是就零件加工的整个过程而言，不能以某个表面的加工或某个工序的性质来判断。在具体应用时，也不可以绝对化，对有些重型零件或余量小、精度不高的零件，可以在一次装夹后完成表面的粗精加工。

2）划分加工阶段的目的。

① 有利于保证加工质量。工件在粗加工后，由于加工余量较大，所受的切削力、夹紧力也较大，将引起较大的变形及内应力重新分布。如果工艺过程不划分阶段，把各个表面的粗、精加工工序混在一起交错进行，则安排在前面的精加工工序得到的精度，必然会被后续的粗加工工序破坏。而划分加工阶段以后，粗加工工序造成的加工误差，可通过半精加工和精加工逐步恢复和修正变形，提高加工质量。

② 便于合理使用设备。粗加工要求采用刚性好、效率高而精度较低的机床，精加工则要求机床精度高。划分加工阶段后，可以避免以精干粗，充分发挥机床的性能，延长机床的使用寿命。

③ 便于安排热处理工序和检验工序。例如，材料预备热处理前安排粗加工，有利于消除粗加工产生的内应力，最终热处理后安排精加工可以去除淬火后的工件变形。

④ 便于及早发现毛坯缺陷及避免损伤已加工表面。毛坯经粗加工阶段后，缺陷（如气孔、砂眼、裂纹和余量不够等）即已暴露，可以及时发现和处理。同时，精加工工序放在最后，可以避免加工好的表面在搬运和夹紧中受到损伤。

在拟订零件的工艺路线时，一般应遵循划分加工阶段这一原则，但具体应用时要灵活处理。例如，对一些精化毛坯，加工精度要求较低而刚性又好的零件，可不必划分加工阶段。又例如，对于一些刚性较好的重型零件，由于吊装较困难，往往不划分加工阶段而在一次装夹后完成粗、精加工。

前已指出，划分加工阶段是对零件的整个工艺过程而言，不能从某一表面的加工或某一工序的性质来判断。例如，某些定位基面的精加工，在半精加工甚至粗加工阶段就要完成，而不能放在精加工阶段。

（3）工序顺序的安排

1）机械加工工序顺序。机械加工工序是工艺规程的主要内容，其加工顺序安排总的原则是前面的工序为后续工序创造条件。

① 先粗后精。即先安排各表面的粗加工工序，后安排精加工工序。一般零件在加工时，总是先对该零件进行各个表面的粗加工，再进行半精加工，最后进行精加工和光整加工。这样有利于逐步消除加工误差和表面缺陷，从而逐步提高零件的加工精度和表面质量。

② 先基准后其他。即先加工基准面，后加工其他面。用作精基准的表面要首先加工出来，以便为后续工序提供可靠的精基准。所以第一道工序一般进行定位基准的粗加工或半精加工（有时包括精加工)，然后以精基准面定位加工其他表面。

③ 先主后次。即先加工主要表面，后加工次要表面。零件的主要表面是加工精度和表

面质量要求高的表面，它的工序较多，其加工质量对零件质量影响大，因此通常先加工精度和表面质量要求高的零件表面和装配基面，从而能及早发现毛坯中可能出现的缺陷。一些次要表面（如紧固用的螺孔、键槽等），一般加工量较小，加工比较方便，因而把其加工穿插在各加工阶段中进行，使加工阶段更明显且能顺利进行，又能增加加工阶段的时间间隔，可以有足够的时间让残留应力重新分布并使其引起的变形充分表现，以便在后续工序中修正。

④ 先面后孔。即先加工平面，后加工孔。因为平面一般面积较大，轮廓平整，先加工好平面，便于加工孔时的定位安装，利于保证孔与平面的位置精度，同时也给孔的加工带来方便。另外，由于平面已加工好，在平面上进行孔加工时，刀具的初始工作条件得到改善。

例如箱体加工时，先以毛坯轴承孔定位，加工出平面（精基准），一般来说该平面以及其上的工艺孔是箱体加工的统一基准；再以该平面定位，加工出轴承孔。

2）热处理工序的安排。热处理的目的是提高材料的力学性能、消除残留应力和改善金属的切削加工性。

机械零件常用的热处理工艺有：退火、正火、调质、时效、淬火、回火、渗碳淬火和渗氮等。按照热处理目的的不同，上述热处理工艺可分为预备热处理和最终热处理两类。预备热处理的目的是改善加工性能、消除内应力和为最终热处理准备良好的金相组织，其热处理工艺有退火、正火、时效、调质等。最终热处理的目的是提高零件材料的硬度、耐磨性和强度等力学性能，其热处理工艺包括淬火、渗碳淬火、渗氮等。

① 提高力学性能的热处理包括淬火、调质、渗碳淬火、渗氮等。

a）淬火。淬火分为表面淬火和整体淬火。其中表面淬火因为变形、氧化及脱碳较小而应用较广，而且表面淬火还具有外部强度高、耐磨性好，而内部保持良好的韧性、抗冲击能力强的优点。淬火后需进行回火，淬火-回火工序安排在主要表面（要求淬火的表面）的半精加工以后进行。为提高表面淬火零件的力学性能，常需进行调质或正火等热处理作为预备热处理。其一般工艺路线为：下料→锻造→正火（退火）→粗加工→调质→半精加工→表面淬火→精加工。

b）调质。调质即在淬火后进行高温回火处理。它能获得均匀细致的回火索氏体组织，为以后的表面淬火和渗氮处理时减少变形做好组织准备，因此调质也可作为预备热处理。由于调质后零件的综合力学性能较好，对某些硬度和耐磨性要求不高的零件，也可作为最终热处理工序。考虑到“出车间—调质—入车间”的车间转换会降低生产率，所以根据热处理要求的不同而将其安排在不同的位置。硬度低于25～35HRC时，安排在粗加工之后、半精加工之前进行；硬度低于25HRC时，安排在粗加工前进行，以减少车间转换次数；硬度高于35HRC时，安排在半精加工后、精加工前进行，这样易于保证材料的热处理性能。

c）渗碳淬火。渗碳淬火适用于低碳钢和低合金钢，其目的是先提高零件表层的碳的质量分数，经淬火后使表层获得高的硬度和耐磨性，而心部仍保持一定的强度和较高的韧性和塑性。渗碳分局部渗碳和整体渗碳两种。局部渗碳时，对不渗碳部分要采取防渗措施（镀铜或镀防渗材料）。由于渗碳淬火变形大，且渗碳深度一般在0.5～2mm之间，所以渗碳工序一般安排在半精加工和精加工之间。其工艺路线一般为：下料→锻造→正火→粗、半精加工→渗碳淬火→精加工。当局部渗碳零件的不渗碳部分采用加大余量（渗后切除）来防渗的工艺方案时，切除多余渗碳层的工序应安排在渗碳后淬火前进行。

d）渗氮。渗氮是使氮原子渗入金属表面而获得一层含氮化合物的处理方法。渗氮层可以提高零件表面的硬度、耐磨性、疲劳强度和抗蚀性。由于渗氮处理温度较低、变形小，且渗氮层较薄（一般不超过 0.6～0.7mm），渗氮工序应尽量靠后安排，安排在要求渗氮的表面粗磨后、精磨前。为减小渗氮时的变形，在切削加工后一般需进行消除应力的高温回火。

② 改善材料组织和切削加工性的热处理包括正火和退火。正火和退火用于经过热加工的毛坯。碳的质量分数高于 0.5%的碳钢和合金钢，为降低其硬度易于切削，常采用退火处理；碳的质量分数低于 0.5%的碳钢和合金钢，为避免其硬度过低，在切削时粘刀，常采用正火处理。退火和正火还能细化晶粒、均匀组织，为以后的热处理做好准备。退火和正火常安排在毛坯制造之后、粗加工之前进行。

③ 消除内应力的热处理包括退火和时效处理。

a）退火。退火一般安排在粗加工前进行，精度高的零件也常在粗加工后、半精加工前安排退火工序。

b）时效处理。时效处理分为人工时效和自然时效两种，最好安排在粗加工之后、半精加工之前进行。为减少运输工作量，对于一般精度的零件，在精加工前安排一次时效处理即可。但精度要求较高的零件（如坐标镗床的箱体等），应安排两次或数次时效处理工序，即：铸造→粗加工→时效→半精加工→时效→精加工。简单零件一般可不进行时效处理。除铸件外，对于一些刚性较差的精密零件（如精密丝杠），为消除加工中产生的内应力，稳定零件加工精度，常在粗加工、半精加工之间安排多次时效处理。有些轴类零件加工在校直工序后也要求安排时效处理。

④ 修复定位基准工序主要指研磨中心孔，安排在半精加工之后进行。

3）表面处理工序的安排。

① 金属镀层：镀铜、铬、镍、锌等，放于机械加工之后、检验之前。

② 美观镀层：镀铬，然后抛光，安排在工艺过程最后进行。

③ 非金属镀层：油漆，放在最后。

④ 表面氧化膜层：钢件氧化处理、铬合金阳极化处理（浅黄、蓝、红色）、镁合金氧化处理等，一般安排在精加工之后进行。

4）辅助工序的安排。辅助工序一般包括去毛刺、倒棱、清洗、防锈、退磁、检验等。其中，检验工序是主要的辅助工序，它对保证产品的质量有着极其重要的作用。检验工序一般安排如下：

① 中间检验。安排在粗加工阶段后、转出车间前、关键工序之前和之后进行。因为关键工序的工时费用高，且易出废品。

② 特种检验。

a）检查工件材料内部质量，如超声波探伤（检验毛坯），安排在工艺过程的开始，粗加工前。

b）检验工件表面质量，如磁粉探伤、荧光检验。检验加工后金属表面的，要放在所要求表面的精加工后。如果荧光检验用于检查毛坯的裂纹，则安排在加工前进行。

c）动、静平衡试验、密封性试验：视加工过程的需要进行安排。

d）质量检验：安排在工艺过程最后进行。

③ 总检验（最终检验）。零件加工完毕后进行。

5）其他工序。

① 去毛刺工序：一般安排在钻、铣加工工序后，或在钻、铣中安排去毛刺工序。

② 油封工序：入库前或两道工序之间间隔时间较长时安排。

③ 洗涤工序：检验前、抛光、磁粉探伤、荧光检验、研磨等工序之后均要安排洗涤工序。

(4) 工序的合理组合　在划分了加工阶段以及各表面加工先后顺序后，就可以把这些内容组成为各个工序。组成工序时，应遵循两条原则：即工序集中和工序分散。工序集中就是将工件加工内容集中在少数几道工序内完成，每道工序的加工内容较多。工序分散就是将工件加工内容分散在较多的工序中进行，每道工序的加工内容较少，最少时每道工序只包含一个简单工步。

工序集中可用多切削刃、多轴机床、自动机床、数控机床和加工中心等技术措施集中，称为机械集中；也可采用普通机床顺序加工，称为组织集中。工序集中有如下特点：

① 有利于采用高效率的机床或自动线、数控机床等，生产率高。

② 在一次安装中可完成零件多个表面的加工，可以较好地保证这些表面的相互位置精度，同时减少了装夹时间和减少工件在车间内的搬运工作量，利于缩短生产周期。

③ 机床数量减少，并相应减少操作工人，节省车间面积，简化生产计划和生产组织工作。

④ 因为采用专用设备和工艺装备，使投资增大，调整和维修复杂，生产准备工作量大，改变生产对象也较困难。

工序分散有如下特点：

① 机床设备及工艺装备简单，调整和维修方便，工人易于掌握。

② 生产准备工作量少，改变生产对象容易，生产适应性好。

③ 可采用最合理的切削用量，减少基本时间。

④ 设备数量多，操作工人多，占用场地大。

工序集中和工序分散各有利弊，应根据生产类型、现有生产条件、企业能力、工件结构特点和技术要求等进行综合分析，择优选用。单件、小批生产采用通用机床顺序加工，使工序集中，可以简化生产计划和组织工作。多品种小批量生产也可采用数控机床等先进的加工方法。对于重型工件，为了减少工件装卸和运输的劳动量，工序应适当集中。大批量生产的产品，可采用专用设备和工艺装备，如多切削刃、多轴机床或自动机床等，将工序集中，也可将工序分散后组织流水生产。但对一些结构简单的产品，如轴承和刚性较差、精度较高的精密零件，则工序应适当分散。

当前的发展趋势倾向于工序集中。

5. 工序内容设计

工序内容设计涉及加工余量确定、工序尺寸计算、设备选择、工艺装备选择、切削用量选择、时间定额确定等方面的问题。

(1) 加工余量的确定

1) 加工余量的概念。由于毛坯不能达到零件所要求的精度和表面粗糙度，因此要留有加工余量，以便经过机械加工来达到这些要求。加工余量是指加工过程中从加工表面切除的金属层厚度。加工余量分为工序余量和总余量。

① 工序余量。工序余量 Z_i 是指某一表面在一道工序中切除的金属层厚度。其值等于相

邻两道工序的工序尺寸之差。

对于外表面（见图 2-23a）

$$Z=a-b$$

对于内表面（见图 2-23b）

$$Z=b-a$$

式中　Z——本工序的工序余量，单位为 mm；

a——前工序的工序尺寸，单位为 mm；

b——本工序的工序尺寸，单位为 mm。

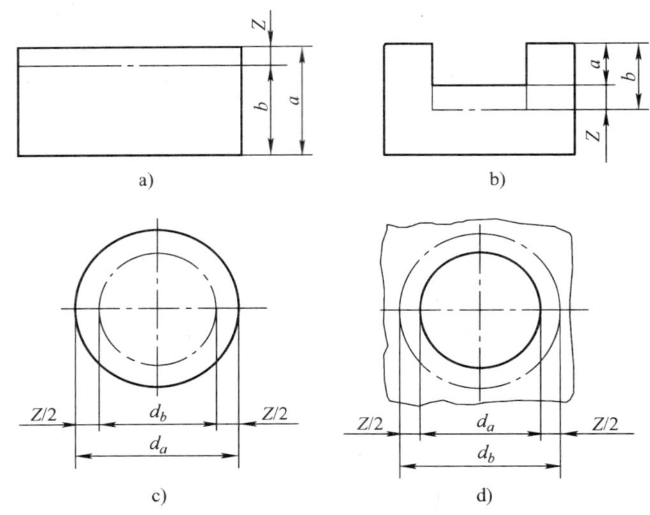

图 2-23　加工余量

加工余量有单边余量和双边余量之分。非对称表面（如平面）的加工余量是单边余量，它等于实际切削的金属层厚度，上述加工余量均为非对称的单边余量。对于外圆和孔等对称的回转表面，加工余量指双边余量，即以直径方向计算；实际切削的金属为加工余量数值的一半。

对于轴（见图 2-23c）　　$Z=d_a-d_b$

对于孔（见图 2-23d）　　$Z=d_b-d_a$

式中　Z——直径上的加工余量，单位为 mm；

d_a——前工序的加工直径，单位为 mm；

d_b——本工序的加工直径，单位为 mm。

当加工某个表面的工序分几个工步时，则相邻两工步尺寸之差就是工步余量。它是某工步在加工表面上切除的金属层厚度。

② 公称加工余量、最大加工余量、最小加工余量及余量公差。

在制订工艺规程时，一般总是先根据各工序的加工性质来确定各工序的加工余量，进而求出各工序的工序尺寸。由于在加工过程中各工序尺寸都有公差，所以实际切除的余量也是大小不一的。因此，加工余量又可分为公称加工余量、最大加工余量与最小加工余量。

当工序尺寸用基本尺寸计算时，所得到的加工余量称为公称余量或基本余量。最小余量 Z_{min} 是保证该工序加工表面的精度和质量所需切除的金属层最小厚度。最大余量 Z_{max} 是该工序余量的最大值。工序加工余量的变动范围等于前工序与本工序两道工序尺寸公差之和，称为加工余量公差，如图 2-24 所示。

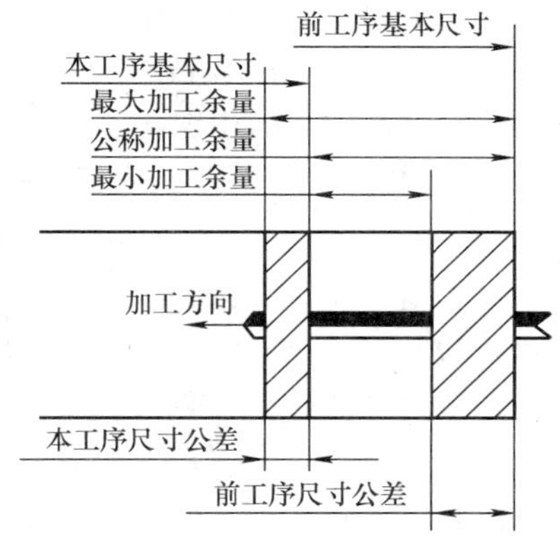

图 2-24　加工余量及其公差

下面以图 2-23 所示的外圆为例来计算，其他各类表面的情况与此类似。当尺寸 a、b 均为工序基本尺寸时，基本余量为

$$Z=|a-b|$$

最小余量为　$Z_{min}=a_{min}-b_{max}$

最大余量为　$Z_{max}=a_{max}-b_{min}$

余量公差为　$T_Z=Z_{max}-Z_{min}=(a_{max}-a_{min})+(b_{max}-b_{min})=T_a+T_b$

式中　T_Z——本工序余量公差，单位为 mm；

T_a——前工序的工序尺寸公差，单位为 mm；

T_b——本工序的工序尺寸公差，单位为 mm。

工序尺寸公差带的分布一般采用“单向入体”原则。即对于被包容面（轴类），基本尺寸取公差带上限，下偏差取负值，工序尺寸即为最大尺寸；对于包容面（孔类），基本尺寸为公差带下限，上偏差取正值，工序尺寸即为最小尺寸。但孔中心距及毛坯尺寸公差采用双向对称布置，如图 2-25 所示。

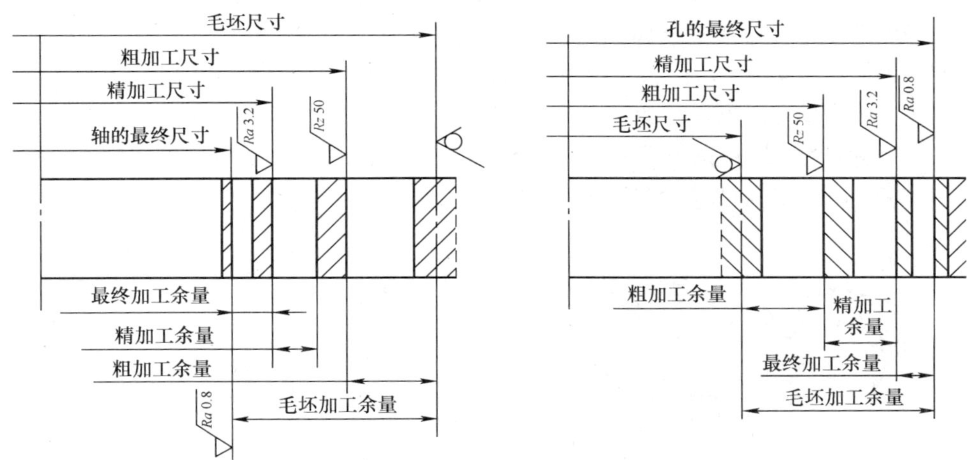

图 2-25　加工余量和加工尺寸分布图

③ 总加工余量。在某一加工表面上切除的金属层的总厚度，即某一表面的毛坯尺寸与零件设计尺寸之差，称为该表面的总加工余量 Z_0。

某表面的总加工余量与工序加工余量的关系为

$$Z_0=\sum_{i=1}^{n}Z_i$$

式中　Z_0——总加工余量；

Z_i——第 i 道工序的加工余量；

n——工序数目。

2）加工余量的影响因素。

① 上道工序留下的表面粗糙度为 Ra 的表面和表面缺陷层 D_a　本道工序必须把上道工序留下的表面粗糙度为 Ra 的表面和缺陷层 D_a 全部切除（见图 2-26）。

② 上道工序的尺寸公差 T_a　由于上道工序加工后，表面会存在各种几何形状误差（见图 2-27），这些误差的大小一般均包含在上道工序的公差 T_a 的范围内，所以应把 T_a 计入加工余量（其值查经济精度）。

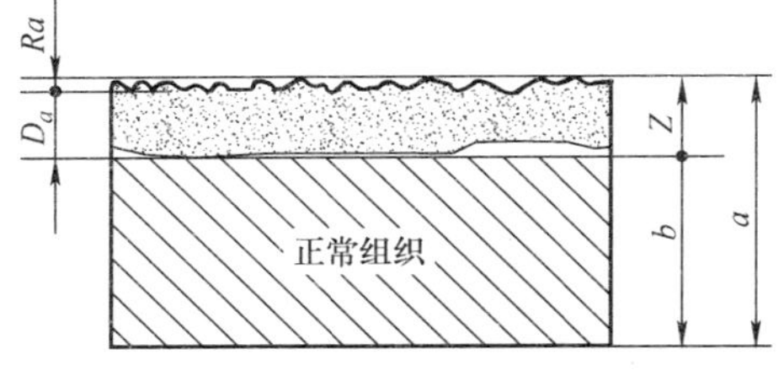

图 2-26　表面粗糙度为 Ra 的表面及缺陷层

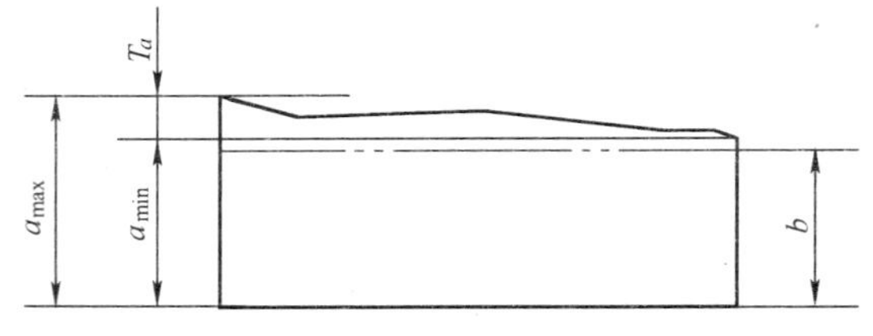

图 2-27　上道工序的尺寸公差

③ 工件各表面相互位置的空间偏差 ρ_a　属于这一类偏差的有：轴心线的偏斜、弯曲、不平行、不同轴、轴心线与端面不垂直等偏差；平面的弯曲、偏斜、不平行和不垂直等偏差。图 2-28 所示是轴类零件的情况，由于上道工序存在轴心线弯曲偏差 ρ_a，所以本道工序余量需要增加 $2\rho_a$。

④ 本道工序的安装误差 ε_b　该项误差包括定位误差、夹紧误差（即夹紧变形）和夹具误差。它会影响刀具与被加工表面间的相对位置，使加工余量不均匀，因而造成工件报废。所以余量中也要增加安装误差。定位误差可依据具体定位方式进行计算，夹紧误差和夹具误差可根据有关资料查得。安装误差为这三项误差的向量和。图 2-29 所示是工件中心与机床回转中心的偏移量为 e 造成的安装误差，由此磨削余量应加大 $2e$。由于 ρ_a 与 ε_b 在空间可能处于不同的方向，所以在计算余量时应是两者的向量和。

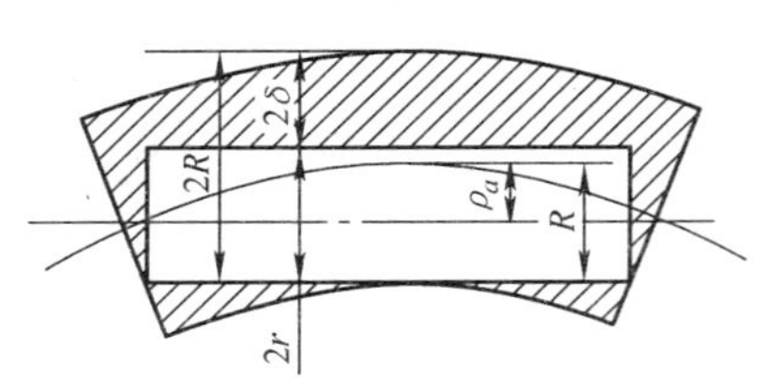

图 2-28　工件轴线弯曲对加工余量的影响

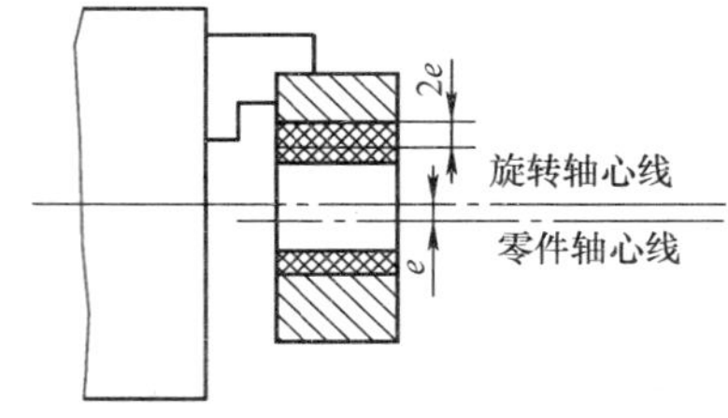

图 2-29　安装误差对余量的影响

3）确定加工余量的方法。加工余量的大小直接影响零件的加工质量和生产率。加工余量过大，不仅增加机械加工劳动量、降低生产率，而且增加材料、工具和电力的消耗，增加成本。但加工余量过小，不能消除前工序的各种误差和表面缺陷，甚至产生废品。因此，必须合理地确定加工余量。确定加工余量一般有如下三种方法：

① 经验估算法。经验估算法指根据工艺人员的经验来确定加工余量的方法。为避免产生废品所确定的加工余量一般偏大。这种方法适于单件小批生产。

② 查表修正法。查表修正法指根据有关手册，查得加工余量的数值，然后根据实际情况进行适当修正的方法。这是一种广泛使用的方法。

③ 分析计算法。分析计算法指对影响加工余量的各种因素进行分析，然后根据一定的计算式来计算加工余量的方法。用这种方法确定的加工余量较合理，但需要全面的试验资料，计算也较复杂，故很少应用。

（2）工序尺寸及其公差的确定　零件图上要求的设计尺寸和公差是经过多道工序加工后最终达到的。工序尺寸指某一工序加工应达到的尺寸，其公差即为工序尺寸公差，各工序的加工余量确定后，即可确定工序尺寸及公差。每个工序的加工尺寸是不同的，是逐步向设计尺寸靠近的。在工艺规程中需要标注出这些工序尺寸，以作加工或检验的依据。至于工序尺寸的公差，可由各工序所用加工方法的平均经济精度来决定。在确定了工序余量和工序所能达到的精度后，即可计算出工序尺寸及其公差。

计算工序尺寸及其公差时，按基准转换情况的不同，计算方法也有所不同。

1）基准重合时工序尺寸和工序尺寸公差的确定。属于这种情况的有内、外圆柱表面和某些平面的加工，其定位基准与设计基准（工序基准）重合，同一表面需经过多道工序加工才能达到图样的要求。

计算时，只需考虑各工序的余量和该种加工方法所能达到的经济精度，其计算顺序是由后往前，逐个工序推算，即由零件图上的设计尺寸开始，一直推算到毛坯图上的尺寸。

例如，某法兰盘零件上有一个孔，孔径为 $\phi 60^{+0.03}_{0}$ mm，表面粗糙度 Ra 值为 0.8μm（见图 2-30），毛坯为铸钢件，需淬火处理。其工艺路线见表 2-11。

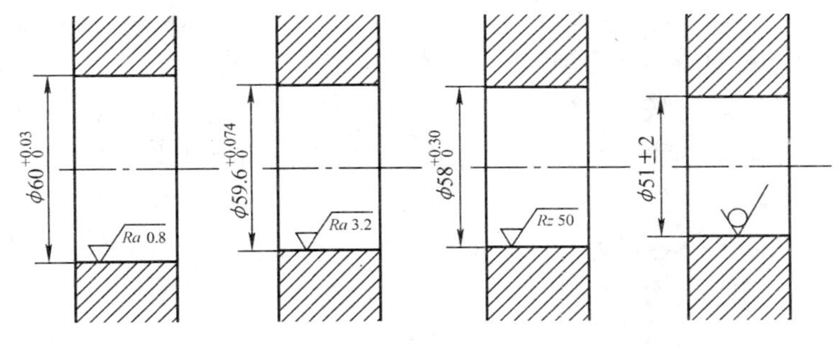

图 2-30　内孔工序尺寸计算

表 2-11　工序尺寸及其公差的计算　（单位：mm）

工序名称	工序余量	工序所能达到的精度等级	工序尺寸（最小工序尺寸）	工序尺寸及其上、下偏差
磨孔	0.4	H7（$^{+0.030}_{0}$）	60	$60^{+0.030}_{0}$
半精镗孔	1.6	H9（$^{+0.074}_{0}$）	59.6	$59.6^{-0.074}_{0}$
粗镗孔	7	H12（$^{+0.300}_{0}$）	58	$58^{+0.30}_{0}$
毛坯孔		±2	51	51±2

解题步骤：

① 确定各工序的加工余量。根据各工序的加工性质，查表得它们的加工余量（见表 2-11 中的第 2 列）。

② 确定各工序尺寸公差及表面粗糙度。最后磨孔工序的尺寸公差和表面粗糙度就是图样上所规定的孔径公差和表面粗糙度值。各中间工序的公差和表面粗糙度根据其对应工序的加工性质，查有关经济精度和经济表面粗糙度得到（见表 2-11 中的第 3 列）。

③ 求工序基本尺寸。从零件图的设计尺寸开始，一直往前推算到毛坯尺寸，某工序基本尺寸等于后道工序基本尺寸加上或减去后道工序余量（计算结果见表 2-11 中的第 4 列）。

④ 标注工序尺寸公差。最后一道工序按设计尺寸公差标注，其余工序尺寸按“单向入体”原则标注。对于孔，基本尺寸值为公差带的下限，上偏差取正值（对于轴，基本尺寸为公差带的上限，下偏差取负值）；对于毛坯尺寸的偏差应取双向对称偏差（见表 2-11 中的第 5 列）。

2）基准不重合时工序尺寸和工序尺寸公差的确定。

当基准不重合时，就必须应用尺寸链的原理进行分析计算。以下简单介绍尺寸链的原理。

① 尺寸链的定义。在机器装配或零件加工过程中，由相互连接的尺寸形成封闭尺寸，称为尺寸链。如图 2-31 所示，用零件的表面 1 来定位加工表面 2，得尺寸 A_1。仍以表面 1 定位加工表面 3，保证尺寸 A_2，于是 $A_1 \rightarrow A_2 \rightarrow A_0$ 连接成了一个封闭的尺寸组（见图 2-31b），形成尺寸链。

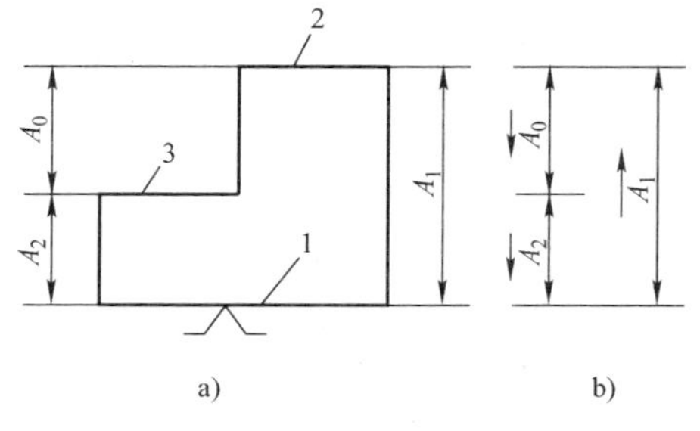

图 2-31　加工尺寸链示例

在机械加工过程中，同一个工件的各有关工艺尺寸所组成的尺寸链，称为工艺尺寸链。

② 工艺尺寸链的特征。尺寸链由一个间接获得的尺寸与若干个直接获得的关联尺寸组成。图 2-31 中的尺寸 A_1、A_2 是直接获得的，A_0 是间接获得的。其中，间接获得的尺寸大小和精度受直接获得的尺寸大小和精度的影响，并且间接获得的尺寸精度必然低于任何一个直接获得的尺寸精度。

尺寸链必然是封闭的且各尺寸按一定的顺序首尾相接。

③ 工艺尺寸链的组成。组成尺寸链的各个尺寸称为尺寸链的环。图 2-31 中的 A_1、A_2、A_0 都是尺寸链的环，它们可分为：

a）封闭环。最后被间接保证精度的那个环称为封闭环，如图 2-31 中的 A_0。每个尺寸链只有一个封闭环。

b）组成环。除封闭环以外的其他环都称为组成环，如图 2-31 中的 A_1 和 A_2。按其对封闭环的影响又可分为增环和减环。

当其他组成环不变时，若某组成环的增大会导致封闭环也增大，则该环为增环（如图 2-31 中的 A_1），用 $\overrightarrow{A}$ 表示。

当其他组成环不变时，若某组成环的增大会导致封闭环减少，则该环为减环（如图 2-31 中的 A_2），用 $\overleftarrow{A}$ 表示。

为了正确判定增环与减环，可采用回路法。即在尺寸链图上，先给封闭环任意定出方向并画出箭头，然后沿此方向环绕尺寸链回路，顺次给每一个组成环画出箭头。此时，凡箭头方向与封闭环相反的组成环为增环，相同的则为减环，如图 2-32 所示。

④ 尺寸链的计算。尺寸链的计算可用极值法和概率法，极值法简单较为常用，读者可自行查阅有关书籍。

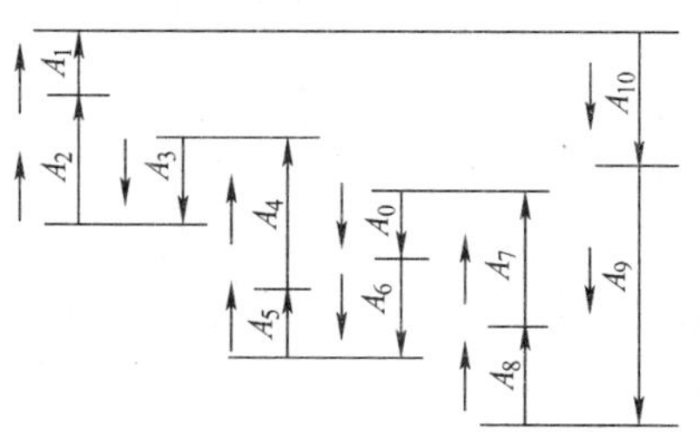

图 2-32　增、减环的简易判别图

(3) 机床（设备）和工艺装备的选择

1) 机床的选择。选择机床时应注意以下几点：

① 机床的主要规格尺寸应与加工工件的外形轮廓尺寸相适应，即小工件应选小的机床，大工件应选大的机床，做到设备合理使用。

② 机床的精度应与要求的加工精度相适应。对于高精度的工件，在缺乏精密设备时，可通过设备改装，以粗干精。

③ 机床的生产率应与加工工件的生产类型相适应。单件、小批生产一般选择通用设备，大批量生产宜选高生产率的专用设备。

④ 机床的选择应结合现场的实际情况，如设备的类型、规格及精度状况，设备负荷的平衡情况以及设备的分布排列情况等。

⑤ 尽量节约设备投资。

⑥ 要考虑将来的发展。

2) 工艺装备的选择。工艺装备的选择包括夹具、刀具和量具的选择。

① 夹具的选择。单件、小批生产时，应尽量选择通用夹具，如各种卡盘、台虎钳、回转台等。为提高生产率，应积极推广使用组合夹具。大批大量生产应采用高生产率的气、液传动专用夹具。夹具的精度应与加工精度相适应。

② 刀具的选择。选择刀具时，优先选用标准刀具，以缩短刀具制造周期和降低成本。必要时，可采用各种高生产率的专用刀具和复合刀具。刀具的类型、规格和精度等应符合加工要求，如铰孔时，应根据被加工孔的不同精度，选择相应精度等级的铰刀。

③ 量具的选择。选择量具时，要考虑生产类型和要检验的精度。单件、小批生产中应选用通用量具，如游标卡尺、百分表等。大批、大量生产应采用各种量规和一些高生产率的专用检具。量具的精度必须与加工精度相适应。

（三）工艺方案的技术经济分析

制订机械加工工艺规程时，在保证零件加工质量的前提下，应注意其经济性。一般情况下，满足同一质量要求的加工方案可以有多种，在这些方案中，必然有一个经济性最好的方案。所谓经济性好，就是指机械加工中能用最低的制造成本制造出合格的产品。这需要对不同的工艺方案进行技术经济分析，从技术和生产成本等方面进行比较。在进行经济分析时，首先应统计出每一方案的工艺成本，再对各方案的工艺成本进行比较，其中技术先进、成本低、见效快的即为最佳方案。

1. 生产成本和工艺成本

制造一个零件（或产品）所消耗的费用的总和，称为生产成本。生产成本包括两类费用：一类是与工艺过程直接相关的费用，称为工艺成本，工艺成本约占生产成本的 70%～75%；另一类是与工艺过程没有直接关系的费用，如厂房的折旧费、修理费，行政人员及辅助工人的开支，取暖费等，在工艺方案的技术经济分析中不予考虑。

工艺成本一般分为两类，即可变成本（V）和不变成本（S）。

可变成本（V）是与生产纲领（即零件年产量）有关，并与之成正比的费用。它包括毛坯材料及制造费、操作工人工资、通用工艺装备的折旧费和修理费以及机床电费、通用夹具费和刀具费等。

不变成本（S）是与生产纲领无直接关系，不随年产量的变化而变化的费用。它包括专用机床和专用工艺装备的折旧费和修理费、调整工人工资等。这部分费用专为某种零件所用，不能用于其他零件，不论该零件年产量多少，一律折算到不变成本中去，所以与生产纲领无关。

某种零件的全年工艺成本（E）为

$$E=VN+S$$

式中　E——某种零件全年的工艺成本，单位为元/年；

V——可变费用，单位为元/件；

N——零件生产纲领（即年产量），单位为件/年；

S——不变费用，单位为元/年。

年工艺成本与年产量的关系如图 2-33 所示，E 和 N 呈线性关系，说明年工艺成本随着年产量的变化成正比地变化。

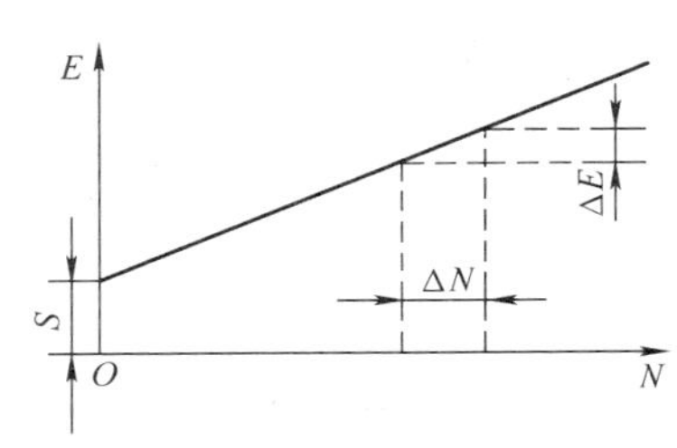

图 2-33　全年工艺成本与年产量的关系

单件工艺成本 E_d 可由上式变换得到：

$$E_d=V+\frac{S}{N}$$

式中　E_d——单件工艺成本，单位为元/件。

单件工艺成本与年产量的关系如图 2-34 所示，E_d 和 N 成双曲线关系。在曲线的 A 段，N 值很小，设备负荷率低，E_d 就高，N 略有变化时，E_d 将有较大的变化。在曲线的 C 段，N 值很大，大多数采用专用设备（S 较大，V 较小），且 S/N 值小，故 E_d 较低，N 值对 E_d 变化影响较小。以上分析表明，当 S 值一定时（主要是指专用工装设备费用），就应有一个相适应的零件年产量。所以单件、小批生产时，因 S/N 所占的比例大，故不适合使用专用设备（以降低 S 值）；在大批、大量生产时，因 S/N 占用的比例小，最好采用专用工装设备（减小 V 值）。

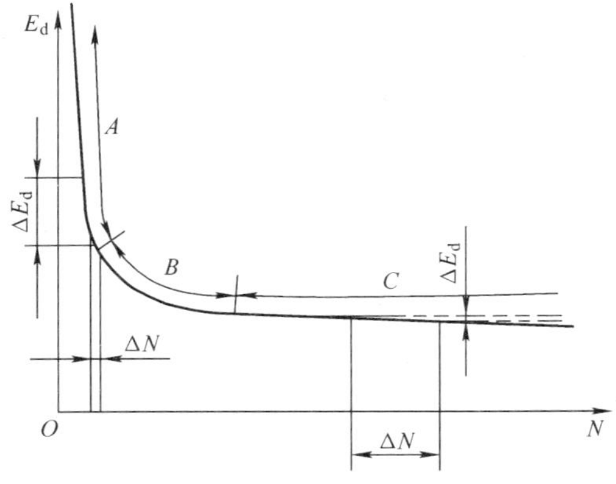

图 2-34　单件工艺成本与年产量的关系

2. 不同工艺方案的经济比较

1）若两种工艺方案基本投资相近，或在现有设备条件下，可比较其工艺成本。

① 两方案中只有少数工序不同，可比较其单件工艺成本，即

方案Ⅰ　$$E_{d1}=V_1+\frac{S_1}{N}$$

方案Ⅱ　$$E_{d2}=V_2+\frac{S_2}{N}$$

E_d 值小的方案经济性好，如图 2-35 所示。

② 两种工艺方案有较多工序不同，应比较其全年工艺成本，即

方案Ⅰ　$E_1=NV_1+S_1$

方案Ⅱ　$E_2=NV_2+S_2$

E 值小的方案经济性好，如图 2-36 所示。

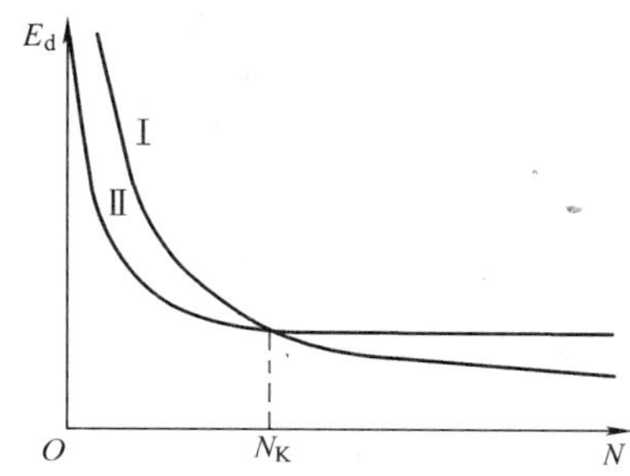

图 2-35　两种方案单件工艺成本的比较

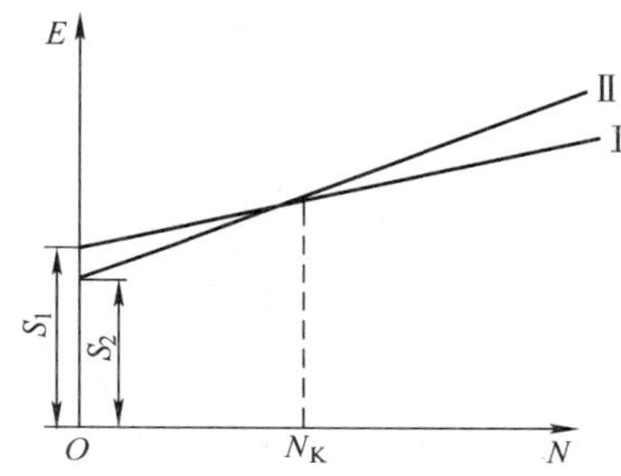

图 2-36　两种方案全年工艺成本的比较

由此可知，各方案的经济性好坏与零件的生产纲领有关，当两种方案工艺成本相同时的年产量为临界年产量 N_K，即

当 $E_1=E_2$ 时　$$N_KV_1+S_1=N_KV_2+S_2$$

则　$$N_K=\frac{S_2-S_1}{V_1-V_2}$$

若 $N<N_K$，宜采用方案Ⅱ；若 $N>N_K$，宜采用方案Ⅰ。

2）若两种工艺方案的基本投资相差较大，则应比较不同方案的基本投资差额的回收期限 τ。

例如，方案Ⅰ采用高生产率而价格贵的工装设备，基本投资 K_1 大，但工艺成本 E_1 低；方案Ⅱ采用生产率低但价格便宜的工装设备，基本投资 K_2 小，但工艺成本 E_2 较高。也就是说，方案Ⅰ的低成本是以增加投资为代价的，这时需要考虑投资差额的回收期限 τ，其值可以通过下式计算：

$$\tau=\frac{K_1-K_2}{E_2-E_1}=\frac{\Delta K}{\Delta E}$$

式中　ΔK——基本投资差额，单位为元；

ΔE——全年工艺成本差额，单位为元/年。

因此，回收期限就是方案Ⅰ比方案Ⅱ多花费的投资需要多长时间由于工艺成本的降低而收回。显然，τ 越小，经济效益越好。但 τ 至少应满足以下要求：① 小于所采用的设备的使用年限；② 小于生产产品的更新换代年限；③ 小于国家规定的年限。例如，普通机床的回

收期限为4～6年，新夹具为2～3年。

(四) 工时定额与提高机械加工生产率的工艺途径

1. 工时定额的组成

工时定额又称为时间定额，是指在一定生产条件下，规定生产一件产品或完成一道工序所消耗的时间。它是安排生产计划、核算成本的重要依据，也是设计或扩建工厂（或车间）时计算设备和工人数量的依据。

完成一个工件的一道工序的时间称为单件工序时间 T_0，它由下列部分组成。

(1) 基本时间 t_m 它是直接改变生产对象的尺寸、形状、相对位置、表面状态或材料性质等工艺过程所消耗的时间。对机械加工而言，就是直接切除工序余量所消耗的时间（包括刀具的切入或切出时间）。基本时间可按公式求出，如车削的基本时间为

$$t_m=\frac{L_j Z}{n f a_p}$$

式中 t_m——基本时间，单位为min；

L_j——工作行程的计算长度，包括加工表面的长度，刀具切出和切入长度，单位为mm；

Z——工序余量，单位为mm；

n——工件的旋转速度，单位为r/mm；

f——刀具的进给量，单位为mm/r；

a_p——背吃刀量，单位为mm。

(2) 辅助时间 t_a 它是指为实现工艺过程所必须进行的各种辅助动作所消耗的时间。例如，装卸工件，开、停机床，改变切削用量，试切，测量工件，引进及退回刀具等动作所需时间都是辅助时间。

基本时间与辅助时间的总和称为作业时间。

(3) 布置工作地时间 t_s 它是指为使加工正常进行，工人照管工作地（如更换刀具、润滑机床、清理切屑、整理工具等）所消耗的时间。布置工作地时间一般按作业时间的2%～7%估算。

(4) 休息与生理需要时间 t_r 它是指工人在工作班内为恢复体力和满足生理上的需要所消耗的时间。对机床操作工人而言，休息与生理需要时间一般按作业时间的2%估算。

以上四部分时间的总和即为单件工序时间 T_0，即

$$T_0=t_m+t_a+t_s+t_r$$

单件工序时间不应包括以下内容：与基本时间重合的辅助时间；换件或换工序所需要的机床调整时间；由于生产组织、技术状态不良和工人偶然造成的时间损失；为返修或制造代替废品的工件而花费的时间。

(5) 准备-终结时间 T_j 它是指工人为了生产一批产品或零、部件，进行准备和结束工作所消耗的时间。例如，在单件或成批生产中，每次开始加工一批零件时，工人需要熟悉工艺文件、领取毛坯、材料、工艺装备、安装刀具和夹具、调整机床和其他工艺装备等；加工一批工件结束后，需拆下和归还工艺装备、送交成品等。准备一终结时间既不是直接消耗在每个零件上，也不是消耗在一个班内的时间，而是消耗在一批工件上的时间。设一批工件的数量为 N，则分摊到每个工件上的准备结束时间为 T_j/N，将这部分时间加到单件时间上

去，即为工件的单件计算时间 T_p，即

$$T_p = T_0 + \frac{T_j}{N}$$

T_p 又称为单件核算定额，是指完成一件产品的一道工序规定的时间定额，是企业进行计划编制、核算生产能力和进行经济核算时的依据。大量生产中，每个工作地始终完成某一固定工件，故不考虑准备终结时间。因此，单件核算定额又可由下式计算：

$$T_p = (t_m + t_a)(1 + \beta)$$

式中　β——系数。对于大量生产，取 0.05～0.10；对于中批生产，取 0.10～0.20；对于小批生产，取 0.20～0.30。

2. 提高机械加工生产率的工艺途径

劳动生产率是衡量生产效率的一个综合性指标，它不是一个单纯的工艺技术问题，而与产品的设计、生产组织和管理工作都密切相关，所以改进产品结构设计、改善生产组织和管理工作都是提高生产率的有力措施。从提高机械加工生产率的角度，应尽量做到以下几点。

（1）缩减时间定额　首先应缩减占时间定额中比例较大的部分。在单件、小批生产中，辅助时间和准备终结时间所占比例较大，此时应减少辅助时间；在大批、大量生产中，基本时间所占比例较大，此时应缩减基本时间。

1）缩减基本时间。

① 提高切削用量。增大切削速度、进给量和背吃刀量都可缩短基本时间。这是机械加工中广泛采用的有效方法，但要采用大的切削用量，关键是提高机床的承载能力，特别是刀具的耐用度。

② 减少或重合切削行程长度。图 2-37a 所示为合并工步，图 2-37b 所示为多刀车削，图 2-37c 所示为横向切入法车削。

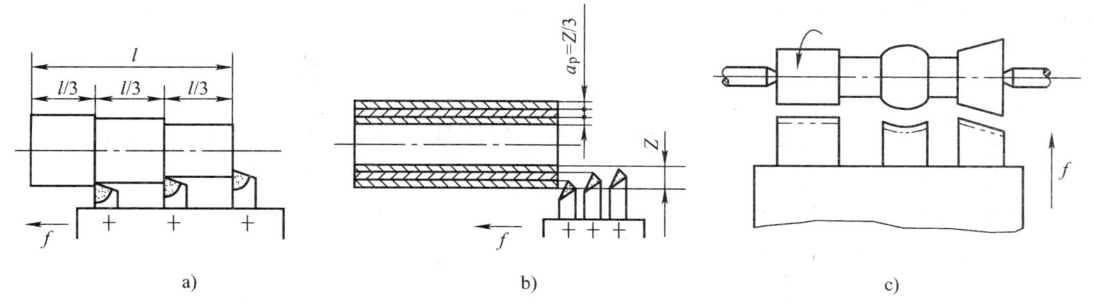

图 2-37　减少或重合切削长度的方法

a）合并工步　b）多刀车削　c）横向切入法车削

③ 采用多件加工，如图 2-38 所示。

2）缩短辅助时间。当辅助时间占单件时间的 70％以上时，若用提高切削用量来提高生产率不会取得大的效果，此时应考虑缩减辅助时间。

① 采用先进高效的夹具。这不仅能保证加工质量，还能大大减少装卸和找正工件的时间。

② 采用多工位加工。图 2-39 所示为转位（双工位）夹具，使装卸工件的辅助时间与基本时间重合。

③ 采用连续加工。图 2-40 所示为立式连续回转工作台铣床。

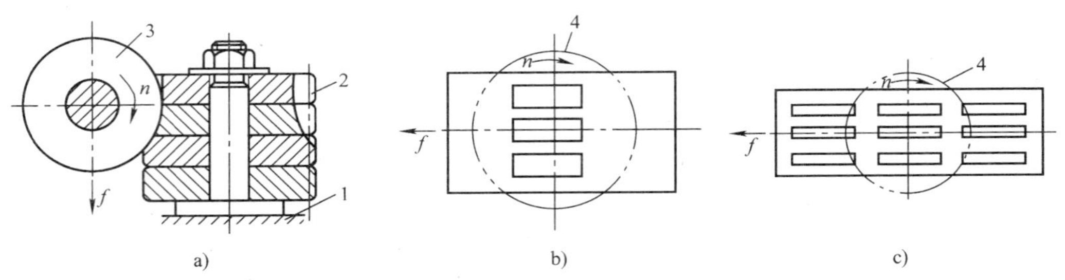

图 2-38 多件加工示意

a）顺序多件加工 b）平行多件加工 c）平行顺序多件加工

1—工作台 2—工件 3—滚刀 4—铣刀

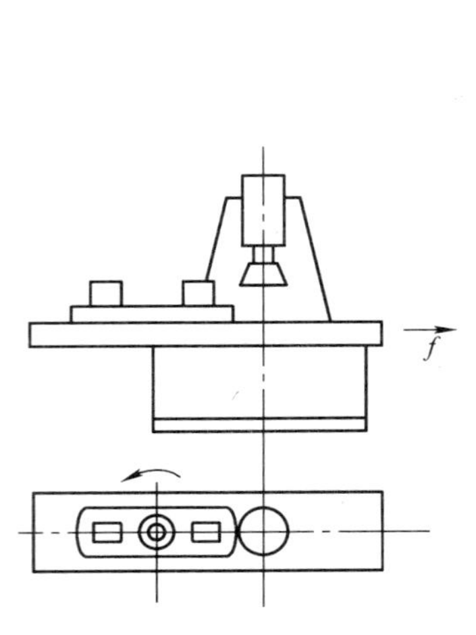

图 2-39 转位（双工位）夹具

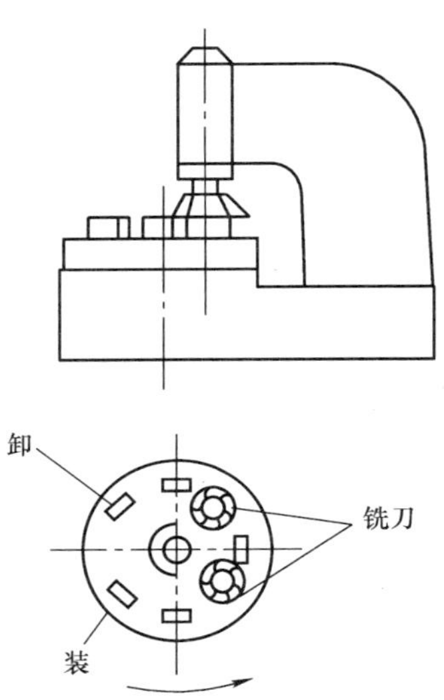

图 2-40 立式连续回转工作台铣床

④ 采用主动检验或数字显示自动测量装置，可以减少停机测量的时间。

⑤ 采用各种快速换刀、自动换刀装置、刀具微调装置及可转位刀具，以减少在刀具的装卸、刃磨、对刀等方面所消耗的时间。

3）缩减准备一终结时间。

① 使夹具和刀具高效通用化。

② 采用先进加工设备以减少准备-终结时间，如采用数控机床、液压仿形机床、顺序控制机床等。

（2）采用先进工艺方法

1）采用先进的毛坯制造方法，提高毛坯精度，减少切削加工的劳动量。

2）采用少、无切削加工工艺，如滚压加工等方法。

3）采用特种加工，如用线电极电火花加工机床加工冲模可减少很多钳工工作量。

四、相关实践

完成柴油机凸轮轴加工工艺规程的设计与制定。

1. 生产类型和工艺特征

柴油机凸轮轴的年产量为 15 000 件，生产类型为大量生产。为平衡工厂的生产能力，简化设备和工艺装备，采用工序分散的工艺，采用通用设备、专用夹具和一定的专用设备。

2. 零件的工艺分析

凸轮轴（见图 2-1）是 S195 柴油机的一个重要零件，该零件的进气、排气凸轮用来推动气门挺柱，控制发动机气缸的进气与排气，另一凸轮用于推动润滑油泵工作。

零件材料选用球墨铸铁（QT600—3），具有较高的强度和耐磨性，凸轮表面需中频淬火 45～50HRC。零件的主要加工面为 3 个凸轮表面和两处支承轴颈，公差等级为 IT6，表面粗糙度为 $Ra0.5$，3 个凸轮面有相互位置精度要求和对支承轴颈的平行度要求。

零件的加工必须以两端中心孔作为统一基准，为加工凸轮面，零件还需确定一圆周上的定位基准。

3. 毛坯的确定

零件为球墨铸铁，为提高毛坯的制造精度和生产效率，毛坯采用金属模砂型机器造型。

4. 拟定工艺路线

参考表 2-7、表 2-8、表 2-9 各种加工方法所能达到的经济精度和表面粗糙度，零件各加工表面的加工方法选择如下：

1）两支承轴颈 $\phi 28^{-0.06}_{-0.08}$ mm、$\phi 40^{-0.035}_{-0.05}$ mm、$Ra0.5$ 表面选用粗车、粗磨、精磨的加工方案。

2）3 个凸轮表面有同样的精度要求和表面粗糙度值，也选用粗车、粗磨、精磨的加工方案。

3）零件两端选用一次铣端面，钻中心孔。

零件热处理安排如下：

粗加工前需经正火处理以消除铸件应力，在精磨凸轮面之前需进行表面淬火处理。

为使零件在加工 3 个凸轮面时有一圆周定位基准，需在加工凸轮面之前在工件的一个非加工外圆处铣一个工艺键槽。

根据技术要求，零件在加工完后需经磁粉探伤。

按照粗精加工分开、先加工基准面和工序分散的原则，最终拟定出凸轮轴的加工工艺路线见表 2-12。

表 2-12 凸轮轴的加工工艺路线表

序　　号	工序内容	说　　明
	铸造	
	正火处理	去应力
10	铣两端面，钻中心孔	为加工外圆准备定位基准
20	车两内端面	轴向定位基准
30	粗车外圆	粗加工
40	铣工艺键槽	加工凸轮时的圆周定位基准
50	粗车 3 个凸轮面	粗加工

（续）

序　　号	工序内容	说　　明
60	粗磨 3 个凸轮面	半精加工
70	3 个凸轮表面淬火	精加工前热处理
80	精磨 3 个凸轮	精加工凸轮
90	粗磨外圆 ϕ28mm、ϕ40mm	半精加工外圆
100	精磨外圆 ϕ28mm、ϕ40mm	精加工外圆
110	铣键槽	次要表面加工
120	探伤	
130	检验	

5. 工序设计

（1）选择加工设备与工艺装备

1）铣端面，钻中心孔。零件是大批量生产，为提高生产效率，选用铣端面钻中心孔机床、ϕ63mm 可转位面铣刀、中心钻 B4/14、游标卡尺、中心孔样柱。

2）车两内端面。选用卧式车床 CA6140、回转顶尖、切断车刀、深度游标卡尺、游标卡尺。

3）粗车外圆、倒角。选用卧式车床 CA6140、回转顶尖、外圆车刀、倒角刀（左右）、外径千分尺。

4）粗车 3 个凸轮面。选用 ZC121 凸轮多刀车床、顶尖、ZC121—30 刀架、外径千分尺。

5）粗、精磨 3 个凸轮面。选用 M8395 凸轮磨床、凸轮靠模、靠模装置。采用横向磨削法磨削凸轮面。工件用首尾顶尖、专用拨盘装夹。选用 GZ46ZR，AP600×32×305 砂轮（粗磨）、GZ60ZR1AP600×63×305 砂轮（精磨）、外径千分尺。

6）粗、精磨 ϕ28mm、ϕ40mm 外圆。选用 M1332B 外圆磨床、粗精磨砂轮及外径千分尺。

7）铣工艺键槽。为提高生产效率、简化装夹过程，选用专用机床、专用夹具、32×5 圆弧键槽铣刀、键槽塞规。

8）铣键槽。选用 X60W 万能铣床、铣夹具、ϕ10mm 键槽铣刀、10P9 键槽塞规、对称度测量片。

9）总检。选用外径千分尺、键槽塞规、键槽对称度测量片、偏摆检查仪、69—1 布洛维光学硬度计、表面粗糙度测量仪、表面粗糙度比较样板。

（2）确定各工序定位基准和工件的安装方式

1）铣端面、钻中心孔是凸轮轴加工的第一道工序，由于凸轮轴上有 3 处外圆为不加工表面，所以选择两端 ϕ25mm 不加工外圆作为粗基准符合粗基准的选择原则。用两对 V 形块定心夹紧可以确定毛坯轴的中心线，再用一内端面定位可以确定工件的轴向位置。

2）车两内端面。零件用两顶尖装夹且轴向定位，保证两端面尺寸$11_{-0.4}^{\ 0}$mm、$28_{\ 0}^{+0.3}$mm。

3）铣工艺键槽。为了在加工 3 个凸轮面时有一圆周定位基准，选择 ϕ25mm 不加工外圆面加工一个工艺键槽，该工艺键槽必须以凸轮毛坯面定位，因此选择其中一个排气凸轮面为铣工艺键槽时的定位基准。工件以两顶尖装夹，用一个活动V形块来确定排气凸轮的圆周位置。定位方案如图2-41所示。

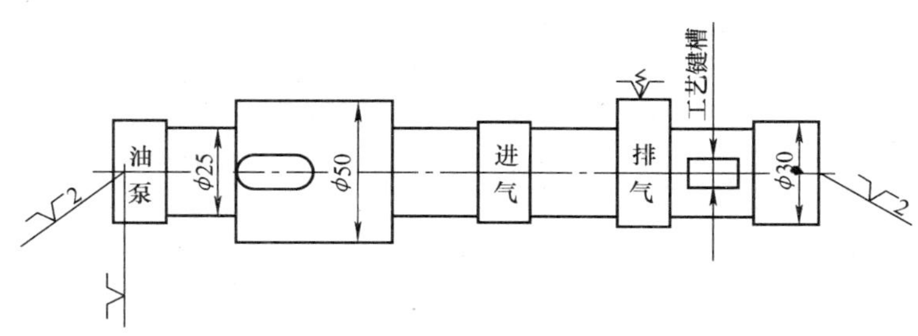

图2-41　零件铣工艺键定位方案

4）粗车3个凸轮面和粗精磨凸轮面的定位方案相同，零件用两顶尖装夹，确定工件的轴心线，用专用拨盘和零件上的工艺键槽可以对零件圆周定位，确定3个凸轮与凸轮靠模的相对位置。

5）铣键槽。零件用两顶尖装夹和一个工艺键槽定位，可确定其轴向和圆周位置。

（3）确定各工序加工余量、工序尺寸及公差　根据原始资料及加工工艺，可确定零件外圆各工序的加工余量和加工精度。考虑到凸轮表面各圆弧面是连续进行切削的，因此各段圆弧的各工序加工余量必须一致。表2-13列出了凸轮轴各加工面的加工余量、工序尺寸和公差。

表2-13　凸轮轴外圆各工序加工余量、工序尺寸及公差　　（单位：mm）

基本尺寸		工序余量（直径）			工序尺寸公差			毛坯尺寸
		粗车	粗磨	精磨	粗车	粗磨	精磨	
φ28		3.6	0.34	0.06	φ28.4h8	φ28.06h7	$\phi 28_{-0.08}^{-0.06}$	φ32
φ40		3.6	0.34	0.06	φ40.4h8	φ40.06h7	$\phi 40_{-0.05}^{-0.035}$	φ44
进、排气凸轮	32	3.6	0.34	0.06	32.4js8	φ32.06js7	32±0.05	36
	39.55	3.6	0.34	0.06	39.95js8	39.61js7	39.55±0.05	43.55
	R	1.8	0.17	0.03				
油泵凸轮	φ30	3.6	0.34	0.06	φ30.4js8	φ30.06js7	φ30±0.05	φ34
	37	3.6	0.34	0.06	37.4js8	37.06js7	37±0.05	41
	R	1.8	0.17	0.03				

（4）确定切削用量和工时定额

6. 填写工艺过程卡和工序卡

为突出重点，本零件选择了几个重要工序填写工序卡，其余工序省略。工艺过程卡和工序卡见表2-14～表2-18。

表 2-14 机械加工工艺过程卡

机械加工工艺过程卡	产品型号		零（部）件图号			
	产品名称	柴油机	零（部）件名称	凸轮轴	共（ ）页	第（ ）页

材料牌号	QT600—3	毛坯种类	铸件	毛坯外型尺寸		每毛坯可制件数	1	每台件数	1	备注	

工序号	工序名称	工序内容	车间	设备	工艺装备	工时 准终	工时 单件
		铸造					
		正火处理					
10		铣端面、钻中心孔		Z8210	专用铣夹具		
20		车两内端面		CA6140	顶尖		
30		车外圆、倒角		CA6140	顶尖		
40		铣工艺键槽		专用铣床	专用铣夹具、ϕ23×5 弧形键槽铣刀		
50		粗车 3 个凸轮面		专用车床	专用车夹具		
60		粗磨 3 个凸轮面		M8395	凸轮靠模、靠模装置、顶尖		
70		3 个凸轮表面淬火		中频淬火			
80		精磨 3 个凸轮面		M8395	凸轮靠模、靠模装置、顶尖		
90		粗磨外圆 ϕ28mm、ϕ40mm		M1332B	顶尖		
100		精磨外圆 ϕ28mm、ϕ40mm		M1332B	顶尖		
110		铣键槽		X60W	专用铣夹具		
120		磁粉探伤、退磁		TC-200			
130		检验入库					

										设计（日期）	审核（日期）	标准化（日期）	会签（日期）	
标记	处数	更改文件号	签字	日期	标记	处数	更改文件号	签字	日期					

表 2-15 机械加工工序卡（1）

机械加工工序卡	产品型号		零（部）件图号			
	产品名称	柴油机	零（部）件名称	凸轮轴	共 页	第 页

车间	工序号	工序名称	材料牌号
	10	铣端面、钻中心孔	QT600—3
毛坯种类	毛坯外型尺寸	每毛坯可制件数	每台件数
		1	1
设备名称	设备型号	设备编号	同时加工件数
铣钻机床	Z8210		1

夹具编号	夹具名称	切削液	
	铣端面钻中心孔夹具		
工位器具编号	工位器具名称	工序工时	
		准终	单件

工步号	工步内容	工艺装备	主轴转速/(r·min⁻¹)	切削速度/(m·min⁻¹)	进给量/(mm·r⁻¹)	切削深度/mm	进给次数	工步工时 机动	工步工时 辅助
1	铣两端面	专用夹具、端铣刀	300	60	0.5	2	1		
2	钻中心孔 B4/14	中心钻 B4/14	1000	12	0.1	2	1		
		调刀对刀样柱							
		游标卡尺							

										设计（日期）	审核（日期）	标准化（日期）	会签（日期）	
标记	处数	更改文件号	签字	日期	标记	处数	更改文件号	签字	日期					

表 2-16 机械加工工序卡（2）

机械加工工序卡	产品型号		零（部）件图号			
	产品名称	柴油机	零（部）件名称	凸轮轴	共 页	第 页

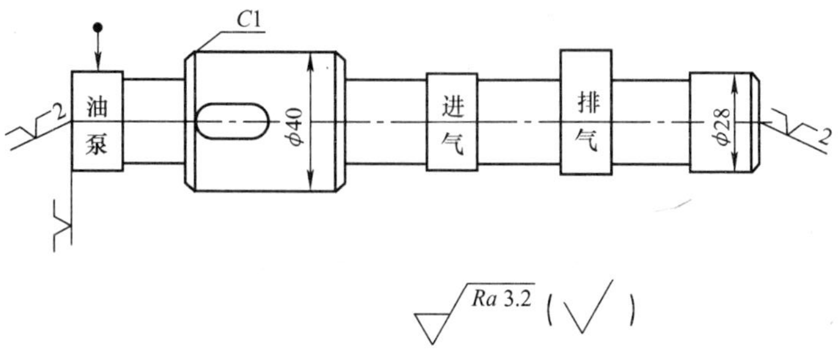

车间	工序号	工序名称	材料牌号
	30	车外圆、倒角	QT600—3
毛坯种类	毛坯外型尺寸	每毛坯可制件数	每台件数
铸件		1	1
设备名称	设备型号	设备编号	同时加工件数
车床	CA6140		1

夹具编号	夹具名称	切削液	
	顶尖		
工位器具编号	工位器具名称	工序工时	
		准终	单件

$\sqrt{Ra\ 3.2}$ ($\sqrt{}$)

工步号	工步内容	工艺装备	主轴转速/(r·min^{-1})	切削速度/(m·min^{-1})	进给量/(mm·r^{-1})	切削深度/mm	进给次数	工步工时 机动	工步工时 辅助
1	粗车 ϕ28mm 外圆至尺寸 ϕ28.4 h8	回转顶尖、90°外圆车刀	800	100	0.4	1.8	1		
2	粗车 ϕ40mm 外圆至尺寸 ϕ40.4 h8		600	100	0.4	1.8	1		
3	两外圆倒角 C1	45°倒角刀	600	100	0.4		1		
		外径千分尺							

										设计（日期）	审核（日期）	标准化（日期）	会签（日期）	
标记	处数	更改文件号	签字	日期	标记	处数	更改文件号	签字	日期					

表 2-17　机械加工工序卡（3）

机械加工工序卡	产品型号		零（部）件图号			
	产品名称	柴油机	零（部）件名称		共　页	第　页

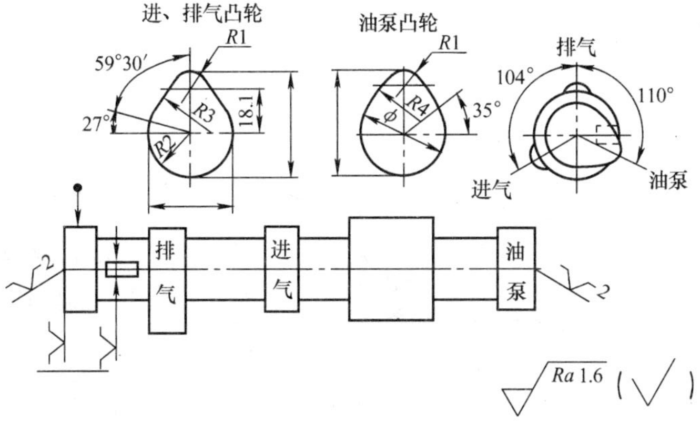

车间	工序号	工序名称	材料牌号
	60	粗磨三凸轮面	QT600—3
毛坯种类	毛坯外型尺寸	每毛坯可制件数	每台件数
铸件		1	1
设备名称	设备型号	设备编号	同时加工件数
专用磨床	M8395		1

夹具编号	夹具名称	切削液	
	磨凸轮夹具		
工位器具编号	工位器具名称	工序工时	
		准终	单件

$\sqrt{Ra\ 1.6}$ (√)

工步号	工步内容	工艺装备	主轴转速 /(r·min^{-1})	切削速度 /(m·min^{-1})	进给量 /(mm·r^{-1})	切削深度/mm	进给次数	工步工时 机动	工步工时 辅助
1	磨排气凸轮至尺寸 ϕ32.06 js7、ϕ39.6 js7	首尾顶尖、专用拨盘	115	2000	0.005	0.005	1		
2	磨进气凸轮（尺寸同上）	凸轮靠模、靠模装置							
3	磨油泵凸轮至尺寸 ϕ30.06 js7、ϕ37.06 js 注：磨凸轮面采用横向进给磨削法、半径加工余量为 0.15mm	GZ45ZR1AP600×63×305 砂轮外径千分尺							

										设计（日期）	审核（日期）	标准化（日期）	会签（日期）	
标记	处数	更改文件号	签字	日期	标记	处数	更改文件号	签字	日期					

表 2-18 机械加工工序卡（4）

机械加工工序卡	产品型号		零（部）件图号			
	产品名称		零（部）件名称		共 页	第 页

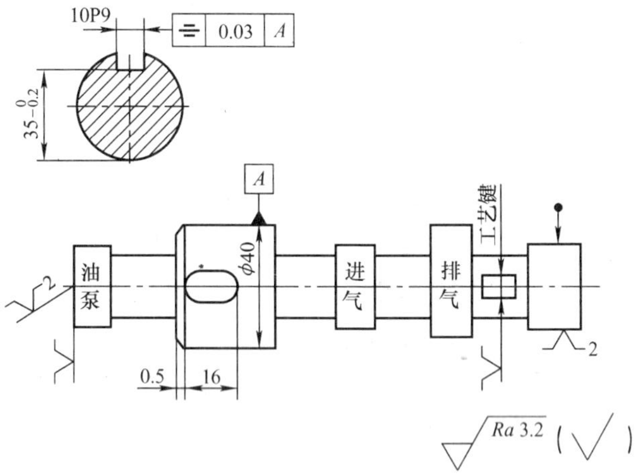

车间	工序号	工序名称	材料牌号
	110	铣键槽	QT600—3
毛坯种类	毛坯外型尺寸	每毛坯可制件数	每台件数
铸件		1	1
设备名称	设备型号	设备编号	同时加工件数
立式铣床	X60W		1

夹具编号	夹具名称	切削液	
	专用铣夹具		
工位器具编号	工位器具名称	工序工时	
		准终	单件

工步号	工 步 内 容	工 艺 装 备	主轴转速 /(r·min⁻¹)	切削速度 /(m·min⁻¹)	进给量 /(mm·r⁻¹)	切削深度/mm	进给次数	工步工时 机动	工步工时 辅助
1	铣键槽尺寸 $10^{-0.015}_{-0.051}$mm、$35^{\ 0}_{-0.20}$mm、$Ra3.2$	铣夹具、10P9 键槽铣刀 10P9 键槽塞规 10P9 键槽对称测量片	570	18	0.05	$a_p=5$	1		

标记	处数	更改文件号	签字	日期	标记	处数	更改文件号	签字	日期	设计（日期）	审核（日期）	标准化（日期）	会签（日期）

五、自我评估

1. 什么是机械加工工艺规程？工艺规程在生产中起什么作用？

2. 机械加工工艺过程卡、工艺卡和工序卡的主要区别是什么？简述它们的应用场合。

3. 制定机械加工工艺规程的步骤有哪些？

4. 什么是零件的结构工艺性？机械加工对零件的结构有何要求？装配和维修对零件结构工艺性又有何要求？

5. 试指出图 2-42a、b、c、d 在结构工艺性方面存在的问题，并提出改进意见。

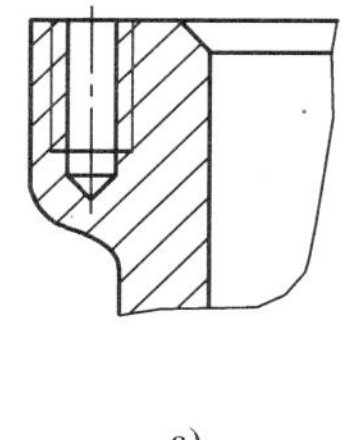

a)

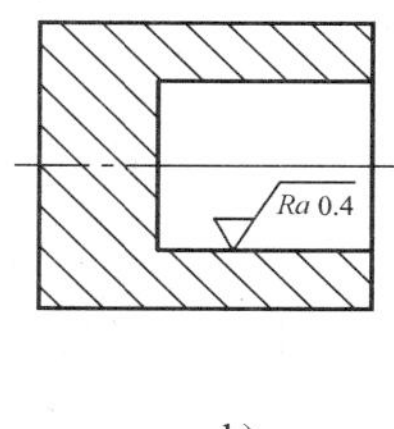

b)

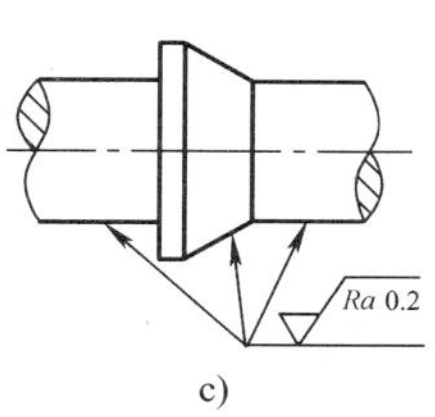

c)

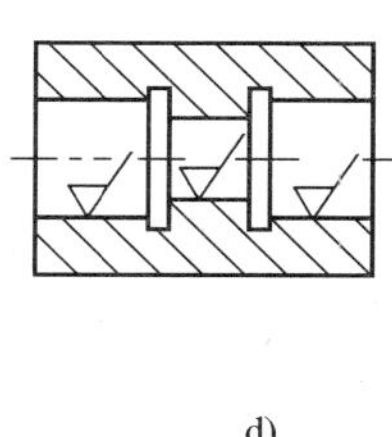

d)

图 2-42　题 5 图

6. 在选择毛坯时应考虑哪些问题？

7. 什么是工艺基准？基准分为哪几种？各起什么作用？

8. 试分析主轴加工工艺过程中如何体现“基准统一”、“基准重合”、“互为基准”的原则？它们在保证主轴的精度要求中都起了什么重要作用？

9. 试分析下列加工时的定位基准：

1）浮动铰刀铰孔；2）浮动镗刀精镗孔；3）珩磨孔；4）攻螺纹；5）无心磨削外圆；6）磨削床导轨面；7）精加工主轴轴颈；8）珩磨连杆大头孔；9）箱体零件攻螺纹；10）拉孔。

10. 图 2-43 所示为车床主轴箱体的一个视图，图中Ⅰ孔为主轴孔，是重要孔，加工时希望加工余量均匀。试选择加工主轴孔的粗、精基准。

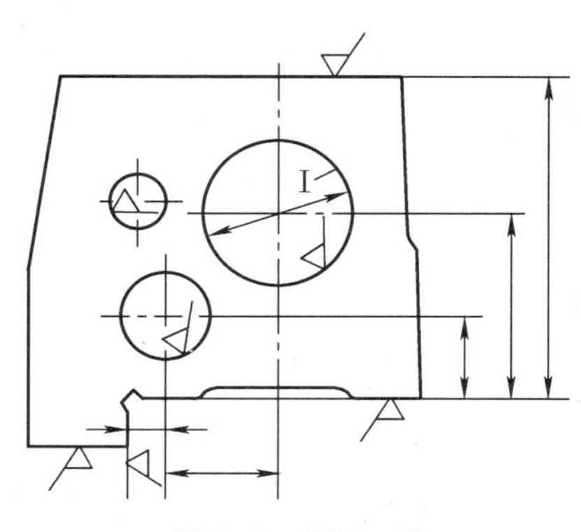

图 2-43　题 10 图

11. 什么是经济精度？选择加工方法时应考虑的主要问题有哪些？

12. 在大批量生产条件下，加工一批直径为 $\phi 25_{-0.008}^{\ 0}$ mm，长度为 58mm 的光轴，其表面粗糙度 $Ra<0.16\mu m$，材料为 45 钢，试安排其加工工艺路线。

13. 制订工艺规程时，为什么要划分加工阶段？什么情况下可以不划分或不严格划分加工阶段？

14. 机械加工工序安排的原则是什么？

15. 试述机械加工过程中安排热处理工序的目的及其安排顺序。

16. 什么是工序集中？什么是工序分散？它们各在什么情况下采用？影响工序集中与工序分散的主要因素是什么？

17. 如何确定加工余量？影响工序间加工余量的因素有哪些？

18. 某零件上有一个 $\phi 60^{+0.03}_{0}$ mm 孔，表面粗糙度为 $Ra0.8\mu$m，孔长 60m，材料为 45 钢，淬火硬度为 42HRC，毛坯为锻件，其孔的加工工艺规程为：粗镗→精镗→热处理→磨孔，试确定该孔加工中各工序的尺寸与公差。

19. 如图 2-44 所示，加工轴上一个键槽，要求键槽深度为 $4^{+0.16}_{0}$mm，加工过程如下：

1）车轴外圆至 ϕ28.5～ϕ28.4mm。

2）在铣床上按尺寸 H 铣键槽。

3）热处理。

4）磨外圆至 $\phi 28^{+0.024}_{+0.008}$mm。

试确定工序尺寸 H 及其上、下偏差。

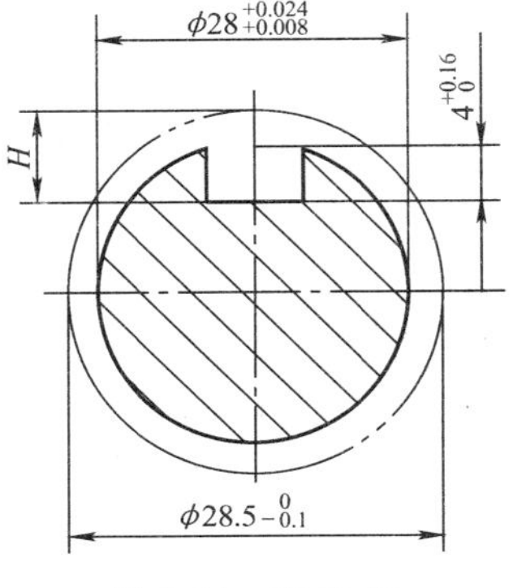

图 2-44 题 19 图

20. 什么是工艺成本？工艺成本由哪些部分组成？如何对不同工艺方案进行技术经济分析？

21. 什么是时间定额？什么是单件时间？单件时间包括哪些方面？批量生产时，时间定额应如何考虑？

22. 提高机械加工生产率的工艺措施有哪些？

23. 制订图 2-45 所示零件在单件小批生产条件下的机械加工工艺过程。

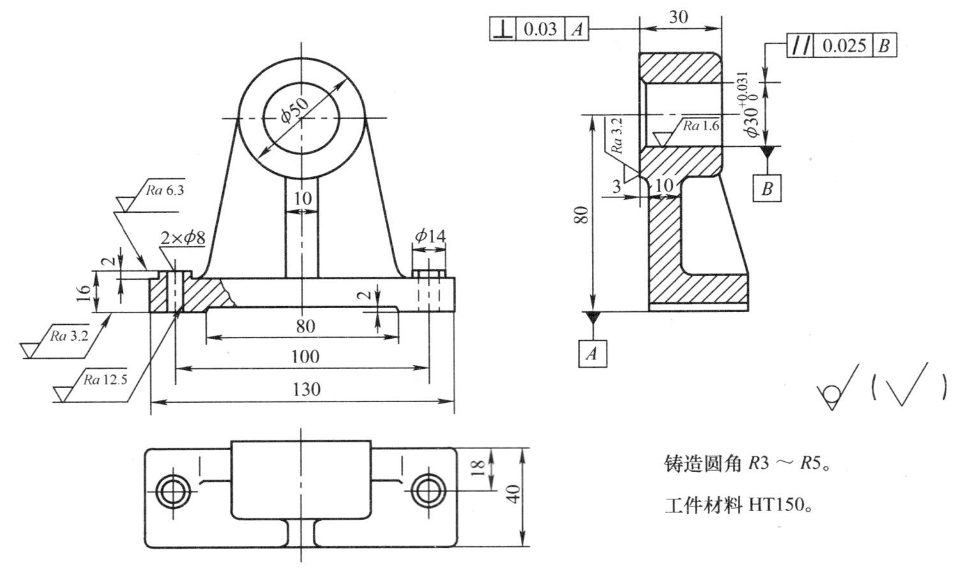

图 2-45 题 23 图

项目三　分析制冷机械典型零件切削加工工艺

一、学习目标

1. 终极目标

能初步掌握常用机械零件的加工方法。

2. 促成目标

1）掌握金属切削加工的基本知识。

2）掌握机械零部件加工过程中加工参数的合理选择。

3）能对压缩机典型零件加工过程进行分析。

4）为编制压缩机典型零件加工工艺卡提供参数。

二、工作任务

1）能进行 8AS12.5 型压缩机曲轴毛坯加工工艺分析。

2）能进行螺杆压缩机转子毛坯加工工艺分析。

3）能进行 8AS12.5 型压缩机连杆毛坯加工工艺分析。

4）能进行 8AS12.5 型活塞加工工艺分析。

三、相关知识

（一）金属的切削过程

1. 金属切削过程及其物理现象

（1）金属切削过程　金属切削是指使用切削工具从工件上切除多余材料，以获得几何形状、尺寸精度和表面质量等都符合要求的零件或半成品的加工方法。

切削加工是在材料的常温状态下进行的，它包括机械加工和钳工加工两种，其主要形式有：车削、刨削、铣削、磨削、齿形加工、锉削、錾削和锯割等。习惯上常说的切削加工主要是指机械加工。

（2）切屑形成机理

1）切屑的形成过程。被切削加工的工件材料一般都有较高的强度和硬度，因此，除了要求切削刀具的材料具有更高的硬度外（一般比工件材料的硬度高三倍以上），还必须具有一定的几何形状。在一定的运动关系下，以楔形的刀头部分挤压被切削工件的金属层，使这一部分金属产生很大的弹性变形与塑性变形，直到沿着切削刀具与工件本体分离而转化为切屑。

切削形成过程可简述如下：当刀具切入工件时，被切削层首先受到挤压而产生弹性变形。随着刀具的继续切进，切削层金属内部应力逐渐增大，当应力达到工件材料屈服点时开始塑性变形，会沿着滑移线滑移，即沿着金属晶格中晶面的剪切变形，并不断硬化，塑性形成进一步加大，当应力达到材料的断裂强度时，发生挤裂。切削过程中形成切屑的变形情况如图 3-1 所示。变形区大致分为三个区域。

第一变形区（OAM 范围）是切屑变形的主要区，材料晶粒受刀具作用，由圆形变形为椭圆形。

第二变形区（a_2 范围）是切屑沿前刀面而排出的区域。

第三变形区（a_3 范围）中已加工表面受到切削刃钝圆部分和后刀面的挤压、摩擦与回弹，造成其纤维的硬化。

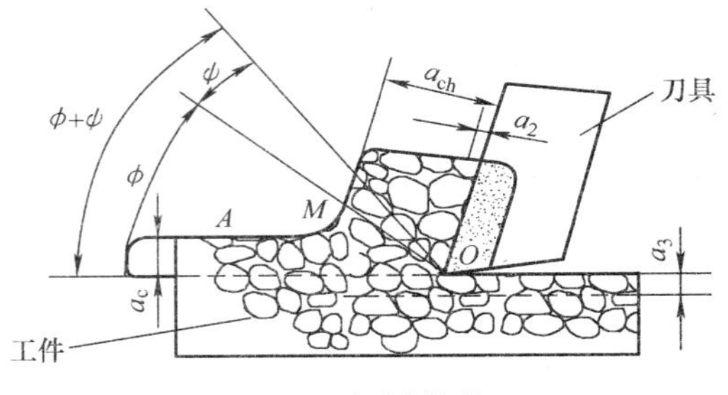

图 3-1 切屑变形

2）切屑种类。切屑的主要类型有：带状切屑、节状切屑、单元切屑和崩碎切屑。

① 带状切屑：切屑连续，呈连绵不断的带状或螺旋状，与刀具接触的底层光滑，背面呈毛绒状（见图 3-2a）。其切削过程较平稳，切削力波动小，已加工表面较光洁。但要采取断屑措施。

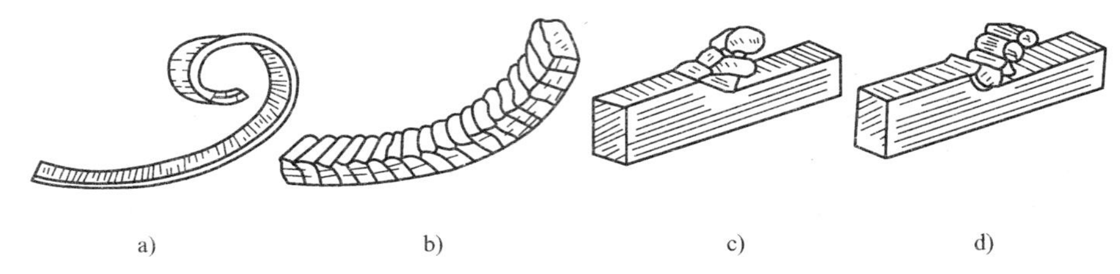

a) b) c) d)

图 3-2 切屑的种类

a）带状切屑 b）节状切屑 c）单元切屑 d）崩碎切屑

② 节状切屑：切屑与刀具前面接触的表面有不贯穿的裂纹（见图 3-2b），另一面呈锯齿状。在切削速度较低、切削厚度较大、刀具前角较小时，加工中等硬度的钢材容易得到这种切屑。

③ 单元切屑：在节状切屑的整个剪切面上，切应力超过了材料的破裂强度时，整个单元被切离形成粒状切屑（见图 3-2c）。

④ 崩碎切屑：切削层金属发生弹性变形后，一般不经过塑性变形就突然崩裂而形成形状不规则的崩碎切屑（见图 3-2d）。工件材料越硬脆，刀具前角越小，切削厚度越大，越容易产生这类切屑。

（3）切削热。切削过程中，机床所消耗的切削功绝大部分转化为热，这些热称为切削热。切削热产生的直接来源是切削层金属的弹性变形、塑性变形所产生的热；切屑与刀具前面、工件与刀具后面间的摩擦所产生的热。切削热会传递给工件、刀具、切屑及周围介质，一般切削加工中，传入车刀中的热量占 10%～40%，传入工件中的热量不足 3%～9%，大部分的切削热（50%～86%）通过切屑被带走。刀具温升过高会加速刀具的磨损。而传给工件的热会造成工件温度升高、变形，影响加工精度，对精密加工、细长轴及薄壁件加工的影响更为严重。

2. 切削运动和切削要素

（1）切削运动 要将工件上多余的金属层切除掉，刀具和工件之间必须具有一定的相对运动，这种运动称为切削运动。它包括主运动和进给运动。

1）主运动。在切削运动中，主运动速度最高、耗功最大，是切下切屑所必需的基本运动。主运动可以由工件完成（如车削、龙门刨削等），也可由刀具完成（如钻削、铣削等）。它可以是旋转运动，也可以是直线运动。

2）进给运动。进给运动是刀具与工件之间附加的相对运动，它配合主运动依次地切除切屑，其速度较低、耗功较少。进给运动可由刀具完成（如车削），也可由工件完成（如铣削）；可以是间歇的（如刨削），也可以是连续的（如车削）。

在各种切削加工中，一般主运动只有一个，而进给运动可以有一个、两个或两个以上（见图 3-3）。有的切削加工，如拉削，就只有主运动，而没有进给运动。

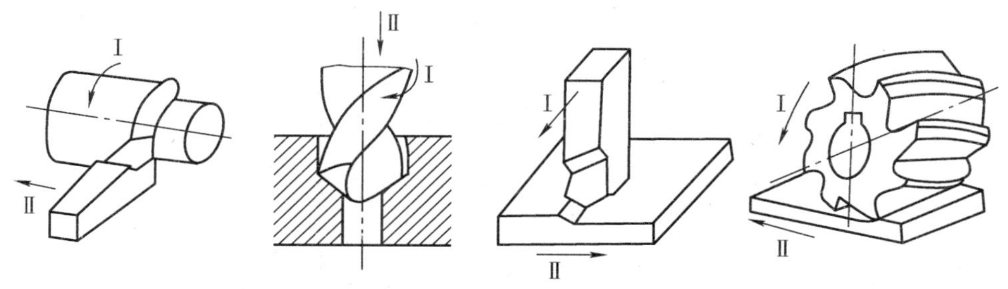

图 3-3　机械加工几种方式的应用举例

Ⅰ—主运动　Ⅱ—进给运动

（2）切削要素　切削要素是指在切削过程中所选择的切削速度、进给量和背吃刀量。以车削加工为例，如图 3-4 所示。

1）切削速度 v。切削速度指在单位时间内工件和刀具沿主运动方向的相对位移。车、钻、镗、铣、磨的切削速度计算公式如下：

$$v=\frac{\pi dn}{60\times10^3}$$

式中　d——工件加工表面或刀具最大直径，单位为 mm；

n——工件或刀具的转速，单位为 r/min。

刨削的平均切削速度计算公式为：

$$v=\frac{2Ln_r}{1\ 000}$$

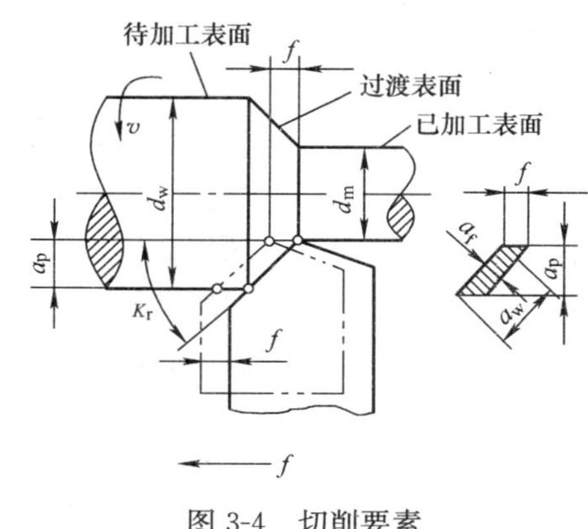

图 3-4　切削要素

式中　v——刨削的平均切削速度，单位为 m/min；

L——刀具或工件作往复直线运动的行程长度，单位为 mm；

n_r——工件或刀具每分钟往复次数。

2）进给量 f。进给量指在主运动的一个循环或单位时间内，刀具与工件在进给方向上的相对位移。车削进给量为工件每转一转，车刀沿进给方向上的相对位移（mm/r）；刨削进给量则是刨刀（或工件）每往复一次，工件（或刨刀）沿进给方向上的相对位移（mm/行程）。

3）背吃刀量 a_p。在一次进给过程中工件表面被切除的材料厚度称为背吃刀量。对于车削和刨削来说，背吃刀量 a_p 为工件上待加工表面和已加工表面间的垂直距离。车削圆柱面的 a_p 为该次切除余量的一半；刨削平面的 a_p 为该次切削余量。车削外圆时，背吃刀量

a_p 为

$$a_p=\frac{d_w-d_m}{2}$$

式中 d_w——工件待加工表面直径，单位为 mm。

d_m——工件已加工表面直径，单位为 mm。

3. 金属的切削加工性

（1）金属的切削加工性衡量指标　金属的切削加工性是指材料被切削加工的难易程度。它的评定指标通常是切削时所反映的生产率、刀具的使用寿命及是否容易得到规定的加工精度和表面粗糙度。

1）刀具的耐用度。这是较常用的材料切削加工性指标。在相同的切削条件下加工不同材料时，显然在一定切削速度下刀具耐用度较长，或在一定耐用度下切削速度较大的材料，其加工性较好。反之，刀具耐用度较短或切削速度较小的材料，其切削加工性较差。

2）切削力和切削温度。在相同的切削条件下，切削力大或切削温度高，则切削加工性差。机床动力不足时，常用此项指标。

3）加工表面质量。容易获得较小表面粗糙度的材料，其材料的切削加工性好。一般来说，零件在精加工时常用此项指标来衡量。

4）断屑性能。在相同切削条件下，以所形成的切屑是否便于清除作为一项指标。对于自动机床、数控机床和自动化程度较高的生产线上常用此项指标。

（2）改善材料切削加工性的途径

1）改善材料的化学成分。例如在黄铜中加入 1%～3%的铅，在钢中加入 0.1%～0.25%的铅。铅可以球状粒子存在于材料的金相组织中，切削时能起到很好的润滑作用，减少摩擦，使刀具的耐用度和表面质量得到提高。又如在碳钢中加入 Mn，Mn 分布于珠光体中，起润滑作用，使刀具的耐用度和切削后的表面质量提高，增大脆性，切屑易断。

2）进行适当的热处理。塑性大的材料如低碳钢，经过正火调质可降低塑性、提高硬度，容易切削。脆性材料如高碳钢、白口铸铁，经过退火处理可以降低硬度，改善切削性能。低碳钢可冷作硬化，采用冷拔使其塑性降低、提高硬度，改善其切削加工性。

（二）切削加工零件的加工质量

零件加工质量是保证机械产品质量的基础。零件的加工质量包括零件的机械加工精度和机械加工表面质量两个方面。

1. 切削加工零件的技术要求

切削加工零件的技术要求一般包括加工精度、表面质量、零件的材料及热处理和表面处理（如电镀、发蓝、煮黑等）。加工精度是指工件加工后，其实际的尺寸、形状和相互位置等几何参数与理想几何参数相符合的程度，包括尺寸精度、形状精度和位置精度。表面质量是指工件加工后的表面粗糙度、表面层的冷变形强化程度、表面层残余应力的性质和大小以及表面层金相组织等。在以上这些技术要求中，加工精度和表面粗糙度要由切削加工来保证。

（1）尺寸精度　尺寸精度是指零件的实际尺寸相对于理想尺寸的准确程度。它包括表面本身的尺寸和表面间的尺寸，用尺寸公差来控制。公差是指允许尺寸的最大变动量。国家标准中将尺寸公差分为 20 级，即 IT01、IT0、IT1、IT2、…、IT18，IT 表示标准公差，数字表示公差等级，从 IT01～IT18 精度等级依次降低，公差值依次增大。各公差等级、表面粗糙度的应用及加工方法见表 3-1。

表 3-1　各公差等级、表面粗糙度的应用及加工方法

表面要求	公差等级	表面粗糙度 $Ra/\mu m$	表面特征	加工方法	应　　用
精密加工	IT01～IT2	0.01 以下	镜面	研磨、镜面磨削	量仪、量块的制造
	IT3～IT4	0.012 以下	雾状镜面	研磨	精密机件的光整加工
	IT5～IT6	0.025	镜状光泽面	研磨、衍磨 精密磨削 抛光	用于一般精密配合。IT6～IT7 在机床和较精密的机器、仪表制造中用得最为普遍
		0.050	亮光泽面		
		0.10	暗光泽面		
精加工	IT7 IT8	0.20	不辨加工痕迹方向	精铰、刮 精拉 精磨	
		0.40	微辨加工痕迹方向		
		0.80	可辨加工痕迹方向		
半精加工	IT9 IT10	1.6	不见加工痕迹方向	半精车、精车 精铣、精刨	用于一般要求。主要用于长度尺寸的配合处，如键和键槽的配合
		3.2	微见加工痕迹方向		
		6.3	可见加工痕迹方向		
粗加工	IT11 IT12～IT13	12.5	微见刀纹	粗车、精铣 粗刨、钻 粗锉	用于非重要配合。IT12～IT13 也用于非配合尺寸
		25	可见刀纹		
		50	明显可见刀纹		
不加工	IT14	100	毛坯表面 清除毛刺	冲压、压铸	用于非配合尺寸
	IT15～IT18			铸、锻、焊、气割表面	

表中 IT01～IT13 用于配合尺寸。目前常用的配合尺寸公差为 IT5 以下。IT14～IT18 用于不重要尺寸、非配合尺寸公差。

(2) 形状精度和位置精度　形状精度是指零件上的线、面要素的实际形状相对于理想形状的准确程度。位置精度是指零件上点、线、面要素的实际位置相对于理想位置的准确程度。机械加工零件的要素的形状及位置不可能做到绝对准确，但为满足产品的使用要求，需要对这些形状位置的误差加以控制。形状精度和位置精度用几何公差来表示。几何公差包括形状、方向、位置和跳动公差。国家标准中规定的几何公差的几何特征符号见表 3-2。

表 3-2　几何特征符号

分　类	项　目	符　号	分　类	项　目	符　号
形状公差	直线度	—	方向公差	平行度	//
	平面度	▱		垂直度	⊥
	圆度	○		倾斜度	∠
	圆柱度	⌭		线轮廓度	⌒
	线轮廓度	⌒		面轮廓度	⌓
	面轮廓度	⌓			

（续）

分　类	项　目	符　号	分　类	项　目	符　号
位置公差	同轴（同心）度	◎	跳动公差	圆跳动	↗
	对称度	⌯			
	位置度	⌖			
	线轮廓度	⌒		全跳动	⌰
	面轮廓度	⌓			

几何公差等级分 1～12 级（圆度和圆柱度分为 0～12 级），与尺寸公差一样，等级数字越大，公差值越大。对于一般机床加工能够保证的形位公差要求，图样上不必标出，也不作检查。对几何公差要求高的零件，应在图样上标注。通常几何公差以具体的公差数值标注。关于各项几何公差的意义请参阅相关书籍。

（3）表面粗糙度　在切削加工过程中，由于刀痕、振动、摩擦等原因，会使工件已加工表面产生微小的峰谷。这些微小峰谷的高低程度和间距状况称为表面粗糙度。国标中规定了表面粗糙度的表示符号、评定参数及其允许值。最常用的评定参数是 Ra（轮廓算术平均偏差），Ra 值越大，表面越粗糙；反之，表面越光滑。

通常，粗加工（如粗车、粗铣、钻孔等）所能达到的 Ra 值大于 12.5μm，半精加工（如半精车、粗磨、铰孔、拉削等）后的 Ra 值为 1.6～6.3μm，精加工（如精铰、刮削、精磨、精拉等）后的 Ra 值为 0.2～0.8μm，小于 0.2μm 的 Ra 值要用精密加工（如精密磨削、研磨、抛光、镜面磨削等）的方法才能达到。

2. 影响零件加工质量的因素

零件的机械加工是一个复杂的力学过程。机械加工工艺系统的每一个部分、加工过程的每一环节都会影响零件的加工质量。

（1）影响零件加工精度的因素

1）加工原理误差。零件加工过程如果采用了近似的表面成形方法，就会带来加工原理误差。

2）工艺系统的制造误差与磨损。这主要指机床、刀具、夹具自身的制造误差与磨损会对零件的加工精度造成影响。

3）工艺系统受力变形与刚度。切削加工过程中，工艺系统受到切削力、重力、离心惯性力等力的作用会产生不同程度的受力变形。其中，切削力对工艺系统的变形有重要的影响，切削力越大变形越大，导致的加工误差越大。工艺系统的变形将会破坏刀具与工件正确的相对位置关系，造成零件加工表面的形位误差或尺寸误差。

工艺系统的刚度是指工艺系统抵抗受力变形的能力。刚度越高，变形越小，加工误差也越小。提高机械加工工艺系统的刚度是减小加工误差的重要途径。

4）工艺系统的热变形。切削加工中，机床消耗的功率基本上转变为切削热和运动表面的摩擦热，造成加工工艺系统的不均匀温升，使机床、刀具、工件产生热变形，影响零件的加工精度。

零件的加工精度还受到机床调整误差、工件定位误差、测量误差等诸多因素的影响。要获得良好的加工精度，必须从多方面考虑如何减小加工误差。

（2）影响零件表面粗糙度的因素

1）切削残留面积。刀具相对工件作进给运动时，在工件表面留下了切削层残留面积，其形状与刀尖的形状相对应。车削加工中的残留面积的高度是直接增大表面粗糙度数值的主要因素之一。减小进给量、主偏角、副偏角，增大刀尖圆弧半径都有利于表面粗糙度数值的减小。

2）工件的材质。工件材料的塑性越好，切削变形越大，切屑与母材分离时纤维化的金属形成大量的断头分布在已加工表面上，使表面十分粗糙。因此，精加工前应适当提高工件表面硬度、降低塑性。加工脆性材料时，工件表面因切屑脆性崩碎的裂纹而形成许多小麻点，使表面粗糙。

3）切削用量。切削速度越高，切削变形越小，表面粗糙度越小。进给量、背吃刀量越小，表面粗糙度越小，但过小的进给量和背吃刀量会使刀具与工件的挤压、摩擦加剧，反而增大表面粗糙度值。

4）机械加工中的振动。切削加工过程中，工件与刀具的振动会在工件表面留下切削振纹，使表面粗糙度增大。常通过提高工艺系统的刚度等措施来减少切削振动。

3. 机械加工的经济精度

任何一种加工方法可以获得的加工精度和表面粗糙度均有一个较大的范围。选择低的切削用量，可以获得较高的精度，但会降低生产率，提高成本；反之，如果增大切削用量来提高生产率，虽然成本降低了，但精度也降低了。因此，对一种加工方法，只有在一定的精度范围内才是经济的。加工经济精度是指在正常加工条件下（采用符合质量标准的设备、工艺装备和标准技术等级的工人，合理的加工时间）所能达到的加工精度。相应的表面粗糙度称为经济表面粗糙度。各种加工方法的经济精度是确定机械加工工艺路线时，选择经济合理的工艺方案的主要依据。

（三）切削加工方法

1. 常用切削加工方法

（1）车削加工　车床上可进行车外圆、车端面、车台阶、钻孔、镗孔、车螺纹、滚花等加工。车削加工中工件旋转作主运动，刀具作进给运动。刀具沿进给运动方向运动后，在工件上形成圆柱面。刀具沿斜向进给时，工件上形成圆锥面。刀具沿曲线进给时，工件上形成回转曲面。成形车刀横向进给也可加工出旋转曲面。普通车削公差等级可达 IT8～IT7，表面粗糙度为 Ra6.3～1.6μm。精细车时，公差等级可达 IT6～IT5，表面粗糙度可达Ra0.4～0.1μm。车削加工刀具简单，切削过程平稳。车床加工的典型工序如图 3-5 所示。

（2）钻削与镗削加工　钻削是孔加工的最常用方法，一般在钻床上进行（见图 3-6）。在钻床上钻孔时，工件不动，钻头旋转作主运动，并沿轴线作进给运动。钻孔加工的孔径一般在 ϕ50mm 以下。钻孔加工的精度较低，通常只能达到 IT10，表面粗糙度一般为 Ra12.5～6.3μm。单件、小批生产中，中小型工件常用立式钻床加工，大中型工件常用摇臂钻床加工。精度要求较高的小孔往往在钻削后，采用扩孔和铰孔来进行半精加工和精加工（见图 3-7、图 3-8）。扩孔加工精度可达 IT10～IT9，表面粗糙度为 Ra6.3～3.2μm。铰孔加工精度可达 IT9～IT7，表面粗糙度为 Ra1.6～0.4μm。扩孔、铰孔时，扩孔刀和铰刀一般沿着原底孔的轴线进行加工，因此无法提高孔的位置精度。

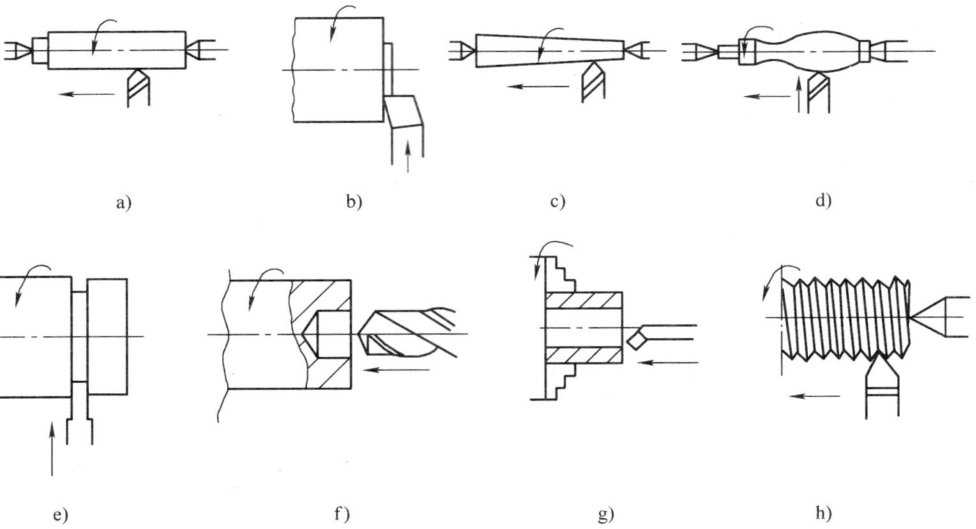

a)　b)　c)　d)

e)　f)　g)　h)

图 3-5　车床加工的典型工序

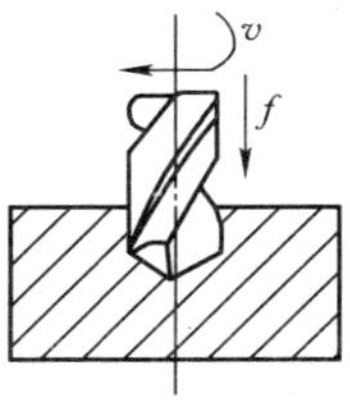

图 3-6　钻孔加工 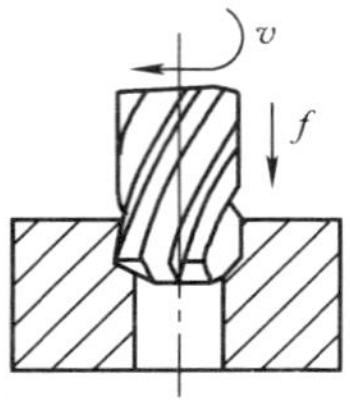　　图 3-7　扩孔加工 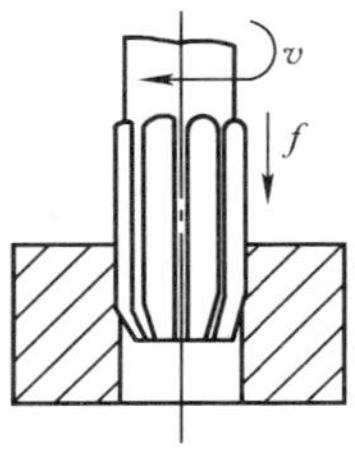　　图 3-8　铰孔加工

镗孔是对已有孔进行再加工。对于直径较大的孔，镗孔是唯一合适的加工方法。镗孔可在镗床或车床上进行。镗床主要镗削非回转体上的孔，尤其是有位置精度要求的孔系。镗床镗孔时，刀具旋转作主运动（见图 3-9）。车床镗孔一般是加工回转体中心的孔，车床镗孔时工件旋转为主运动。镗孔加工公差等级一般为IT9～IT7，表面粗糙度为 $Ra6.3 \sim 0.8\mu m$。镗削可以纠正原有孔的位置偏差。

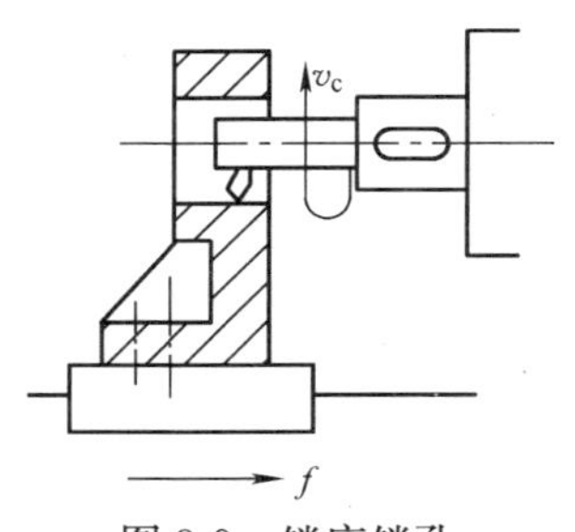

图 3-9　镗床镗孔

（3）铣削　在铣削加工中，铣刀旋转作主运动，工件在工作台带动下作进给运动。图 3-10 所示卧铣中，工件平面由铣刀外圆柱面上的切削刃切削形成，称为周铣法。图 3-11 所示立铣中，工件的平面由铣刀端面上的切削刃切削形成，称为端铣法。铣刀为多刃刀具，同时切削的切削刃多，生产率高。由于刀齿的切入、切出使切削过程中产生冲击，限制了工件表面质量的提高，同时也容易导致刀具的破损。

普通铣削可加工平面、沟槽（见图 3-12、图 3-13）。利用成形铣刀可加工出特定的曲面。铣削加工公差等级一般可达 IT8～IT7，表面粗糙度为 $Ra6.3 \sim 1.6\mu m$。数控铣床可以加工叶轮、模具等复杂的曲面。

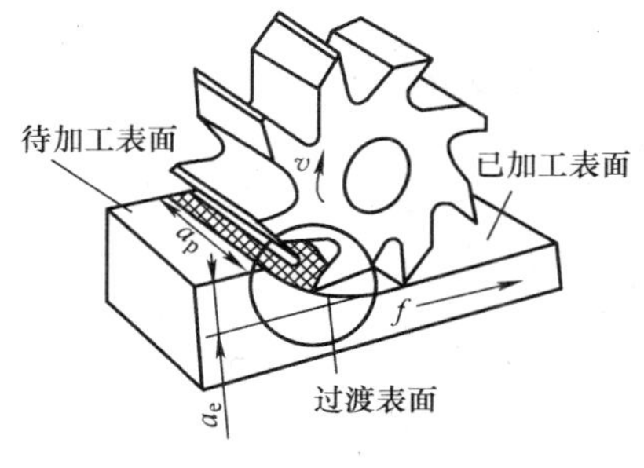

图 3-10　周铣平面

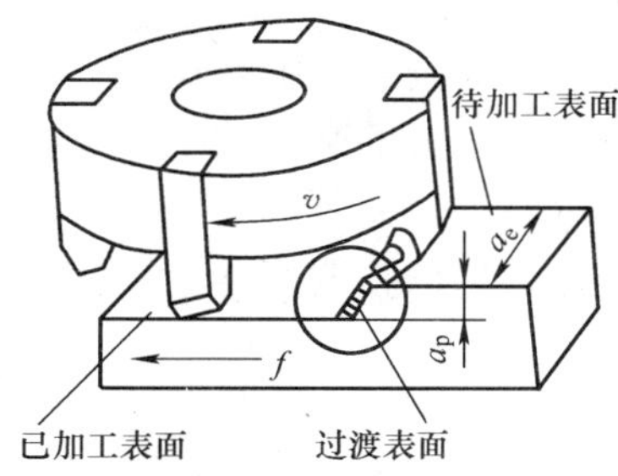

图 3-11　端铣平面

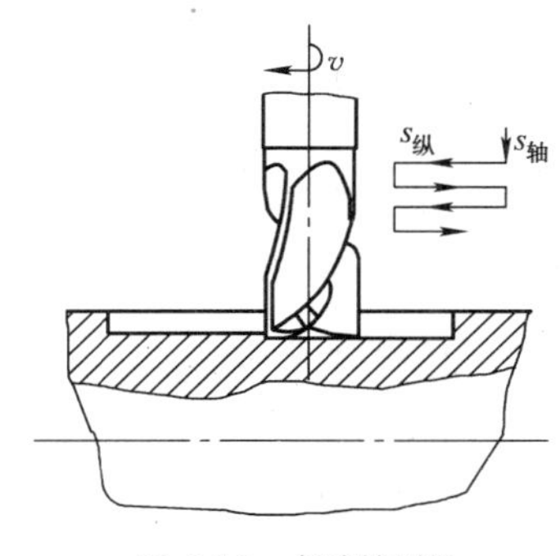
图 3-12　铣削键槽

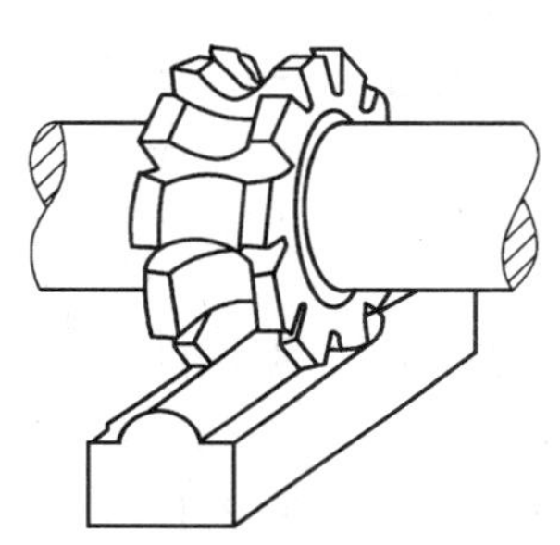
图 3-13　铣削成形表面

(4) 刨削、插削和拉削　刨削主要用于平面加工，以刀具的往复直线运动（牛头刨床加工）或工件的往复直线运动（龙门刨床）为主运动（见图 3-14）。为减小惯性力的冲击，其切削速度不高，加工效率较低，一般用于单件生产。刨削加工的公差等级可达 IT8～IT7，表面粗糙度为 $Ra6.3\sim1.6\mu m$，宽刀精刨时平面度可达 0.02/1 000，表面粗糙度为 $Ra0.8\sim0.4\mu m$。

插床主要用来加工多边形内孔、孔内的键槽等。插削的加工精度及生产率与刨削相近。图 3-15 所示为插削加工。

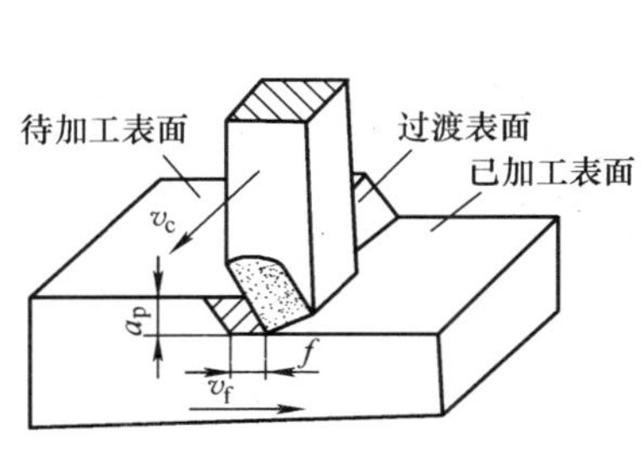

图 3-14　刨削加工

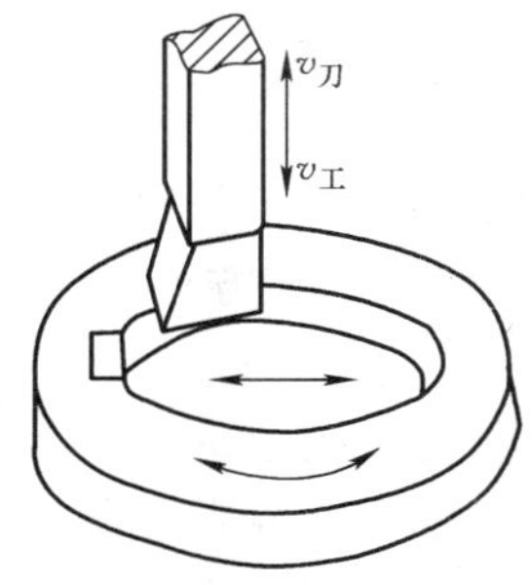
图 3-15　插键槽

拉削加工是一种高效成形切削，拉削时只有主运动，多数由液压缸提供动力。拉床结构简单，但拉刀结构复杂，制造成本高，通常用于批量生产。图 3-16 所示为圆孔拉削。拉削加工质量稳定，公差等级一般可达 IT8～IT7，表面粗糙度为 $Ra0.8\sim0.4\mu m$，可加工内孔、键槽、花键、平面、成形面等。

(5) 磨削　磨削是以砂轮或其他磨具对工件进行加工。如图 3-17 所示，磨削的主运动由砂轮的旋转实现，进给运动可能有一个或几个。砂轮上的每个磨粒都可以看成是一个微小的切削刃，在磨削过程中磨粒对工件表面进行切削、刻划和滑擦加工。砂轮具有“自锐性”，在切削过程中磨钝的磨粒与工件作用时会自行脱落，露出一层新的磨粒。但脱落过多会影响砂轮自身的精度。此外，在加工过程中，切屑和碎磨粒会堵塞砂轮，因此，磨削一定时间后，需要用砂轮修整器对砂轮表面进行修整，恢复砂轮的精度。

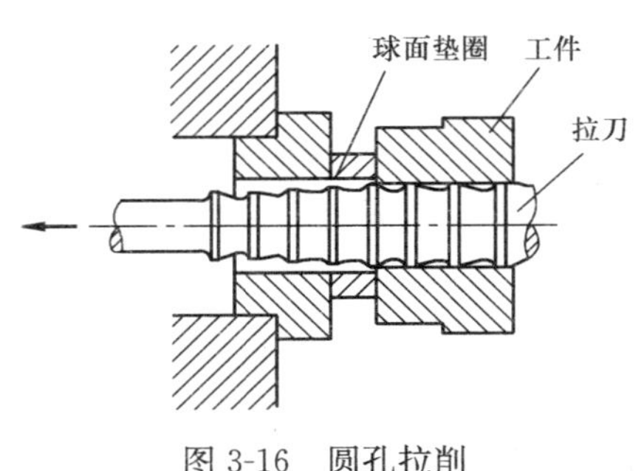

图 3-16 圆孔拉削

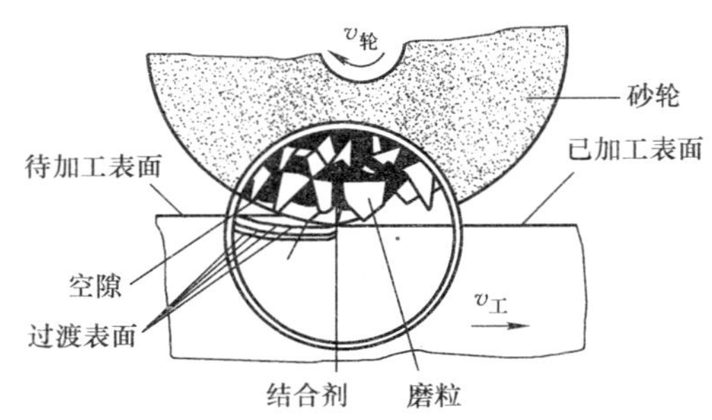

图 3-17 砂轮磨削示意图

磨床是精加工机床，磨粒的刃口比普通刀具的刃口锋利得多，因而磨削加工的精度高，公差等级可达 IT6～IT4，表面粗糙度为 Ra1.25～0.01μm，通常作为工件的最终加工。磨削尤其适用于淬火钢件的精加工，但不宜加工硬度较低的有色金属、低碳钢等材料。磨削时会产生大量的切削热，需要有充分的切削液进行冷却。磨削加工有外圆磨削、内孔磨削、平面磨削等多种加工形式。

(6) 齿形加工 齿轮是机器中应用最广的传动元件。齿轮齿面的形状为渐开线，其加工方法有成形法和展成法两大类。成形法一般采用成形铣刀在铣床上进行加工，可以加工直齿、斜齿和人字齿圆柱齿轮，还可以加工齿条和锥齿轮等。展成法加工齿形常用的有插齿和滚齿两种方式。滚齿加工在滚齿机上进行，可以加工直齿、斜齿、螺旋齿轮和蜗轮。插齿加工在插齿机上进行，一般用于加工直齿圆柱齿轮和内齿轮。无论是插齿还是滚齿，同一模数的齿轮无论齿数多少，只要用一把相同模数的插齿刀或滚刀加工即可。插齿和滚齿的精度比铣齿高，可达 8～7 级精度，更高精度齿轮的加工可在滚、插齿后进行剃齿、磨齿或珩齿等精加工。

(7) 复杂曲面的加工 三维曲面常见于叶片、模腔等。三维曲面的切削加工主要采用仿形铣、数控铣或特种加工方法。

图 3-18 所示为液压仿形车床的仿形加工原理。当溜板沿机床纵向进给时，仿形触头沿靠模表面运动并随靠模表面形状的变化而伸缩，以此改变随动阀环形开口的大小。随动阀环形开口的大小控制仿形刀架液压缸的伸缩，最终控制车刀的径向运动，实现仿形切削，加工出与靠模形状一样的工件。仿形加工精度主要受靠模的精度、系统的仿形精度、曲面本身的复杂程度的影响。仿形加工的原型制造复杂，周期较长，工艺成本较高。

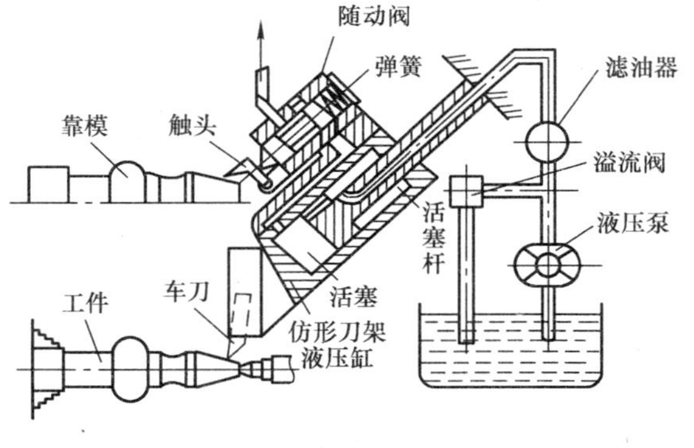

图 3-18 仿形加工原理

数控技术的出现为曲面加工提供了有效的方法。在数控铣床或加工中心上加工曲面时，曲面通过铣刀逐点按曲面坐标值加工而成。曲面加工的数控程序一般情况下可以由CAD/CAM集成软件包自动生成，特殊情况下需进行二次开发。由于加工中心上带有配置几十把刀具的刀库，采用加工中心可以对曲面进行粗、精加工，可以对不同曲率半径的凹曲面加工。同时，可在一次装夹中加工出工件上各种辅助表面，如孔、螺纹、槽等，减少了工件多次装夹的时间，并有利于保证各表面间的位置精度。数控加工已成为单件、小批量生产加工曲面的主要方法。

2. 切削加工方法选择

机械零件的形状是多种多样的，其轮廓由具有一定精度和表面结构要求的平面、内圆表面、外圆表面和其他曲面组成。因此，一个零件的加工通常不能在一台机床上完成。同时，零件的某一表面可用不同的方法加工。各种表面的加工方法见表3-3。

表3-3　各种表面的加工方法

工件表面 / 加工方法	平面	孔	外圆	回转曲面	自由曲面	齿轮齿面
车	车端面	车内孔 内锥孔	车外圆	成形车刀 靠模车 数控车		
铣	立铣 卧铣	铣孔	数控铣	旋风铣	数控铣 仿形铣	铣齿 滚切齿轮
刨	牛头刨 龙门刨 插键槽					锥齿刨插齿
磨	平面磨	磨内孔 内锥孔	外圆磨	成形磨 仿形磨 数控磨	曲线磨 靠模磨	齿轮磨 数控齿轮磨
钻	锪台阶	钻孔 扩孔				
镗		镗有位置要求的孔				

正确选择加工方法，可以在保证产品质量的前提下提高生产效率、降低生产成本。零件加工方法的选择通常需要考虑以下几个方面：

1）根据被加工面的形状、尺寸、精度要求和表面结构要求选择加工方法，确定加工顺序。例如，外圆面常采用车削，平面采用刨削或铣削。如果精度要求较高（如IT6），则考虑先进行车、铣等加工，再进行磨削。

2）考虑工件的材质、热处理要求等。例如，软齿轮齿面的精加工采用剃齿，而淬火齿轮齿面的精加工则需要磨齿或珩齿。

3）考虑零件的结构形状、尺寸。例如，箱体类零件上的小孔通常采用钻削，而大孔则在镗床上镗削，对于与外圆同轴的回转体上的大孔通常在车床上镗削。

4）考虑生产类型和生产效率。同是齿轮内孔键槽，如果工件数量只有几件，采用插削加工，如果大批量生产则采用拉削。

5）考虑现有生产条件。在现有加工设备能基本满足精度要求和加工效率的前提下，尽量利用现有设备加工，减少生产投资。

（四）金属切削机床

1. 机床的分类和型号

金属切削机床种类繁多，为了便于设计、制造、使用和管理，将机床进行分类并编制机床型号。目前我国金属切削机床的分类与型号编制按照国家标准 GB/T 15375—2008 执行。

按机床使用的刀具和加工性质的不同，可分为 11 大类。

在同一类机床中，按加工精度的不同，可分为普通机床、精密机床和高精度机床三个等级；按使用范围分为通用机床、专门化机床和专用机床；按自动化程度分为一般机床、半自动机床和自动机床；按机床质量分为仪表机床、中小型机床、大型机床和重型机床等。图 3-19～图 3-23 所示为常见的机床。

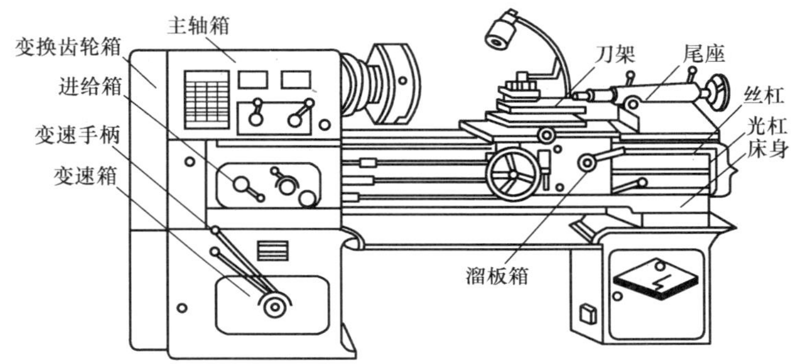

图 3-19 C6132 型卧式车床

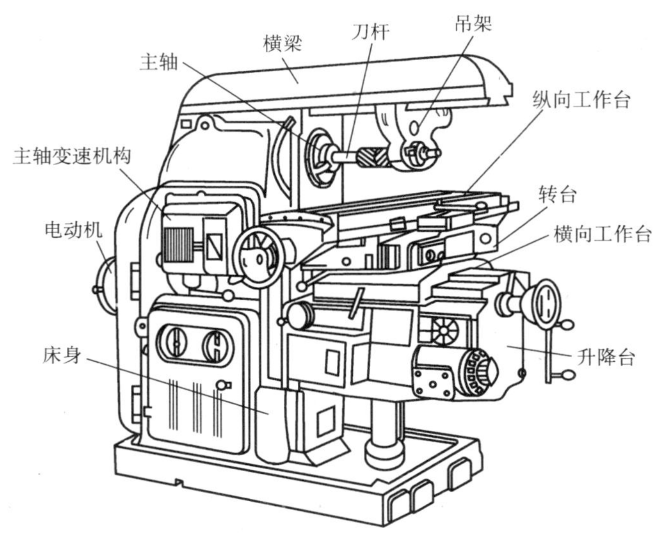

图 3-20 X6132 型万能升降台铣床

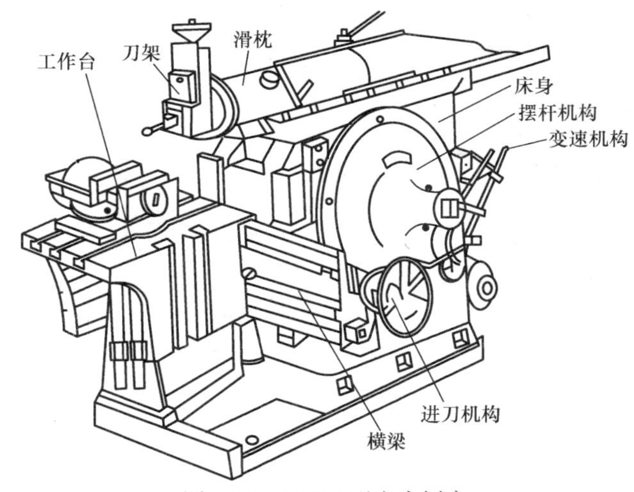

图 3-21　B6065 型牛头刨床

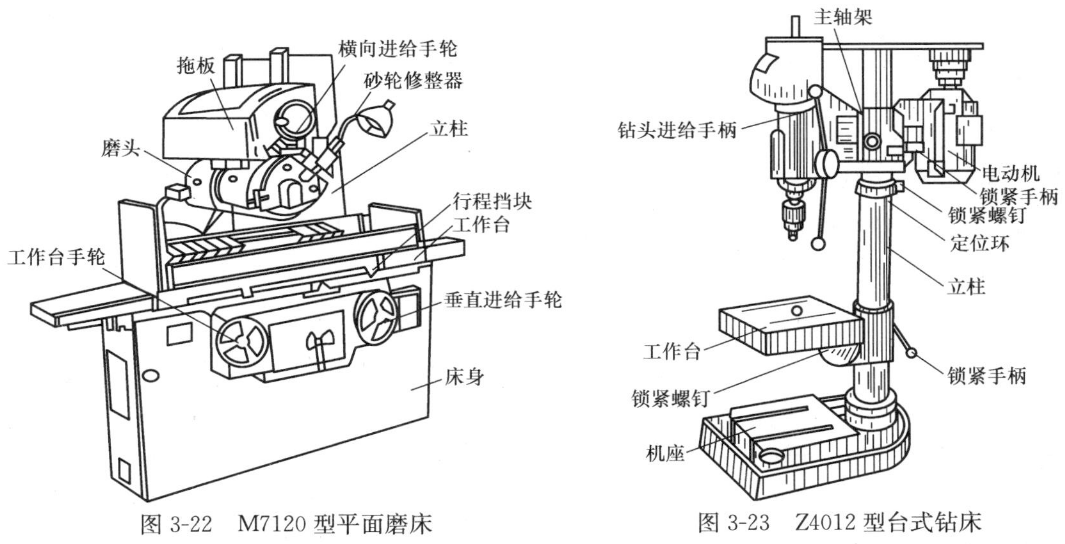

图 3-22　M7120 型平面磨床

图 3-23　Z4012 型台式钻床

机床的型号用来表示机床的类别、主要参数和主要特征的代号。我国机床型号的编制采用汉语拼音字母和阿拉伯数字按一定规律组合表示，它适用于新设计的各类通用机床、专用机床和回转体加工自动线（不包括组合机床、特种加工机床）。本书只介绍各类通用机床型号的编制方法。

（1）机床的类别代号　机床类别代号按机床名称以汉语拼音首字母（大写）表示，并按名称读音，见表 3-4。

表 3-4　机床类别及代号

类别	车床	钻床	镗床	磨床			齿轮加工机床	螺纹加工机床	铣床	刨插床	拉床	锯床	其他机床
代号	C	Z	T	M	2M	3M	Y	S	X	B	L	G	Q

通用机床的型号由基本部分和辅助部分组成，中间用“/”隔开，读作“之”。基本部分

需统一管理，辅助部分是否纳入型号由生产厂家自定。型号的构成如下：

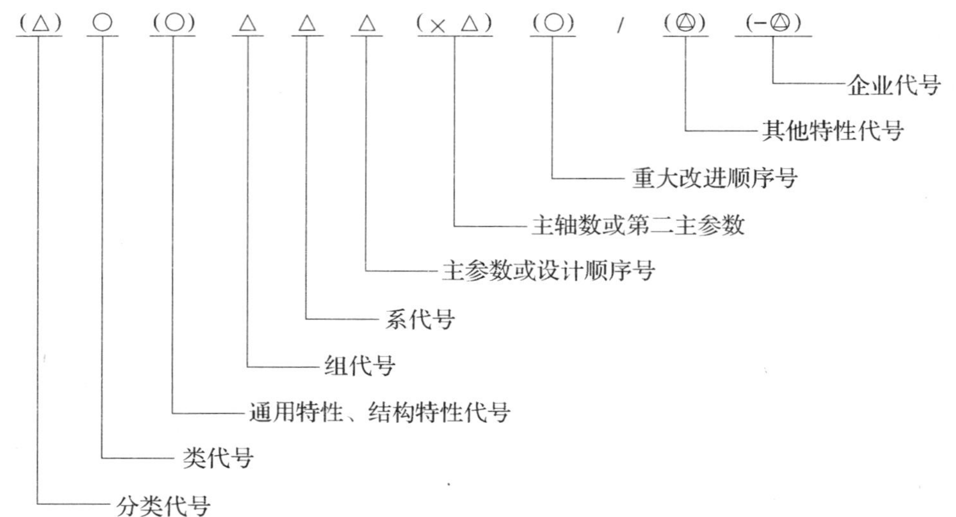

其中：① 有“()”的代号或数字，当无内容时则不表示，若有内容则不带括号。

② 有“○”符号者，为大写的汉语拼音字母。

③ 有“△”符号者，为阿拉伯数字。

④ 有“◎”符号者，为大写的汉语拼音字母，或阿拉伯数字，或两者都有。

（2）机床的特性代号　为了表示某机床的结构特性和通用特性，在类别代号后加一个字母以区别于同类的普通型机床。机床特性代号见表 3-5。

表 3-5　机床特性代号

特性	精密	高精度	自动	半自动	轻型	万能	仿形	简式或经济型	数控	柔性加工单元	数显	高速	加工中心（自动换刀）	加重型
代号	M	G	Z	B	Q	W	F	J	K	R	X	S	H	重

（3）机床的组和系代号　随着机床工业的发展，每类机床按用途、结构、性能划分为若干组和系，用两位阿拉伯数字表示于类别代号和（或）特性代号之后，前一位数字表示组，后一位数字表示系。

（4）机床的主参数　机床主参数反映机床规格大小。主参数在型号中位于组、系代号之后，用数字表示，其数字是实际值（单位 mm）或为实际值的 1/10、1/100。

（5）机床的重大改进序号　当机床的性能和结构有重大改进，并按新的机床产品重新试制鉴定时，分别用字母 A、B、C……在原机床型号的最后表示设计改进的次序（但字母 I 和 O 不允许选用）。

具体的机床类型和型号参阅国家标准。

2. 机床的基本结构

尽管金属切削机床的种类很多，但其基本构造类似。从图 3-19 所示卧式车床可见，机床由以下几部分组成：

1）主传动部件。如车床的主轴箱，用来实现机床主运动。

2）进给传动部件。如车床的进给箱、溜板箱，用来实现机床进给运动。

3）工件装夹装置。如车床的卡盘，用来装夹工件。

4）刀具装夹装置。如车床的刀架，用来装夹刀具。

5）支承件。如车床的床身、床腿，用来支承和连接机床各零部件。

6）动力源。机床的动力源通常指电动机，是为机床运动提供动力的。

3. 自动机床与数控机床

（1）自动机床和半自动机床的概念　在机械加工中，切削运动和辅助运动全部自动化，并且能够自动重复一定的加工工作循环的机床，称为自动机床（自动循环）。操作者的任务是在机床工作前根据加工要求调整机床，在机床加工过程中，仅观察工作情况、检查加工质量、定期上料和更换磨损刀具等。为了使自动机床能够按照规定的程序自动完成加工过程，机床要有完善的辅助运动机构和相应的自动控制系统。

自动机床按控制方式可分为机械程序控制、油液程序控制、电程序控制和数字控制等。

除装上坯件和卸下完工的零件由操作者进行外，其余一切运动都自动化了的机床，称为半动机床（半自动循环）。

自动机床和半自动机床适用于大批、大量地生产形状不太复杂的小型零件（如螺钉、螺母、轴套等），其加工精度较低，生产率很高。当所加工零件的品种变更时，需要根据新的零件设计制造一套新的控制机构，并重新调整机床，因此生产周期长，不能适应多品种、中小批量生产的需要。

（2）数控机床　数控就是把控制机床或其他设备的操作指令（或程序），以数字形式给定的一种控制方式。利用这种控制方式，按照给定程序自动地进行加工的机床，称为数字控制机床，简称为数控机床。

数控机床具有一般机床所不具备的优点，通常最适合加工具有以下特点的零件：多品种、小批量生产零件；结构比较复杂的零件；需要频繁改型的零件；价格昂贵，不允许报废的关键零件；需要最少生产周期的急需零件。

4. 组合机床与自动线

以独立的通用部件为基础，配以少量的专用部件组成的专用机床，一般称为组合机床。组合机床根据被加工工件的工艺要求，按照高度的工序集中的原则设计而成，主要用于大批、大量生产。需要完成大量工序的较大和较复杂的工件，用组合机床加工可以达到最大的经济效果。对那些大而形状复杂的工件，不可能在一台组合机床上全部加工完成的，则要用若干台组合机床组成一条流水线依次对工件进行加工。此外，若在组合机床组成的流水线上，使工件在机床之间的输送、工件加工过程中必要的位置改变、工件在机床夹具内的定位和夹紧等实现自动化，并且将所有机床和输送、转位装置的工作联合成为一个统一的工作循环，则成为一条组合机床自动线。

在设备制造业中组合机床主要用于：钻孔、扩孔、铰孔、加工各种螺纹、镗孔、车外圆和凸台、在孔内镗各种形状的槽、车端面（刀具作轴向进给和横向进给）、铣平面和成型面。

（五）金属切削刀具

1. 刀具材料

在切削过程中，刀具直接完成切除和形成已加工表面的任务。刀具切削性能的优劣取决于构成切削部分的材料、几何形状和刀具结构。一般来说，刀具材料的重要性居于首位，它对刀具耐用度、加工效率、加工质量和加工成本的影响极大。因此，应当重视刀具材料的正确选择和合理使用，重视新型刀具材料的研制。

（1）对刀具材料的基本要求　在切削过程中，刀具切削部分直接受到高温、高压以及强烈的摩擦作用，因此，必须具备一定基本性能：

1）较高的硬度和耐磨性。

2）足够的强度和韧性。

3）良好的耐热性（指高温条件下保持硬度、耐磨性、强度和韧性）。

4）良好的冷加工工艺性、热加工工艺性（热处理、表面处理、锻造等）。

5）良好的导热性、耐热冲击和经济性。

另外，还要求刀具具备良好的化学稳定性和抗粘结性。化学稳定性是指在高温下刀具材料不易与周围介质发生化学反应，而抗粘结性是指在高温高压下刀具抵抗与工件材料分子间因互相吸附而粘结的能力。

（2）常见的刀具材料　刀具材料种类很多，常用的有工具钢（包括碳素工具钢、合金工具钢）、高速钢、硬质合金、陶瓷、金刚石（天然和人造）和立方氮化硼等。碳素工具钢和合金工具钢，因其耐热性很差，目前仅用于手工工具。下面对高速钢、硬质合金及其他刀具材料进行介绍。

1）高速钢。高速钢又称为锋钢、白钢，是以 W、Mo、Cr、V 等为主要合金元素的高合金工具钢。高速钢具有较高的硬度（热处理硬度可达 62～67HRC）和耐热性（切削温度可达 550～600℃），与碳素工具钢和合金工具钢相比，切削速度提高了 1～3 倍，故得名"高速钢"。高速钢具有高的强度（抗弯强度为一般硬质合金的 2～3 倍，为陶瓷的 5～6 倍）和韧性，抗冲击振动的能力较强，适宜制造各类刀具。

高速钢刀具制造工艺简单，能锻造，容易磨出锋利的切削刃，因此高速钢在复杂刀具（钻头、丝锥、成形刀具、拉刀和齿轮刀具等）的制造中占有重要的地位。

2）硬质合金。硬质合金是用高耐热性和高耐磨性的金属碳化物（碳化钨 WC、碳化钛 TiC、碳化钽 TaC，碳化铌 NbC 等）与金属粘结剂（钴、镍、钼等）在高温下烧成的粉末冶金制品。其硬度为 89～95HRC，能耐 850～1 000℃的高温，具有良好的耐磨性，允许使用的切削速度可达 100～300m/min，可加工包括淬硬钢在内的多种材料，因此得到广泛的应用。但是，硬质合金抗弯强度低、冲击韧性差、刃口不锋利、较难加工、不易做成形状较复杂的整体刀具，因此，目前还不能完全取代高速钢。常用的硬质合金有钨钴类（YG 类）、钨钛钴类（YT 类）和通用硬质合金（YW 类）3 类。

3）涂层刀具。涂层刀具是在韧性较好的硬质合金或高速钢刀具基体上，采用化学气相沉积（CVD）或物理气相沉积（PVD）的工艺方法，涂覆一薄层（约 5～12μm）高硬度、高耐磨性且难熔的金属化合物或非金属化合物而获得的。这样，可使刀片既保持了普通硬质合金基体的强度和韧性，又使表面具有更高的硬度（可达 1 500～3 000HV）和耐磨性，更小的摩擦系数和高的耐热性（达 800～1 200℃）。

除了以上三种常见的刀具材料外，还有更高硬度和高熔点材料 Al_2O_3、Si_3N_4 等氧化、氮化物制成的陶瓷刀具以及人造金刚石刀具和立方氮化硼刀具。这些刀具都具有高的硬度和高的热硬性能，它们主要用于半精加工和精加工高硬度、高强度钢和冷硬铸铁等材料。

2. 刀具角度

（1）刀具切削部分的组成　切削刀具的种类很多，形状、用途各不相同，但其切削部分的结构和几何角度有着许多共同的特征。车刀是金属切削刀具中结构最简单的刀具，其他刀具可以看作是由车刀演变或组合形成的。现以外圆车刀为例说明刀具的组成和刀具切削部分的几何参数。如图 3-24 所示，外圆车刀由刀头和刀体组成。刀体用来夹持车刀，刀头用来切削工件，又称切削部分。车刀切削部分由三面、两刃、一尖组成。

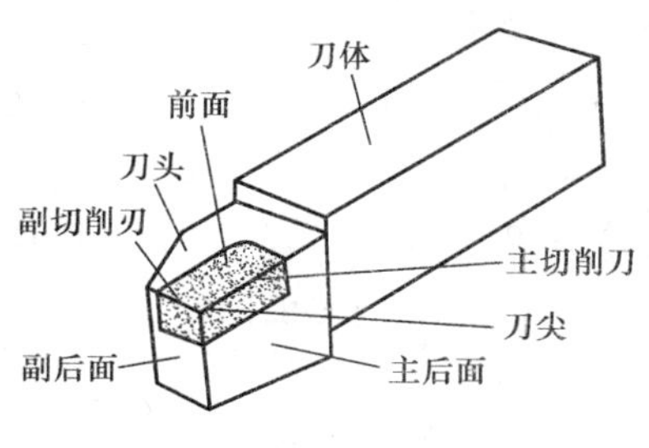

图 3-24　外圆车刀

1）前刀面指切削过程中切屑流出时接触的刀具表面，又称前面。

2）主后面指切削过程中与工件过渡表面相对的刀具表面。

3）副后面指切削过程中与工件已加工表面相对的刀具表面。

4）主切削刃指前刀面与主后面相交形成的切削刃，又称主刀刃。它担负主要的切削工作。

5）副切削刃指前刀面与副后面相交形成的切削刃，又称副刀刃。

6）刀尖指主切削刃与副切削刃相交的部分。在实际应用中，为增加刀尖的强度与耐磨性，一般在刀尖处磨出直线或圆弧形的过渡刃。

（2）刀具角度的参考平面　刀具要达到良好的切削加工效果，其切削部分必须具有正确的几何形状。刀具的角度反映了刀具切削部分各表面和切削刃的位置，决定了刀具的几何形状，为此，首先要确定度量刀具角度的参考平面。图 3-25 所示为正交平面参考系。

1）基面指过切削刃上选定点，并与该点切削速度方向相垂直的平面。车刀的基面平行于水平面。

2）切削平面指过切削刃上选定点，与主切削刃相切并垂直于基面的平面。车刀的切削平面是铅垂面。

3）正交平面指过切削刃上选定点且同时垂直于基面和切削平面的平面。

基面、切削平面和正交平面相互垂直，构成了正交平面参考系。除正交平面参考系外，还有法平面参考系、假定工作平面-背平面参考系，都用以测量刀具的角度。

（3）刀具的标注角度　刀具的标注角度是标注在图样上供刀具制造、刃磨的角度。正交平面参考系中刀具的标注角度主要有 5 个，下面以图 3-26 所示的外圆车刀为例进行介绍。

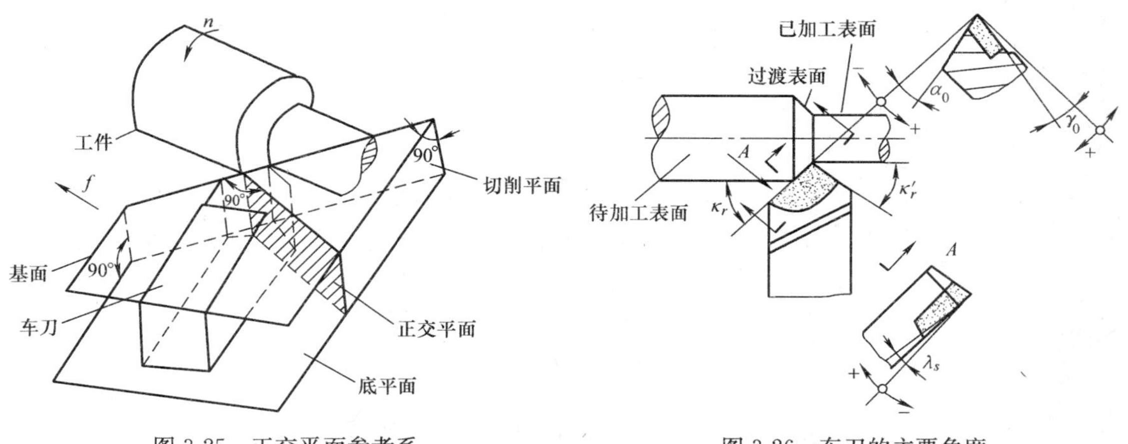

图 3-25　正交平面参考系　　图 3-26　车刀的主要角度

1）前角 γ_0。前角是前刀面与基面间的夹角，反映了前刀面的倾斜程度。根据前刀面相对于基面的位置，前角可取正值、负值和零，其符号规定如图 3-26 所示。γ_0 为正交平面内测量的刀具角度。

2）后角 α_0。后角是主后面与切削平面间的夹角，反映了主后刀面的倾斜程度。后角为正值，α_0 也在正交平面内测量。

3）主偏角 κ_r。主偏角在基面内测量。它是主切削刃在基面上的投影与进给运动方向的夹角。主偏角为正值。

4）副偏角 κ_r'。副偏角在基面内测量。它是副切削刃在基面上的投影与进给运动方向的夹角。副偏角为正值。

5）刃倾角 λ_s。刃倾角在切削平面内测量。它是主切削刃与基面间的夹角。刃倾角可取正值、负值和零。当主切削刃与基面平行时，λ_s 为零；当刀尖为主切削刃上最高点时，λ_s 为正值；当刀尖为主切削刃上最低点时，λ_s 为负值。

需要说明的是，图 3-26 所示的车刀标注角度是在刀具装夹准确，以及不考虑进给运动的影响（亦即静止状态）等条件下确定的。

（4）刀具工作角度　上述车刀的标注角度没有考虑刀具安装位置的变化和进给运动的影响。在实际切削过程中，由于装刀位置可能变化和进给运动的影响，这些标注角度会发生一定的变化。这种变化了的角度称为刀具的工作角度。一般情况下，工作角度与标注角度的数值相差不大，可以忽略。但在有些情况下，两者的数值差别较大时，则应考虑两者差值对切削过程的影响。

3. 常用刀具

（1）车刀　车刀是金属切削加工中应用最广的一种刀具，它可以在车床上加工外圆、端面、螺纹、内孔，也可用于切槽和切断等。按用途的不同，车刀可分为外圆车刀、内孔车刀、端面车刀、切断车刀和螺纹车刀等（见图 3-27）；按结构的不同，车刀可分为整体车刀、焊接车刀、机夹车刀、可转位车刀和成形车刀等（见图 3-28）。

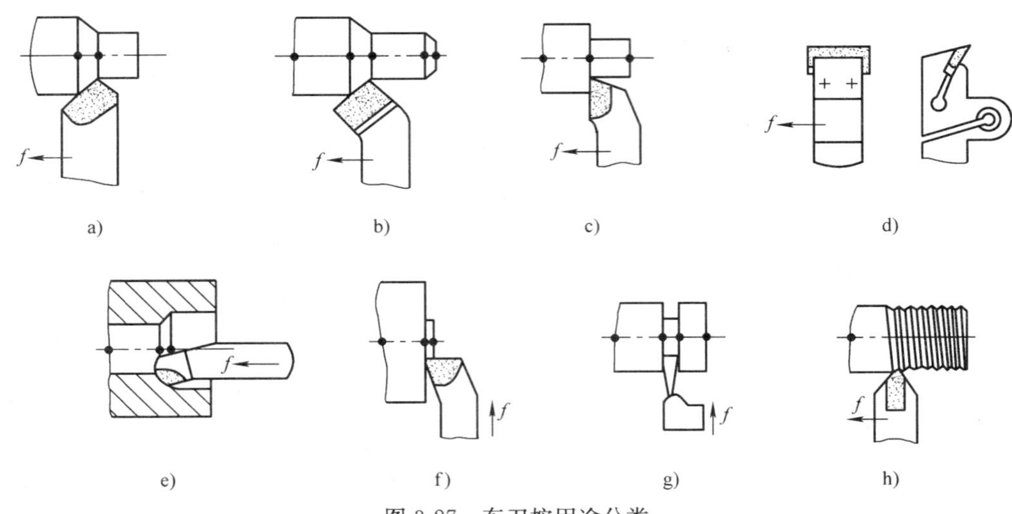

图 3-27　车刀按用途分类

a）直头外圆车刀　b）弯头外圆车刀　c）90°外圆车刀　d）宽刃精车外圆车刀
e）内孔车刀　f）端面车刀　g）切断车刀　h）螺纹车刀

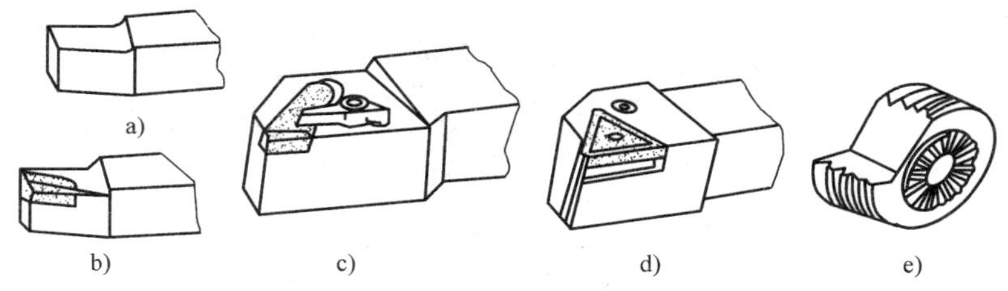

图 3-28　车刀按结构分类

a）整体车刀　b）焊接车刀　c）机夹车刀　d）可转位车刀　e）成形车刀

（2）孔加工刀具　孔加工刀具一般可分为两大类：一类是从实体材料上加工出的刀具，常用的有扁钻、麻花钻、中心钻和深孔钻等，如图 3-29 所示；另一类是对工件上已有孔进行再加工用的刀具，常用的有扩孔钻、铰刀、锪钻及镗刀等，如图 3-30 所示。

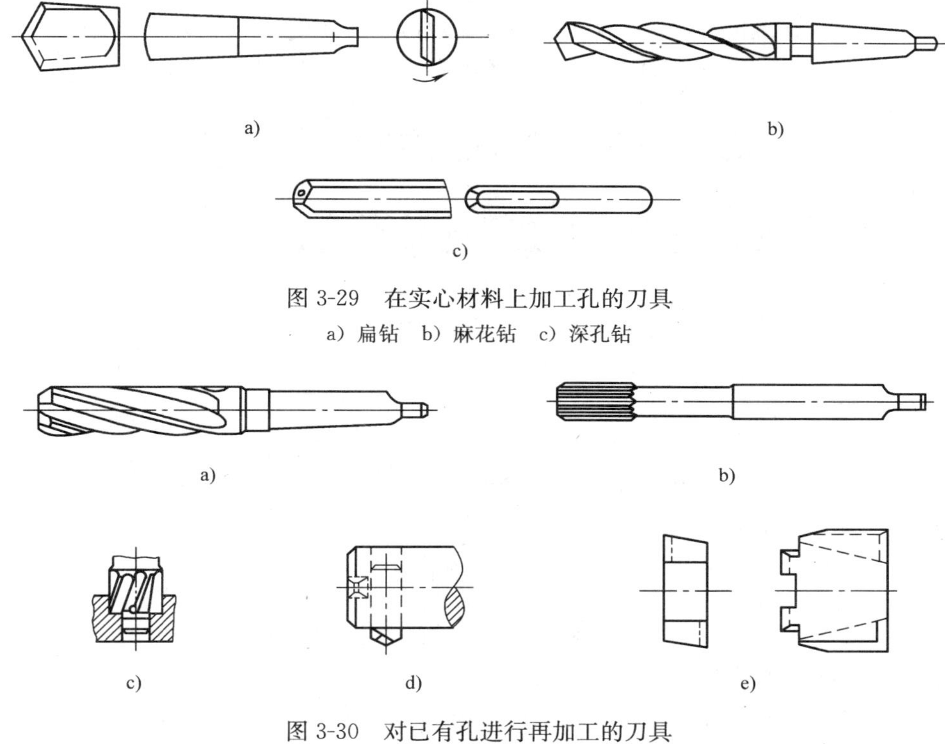

图 3-29　在实心材料上加工孔的刀具

a）扁钻　b）麻花钻　c）深孔钻

图 3-30　对已有孔进行再加工的刀具

a）扩孔钻　b）铰刀　c）锪钻　d）单刃镗刀　e）双刃镗刀

（3）铣刀　铣刀是一种应用广泛的多刃回转刀具。其种类很多，如图 3-31 所示。按用途分为加工平面用的，如平面铣刀、端面铣刀等；加工沟槽用的，如立铣刀、两面刃或三面刃铣刀、锯片铣刀、T 形槽铣刀和角度铣刀；加工成形表面用的，如凸半圆和凹半圆铣刀、加工其他复杂成形表面用的铣刀。铣削的生产率一般较高，但加工表面粗糙度值较大。

（4）拉刀　拉刀是一种加工精度和切削效率都比较高的多齿刀具，广泛应用于大批量生产中，可加工各种内、外表面。拉刀按所加工工件表面的不同，可分为内拉刀和外拉刀两类，如图 3-32 和图 3-33 所示。

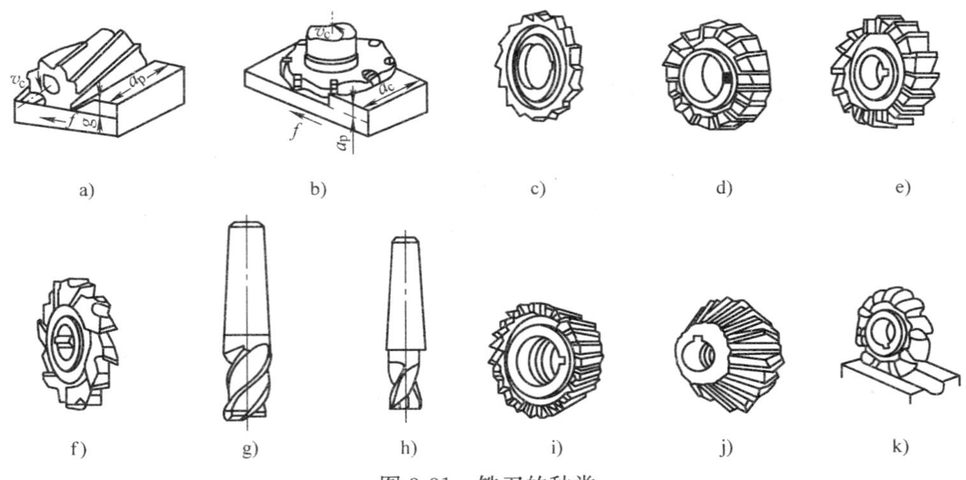

a)　b)　c)　d)　e)　f)　g)　h)　i)　j)　k)

图 3-31　铣刀的种类

a）圆柱铣刀　b）面铣刀　c）槽铣刀　d）两面刃铣刀　e）三面铣刀　f）错齿三面刃铣刀　g）立铣刀　h）键槽铣刀　i）单面角度铣刀　j）双面角度铣刀　k）成形铣刀

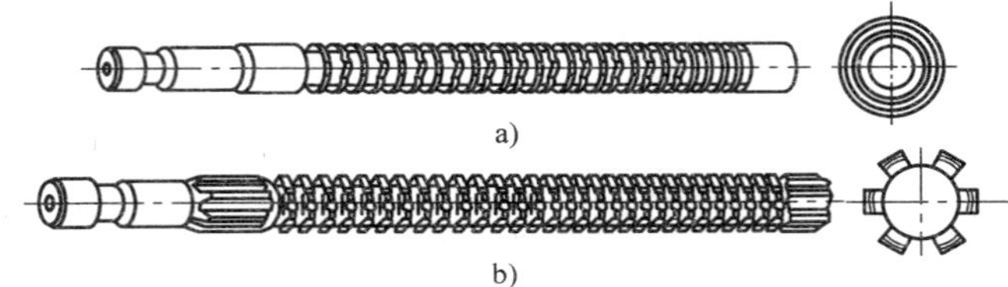

a)　b)

图 3-32　常用内拉刀

a）圆孔拉刀　b）花键拉刀

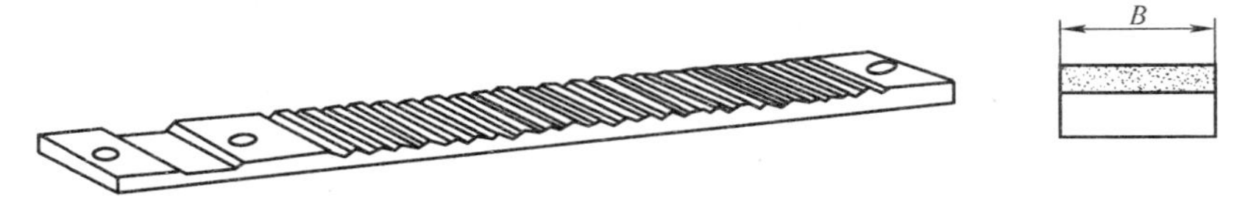

图 3-33　外拉刀

（5）螺纹刀具　螺纹可用切削法和滚压法进行加工（外螺纹），也可用手动或在钻床上用丝锥进行加工（内螺纹）。

（6）齿轮刀具　齿轮刀具是用于加工齿轮齿形的刀具。按刀具工作原理的不同，齿轮刀具分为成形齿轮刀具和展成齿刀具。常用的成形齿轮刀具有盘形齿轮铣刀和指形齿轮铣刀，常用的展成齿轮刀具有插齿刀、齿轮滚刀和剃齿刀等。

（7）砂轮　砂轮是磨削加工使用的切削刀具，是由很多磨粒用粘结材料结合在一起经烧结而成的多孔体。砂轮一般用于半精加工和精加工各种内圆、外圆、平面、螺纹、花键和齿轮等表面。

（六）工件的装夹与夹具

1. 工件的夹装方式

工件在加工前，必须在机床上或夹具上占据正确的位置，通常把这个过程称为工件的定位。为保证工件在机床上或夹具上占据的正确位置不被改变，工件定位后还必须夹紧。由定位到夹紧的整个过程统称为夹装。在机械加工中，根据生产批量、加工精度、工件大小及复杂程度，可选择下述定位方法。

（1）找正定位　将工件装在机床上，然后按工件某一（或某些）表面，或按工件表面上事先画好的线，用划针或用百分表等其他量具进行找正，使工件在机床上处于正确的位置。这种方法简便、经济，能较好地适应加工对象和工序的变换：其定位精度与工人的技术水平和所采用的量具有关，但生产率低、劳动强度大，因此常用于单件、小批生产或一般夹具精度达不到的高精度场合。

（2）夹具定位　事先在机床上安装一个附加装置（即夹具），将工件放在夹具上使它们的定位表面与夹具上的定位元件的定位面接触，即完成了定位，将工件夹紧后工件无需找正，生产率高。因此在成批生产或大批、大量生产中广泛采用夹具来装夹工件。

2. 夹具的分类与组成

在机械加工中，常采用夹具来安装工件，以确定工件正确的加工位置并使之夹紧，这是确保产品质量、提高生产率和改善劳动条件的有效措施。同时，机床夹具还可兼作变更工位（分度）、导引刀具或仿形加工之用。

（1）夹具的分类　夹具的分类方法很多。根据通用程度的不同，机床夹具大致可分为以下几类：

1）通用夹具。通用夹具指已标准化、系列化，可用于加工同一类型不同尺寸工件的夹具，例如车床上用的自定心卡盘、单动卡盘，铣床上分度头、回转盘等。通常这类夹具作为机床附件由专业工厂制造供应。通用夹具广泛应用于单件、小批生产中。

2）专用夹具。专用夹具指专为某一工件的某道加工工序而设计制造的夹具。当产品更换或工序内容变动后，往往不能再使用。因此，专用夹具适用于产品固定、工艺相对稳定、批量大的加工。

3）可调夹具。可调夹具指当加工完一种工件后，经过调整或更换个别元件即可用于另一种工件加工的夹具，主要用于形状相似、尺寸相近的工件。这类夹具及其相应部件可按加工对象和工艺要求的范围预先制造备存起来，到需要用时更换、添置一些零件或略加补充加工即可使用，例如滑柱式钻模和带可调换钳口的平口钳等，多用于中小批生产。

4）组合夹具。在夹具零件、部件完全标准化的基础上，根据积木化原理，针对不同的工件对象和加工要求拼装组合而成的夹具称为组合夹具。这类夹具使用完毕后可拆散重新装成其他夹具。这种夹具对单件小批生产和新产品试制尤为适用。

5）随行夹具。在自动线上，工件安装在随行夹具上，由运输装置输送到各机床，并在机床夹具或机床工作台上进行定位夹紧。

此外，按所使用动力源的不同，机床夹具可分为手动夹具、气动夹具、液压夹具、电动夹具、磁力夹具、真空夹具及离心力夹具等。机床夹具也可按适用机床分为钻床夹具、车床夹具、铣床夹具、磨床夹具、镗床夹具等。在实际生产中，应根据工件的质量、批量和经济性的不同要求，而使用各种类型的夹具。

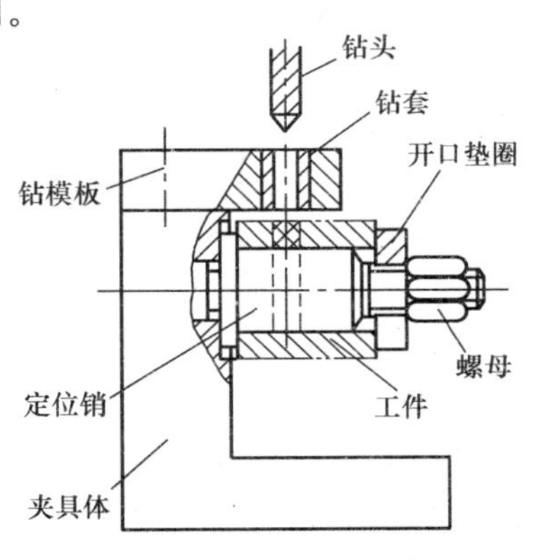

图 3-34　夹具的组成

（2）夹具的组成　图 3-34 所示为一简单的钻床夹具

（钻模）。图中工件通过内孔和左端面与销柱的外圆及凸肩紧密接触来实现其在夹具上的定位。钻头通过钻套引导获得正确的进给方向，并在工件上钻孔。为使工件在加工过程中不移动，用螺母和开口垫圈把工件压紧。夹具的各个零件都装在夹具体上，形成一个整体。

夹具虽然可以分成各种不同的类型，但它们都由下列共同的基本部分所组成：

1）定位元件。定位元件用于确定工件在夹具中的位置。与定位元件相接触的工件表面称为定位表面。常用的定位元件有V形块、定位销和定位块等。在图3-34中，定位销即为定位元件。

2）夹紧元件。夹紧元件用于保持工件在夹具中的既定位置，使它不致因加工过程中外力的作用而产生位移。它通常是一种机构，包括夹紧元件定位销（如压板和压脚等）、增力元件（如杠杆、螺旋和凸轮等）及动力源（如气缸和液压缸等）等。在图3-34中，开口垫圈、螺母及定位销上的螺栓等构成了夹紧装置。

3）对刀元件及导向元件。对刀元件是在夹具中起对刀作用的零部件，如对刀块等；导向元件是在夹具上起引导刀具作用的零部件，如图3-34中的钻套。

4）夹具体。夹具体用于连接夹具上各个元件或装置，使之成为一个整体的基础件，如图3-34中的夹具体。夹具体也用来与机床的有关部位相连接。为了使夹具体在机床上占有准确的位置，一般夹具（小型夹具除外）设有供夹具体在机床上定位和夹紧用的连接元件，如定位键、定位销及紧固螺栓等。

5）其他元件和装置。根据需要，夹具上还可有其他组成部分，如分度装置及自动上下料装置等。

3. 工件常用定位元件

夹具上用来定位的常用元件有以下几种：

（1）支承钉和支承板　用于工件以平面定位，如图3-35所示。

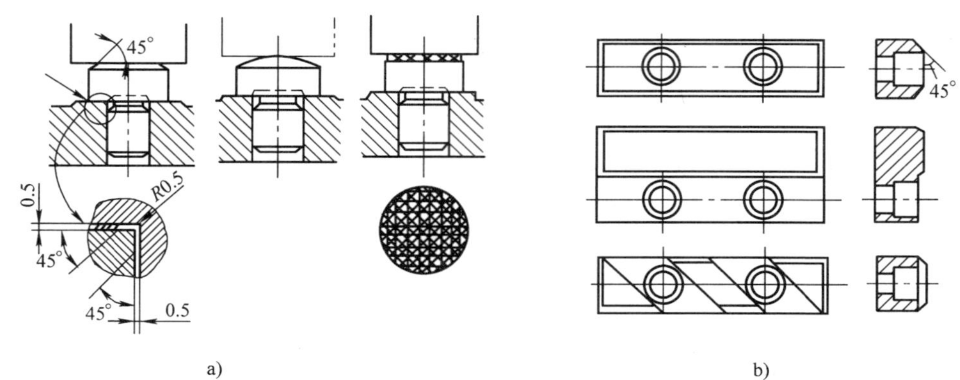

图3-35　支承钉和支承板

a）支承钉　b）支承板

（2）定位销　用于工件以内孔定位，如图3-36所示。

（3）定位套　用于工件以外圆面定位，如图3-37所示。

（4）V形块　用于工件以外圆面定位，如图3-38所示。

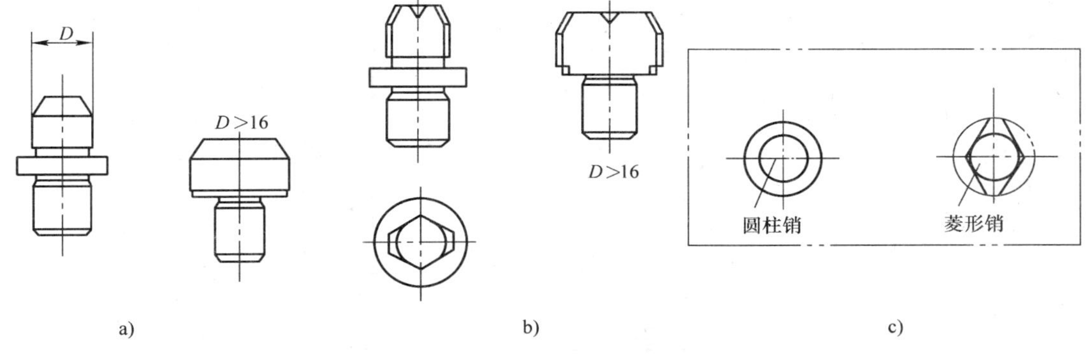

图 3-36　定位销

a）圆柱销　b）棱形销　c）应用示意图

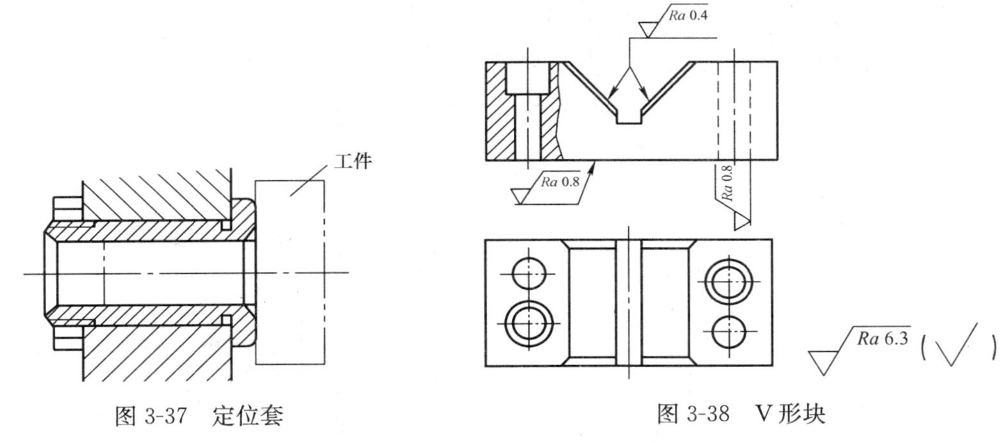

图 3-37　定位套　　　　图 3-38　V 形块

4. 工件的夹紧

工件在夹紧时有可能产生以下几方面误差：

1）工件夹紧时产生弹性变形。

2）夹紧时，工件产生位移或偏转，改变了原有的正确位置。

3）在夹紧力或切削力的作用下，工件的定位基面与夹具支承面之间产生接触变形。

因此，需采用夹紧机构将工件夹紧。常见夹紧机构如图 3-39 所示。

图 3-39a 所示为最常见的螺纹压板夹紧机构。螺旋夹紧机构结构简单，夹紧力大，自锁性好，夹紧可靠，不需要其他辅助装置，制造、使用及维护较为方便，因此在夹具中得到最广泛的应用。但螺旋夹紧机构装卸工件的时间长，效率低。

偏心轮夹紧机构（见图 3-39b）是一种方便、快速的夹紧机构。它是利用压紧轮的工作旋转中心与其几何中心不重合形成的曲边楔形进行夹紧的。偏心轮夹紧机构结构简单、制造成本低、操作方便，但其夹紧力小，可靠性较低，一般用于无切削振动、切削力小的场合。

机械夹紧装置采用手动夹紧，为改善劳动条件和提高生产率，在大批量生产中多采用气动、液压、电磁等动力夹紧装置代替人力夹紧。图 3-39c 所示为气动夹紧机构，压缩空气进入气缸推动活塞向上运动，活塞挺杆端部推动增力杠杆，使其另一端压紧工件。气动夹紧动作迅速，操作方便，但气动夹紧需要有压缩空气气源。液压夹紧靠液压油产生动力，工作原

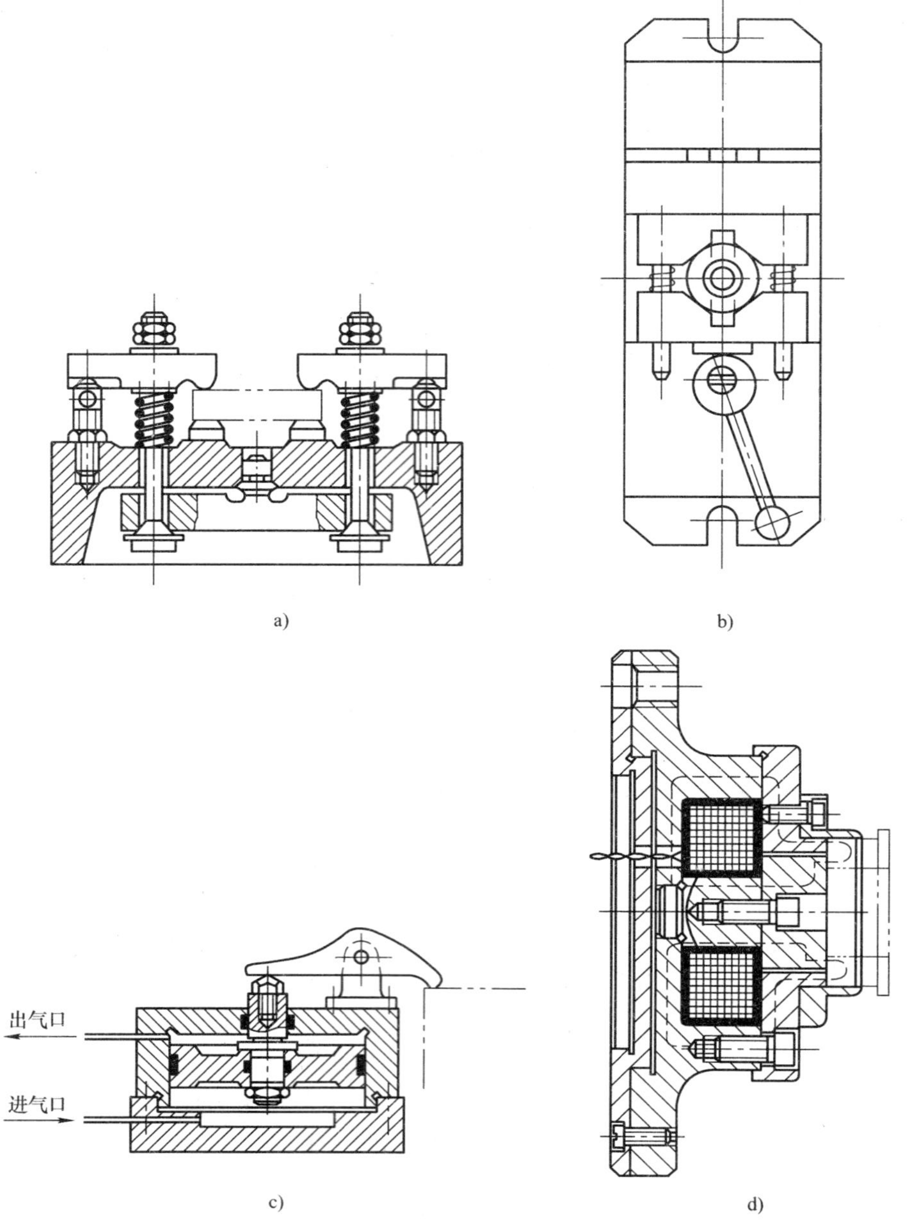

图 3-39 常用夹紧机构

a）螺纹压板夹紧机构 b）偏心轮夹紧机构 c）气动夹紧机构 d）电磁夹紧机构

理与气动夹紧相似。与气动夹紧相比，液压夹紧结构紧凑、夹紧力大、工作稳定、噪声小。

电磁夹紧机构采用电磁吸盘吸附工件实现夹紧。图 3-39d 所示的电磁夹紧机构为电磁卡盘，线圈通电后将导磁工件吸附在吸盘上。电磁夹紧机构的夹紧力不大，仅适用于切削力较小的场合。

机床夹具的夹紧机构形式很多，设计夹具时应根据工件的结构形状、加工方法、生产类型等因素决定。

四、相关实践

（一）曲轴加工

压缩机中曲轴的作用是将原动机的回转运动变为活塞的往复运动，使活塞在气缸内压缩气体。曲轴在工作中承受扭转和交变弯曲应力，其制造质量会直接影响到压缩机的工作精度和寿命，严重时甚至会产生断裂事故。因此，曲轴制造时，从毛坯、热处理到机械加工各个工序都要严格保证质量，并需经超声探伤或磁力探伤检查内部是否有缺陷。

1. 曲轴零件图及技术要求

（1）曲轴零件图　图 3-40 是 8AS12.5 型制冷压缩机的曲轴。其毛坯材料常用球墨铸铁，牌号为 QT60—2。球墨铸铁毛坯在机械加工前应经过正火或回火处理，以消除白口，降低脆性。该曲轴为双曲拐，每个曲拐与 4 个连杆配合，平衡块与曲轴铸成一体。平衡块的作用是在压缩机运转时，利用自身所产生的离心力和力矩来平衡曲柄、曲柄销和部分连杆的旋转运动质量以及活塞、活塞销和部分连杆的往复运动质量所引起的惯性力和力矩，以减小振动和减轻曲轴主轴承的负荷。图中曲轴的左端将用以驱动油泵，另一端通过其锥面及半圆键与联轴器相连接。曲轴加工有油孔，润滑油从油泵通过前、后主轴颈润滑主轴承，一部分润滑油则通过油孔进入每个连杆大头轴承。

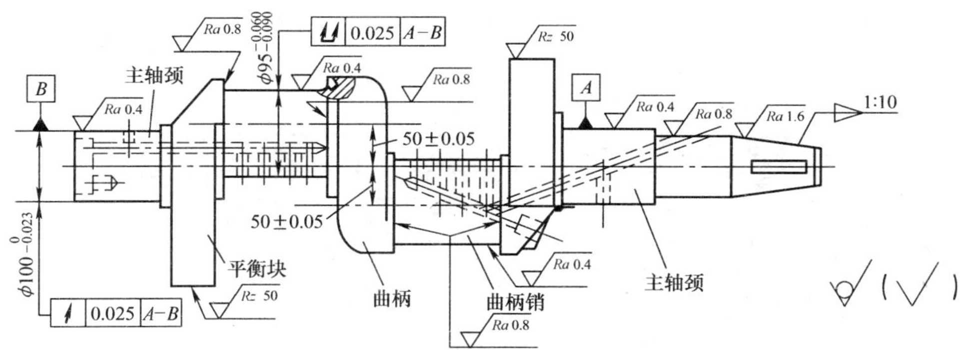

图 3-40　8AS12.5 型制冷压缩机的曲轴

（2）曲轴机械加工主要技术要求

1）当曲轴用两端最外的主轴颈支承时，主轴颈中心线和曲柄销中心线的不平行度在 100mm 长度内偏差不大于 0.02mm，以保证活塞往复运动与气缸中心线方向一致。

2）当曲轴用两端最外的主轴颈支承时，主轴颈表面对中心线的跳动量不大于 0.025mm。

3）主轴颈和曲柄销的椭圆度和锥形度不超过二级精度直径公差的 1/2。

4）采用滑动轴承时，主轴颈和曲柄销直径尺寸精度按 IT6 级加工，表面粗糙度不高于 $Ra0.32 \sim 0.63\mu m$。

5）主轴与曲柄销轴线间距离偏差不大于 0.1mm。

2. 曲轴加工工艺

（1）加工工艺特点　为保证加工质量，曲轴加工工艺具有以下特点：

1）由于偏心距的影响，在夹紧力、切削力的作用下，会产生较大的弯曲变形。因此，在用顶尖顶紧曲轴两端中心孔时不宜过紧，大件曲轴加工应采用中心架减少变形。在加工曲柄销时将中心孔支承改为外圆支承。

2）在加工各轴颈时，由于偏心距的存在而产生离心力，使工件回转轴线弯曲，影响轴颈的位置精度和尺寸精度。因此，加工中工件旋转速度不宜过高。在加工曲柄销时，不论是在普通机床上采用偏心夹具或采用专用机床都应附加配重，以保持动平衡，减少变形。

3）对于粗、精加工分开的加工工艺，必须留有足够的精加工余量，并在精加工前安排时效处理，消除粗加工后内应力引起的变形。

（2）定位基准　曲轴工艺过程的定位基准选择如下：

1）主轴线上的主轴颈和其他轴颈的粗、精加工都以中心孔定位，以保证各轴颈同心。粗加工后，经热处理，应有修正中心孔的工序，以提高精加工的基准面精度。

2）曲柄销的粗、精加工都应以加工过的主轴颈为基准面，以保证曲柄销轴线与主轴颈的尺寸精度和位置精度。

3）各轴向尺寸的定位基准应是同一主轴颈或曲柄销的端面，以便减少累积误差，方便测量。

（3）机械加工工序　毛坯铸件先清砂、时效处理后，由钳工画线，然后进行机械加工。加工各表面如图 3-41 所示。

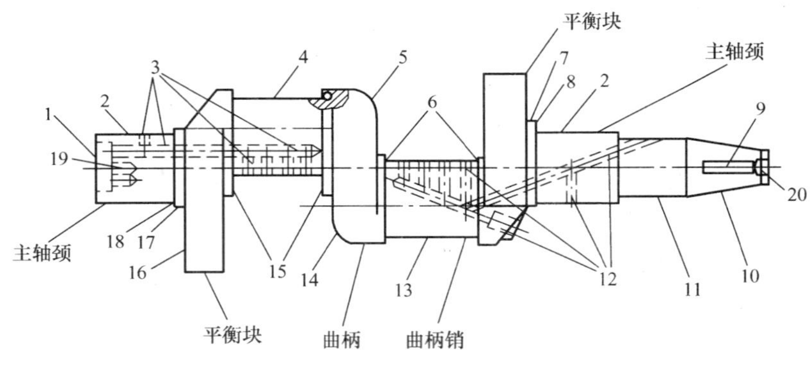

图 3-41　加工表面详解图

1）校正工件，以毛坯两端轴颈外圆定位，用单动卡盘夹紧，粗车轴颈外圆（表面 2）（可先夹紧长端车短端，后夹紧短端车长端）和长端外圆（表面 10、11）（以毛坯外圆定位），粗车两平衡块外侧（表面 16）。

2）搭中心架，以加工过的轴颈外圆（表面 2）定位，夹紧长端，搭中心架支承短端，割去短端余料，镗端面凹坑（坑 1），倒角，钻中心孔（孔 19）。调头，夹紧短端，搭中心架支承长端外圆柱面，割长端余料，镗端面凹坑（坑 20），倒角，钻中心孔 9（以加工过的外圆定位）。

3）以中心孔定位，半精车主轴颈（表面 2）、长端外圆（表面 10、11）和长、短端主轴颈轴肩（表面 7、8、17、18），使两端面距离尺寸符合图样要求。

4）经钳工画线后，上偏心夹具，粗车和半精车曲柄内侧面（表面 6、15）、曲柄销（表面 4、13）、过渡圆角（表面 5、14）和砂轮槽。

5）钻油孔（孔 3、12）和两端各孔，钻孔并攻螺纹 M16 螺孔两个（装配工艺用）。

6）喷砂清理铸件外表面的铁锈、氧化皮，清洗。

7）在磨床上粗磨两端配曲柄销磨夹具的主轴颈（表面 2）作为精基面（以中心孔定位）。

8）钳工画油孔、偏心孔和螺孔中心线。

9）钻油孔、偏心孔。

10）攻螺纹，去毛刺。

11）以粗磨过的主轴颈定位，使用曲柄销磨夹具，粗、精磨曲柄销（表面 4、13）和轴肩平面（表面 6、15）到图样标注的精度和表面粗糙度。

12）以中心孔定位，半精车小端锥度、倒角。

13）精车主轴颈（表面 2）、长端锥面（表面 10）。

14）以中心孔定位，精磨主轴颈（表面 2）、长端锥面（表面 10）、各挡外圆及轴肩端面到图样标注的精度和表面粗糙度。

15）铣键槽（槽 9）。

16）钳工退磁，静平衡，修毛刺，清洗油孔，堵油孔。

17）检验后涂油入库或转装配车间。

3. 主要加工工序分析

（1）主轴颈和曲柄销的车削　压缩机曲轴的车削大多使用卧式车床，车削主轴颈时，以两端中心孔定位，同时车削与主轴颈同心的外圆及轴肩、曲轴平衡块外圆、圆角等，以便减少定位误差。加工时，可采用中心架来减少变形。在卧式车床上加工曲柄销时，曲轴的位置应使主轴颈与车床主轴轴线错开一个曲拐半径的距离，使曲柄销与车床主轴轴线重合，故需使用偏心夹具。图 3-42 所示为一种偏心夹具。采用偏心夹具时，须在夹具上装平衡块，以保证平衡。批量较大时，可在专用的两边传动的多刀半自动车床上车削曲柄销。此时所用偏心夹具与图 3-42 所示夹具相似。为了减小径向切削力引起工件的变形，采用前后刀架同时进给的方式。前刀架用宽刃车刀加工曲柄销，后刀架用两把车刀分别加工该曲柄销的左右曲柄平面和过渡圆角。

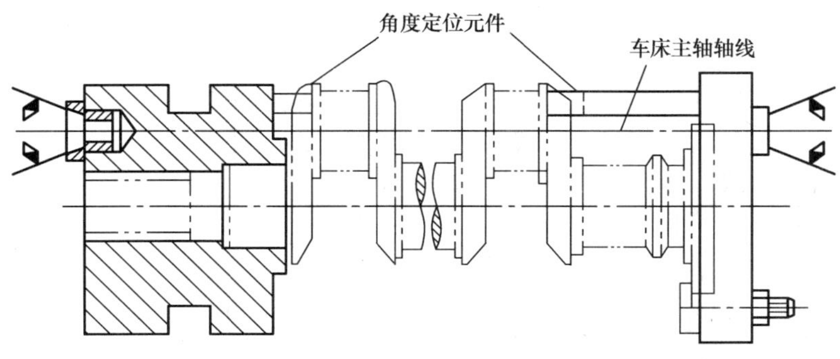

图 3-42　车曲柄销的偏心夹具

（2）主轴颈和曲柄销的磨削　由于曲轴对主轴颈和曲柄销的加工精度和表面质量要求很高，所以必须经过粗磨、精磨工序。一般是以中心孔定位粗磨主轴颈，接着以粗磨过的主轴颈为基准面，利用与车削相似的偏心夹具粗磨、精磨曲柄销；然后，以中心孔定位精磨主轴颈和长端锥面。

为了使表面粗糙度满足要求，通常分粗、精两道工序磨削，同普通轴类工件的加工相比较，曲轴的磨削加工余量较大，精磨砂轮必须有良好的切削性能，以保证一定的生产率。

轴颈转角处的圆角半径一定要保证，故砂轮要有良好的成型性、砂轮硬度不宜过软。

在批量不大时，磨削后不再进行光整加工，故磨削粗糙度要细，砂轮的粒度不宜太粗，通常采用粗、细两种不同粒度的砂轮分粗、精两道工序磨削。大批生产中常用半自动磨床进行磨削。

（3）油孔的加工　曲轴上的油孔是润滑油的通道，其精度要求不高，但加工难度较大，主要是因为油孔多为斜孔且油孔长径比大，属于深孔加工，排屑困难，易阻塞，刀具所受扭力大，冷却困难，影响钻头寿命。加工中可采取的措施主要有：

1）用小角（$2\phi=90°\sim100°$）大直径钻头预先钻一个锥形坑，当用所需直径的钻头钻孔时，锥形坑可起定心作用。

2）采用多次退出钻头和压力喷油冷却的方法来解决排屑和冷却问题，也可采用排屑钻头，如图 3-43 所示。

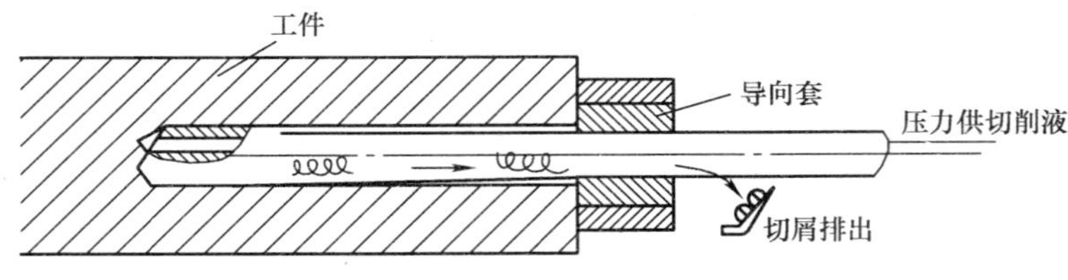

图 3-43　利用排屑钻头加工深孔

3）采用长钻模套并缩短它与工件表面之间的距离能有效防止钻头偏斜。

4. 曲轴的检验

曲轴在加工过程中和最终工序后均需进行测量或检验。主要检验内容包括各轴颈的直径和各轴颈间的相互位置偏差。各轴颈的直径用卡规或千分尺直接检验。各轴颈间的相互位置检验如图 3-44 所示。V 形块置于平板上，受检曲轴以主轴颈在 V 形块上定位。曲轴处于图示位置，百分表在曲柄销上测量距离为 L 的 a、b 两点，该两点的读数之差就是公称尺寸为 L 时，曲柄销轴线对主轴颈轴线在垂直方向的不平行度为 $(b-a)/L$。显然，这种测量方法忽略了曲柄销的形状误差，也忽略了主轴颈形状误差的影响。但在加工精度范围内，主轴颈形状误差的影响甚微。另外，如果将曲柄销 a、b 处的直径差值的一半从不平行度中减去，就可除去其中的锥度误差

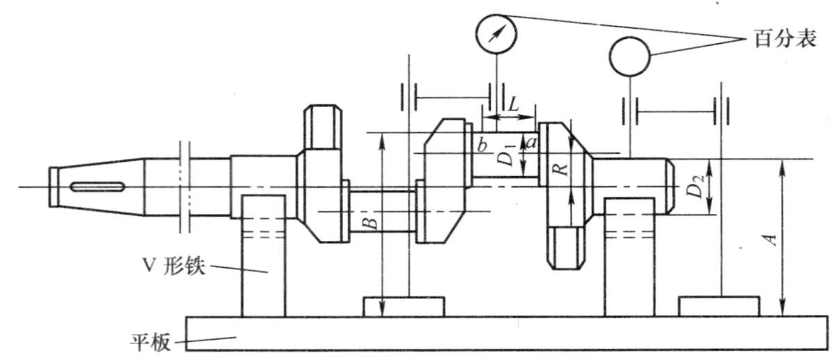

图 3-44　位置精度检验示意图

$$[(b-a)-(Da/2-Db/2)]/L$$

利用图 3-44 所示的测量方法还可测出曲轴的曲拐半径。

检验工具除利用通用量具（如百分表）外，为了提高测量精度和效率，还可使用专用量具。图 3-45 中所示量具为检验曲柄销轴线相对于主轴颈轴线位置度的专用量具。该量具有 3 个百分表，其中两个在同一平面内，另一个在垂直平面内。检验时，量具安放在主轴颈上，

由已经校正过零位的百分表指示出两轴线的位置误差。

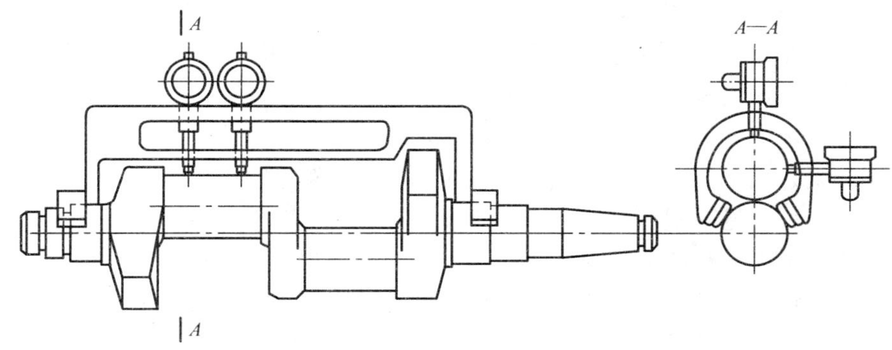

图 3-45　位置精度检验示意图

（二）螺杆转子加工

1．螺杆转子的技术要求和毛坯

螺杆转子是螺杆式制冷压缩机的关键工作部件，如图 3-46 所示。由于机器综合性能的要求，特别是获得高气密性的要求，其齿形组成往往较复杂，且齿数少、螺旋角大，制造精度要求高，需要较高的工艺条件才能实现最小间隙的高精度的啮合。对其进行机械加工的主要技术要求有以下几点：

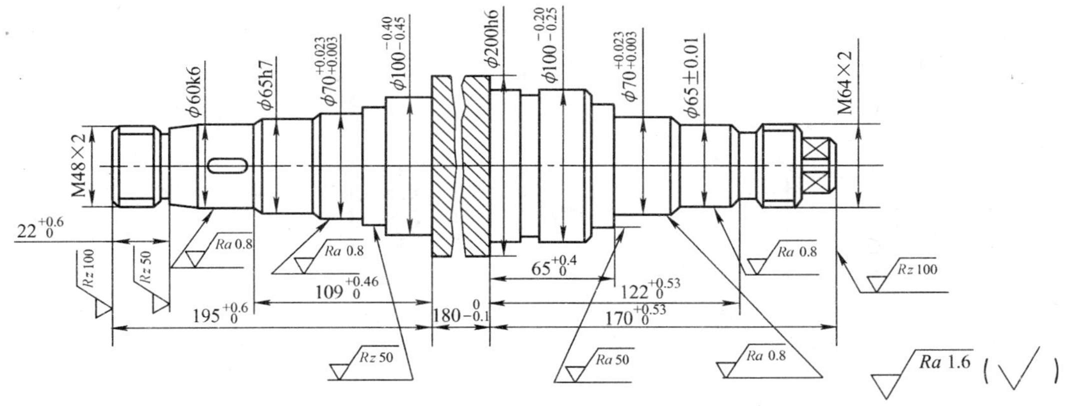

图 3-46　螺杆压缩机的转子

1）螺杆圆柱部分的圆度和锥度误差不大于 0.01mm。

2）螺杆径向圆跳动不大于 0.03mm，端面跳动不大于 0.01mm。

3）螺杆端面节距误差不大于 0.03mm。

4）螺杆齿形用样板在法向截面内检验，在被检验齿形的 l/4 长度上，透光间隙不大于 0.03mm。

5）键槽位置相对于轴向平面的偏差不大于 0.03mm。

6）转子的不平衡度不大于 5g·cm。

转子毛坯通常为 45 钢锻件，硬度为 174～217HBW。目前也常采用球墨铸铁 QT60—2 铸件直接铸出螺杆的螺旋面，使粗加工工作量大为降低。毛坯在机械加工前应清除氧化皮，并用探伤仪检查内部是否有缺陷。

2. 转子的机械加工工艺过程

图 3-46 所示转子毛坯为 45 钢圆柱形锻件，其主要机械加工工序如下：

1）以外圆定位，铣两端面，打两端中心孔。

2）以中心孔定位（见图 3-47a、b），粗车各段外圆。

3）一端以中心孔定位，另一端以已加工轴颈在中心架上定位，切两端面，精打中心孔。

4）以轴颈定位（见图 3-47c），铣工艺凸起。

5）以中心孔及工艺凸起定位（见图 3-47d），粗铣、半精铣螺杆齿形。

6）以中心孔定位（见图 3-47e），精车转子各基准轴颈及端面。

7）以中心孔定位（见图 3-47f），磨转子各基准轴颈至尺寸。

8）以中心孔及工艺凸起定位（见图 3-47g），精铣螺杆齿形。

9）以中心孔定位（见图 3-47h），精车转子其他轴颈。

10）以中心孔定位（见图 3-47i），磨转子其他轴颈至尺寸。

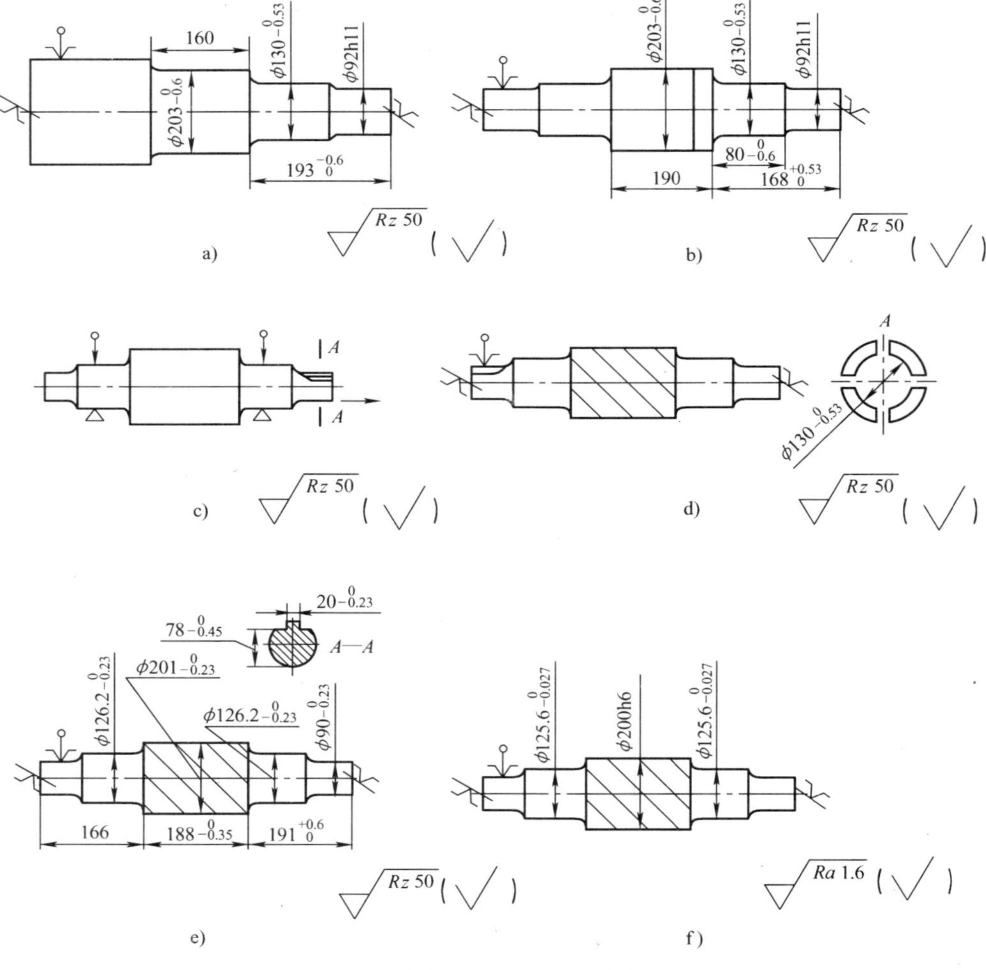

图 3-47 螺杆转子机械加工工艺简图

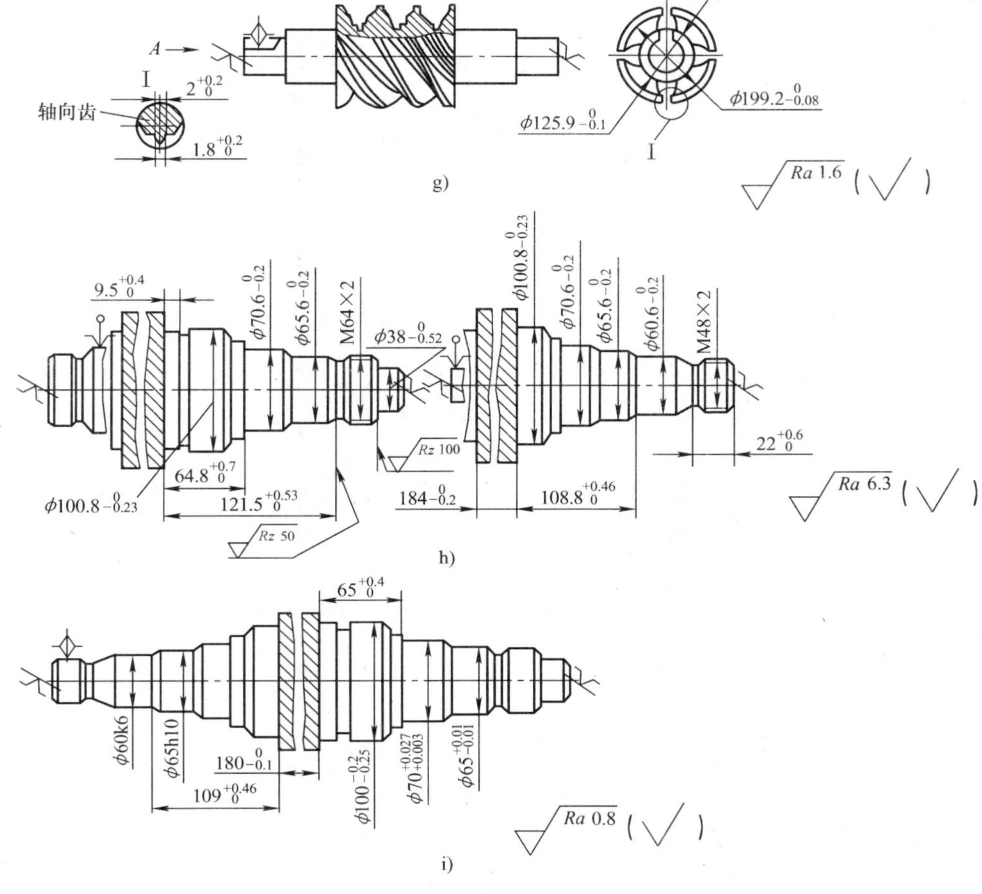

图 3-47　螺杆转子机械加工工艺简图（续）

11）铣四方和键槽。

此外，在粗铣螺杆齿形后应进行热处理，以消除内应力。

3. 螺杆齿形的加工方法

螺杆齿形加工质量是保证螺杆压缩机性能和运行可靠性的关键，历来受到重视。加工螺杆齿形的方法很多，目前应用最广的是用盘形铣刀铣削和用滚刀滚削两种。

（1）铣削加工法　用盘形铣刀加工时，刀具轴线与转子轴线空间交错，两者有一夹角。盘形铣刀绕其自身轴旋转，转子则做螺旋运动。铣完一个齿后依靠工艺凸起定位，用分度盘进行分度。为了获得精确的螺杆齿形，除了高精度、大刚性的机床外，还要有精度高、耐用的刀具，以保证刀齿形状在加工过程中保持不变。铣削加工示意图如图 3-48 所示。

（2）滚削加工法　滚削加工法在切削速度、加工精度方面都比铣削加工法优越。如图 3-49所示，当转子螺旋角为 β，滚刀螺旋升角为 τ 时，滚刀安装角应为 $\beta-\tau$。加工时，滚刀除绕自身轴线作回转切削运动外，还与工件作啮合运动。用这种方法加工螺杆，理论上没有分度误差。螺杆齿形是在一次行程中连续加工出来的，因而齿距误差较小，生产率高。但由于滚刀制造复杂，使得螺旋角大、直径大的成形滚刀价格昂贵，因此滚削加工法往往适用于大批量生产的小型转子。

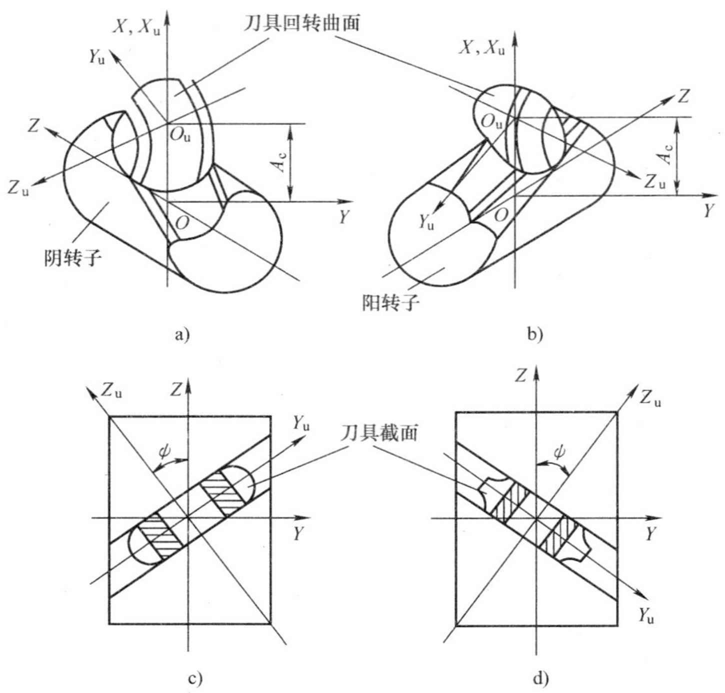

图 3-48 螺杆转子铣削示意图

a）右旋立体图 b）左旋立体图 c）右旋俯视图 d）左旋俯视图

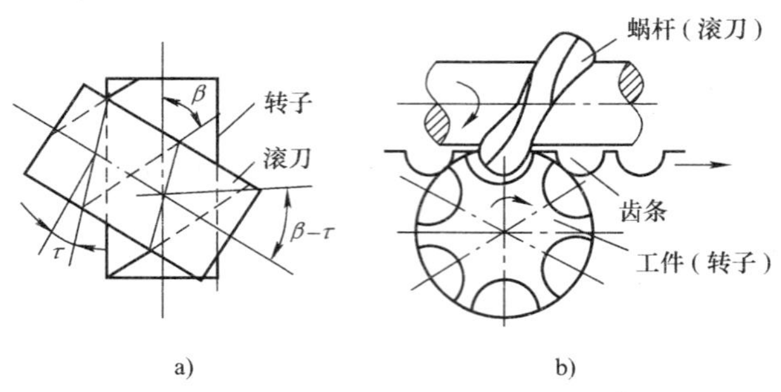

图 3-49 滚削螺杆转子

4. 螺杆齿形和啮合间隙的检验

螺杆齿形通常用样板在法向截面内检验，为保证样板与螺旋线垂直，可采用对刀块。对刀块的安装基准是螺杆的齿顶圆柱表面。

图 3-50 所示是在端截面内测量螺杆齿形的夹具。它是以顶圆和端面作为测量基准，借助 4 个千分尺（测微仪）进行的。

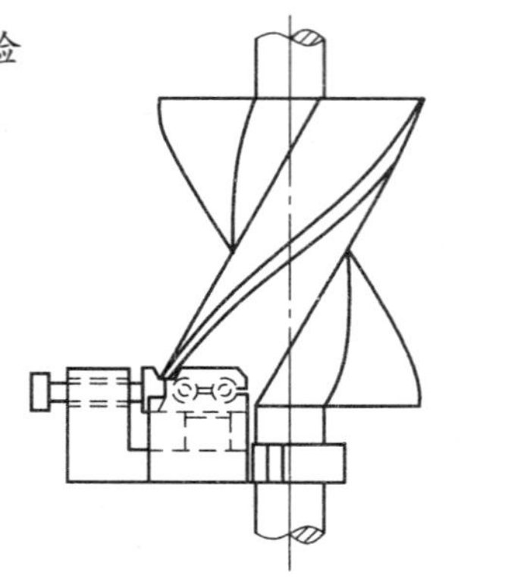

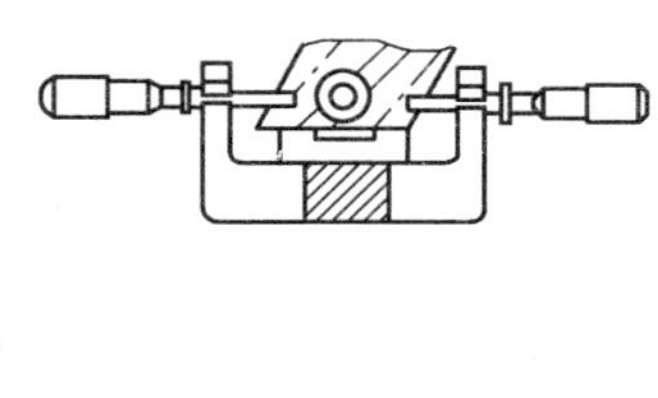

图 3-50 测量螺杆齿形的夹具

螺杆的啮合间隙对压缩机性能有很大影响。测试表明，对于直径 255mm 的转子，啮合间隙增加 0.01mm，容积效率减小 1%左右。啮合间隙可以通过在实际运转条件下对转子进行压铅法检验，也可在专用对滚装置中检查。检测时，一对已编号的阴、阳转子，放在中心距等于压缩机体上中心距的轴承架上，由一对标准同步齿轮进行盘动，以塞尺检查啮合间隙。当阳转子头数为 4、阴转子头数为 6 时，其最小公倍数为 12。因此，在此情况下检测要在两齿啮合的 12 种转角位置下逐一测量，且在每一转角位置下，对轴向同时啮合的三对齿面间的间隙逐一进行测量（见图 3-51a）。测量项目如图 3-51b、c 所示。最后，求出 12 种转角位置的平均值。

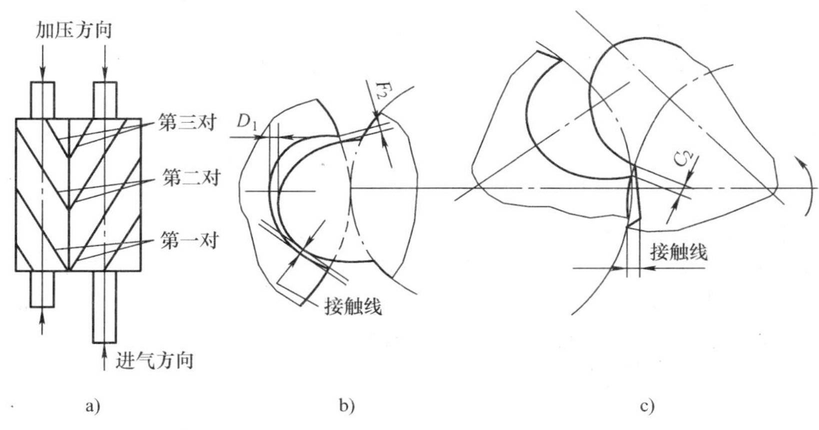

图 3-51　测量间隙的检测位置

图 3-52 所示为利用电感法测量螺杆啮合间隙的装置。其传动链为

电动机—减速器—丝杠—滑块—┬拖板—测量头移动
　　　　　　　　　　　　　　└转轮 1、2—螺杆转动

转轮 1 的直径需经计算，使螺杆转动和测量头移动的结果严格符合规定的参数。测量头带有电感式传感器触头，它发出的信号经过多通道放大器输入自动记录仪，由此测得一对螺杆转子啮合间隙的大小和变化规律。这种装置采用钢带传动，使用方便，测量精度比普通压铅法或塞尺法高得多。

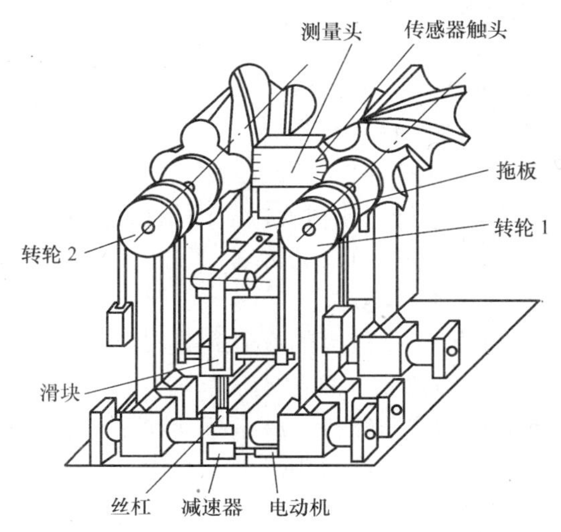

图 3-52　电感法测量螺杆啮合间隙的装置

（三）连杆加工

连杆的作用是将曲轴的旋转运动转化为十字头或活塞的往复运动，它在空间作垂直于曲轴轴线的平面运动，受到往复活塞力引起的交变载荷。

1. 连杆零件图及技术要求

（1）连杆零件图　图 3-53 所示为 8AS12.5

型压缩机连杆的结构。连杆结构分为连杆小头、连杆大头和连杆体三部分。连杆小头一般采用整体式，而大头除了曲柄轴、蛇形轴外，一般做成剖分式。8AS12.5 型压缩机的连杆大头为斜剖式。连杆大头盖靠连杆螺栓与连杆大头紧固。连杆螺栓虽小却是压缩机的重要零件，它同时受到紧固力、定位时的剪切力、运转时活塞连杆所产生的惯性力的作用。如果连杆螺栓在运转中断裂，有导致压缩机严重破坏的危险。因此，对连杆螺栓的材质、制造精度、表面质量要求较高。

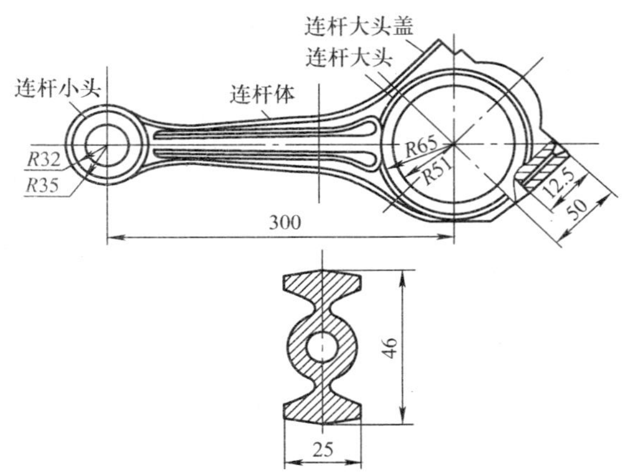

图 3-53 8AS12.5 型压缩机连杆的结构

连杆体横截面的形状多种多样，主要是考虑提高刚度、减轻质量、工艺合理。8AS12.5 型压缩机连杆为工字形截面，中间加工有油孔。

为了改善与曲柄销的配合，常在连杆小头中压入青铜或锡青铜衬套，在连杆大头镶有承压、韧性较好的锡基轴承合金轴瓦，大头轴瓦主要有厚壁刚性轴瓦和薄壁双金属轴瓦（或是一层金属上喷镀塑料的薄壁轴瓦）两种形式。由于薄壁瓦刚性小，工作时受力变形的形状取决于轴瓦座的形状，因此对大头孔尺寸精度要求较高。另外，薄壁轴瓦应是可互换的标准件，不应该刮削，因此对大小头孔间的位置精度要求也较高。

（2）技术要求

1）连杆大头孔和小头孔工作面的椭圆度和圆柱度不大于二级精度直径公差的 1/2。

2）连杆大头孔中心线和小头孔中心线的不平行度为 100mm 长度内不大于 0.03mm。

3）连杆大头孔和小头孔中心线对端面的不垂直度为 100mm 长度内不大于 0.05mm。

4）连杆两螺栓孔中心线的不平行度为在 100mm 长度内（不同的螺栓直径要求不一样）：

不大于 0.20mm（$D\leqslant 12$mm）。

不大于 0.15mm（$12<D\leqslant 20$mm）。

不大于 0.08mm（$D>20$mm）。

D 为螺栓孔直径。

5）连杆螺栓孔和支承面的不垂直度为 100mm 长度内不大于 0.30mm。

6）连杆小头衬套内表面粗糙度为 $Ra0.32\sim0.63\mu$m。连杆螺栓的外圆配合面表面粗糙度为 $Ra0.63\sim1.25\mu$m。

2. 连杆毛坯

连杆承受较大的疲劳载荷，同时为了减少惯性力还要求质量小。连杆毛坯材料目前主要采用球墨铸铁，牌号有 QT400—10、QT450—5、QT600—5—3 和 QT700—2 等。对于小型、移动式压缩机，减小振动和噪声是主要矛盾，为了降低惯性力，可采用铝合金连杆、青铜连杆，也有的采用粉末冶金成型的铸铁连杆。

球墨铸铁连杆毛坯在机械加工之前要进行热处理。不同牌号的热处理方法有所不同。对于 QT400—10、QT450—5 等铁素体球墨铸铁要进行退火，其目的是获得铁素体基体，提高塑性和韧性；对于QT600—5—3等珠光体球墨铸铁要进行正火加回火，其目的是提高基体中珠光体的含量，消除白口组织，消除内应力。

3. 连杆加工工艺

（1）定位基准选择　连杆的形状较特殊，大、小头孔及其端面等加工表面相距较远，且连杆杆身刚度很低，要达到连杆加工精度的要求，加工工艺较复杂，一般从基面开始加工，再加工主要表面和次要表面。为此，必须慎重选择定位基准，合理使用支承夹紧方法。

1）端面定位。当大、小头端面设计位于同一平面时，可采用两头端面定位。由于支承面积较大，故零件定位稳定且方便。当大、小头端面不在同一平面时，可以放大较薄一个端面毛坯的厚度，加工时将两端面厚度先铣相等，以供定位；加工过程即将结束时，再将两端面加工至所需尺寸。还有一种方法如图3-54所示，连杆毛坯在小头一侧预先多铸造一个小凸台，加工时将小凸台与端面铣平供定位用。与上述方法相比，这种端面定位方法加工余量较小。

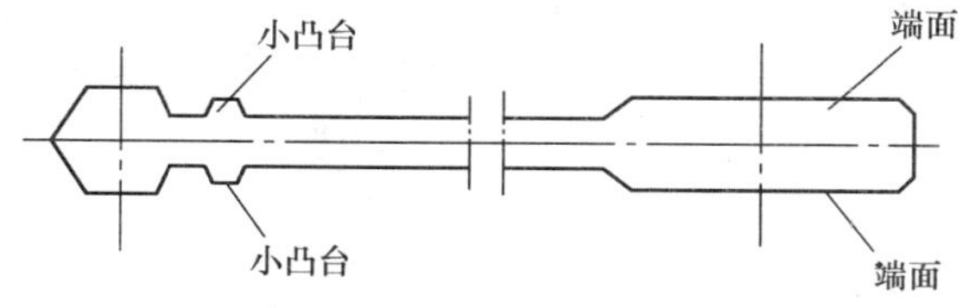

图3-54　小凸台辅助定位

精加工中为了提高安装精度，通常只用大头一个端面定位。

2）按照六点定位原则定位。在加工连杆大、小头孔、螺栓孔及大头剖分面时，端面定位只消除3个自由度，还需对连杆的平面内移动和转动予以定位，有以下方案可供选择。

① 如图3-55a、图3-55b所示，采用这种定位方案，在加工小头孔时小头定位销需采用假销，工件定位夹紧后将假销抽出，以便加工。由于同时夹紧大、小头端面，在镗孔时，切削力和夹紧力方向一致，定位可靠，工艺系统刚度较好。由于定位基面一致，加工中，粗、精镗大、小头孔或铣、磨剖分面，加工螺栓孔都可用。但同时夹紧大、小头端面，易使连杆变形，对大、小头孔的平行度产生很大影响，因此不宜用于精加工。

② 如图3-55c所示，这种方案支承面是大头孔内表面，大头孔限定了两个自由度，小头孔限定了一个自由度。由于定位可靠、精度高，适用于精加工，但刚度差，不宜用于粗加工。由于加工剖分面时应以小头孔定位，以保证剖分面到小头孔轴心线的距离。而在连杆盖与连杆体合装后精镗小头孔时，采用这种方案所用的大头孔定位，由于加工中基面不统一，将引起小头孔的尺寸误差和形状位置误差。

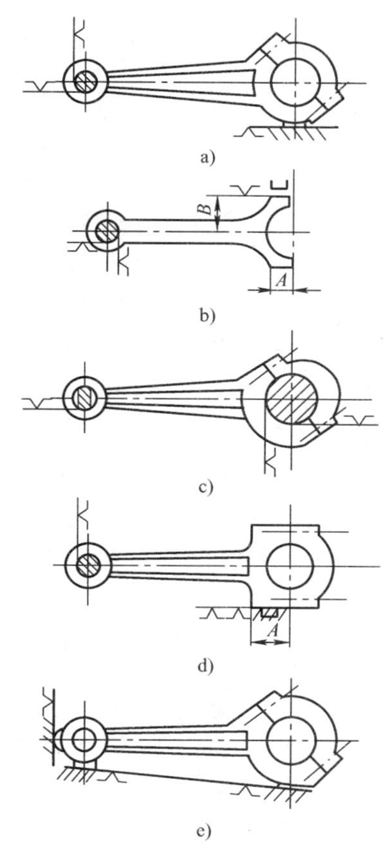

图3-55　定位基准方案

③ 如图3-55d所示，这种方案仍限制一个自由度，但菱形销转过了90°，大头不是以孔定位，而是以其外侧面

定位。在半精镗和精镗小头孔时，由于基面统一，加工余量均匀，精度较高。但要求定位侧面长度 A 足够大，否则会引起定位不稳。

④ 如图 3-55e 所示，以小头两凸台和大头侧面凸台为定位基准。铣两端面，精镗大、小头孔等工序均可采用统一的定位基面。工件可以装在随行夹具上，在自动线或流水线上加工，但需预先加工上述辅助基面。

（2）连杆机械加工工艺过程 以 8AS12.5 型压缩机连杆加工为例。大头孔在精加工后进行剖分，小头孔在压入衬套后再精加工衬套孔。这样易保证其最终尺寸精度与相互位置精度。

8AS12.5 型压缩机连杆材料为 QT450—5，其机械加工工艺过程如下：

1）在专用铣床上按图 3-56a 所示定位夹紧，一次铣出①、②、③、④ 定位基面。

2）以①、②、③ 为粗加工定位基面，按图 3-56b所示夹紧，一次装夹铣出大、小头端面和凸台⑤、⑥、⑦。

3）在磨床上粗磨大头一端面⑦ 及同面凸台⑤，并打钢号，以备作为定位基面。

4）如图 3-56c 所示定位，并用专用夹具夹紧，铣开连杆大头剖分面，并打钢号。

5）磨连杆体和大头盖剖分面。

6）如图 3-56d 所示定位夹紧，钻、铰连杆体螺纹孔及攻螺纹，钻铰大头盖螺栓孔。

7）铣大头盖螺栓孔装配定位端面。

8）二次攻螺纹校正与剖分面不垂直度。

9）如图 3-56b 所示，半精磨、精磨定位基面⑤、⑦。

10）连杆体与大头盖合装后，粗镗、精镗大、小头孔，并经检验合格认可。

11）钳工拆开连杆体和大头盖后，对剖分面倒角、去毛刺。

12）铣连杆体和大头盖定位槽。

13）钻油孔后去毛刺。

14）连杆小头经清洗后压入铜套。

15）铰小头孔。

16）全面检验后入库。

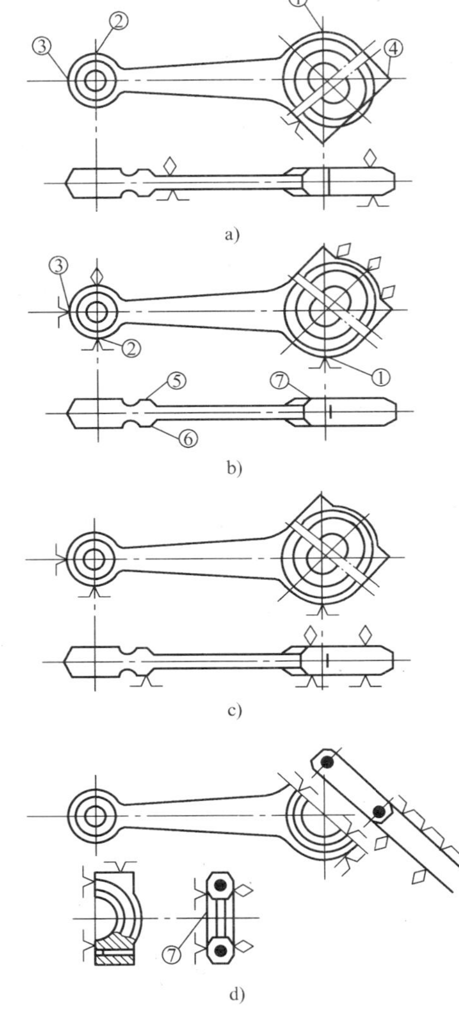

图 3-56 加工过程中的定位基准

4. 连杆检验

为保证连杆质量，从连杆毛坯到最终加工完毕要进行多次的中间检验和最终零件成品检验。除了检查其主要表面的尺寸精度和表面粗糙度以外，还应重点检验主要表面的相对位置精度。

大、小头孔轴心线的平行度可用图 3-57 所示的方法进行检验。如果平行度不合格，可对连杆体及大头盖的大头孔进行刮研修正。

连杆螺栓孔与其端面的垂直度可用标准样杆插入连杆螺栓孔中进行涂色检验，孔端面与样杆台肩面接触面达 70%以上者为合格。否则，应对螺栓孔的端面进行刮研。

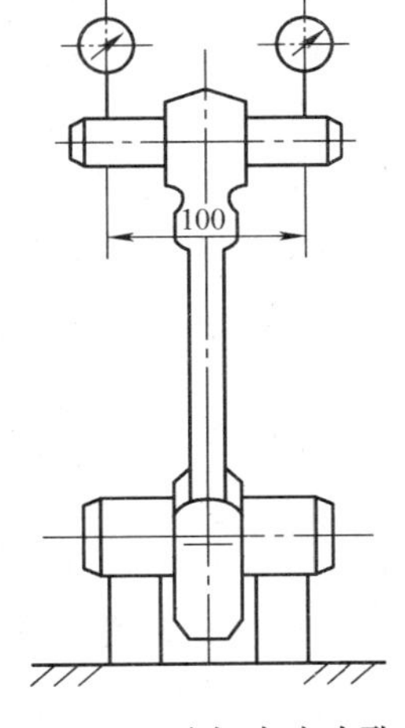

图 3-57　连杆大小头孔平行度检验

（四）活塞加工

活塞主要有两种形式：筒形活塞和鼓形活塞，前者用于单作用压缩机，后者用于双作用压缩机。

1. *活塞结构及技术要求*

（1）活塞的结构　图 3-58 所示为 8AS12.5 型压缩机的筒形活塞。整个活塞由顶部、环部、裙部和销座四部分组成。顶部承受气体压力。环部开有环槽，以便装配气环和油环。裙部在气缸中起导向作用并承受侧压力。销座安装活塞销与连杆小头相连接。活塞环是有切口的弹性圆环，分为气环和油环两种。8AS12.5 型压缩机有两道气环，一道油环。

（2）活塞技术要求　活塞的制造质量直接影响气缸寿命和压缩机工作性能（如排气量、排气温度、功率消耗等）。活塞机械加工的主要技术要求是活塞销孔轴线至顶面的距离及其与外圆表面的垂直度，活塞环槽两侧面与活塞外圆表面的垂直度，活塞销孔和裙部外圆表面的尺寸精度。具体技术要求如下：

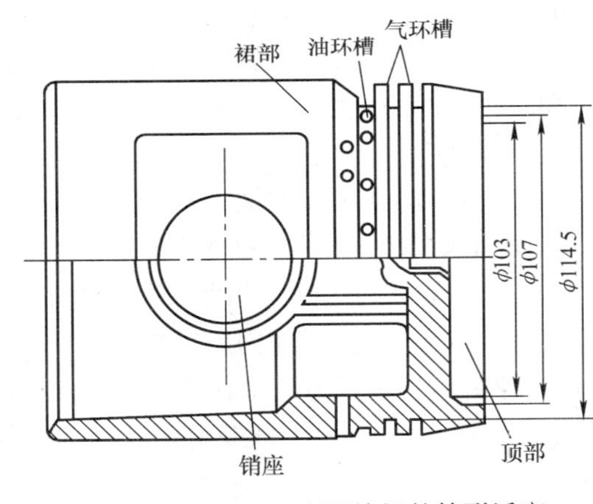

图 3-58　8AS12.5 型压缩机的筒形活塞

1）活塞销孔中心线对活塞中心线的不垂直度在 100mm 长度内偏差不大于 0.035mm。

2）活塞销外圆面的椭圆度和锥度的偏差不大于二级精度直径公差的 1/2。

3）活塞外圆面表面粗糙度 $Ra0.63 \sim 1.25\mu m$。

4）活塞环槽两侧面表面粗糙度 $Ra1.25 \sim 2.5\mu m$。

5）活塞销孔表面粗糙度 $Ra0.16 \sim 0.32\mu m$。

2. *活塞毛坯*

活塞在气缸中工作时，承受能周期变化的气体力与往复惯性力，同时承受由于温度分布不均而产生的热应力。无滑块的压缩机活塞还承受一定的侧向力和摩擦力。活塞除应能承受这些动载荷外，还要求自身质量小，以减少往复惯性力。活塞在工作中润滑条件较差，而与活塞环以及与气缸之间有相对运动，因此磨损也大。所以活塞材料应具有高强度、耐磨、致密和相对密度轻、导热性好以及防止“生长”的稳定性。

用上述要求来衡量，目前普遍采用的铝合金和铸铁活塞都有不足之处。铝合金活塞各方面都较理想，但热膨胀系数大，不利于密封且耗油量大。铸铁活塞强度高，但密度较大，增加了惯性力，不利于提高转速。中、大型活塞也有用铸钢或用低碳钢板焊接的。

铝合金铸件在机械加工前需进行热处理，热处理工艺视不同材料和要求而定。铸铁制的薄壁活塞在粗加工后要进行人工时效，以消除内应力。焊接活塞焊后要进行低温退火，加热到550℃保温2～6h，随炉冷却以消除内应力。

3. 活塞机械加工工艺

（1）加工过程的制订　活塞的特点是壁薄、刚度差，而主要表面的加工精度要求高，在制订加工工艺过程时，有下述问题需要考虑：

1）考虑能否采用分组装配。对于批量大、加工质量较为稳定的活塞，可进行分组装配。如对活塞和气缸，活塞销和活塞销孔，活塞环和活塞环槽采用分组或选择紧配合，既保证了装配精度，又降低了加工精度要求。

2）加工方法的选择。活塞属于回转类零件，其外圆、环槽和止口的加工路线均分别以粗、精车为宜。对于大量生产，则外圆加工尚需增加磨削工序。销孔的加工路线为粗、精（或细）镗再加冷压光加工。对于小批生产，可采用粗、精车。小型的活塞采用钻、扩和镗。

3）定位基准的选择。

① 精基准的选择。从活塞加工的技术要求分析，活塞销孔、活塞环槽上下两侧面的位置精度都以裙部外圆中心线为准，从基准重合原则考虑，要避免定位误差应选择外圆为精基面。但这样在精加工外圆时需另外选择基准，转换基面，增加了复杂的夹具品种要求；而且以外圆为基准的夹紧方法容易导致活塞变形，影响加工精度。

目前，在活塞的机械加工中普遍采用内止口及端面作为辅助基准。其优点是在一次安装中可同时加工外圆、顶面和环槽，既保证了各表面间的相互位置精度，又提高了生产率；而且，利用内止口和端面定位，夹紧方向是活塞刚度较大的轴向，变形小、精度高。其不足之处是增加了辅助基面的加工工序，且工艺基准与设计基准不重合，有一定的定位误差。但从保证加工质量考虑，这种精基面选择方案还是可取的。

② 粗基准的选择。粗基准的选择目前主要有两种方法。一种是以活塞的不加工内腔作为粗基准，但由于工件内壁定位使夹具的设计、夹持、调整较困难，故在使用中受到限制。另一种粗基准选择方法如图3-59所示，采用外圆和外顶面定位来加工止口和端面。由于工件是毛坯表面，一般的自定心卡盘夹持不够牢固，改用长三爪，以免在切削力作用下工件倾斜。由于毛坯外圆和内壁的不同轴度，这种定位会产生止口壁厚不均，在以后工序再用止口定位加工外圆，则活塞成品壁厚不均，因此要求毛坯精度较高。目前活塞毛坯用金属模浇铸，其外圆表面的不同轴度较小，机械加工采用外圆定位车止口，对铝活塞可保证壁厚差不大于0.4～0.9mm。因此，在生产中以外圆和顶面作为粗基面是可行的。

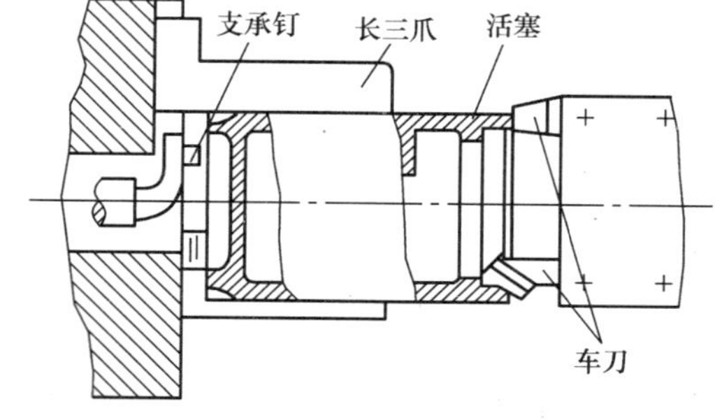

图3-59　活塞加工粗基准

（2）活塞加工工序　8AS12.5型压缩机的活塞加工工序如下：

1）铝合金活塞铸件经热处理后，抽验硬度要求90～140HBW。

2）用自定心卡盘夹住毛坯外圆，并校正毛坯内孔，粗车、精车端面；粗车、精车止口；倒角。

3）以内止口定位，拉杆拉牢，粗车顶面、顶部凹面；打顶部中心孔；粗车外圆面。

4）试压。顶部试水压2.4MPa、气压1.6MPa。

5）以内止口定位，用拉杆拉牢，端面贴紧，精车顶回、顶部凹面和裙部外圆。

6）以内止口定位，顶住中心孔，并拉牢，车顶部锥面，粗、精车环槽至图样要求。精车环槽时，要不断冷却。

7）在钻床上钻出销座处 4×ϕ4mm 孔；上专用夹具钻出油环槽内 24×ϕ4mm 油孔（回油用），并修除毛刺。

8）上专用夹具，粗镗销孔；切两锁环槽；精镗销孔。

9）上专用夹具，顶住中心孔，磨裙部外圆。

10）钻顶部 M8 螺纹底孔，攻 M8 螺孔。

11）用滚击加工法滚压销孔至图样尺寸精度和表面粗糙度要求。

12）检验合格后涂油入库。

4. *主要工序分析*

（1）活塞外圆的加工　活塞外圆尺寸精度要求较高，表面粗糙度为 Ra0.8～0.4μm，一般为粗车、精车、磨。小批生产时，可以以车代磨，特别是铝活塞，由于磨削时磨屑易堵塞砂轮，因此往往以高速细车代磨。

（2）环槽加工　对活塞环槽底直径尺寸要求不高，但对环槽宽度尺寸精度、两侧面的表面粗糙度以及环槽侧面对外圆中心线的垂直度要求相对较高，加工中必须采取适当措施才能保证。如图 3-60 所示，环槽的宽度取决于切槽刀的宽度，切槽刀的宽度公差应严格控制在 5μm 以内。为了保证槽间距离，切槽刀和夹板两侧面都在平面磨床上磨到表面粗糙度为 Ra0.32～0.63μm，使两侧面互相平行。夹板的厚度偏差限制在 10μm 之内。为了保证槽的侧面与裙部的轴心线垂直，除了刀架溜板的运动方向应与活塞裙部的轴心线垂直以外，还须将切槽刀安装得与活塞裙部轴心线垂直。

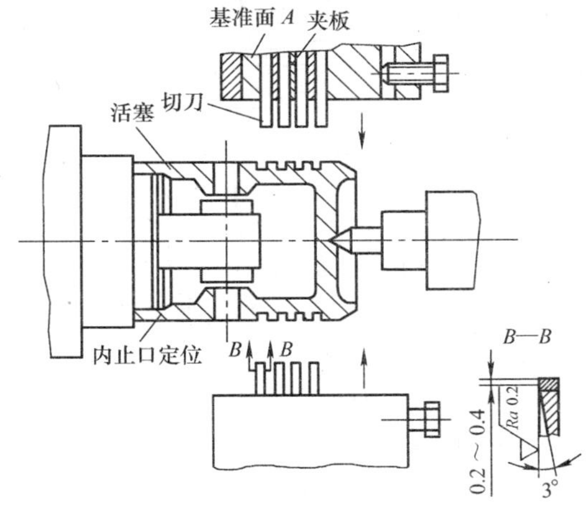

图 3-60　精切环槽的加工

由于加工中切槽刀在活塞轴向刚度较差，常使环槽两侧面的余量不均匀，影响尺寸精度和位置精度，可以增加切削次数，进行二次粗切和二次精切，以减少背吃刀量，精切量每次控制在 0.20mm。

槽刀侧面和刃口的表面粗糙度将直接影响环槽侧面的表面粗糙度。为了降低刀具的表面粗糙度，应在刀具精磨之后，再用钻石粉研磨，使切削刃表面粗糙度达 Ra0.16～0.32μm；还要在切削刃部分磨出一条宽为 0.2～0.4mm 的棱边，后角为 0°，它除了有切削作用外，还有压光作用，可降低环槽侧面的表面粗糙度。切削时的切削液可用煤油、轻柴油或两者的混合液。

（3）销孔加工　销孔是许多工序加工时施加夹紧力的部位，因此在粗车外圆、顶面和环槽等工序之前就安排加工，以便夹紧力能较均匀地分布而不至于压坏销孔。但也有安排粗镗销孔与精镗销孔合为一道工序的，以便简化工艺过程，减少安装次数。

精镗销孔加工方法为钻、扩和铰，还可采用高速细镗或滚压作为终加工。销孔的精镗如图 3-61 所示。除了以止口和端面定位外，装在尾座套筒中的削扁销插入销孔中来限制转自由度。当压紧螺杆用压块把活塞压紧后，削扁销即从销孔中退出，以便加工销孔。在镗刀杆上，顺次装着两把镗刀，第二把刀具安排加工余量更小，以得到良好的加工精度。

为了进一步降低活塞销孔的表面粗糙度，提高加工精度，可采用图 3-62 所示的滚击加工。滚击加工使用滚击器进行。滚击器的心轴与滚针相配合的表面是多边形的，当心轴转动时，多边心轴表面推动滚针在被加工的销孔表面形成脉冲滚击，滚击的频率取决于滚击器的转速和多边形心轴的边数，一般约为 100 次/s。加工过程中需大量冷却润滑液。

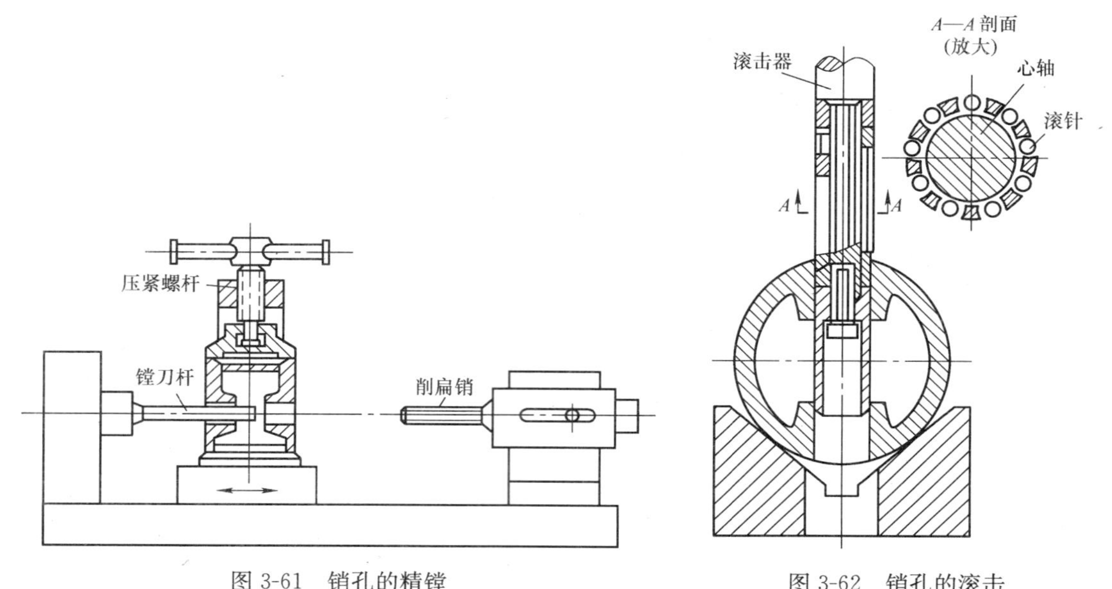

图 3-61 销孔的精镗

图 3-62 销孔的滚击

5. 活塞的检验

(1) 裙部外圆直径与椭圆度的测量　如图 3-63 所示，先用一个直径为已知的标准件对好百分表的零位，然后，将工件按图示方向放入，旋转活塞，读出最大读数与最小读数，两者之差即为裙部椭圆度误差，最后，按最大尺寸将活塞分组，以便与气缸选配。必须指出，由于铝的热膨胀系数比钢大一倍（约为 2.2×10^{-6}/℃），所以气温变化对铝合金活塞测量结果有较大的影响，应注意修正。

(2) 销孔轴心线对裙部轴心线不垂直度的测量　如图 3-64 所示，测量时，将活塞套入

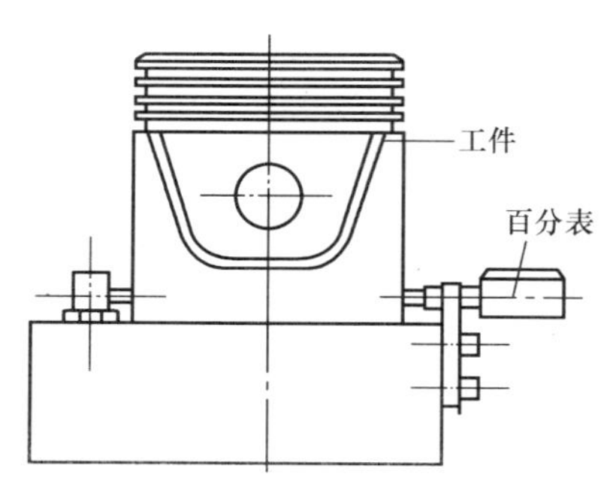

图 3-63 裙部外圆直径和椭圆度的测量

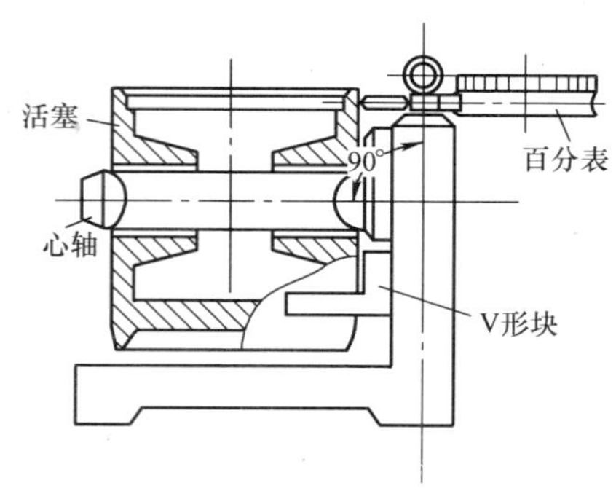

图 3-64 销孔轴心线对裙部轴心线不垂直度的测量

测试座的心轴上，并使之与V形架靠紧，这时活塞外圆柱素线相对于活塞销孔轴心线的垂直度即可由百分表读出（最好绕活塞轴心线转180°后，再套入心轴上再读表一次，取其差值为准）。

（3）销孔轴心线与裙部轴心线位置度的测量　如图3-65所示，在销孔中插入适当尺寸的检验心轴，活塞端面向下，放在夹具平板上，并使检验心轴与两极圆柱接触，紧靠着圆柱推动活塞和心轴，测得百分表的一个最大读数；然后，将活塞连同心轴在水平面内转过180°，用同样方法记下另一边的最大读数，则位置度误差等于两读数之差 $|l_1-l_2|$。

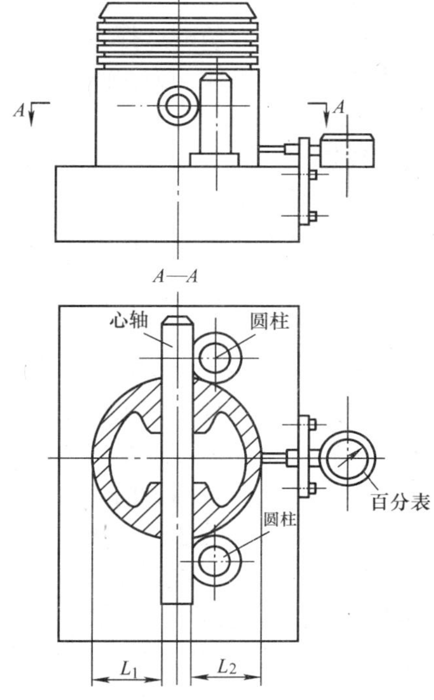

图3-65　销孔轴心线与裙部轴心线位置度的测量

（五）机体加工

机体是活塞式压缩机的基础零件，它用来集合各种零件、部件，从而使它们之间保持一定的正确位置或一定的运动关系。

1. 机体结构特点及技术要求

与别的零件相比，压缩机机体结构差异最大，但它们均有以下主要加工面组成：

① 底面，它用来使整个机器安装在基础上或机架上。

② 连接中体（或气缸）的安装孔系及其端面。

③ 装置曲轴用的轴承孔系及其端面。

此外，有时还有供装置十字头的滑道孔。

压缩机工作时，机体受到复杂的交变应力，加上结构也较复杂，在加工中或长时间运转中易产生变形，从而使轴承、十字头导轨、气缸拉毛，磨损增加，同时引起温升、振动增加并产生附加噪声；也会使密封失效，引起漏气、漏油或漏水，破坏工作可靠性。因此，对机体零件提出下列主要技术要求：

1）轴承孔尺寸精度不低于7级。

2）滑道孔尺寸精度不低于7级。

3）轴承孔的圆柱度不低于8级，各轴承孔轴心线对公共轴心线的同轴度不低于8级。

4）滑道孔的圆柱度不低于8级。

5）滑道孔轴心线对公共轴心线的垂直度不低于6级。

6）安装中体（或气缸）的贴合面对轴承孔公共轴心线的平行度不低于7级。

7）安装气缸（或缸座）的贴合面对滑道轴心线的垂直度不低于6级。

8）安装气缸（或缸座）用的定位止口轴心线对滑道轴心线的同轴度不低于8级。

9）机体轴承孔和滑道表面粗糙度不高于 $Ra1.6\mu m$。

2. 材料与毛坯

一般机体的材料采用铸铁，它容易成形、切削性好、价格低、吸振性好。在微型压缩机中机体材料也有采用压铸铝的，只有在单件、小批生产中，为缩短生产周期，有时采用钢板焊接。

铸铁牌号可选用HT100—26～HT400—68，常用HT200—40。制造小批量毛坯时，采用木模手工造型；当批量大时，采用金属模造型。

3. 机体机械加工工艺

（1）加工方法的选择　大多数工厂用车、铣、刨、镗等加工方法可达到要求，但滑道孔尚需用珩磨或精铰的方法来达到。在机床选择上，小批生产多采用通用万能镗床，批量大时采用专用镗床或组合镗床。大端面、底面在小批时采用龙门刨床、龙门铣床，大批时采用卧式端面铣床。

（2）精基准的选择　有两种典型方案可供选择。第一种是以“一面两孔”作为精基准，即以机体底面和底面上的两螺栓孔作为精基准。为此，两只螺栓孔加工要经过钻、扩、铰工序，使加工精度提高到 7 级。其优点是定位稳定可靠，一次安装可以同时加工除定位面以外所有 5 个面的孔和面；也可作为加工这些表面多道工序的定位基准，实现基准统一。由于夹紧方便，易于实现自动定位和夹紧，因此适用于大批量自动生产线。其缺点是底面不是设计基准面，加工过程中将由于定位误差而影响加工精度。

另一种精基准选择是以装配基面作为精基准，通常采用大轴承孔及其端面作为定位面，来加工气缸孔等主要表面，由于精基面与装配基面重合，可以减少定位误差。

（3）粗基准的选择　通常以机体的主轴承孔作为粗基准，以便保证机体上其他孔系加工余量的均匀、各孔轴心线对机体不加工内壁的位置精度，使装配后压缩机各运动部件与机体内壁不发生碰撞。

由于以轴承孔为粗基准，夹具结构较复杂，尤其是毛坯孔表面粗糙，定位不稳，难于兼顾各加工面的余量，所以生产厂总是以两轴承孔作为参照基准，用划线法来建立粗基准。

（4）机械加工过程　以 8AS12.5 型压缩机机体为例，其材料为 HT200—40 铸铁，机体加工过程如下：

1）铸件经人工时效处理，消除内应力。

2）以机体轴承孔的中心线为基准画出底平面加工线。

3）在龙门刨上刨机体底平面。

4）以气缸孔中心线画出机体轴承孔端面加工线。

5）粗镗轴承孔和车削轴承孔端面。

6）精镗轴承孔和精车轴承孔端面（为使机体充分冷却，减少变形，与上道工序应间隔 12h 以上）。

7）在龙门刨上刨排气孔法兰面。

8）划出气缸孔的十字中心线和能量调节孔加工线。

9）铣能量调节孔端面和缸盖端面。

10）粗镗缸孔。

11）镗吸气孔、吸气滤网孔、滤油网孔、排气孔和能量调节孔。

12）钻、攻所有螺栓孔。

13）试验。水压试验，压力为 3MPa；气压试验，压力为 2MPa。试验时间每次应持续 5min 以上。

14）喷砂清洗氧化层和残留型砂。

15）精镗缸孔。

16）钻床加工气缸套的定位销孔。

17）油洗机体。

18）检查后转装配车间。

五、自我评估

1. 切屑有哪些种类？在切削脆性材料时，形成什么切屑？

2. 材料的切削加工性的衡量标准有哪些？精加工时，应用最广泛的衡量标准是什么？

3. 车削加工能够加工哪些表面？

4. 影响零件加工质量的因素有哪些？

5. 什么是机械加工的经济精度？确定经济精度有何用处？

6. 车削加工有什么工艺特点？工件常用的装夹方法有哪些？

7. 钻削、镗削的主运动和进给运动分别是什么？

8. 镗削通常用在什么场合？

9. 磨削加工有何特点？

10. 工件在机床上常用的定位方法有哪些？

11. 什么是六点定位原理？什么是完全定位、不完全定位、过定位和欠定位？必须避免的定位方式是什么定位？

12. 机床夹具由哪些部分组成？各有什么作用？

13. 曲轴加工的工艺特点有哪些？

14. 曲轴加工过程中主轴颈和曲柄销如何加工？

15. 简述螺杆转子的机械加工主要工序。

16. 连杆加工的定位基准如何选择？

17. 活塞裙部直径与椭圆度如何测量？

18. 活塞式制冷压缩机机体结构的特点及技术要求是什么？

项目四　制冷装置换热器的制造与检验

一、学习目标

1. 终极目标

掌握制冷装置换热器的制造与检验方法，能够初步胜任该类岗位工作。

2. 促成目标

1）了解制冷装置常用换热器及其特点。

2）了解板料冲压设备、冲模及冲压用材。

3）熟悉冲裁、拉深、弯曲等分离和变形工序。

4）了解板料冲压件的结构工艺性。

5）熟悉制冷装置常用的气焊、手工钨极氩弧焊及其焊接检验方法。

6）能够进行气焊操作。

7）掌握制冷装置换热器的制造与检验方法。

二、工作任务

1）完成家用电冰箱常用换热器的加工。

2）完成翅片管式换热器的加工与组装。

3）完成壳管式换热器的加工与组装。

三、相关知识

（一）制冷装置常用换热器

换热器中包括多种传热方式（冷凝、沸腾、强制对流、自然对流、热传导等），其分类方法很多，结构形式也是多种多样。制冷工程中冷凝器和蒸发器是必不可少的传热设备，其特性对制冷装置的性能有重大影响。

1. 冷凝器

在制冷装置中，冷凝器是一种使制冷剂向外放热的换热器。常用的冷凝器有壳管式冷凝器、套管式冷凝器、蛇形管式冷凝器、螺旋板式冷凝器、翅片管式冷凝器、内藏平板式冷凝器、板翅式冷凝器等。

（1）壳管式冷凝器　壳管式冷凝器又分为立式和卧式两种。立式壳管式冷凝器主要用于大中型氨制冷系统中，其结构庞大，耗材多；卧式壳管式冷凝器在氨系统和氟利昂系统中应用广泛，其特点是制造工艺简单，加工设备要求不高，一般采用单件小批生产，生产效率要求不高。另外，壳管式冷凝器的壳体一般属于压力容器的制造，因此主要工艺难点是如何保证焊接质量及有效检测。

图 4-1 所示为卧式壳管式冷凝器。它通常由管箱、筒体、管板、换热管等部件组成。为提高冷凝器的换热能力，在管箱内及管板外设置隔板，冷却水从冷凝器管箱的下部进入，按

照已隔成的管束回程顺序在换热管内流动，吸收制冷剂放出的热量后从管箱的上部排出；高压制冷剂蒸气则从筒体的上部进入，在筒体和换热管外壁之间的壳程流动，向各换热管内的冷却水放热，被冷凝为液态后汇集于筒体下部，经下部的出液口排出。筒体上部设有安全阀、平衡管（均压管）、放空气阀、压力表管接头。制冷剂为氨时，换热管采用无缝钢管；制冷剂为氟利昂时，采用铜管。目前换热管大量采用低肋铜管，以强化传热。氨冷凝器在筒体下部设有放油管，氟利昂冷凝器则不设。管箱上设有放空气及放水螺塞。小型氟利昂冷凝器不装安全阀，而是在筒体下部装一个易熔塞，以防温度上升时筒体爆炸。

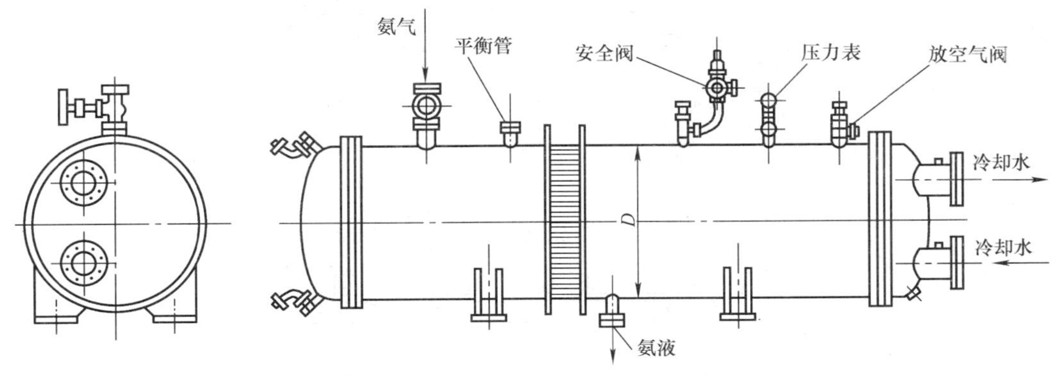

图 4-1　卧式壳管式冷凝器（氨用）

（2）套管式冷凝器　如图 4-2 所示，套管式冷凝器是在一根大直径的钢管或铜管（外管）内，套一根或数根小直径的钢管或铜管（内管）作为换热管，再弯制成圆形、U 形或螺旋状。冷却水从下部进入冷凝器的内管，吸收热量后从上部排出；高压制冷剂蒸气则从上部进入，在外套管和换热管之间流动，在内管外表面放热冷凝后从下部排出。冷却水与制冷剂呈逆向流动，因此换热效果较好。套管式冷凝器结构简单、易于制造，总传热系数较高，可达 1 100W/(m^2 · K)，常用于制冷量小于 40kW 的小型氟利昂制冷系统。

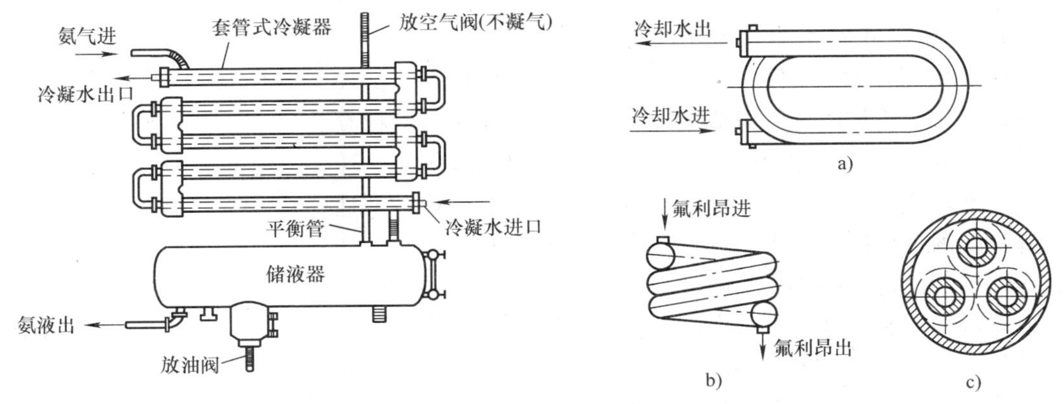

图 4-2　套管式冷凝器

（3）蛇形管式冷凝器　如用于大、中型氨制冷系统中的横管淋水式冷凝器，其换热管由无缝钢管制成蛇形管组（见图 4-3），结构简单、制造容易、清洗方便，但占地面积大，冷却效果易受气候条件的影响，一般多装在屋顶或专门建筑物上。

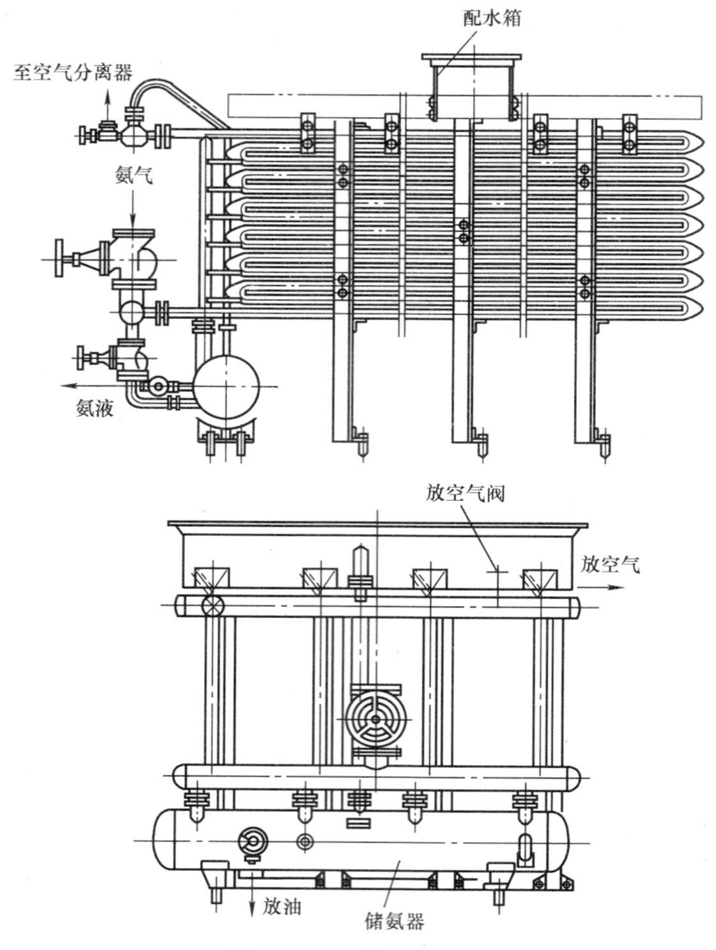

图 4-3 蛇形管式冷凝器

(4) 螺旋板式冷凝器 氨用螺旋板式冷凝器如图 4-4 所示，它由螺旋形本体、制冷剂蒸气进口管、制冷剂液体出口管、冷却水进口管和出口管组成。螺旋本体由两张平行钢板卷制而成，构成一对同心的螺旋通道。中心部分用隔板将两个通道隔开，两端用密封条焊死或装有可拆卸的封头，最外一圈通道端部焊上渐扩形冷却水进水管。冷却水从螺旋板外侧按管切向进入，与制冷剂流向相反，由外向中心作螺旋流动，最后由中间接管流出。制冷剂蒸气由中央上端进气管进入，由中心向外作螺旋流动，冷凝后由底部出液总管排出。为了保证螺旋通道的间距，用于氟利昂的螺旋板式冷凝器可用铜板卷制。铜板在卷制前冲制成许多半球形鼓泡充当定位距。为了增强氟利昂螺旋板式冷凝器的承压能力，在其外侧焊有钢板壳体。

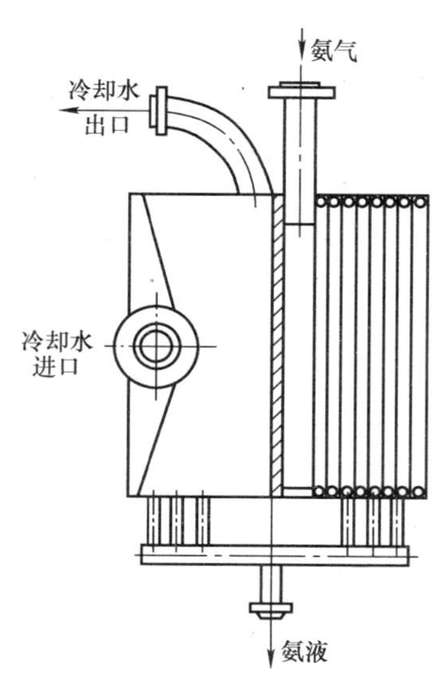

图 4-4 螺旋板式冷凝器

螺旋板式冷凝器结构紧凑、流道长、传热性好、质量小、不易结垢，但内部泄漏后不易发现，维修困难、承压能力差。

（5）翅片管式冷凝器　翅片管式冷凝器广泛用于小型制冷空调装置，如家用空调器、无霜冷藏柜、装配库的冷风机；类似结构的换热器还作为空气调节系统中的风机盘管末端装置以及小型中央空调的换热器等。图 4-5 所示为翅片管式冷凝器。这种冷凝器由几组管外加装了铜制或铝制翅片的蛇形管组成，从而使管外的热阻减小，传热增强，常用于强制风冷的场合，换热系数可达 30～40W/(m^2 · K)。翅片管式冷凝器具有下列优点：

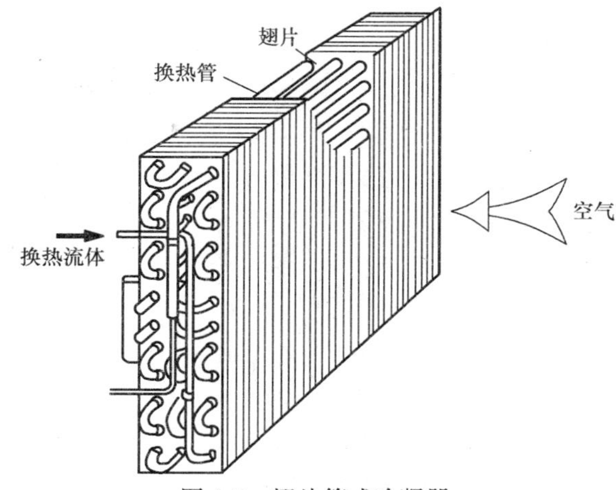

图 4-5　翅片管式冷凝器

1）翅片管的翅片有折边，与基管的外壁接触面积大，传热效果好。

2）翅片管翅片之间较通畅，对气流阻力较小。

3）翅片管翅片表面光滑、片距畅通，易于融霜、排水。可将若干根管的翅片做成一片，因而翅片管式换热器排水顺畅。

4）翅片管的翅片相互独立，安装与搬运不慎碰撞时仅使局部翅片倒伏，而且可修整。

翅片管式冷凝器需要较先进的加工设备，对生产效率要求较高，一般属大批量生产。

（6）内藏平板式冷凝器　这种冷凝器一般用于小型氟利昂装置如家用电冰箱中。平板式冷凝器最初是采用直径 6mm 的铜管与冲压成弧形的钢板焊接而成，或用两层钢板预冲压凹槽，与铜管经滚焊成形，然后冷凝器外喷以黑漆加强辐射传热。板式冷凝器后来被传热性能更为优良的百叶窗式和丝管式冷凝器取代。随着消费者对产品美观的要求越来越高，内藏平板式冷凝器又逐渐成为电冰箱冷凝器的主流形式。它是将弯制好的冷凝盘管用带胶铝箔粘结或点焊在电冰箱外壳钢板的内侧，装在箱体后板或侧板内，然后经聚氨酯发泡成型（见图 4-6）。使用时，通过导热的箱体外壳向四周散热。这种内藏式冷凝器可使电冰箱四周外形平整美观，冷凝器不容易损坏，但散热性能较差；同时，为阻止冷凝器向电冰箱内传热，需加厚电冰箱隔热层。

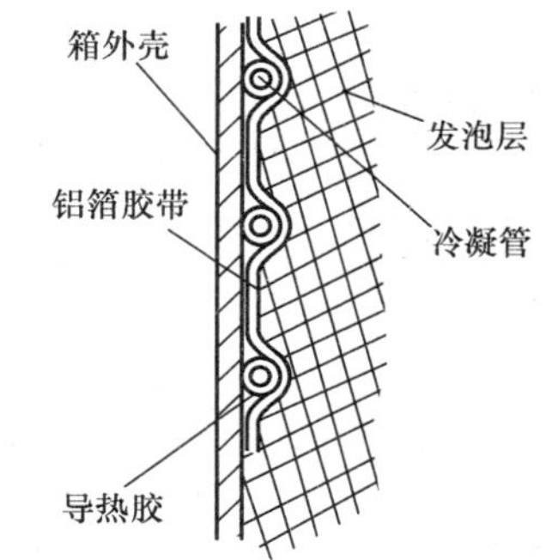

图 4-6　内藏平板式冷凝器

（7）板翅式冷凝器　板翅式冷凝器结构形式很多，但都是由若干层基本换热元件组成。如图 4-7 所示，在两块隔板中夹着一块波纹形导热翅片，两端用封条密封，形成一层基本换热元件，许多层这样的元件叠合（使相邻两流道流动方向交错），焊接起来就构成板翅式换热器。波纹形导热翅片可作成多种形式，以增加流体扰动，增强换热。板翅式冷凝器单位体积内换热面积很大（可达 1 500～2 000m^2/m^3），工作范围也很广（−270～+500℃，1.5～5MPa），近年来在制冷空调技术领域中得到了广泛应用。

2. *蒸发器*

蒸发器是制冷装置中另一主要热交换设备。常用的蒸发器有壳管式蒸发器、板式蒸发器、压印吹胀型蒸发器、丝管式蒸发器、翼片管式蒸发器、翅片管式蒸发器、管板式蒸发器等。

（1）壳管式蒸发器　壳管式蒸发器广泛用于氨制冷系统和氟利昂制冷系统中，包括满液式壳管式蒸发器、干式壳管式蒸发器等形式，其基本结构与壳管式冷凝器的结构相似。

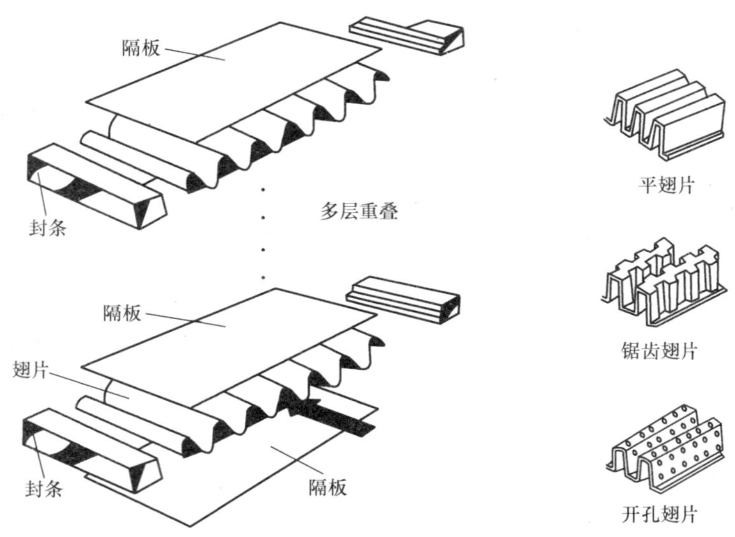

图 4-7　板翅式冷凝器

（2）板式蒸发器　板式蒸发器由一组已冲压出凹凸波纹的长方形薄金属板（型板）平行排列，并以密封垫片及夹紧装置组装而成，如图 4-8 所示。两相邻板片的边缘衬有垫片，压紧后可起到密封作用。采用不同厚度的垫片可以调节相邻两板之间的距离，即流体通道的长短。冷、热两种流体在板间通道内相间流动，每一块板面都是传热面。型板压制成各种波纹形状，既增加了板的强度和实际传热面积，又使得流体分布均匀，增加了湍流程度。板

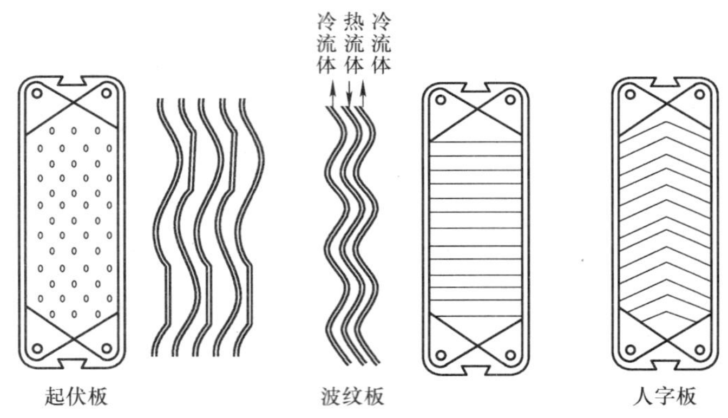

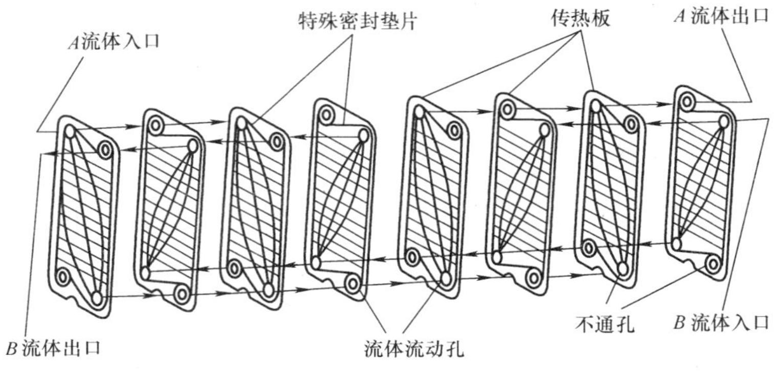

图 4-8　板式蒸发器

式蒸发器传热系数大、结构紧凑，具有可拆结构，可根据需要用调节板片数目的方法增减其传热面积，检修清洗方便；但操作压力和温度都不能太高，且不宜处理容易结垢的物料。板式结构也常用于冷凝器。

（3）压印吹胀型蒸发器　铝-铝压印吹胀型蒸发器（见图 4-9）是目前电冰箱蒸发器的主流形式。它是在铝板上印刷出石墨（阻焊剂）管路图，上面再覆一层铝板，经过碾轧和热处理而成，然后在高压下吹胀管路。吹胀后的复合板管道的进、出口处用氩弧焊焊上铝-铜管接头或铝-铝管接头，以便与其他铜管相焊接。铝蒸发器需作表面防腐处理（电极氧化或喷漆）。压印吹胀型蒸发器还有一种是用铝—锌—铝三层金属板冷轧复合而成，但由于易产生电化学腐蚀而形成泄漏，已被铝—铝型取代。

（4）丝管式蒸发器　丝管式蒸发器（见图 4-10）采用的换热管多为邦迪管（双面镀铜薄钢带横向卷轧成管形并钎焊而成的高精度管）。邦迪管内、外表面镀铜，弯成多个 S 形，与多根钢丝点焊而成，具有体积小、质量小、换热性较好的特点。目前在我国家用电冰箱上普遍采用丝管式蒸发器。

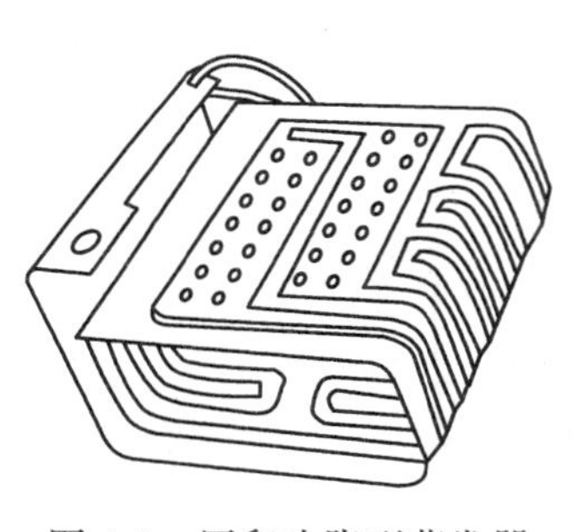

图 4-9　压印吹胀型蒸发器

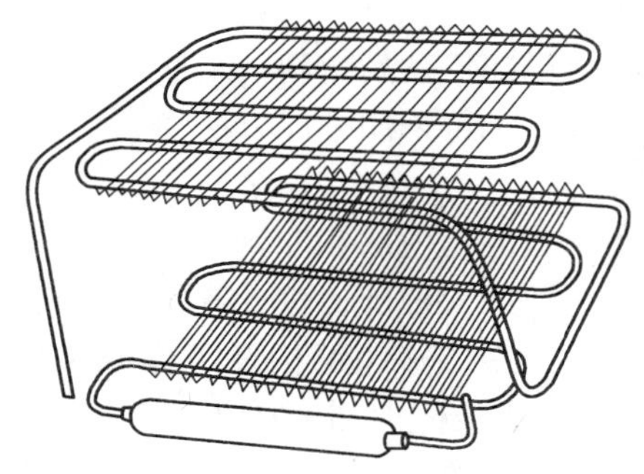

图 4-10　丝管式蒸发器

（5）翼片管式和翅片管式蒸发器　常用于强制风冷的蒸发器，有传热系数高的特点。翅片管式蒸发器的结构类似于翅片管式冷凝器。翼片管式蒸发器如图 4-11 所示。

（6）管板式蒸发器　管板式蒸发器如图 4-12 所示，其原理与平板式冷凝器相同，但一般采用不锈钢带或铝板作蒸发器内胆，外面裹以蒸发管（铝扁管），采用铝箔带或导热胶将扁管与板粘合而成。

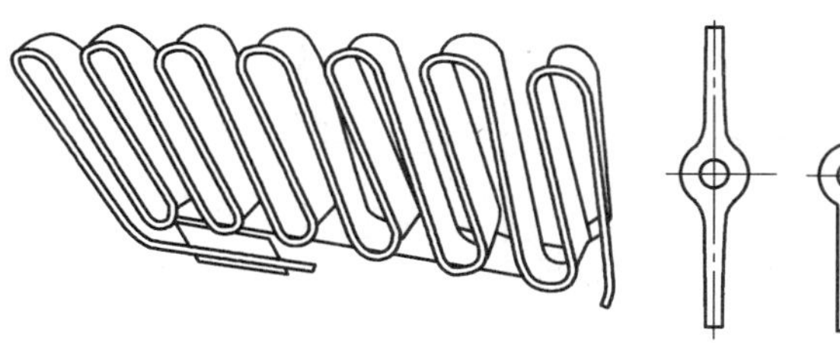

图 4-11　翼片管式蒸发器

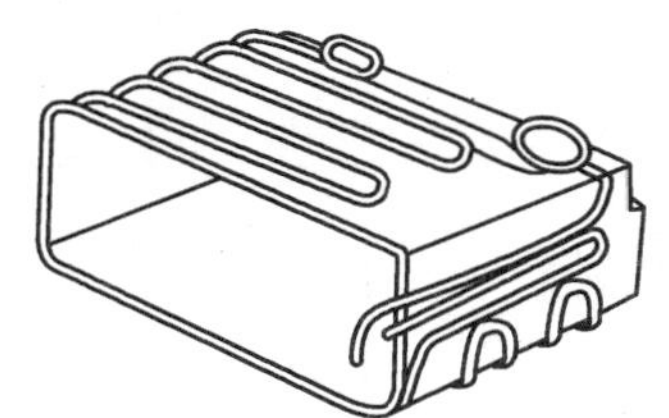

图 4-12　管板式蒸发器

（二）板料冲压

冲压是利用冲模使金属或非金属板料产生分离或变形的压力加工方法。它主要用于加工板料，所以又称为板料冲压。板料冲压通常在常温下进行，故又称作冷冲压。冲压常用的材料有低碳钢、低合金钢、铜及铜合金、铝及铝合金等低强度、高塑性薄板材，板料厚度一般都不超过3～4mm，8～10mm以上厚板需要加热进行热冲压。由于冲压生产依靠模具和冲压设备完成加工过程，因此产品具有较高的尺寸精度和表面质量，一般不需要再经过切削加工便可使用，且生产率较高、制件成本低，能够成形形状复杂的板类零件，产品质量小、刚性好，操作简便，易于实现机械化和自动化。但冲压用模具精度要求较高，结构也较复杂，制造成本较高，适用于大批量生产。

综上所述，板料冲压是一种产品质量较好、成本较低的加工方法，冲压成形广泛应用于机械、交通、国防和日用品等领域中。仅就制冷设备而言，电冰箱、空调器、冷藏柜、冰淇淋机、棒冰机、冷饮机和拼装式冷库的机器骨架外壳，全封闭式压缩机的壳体，风机金属外罩、叶片，各种空气冷却器的翅片以及管弯头等，均采用冲压工艺加工制作。有资料统计，在电冰箱生产中，冲压件约占总零件的60%左右。

目前，冲压成形工艺还在发展。在冲压设计中采用计算机辅助设计、超塑性成形、蠕变成形以及模具的理论研究和应用研究都有了长足的进步。在冲压机械化和自动化方面，冲压生产线的进一步普及，冲压用工业机器人的应用已经大大提高了冲压工艺的劳动生产率。现在，冲压不仅可以加工金属材料，某些非金属板料（如胶木板、有机玻璃、塑料、云母片、石棉板和皮革等）也可采用冲压方法加工。

1. 冲压设备

冲压设备常用的是剪床和冲床。

（1）剪床　剪床又称剪板机，其用途是将板料切成要求尺寸的条料或块料，为冲压准备毛坯或用于切断工序。剪床结构及工作原理如图4-13所示。电动机带动带轮和齿轮转动，踩下踏板后，离合器闭合，带动曲轴旋转，曲轴又带动装有上刀刃的滑块沿导轨作上下运动，与装在工作台上的下刀刃相配合，进行剪切工作。制动器的作用是使上刀刃剪切后停在最高位置上，为下次剪切做好准备。工件的宽度由挡铁控制。

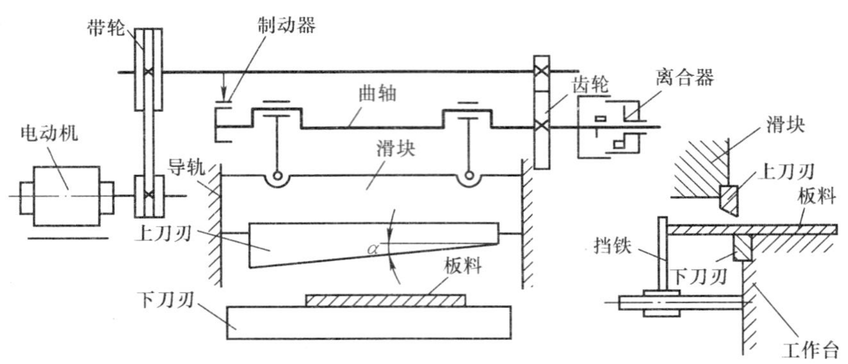

图4-13　剪床结构及工作原理

（2）冲床　冲床又称压力机，可用于切断、落料、冲孔、弯曲等冲压工序。根据传动方式的不同，冲床可分为机械式、液压式、电磁式、气动式等。其中，机械压力机在冲压车间使用最广，按其床身结构的不同又分为开式和闭式两种。常用的开式冲床外形和传动关系如图4-14所示。电动机通过带减速系统带动空套在轴上的带轮旋转，踩下踏板，使离合器闭合，通过曲轴和连杆使原处于最高极限位置的滑块沿导轨向下运动，进行冲压。冲压操作时，如果踩下踏板后迅即松开，则离合器脱开，在制动器的作用下，使滑块停止在最高位置上，完成一个单次冲压；如果不松开踏板，则可进行连续冲压。模具分为凸模（又称冲头）和凹模，分别装在滑块的下端和工作台上。

随着计算机技术的飞速发展，计算机控制软件型数控压力机（CNC压力机）已逐渐取代老式的硬件型数控压力机（NC压力机）。在CNC压力机上，只要改变冲压零件的软件程序，即可冲制新的零件，改变加工对象的灵活性很大，而所需调整的时间却很少。目前，CNC压力机在多品种的中、小批量制件的冲压及大尺寸板料零件的冲压上应用极其广泛。

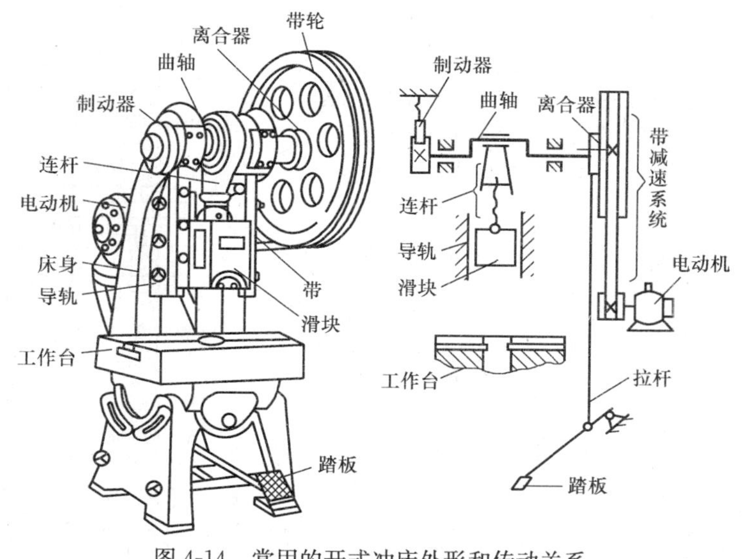

图4-14　常用的开式冲床外形和传动关系

2. 冲模

冲模是冲裁用的模具。常用的冲模有以下三种。

（1）简单冲模　简单冲模在冲床的一次行程中只完成一个工序。这种冲模结构简单、制造容易、成本低、维修方便，但生产效率低。

图4-15所示冲模是一个典型的简单冲模，其各部分组成及作用如下：

1）凸模与凹模。凸模与凹模是冲模的核心部分，凸模又称冲头。凸模与凹模共同作用使板料分离或变形。凸模与凹模分别通过各自的固定板固定在上模座及下模座上。

2）导料板与限位销。导料板用来控制坯料送进方向，限位销用来控制坯料送进量。

3）脱料板。脱料板的作用是在冲压后使凸模从板料（工件或坯料）中脱出。

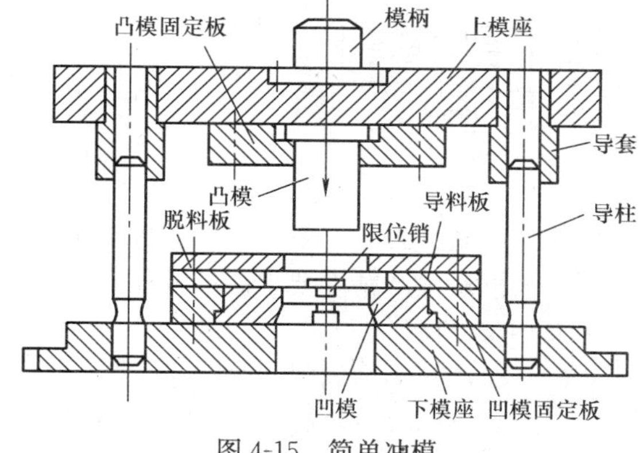

图4-15　简单冲模

4）模架。模架包括上、下模座和导柱、导套等。上模座通过模柄安装在冲床滑块的下端，用于固定凸模等零件；下模座用螺栓固定在冲床的工作台上，用于固定凹模等零件。导柱和导套分别固定在上、下模座上，用于保证上、下模对准。

操作时，条料沿两导料板之间送进，碰到限位销为止。凸模向下冲压时，冲下的工件进入凹模孔，条料则夹在凸模上，凸模回程时，脱料板将条料退下，条料又可继续送进。

（2）连续冲模　连续冲模可在冲床的一次行程中在模具的不同位置上同时完成多个工序。

图 4-16 所示为一个冲裁垫圈的连续冲模。右侧为冲孔模，左侧为落料模。条料每次送进都是先经冲孔再进行落料。落料冲头上有导正销，上模下降时，导正销首先插入已冲出的孔内，这样就可保证孔边相对位置的精度。另外，冲模上还设有卸料板及限位销(图中未示出)。

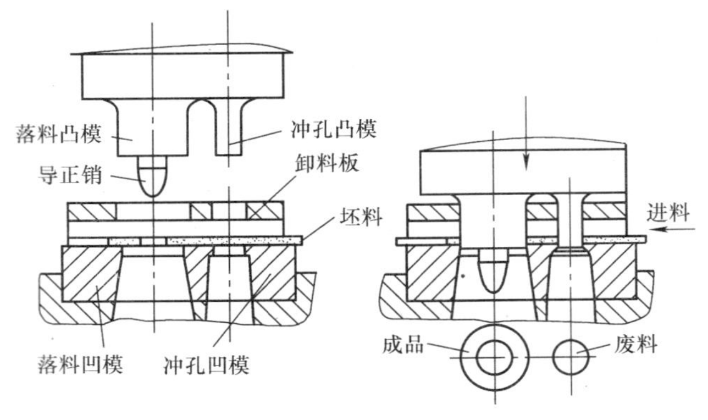

图 4-16 连续冲模

连续冲模生产效率高，易于实现自动化，但要求定位精度高、结构复杂，制造难度大，成本较高；适用于大批量生产且精度要求不高的中、小型零件。

（3）复合冲模 复合冲模可在冲床的一次行程中在一个位置上完成多个工序。

图 4-17 所示为落料和拉深的复合冲模。上模下降时，首先由落料凸模及落料凹模完成落料工序。上模继续下降，拉深凸模即将坯料反顶入拉深凹模，完成拉深工序。拉深过程中，压板向下退让，顶出器向上退让。上模回程中，顶出器和压板分别将工件从上、下模中顶出。

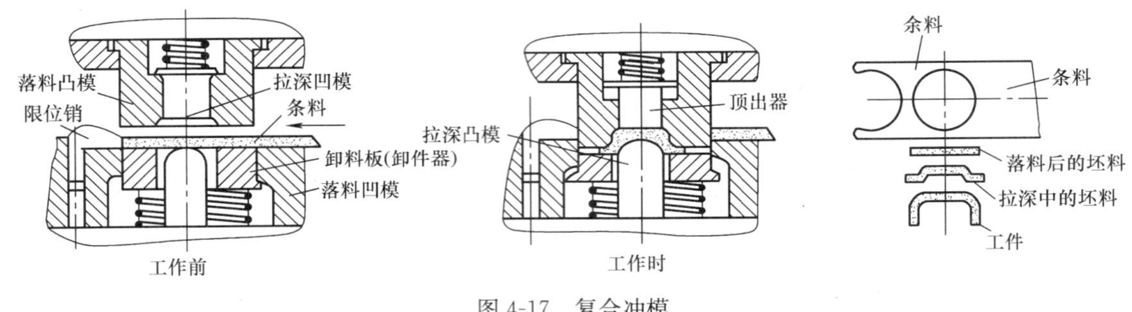

图 4-17 复合冲模

复合冲模具有生产效率高、零件加工精度高、平整性好等优点，但制造复杂、成本高，适用于大批量生产精度要求高的冲压件。

3. 冲压用材

（1）对冲压用金属材料的要求

1）力学性能的要求。力学性能的指标很多，其中延伸率、屈强比、弹性模数、硬化指数和厚向异性系数影响较大。一般来说，延伸率大、屈强比小、弹性模数大、硬化指数高和厚向异性系数大有利于各种冲压成形工序。

2）金相组织的要求。一般来说，金属的晶粒细小，则塑性大，对变形有利。但晶粒细小又使材料的强度和硬度提高，从而使模具寿命降低。因此，冲压用金属材料的晶粒又不能太细小。

由于对产品的强度要求与对材料成形性能的要求，在有的冲压工序之间需要有退火工序，如需要经过多次变薄拉伸才能成形的工件，在变薄拉伸工序之间就需要安排退火工序。

3）表面质量的要求。材料表面应光滑平整，无氧化皮、裂纹、划伤、气泡、凹陷等缺陷，以免给送料、定位、金属变形带来不利的影响，引起工件破裂，缩短模具的使用寿命等。

国家标准 GB/T 710—2008 中规定，钢板的表面质量分为二组：Ⅰ组是较高级的精整表面；Ⅱ组是普通级的精整表面。生产中可根据冲压件提出的技术要求进行选取。

4）板材公差的要求。板材公差是指板材在长、宽、厚三个尺寸的公差，它们对冲压加工都会产生一定的影响。例如，条料的长和宽度公差对条料在冲模中的定位以及冲压件是否会缺边、缺角产生影响，而板材的厚度公差更是直接影响到冲压件的加工质量。如果材料厚度超过了规定公差的上限值（即过厚），则会造成冲压件表面划伤、断裂等缺陷，甚至会损坏模具和设备。

（2）冲压用金属板料　冲压最常用的材料是金属板料。金属板料分黑色金属和有色金属两种。

1）黑色金属板料。

① 普通碳素钢钢板，在制冷装置中常用于各种设备的外壳及内部支撑定位等结构件。

② 优质碳素结构钢钢板。

③ 低合金结构钢板。

④ 电工硅钢钢板，用于电动机及变压器铁心。

⑤ 不锈钢板。

2）有色金属。

① 铜及铜合金。纯铜塑性好，主要用于电器零件，制冷装置中常用于换热管及连接管。黄铜塑性好，耐腐蚀，适用于冲裁件、弯曲件、浅拉伸件，在制冷装置中常用于各种阀门、接头。

② 铝及铝合金。铝的导热性及塑性好，广泛用于航空、仪表、电子工业，在制冷装置中常用于换热管、连接管及换热器翅片。铝合金常用于机械零件及日用小五金等。

4. 冲压生产基本工序

板料冲压基本工序可分为分离工序和成形工序两大类。分离工序是指金属板料的一部分相对于另一部分发生分离的工序，见表 4-1；成形工序是指板料在不被破坏的条件下产生塑性变形，形成所要求的形状和尺寸精度的制品，见表 4-2。

表 4-1　分离工序

工序名称	简　图	工序特征	应用范围
落料	工件	用模具沿封闭轮廓冲切板料，冲下的部分为工件	用于制造各种形状的平板零件
冲孔	废料	用模具沿封闭轮廓冲切板料，冲下的部分为废料	用于冲平板件或成形件上的孔
切断	零件	用剪床切断板料，切断线是不封闭的	多用于加工形状简单的平板零件

（续）

工序名称	简图	工序特征	应用范围
切边		用模具将工件边缘多余的材料冲切下来	主要用于立体成形件
冲槽		在板料上或成形件上冲切出窄而长的槽	
剖切	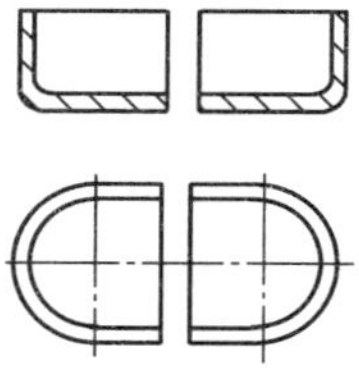	把冲压加工成的半成品切开成为两个或数个零件	多用于不对称的成双或成组冲压之后

表 4-2　成形工序

工序名称	简图	工序特征
弯曲	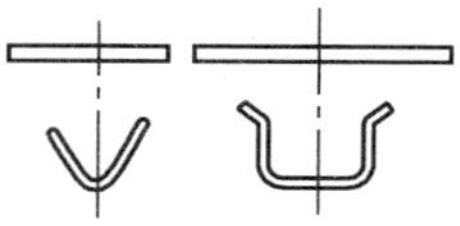	用模具将板料弯曲成一定角度的零件，或将已弯件再弯
拉深	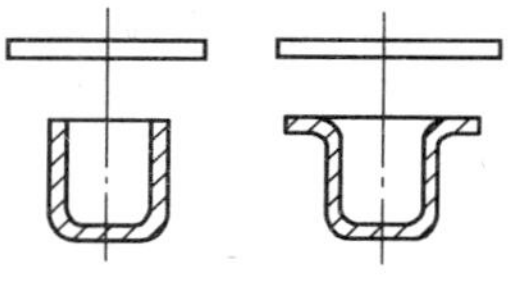	用模具将板料压成任意形状的空心件，或将空心件作进一步变形
翻边	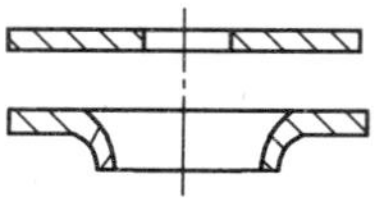	用模具将板料上的孔或外缘翻成直壁
胀形	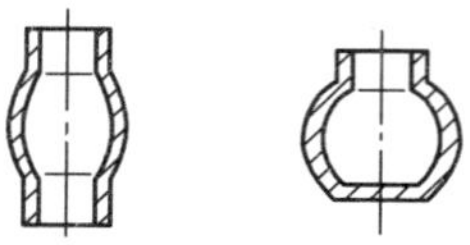	用模具对空心件施加向外的径向力，使局部直径扩张
缩口	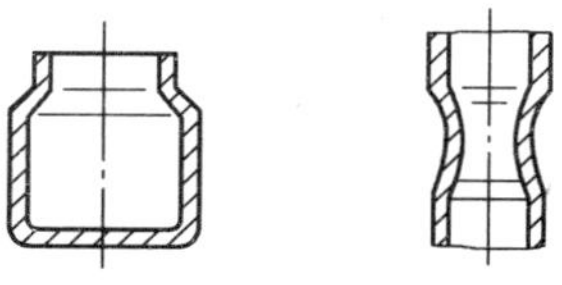	用模具对空心件口部施加由外向内的径向压力，使局部直径缩小

（续）

工序名称	简　图	工序特征
挤压		把毛坯放在模腔内，加压使其从模具空隙中挤出，以成形空心或实心零件
卷圆		把板料端部卷成接近封闭的圆头，用以加工类似铰链的零件
扩口		在空心毛坯或管状毛坯的某个部位上使其径向尺寸扩大的变形方法
校形		将工件不平的表面压平；将已弯曲或拉深的工件压成正确的形状

（1）冲裁　从变形性质归类，冲裁不仅包括落料和冲孔，也包括切边、切断、剖切等工序。冲裁可以直接完成零件加工，也可以为弯曲、拉深、胀型和冷挤压等工序准备毛坯。冲裁是冲压生产中的重要工序之一。

1）冲裁变形与分离过程。冲裁的变形、分离过程经历了弹性变形、塑性变形和断裂分离三个阶段（见图 4-18），整个过程和拉伸曲线一致，再次说明了成形工艺中对强度指标的关注。冲裁件分离面的质量主要与凸凹模间隙、刃口锋利程度有关，同时也受模具结构、材料性能及板料厚度等因素影响。

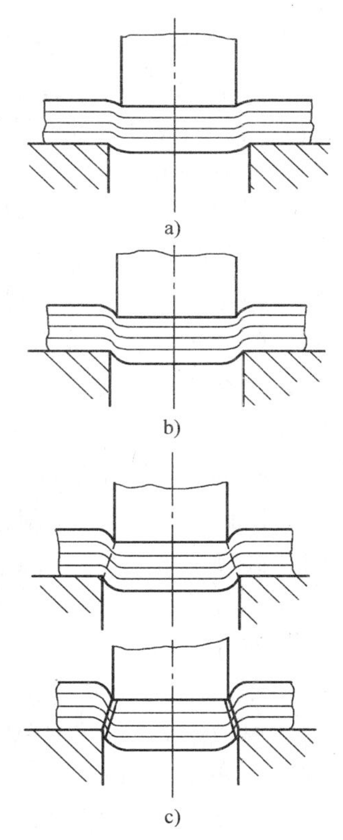

图 4-18　冲裁过程
a）弹性变形阶段
b）塑性变形阶段
c）断裂分离阶段

2）冲裁断面特征。由于冲裁过程中的变形很复杂，因此在冲裁件与孔断面有着明显的区域特征，如图 4-19 所示。

① 圆角带（见图 4-19 的 e）。它是凸模压入材料开始产生塑性变形时，刀口附近材料被牵连产生拉深与弯曲变形形成的。该区域约为 $5\%t$，t 为板料厚度。

② 光亮带（见图 4-19 的 f）。它是在变形的第二阶段，因凸模挤压切入材料，使得断面受到剪切应力和挤压应力的作用而形成的。该区粗糙度小，断面质量最佳，约为 $1/3t$。冲裁中落料件的直径以及冲孔后的孔径，都是指光亮带的尺寸。材料塑性越好，光亮带占料厚的比例越大；模具间隙越大，光亮带越窄。

③ 剪裂带（见图 4-19 的 c）。它是在冲裁的第三阶段，由于拉应力的作用使得裂纹不断扩展而造成表面粗糙且有斜度的断面。该区域约为 $62\%t$。材料塑性越差，凸、凹模间隙越大，拉应力越大，则剪裂带越宽，斜度也越大。

④ 环状毛刺（见图 4-19 的 d）。它是在出现裂纹时形成的。因为微裂纹产生的位置不是正对着刃口，而是在刃口附近的侧面上，加之凸、凹模存在着间隙，刃口不锋利等原因，使金属拉断时形成飞边。由飞边形成的原因可知，普通冲裁时飞边是很难避免的。飞边高度约为 5%～10%t。

由图 4-19 中还可以看出，孔壁剪断面各特征区的位置正好与冲件四周剪断面的位置相反，如图 4-19a 中的 e 与图 4-19b 中的 d 相对应。

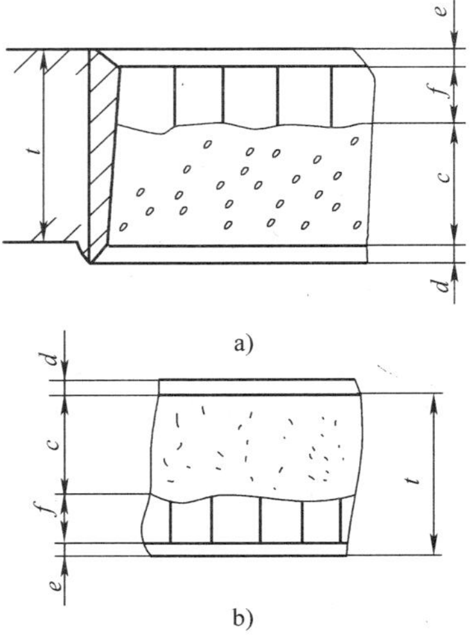

图 4-19 冲裁断面

a）孔壁剪断面 b）冲件四周剪断面

3）冲裁件质量的影响因素。冲裁件质量内容包含冲裁件的断面状况、尺寸公差等级及形状误差。冲裁件的断面应平直、光洁，尺寸公差等级应保证不超出图样规定，工件外形在满足图样要求的前提下，表面应尽可能平坦。

① 断面质量的影响因素。

a. 塑性。塑性较好的材料，冲裁时裂纹出现较晚，因而材料被剪切的深度较大，所得断面光亮面所占的比例大，圆角大，断裂面较窄；而塑性差的材料在剪切开始不久便被拉裂，光亮面所占比例小，圆角小，断面大部分是粗糙断裂面。

b. 模具间隙。模具间隙过大，材料中的拉应力增大，使拉伸断裂发生得早，因而断裂面变宽，光亮面变狭，飞边大；且因为弯曲应力大而圆角大，材料在凸、凹模刃口附近产生的裂纹也不重合，第二次拉裂产生的断裂层斜度增大，冲裁件质量下降，断面质量不理想。当模具间隙过小时，材料在凸、凹模刃口附近产生的裂纹也不重合。由凹模刃口附近产生的裂纹进入凸模下面的压应力区而停止发展，由凸模刃口附近产生的裂纹进入凹模上面的应力区也停止发展，在两道裂纹相距最近之处也会发生第二次拉裂。裂纹表面压入凹模时，受到凹模壁的压挤，产生第二光亮面，还有部分材料被挤出表面形成飞边。因此，模具间隙过小时，虽然断面上圆角较小，但断面质量也不理想。其中部出现夹层，两头呈光亮面，在端面有挤长的飞边或没有形成第二光亮面，却在断裂面上有断续的小光亮块。

模具间隙大小形成的断面质量如图 4-20、图 4-21 所示。

因此，模具设计制造与安装时，必须严格控制间隙并保持其均匀，以免出现间隙一部分过大另一部分过小的状况。

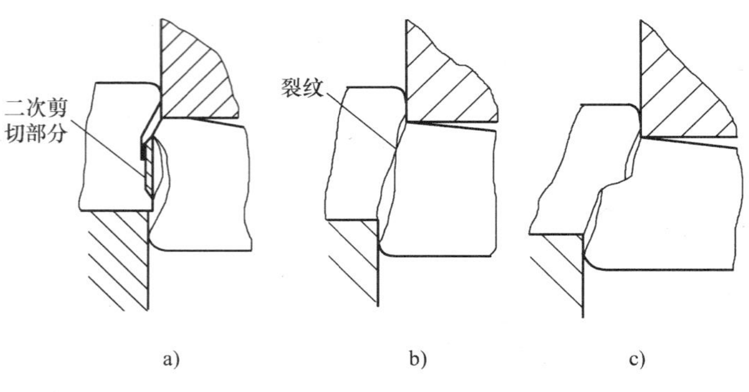

图 4-20 模具间隙与裂纹产生

a）间隙过小 b）间隙适中 c）间隙过大

c. 模具刃口状态。当模具刃口磨损成圆角时，挤压作用增大，所以冲裁件圆角和光亮面增大，刃口磨钝后，即使间隙合理也将在冲裁件上产生飞边。凸模磨钝时，落料件产生飞边，而凹模刃口磨钝时，冲孔件产生飞边。

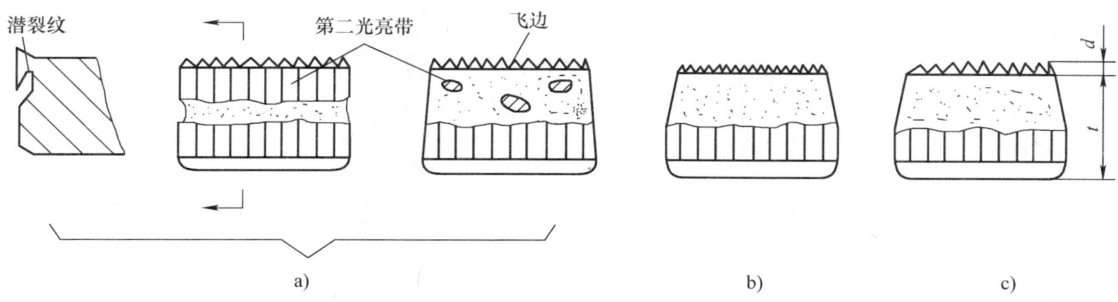

图 4-21　模具间隙与断面质量

a）间隙过小　b）间隙适中　c）间隙过大

除上述因素外，断面质量还与摩擦情况、冲压方式、冲裁件轮廓形状和尺寸等因素有关。

② 冲裁件尺寸公差的影响因素。

冲裁件尺寸公差包括冲裁件与模具尺寸的偏差和模具本身的偏差。

落料时工件从凹模推出或冲孔时工件从凸模卸下，由于材料的弹性恢复造成了冲裁件与模具间的偏差。

冲裁件公差还受到模具本身制造公差等级的影响。一般冲裁模具制造公差等级应比冲裁件要求的公差等级高 2～4 级。

在模具制造公差一定的条件下，影响冲裁件尺寸公差的因素有凸凹模间隙、材料性质及厚度、模具的磨损及模具的弹性变形等。

（2）拉深　拉深是将一定形状的平直板料（或浅的空心坯）通过模具加工成各种形状和尺寸的开口空心件（或深的空心件）的冲压成形工序。拉深所用的坯料通常由落料工序制出。

拉深工艺可分为两大类，一是以平板为毛坯，在拉深过程中平均壁厚不变薄，称为不变薄拉深；二是以空心有底开口零件为毛坯，拉深的主要目的是减小壁厚，制造底厚壁薄的零件（如弹壳），称为变薄拉深。在实际生产中，应用较多的是不变薄拉深。

拉深件的形状可以是圆筒形的或盒形的，其侧壁可以是垂直的或斜面的，也可以是即有垂直、倾斜的面，又有曲面。拉深件的尺寸范围很广，小型的可小到直径仅 6mm（如电阻的盖帽），大型的如飞机、汽车的外壳。

1）拉深变形过程。圆形平板毛坯的筒形件拉深是应用最普遍、最典型的拉深工艺。

如图 4-22 所示，一定厚度的圆形毛坯通过凸模压入凹模，最后使平板圆毛坯加工成圆筒形零件。

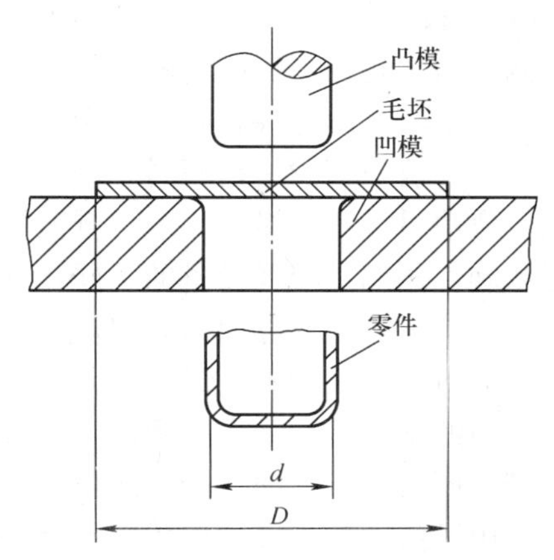

图 4-22　圆筒件的拉深

归纳拉深变形过程如下：

① 在拉深过程中，其底部区域几乎不发生变化。

② 筒形件的侧壁成形过程中，金属发生流动，且流动随侧壁高度增加而均匀地增加。假设毛坯直径为 D，拉深后的筒形直径为 d，即制件的侧壁是由

毛坯的 $(D-d)/2$ 部分转化而来，通常用 $m=d/D$ 表示拉深的变形程度，称之为拉深系数。m 越小，变形程度越大。m 过小，将造成拉深件起皱或拉裂（见图 4-23）。

③ 图 4-24 所示为拉深后制件各部分的厚度和硬度的变化。由图可知，$(D-d)/2$ 凸缘变形区内各部分的变形是不均匀的，外缘的厚度、硬度最大，变形亦最大。

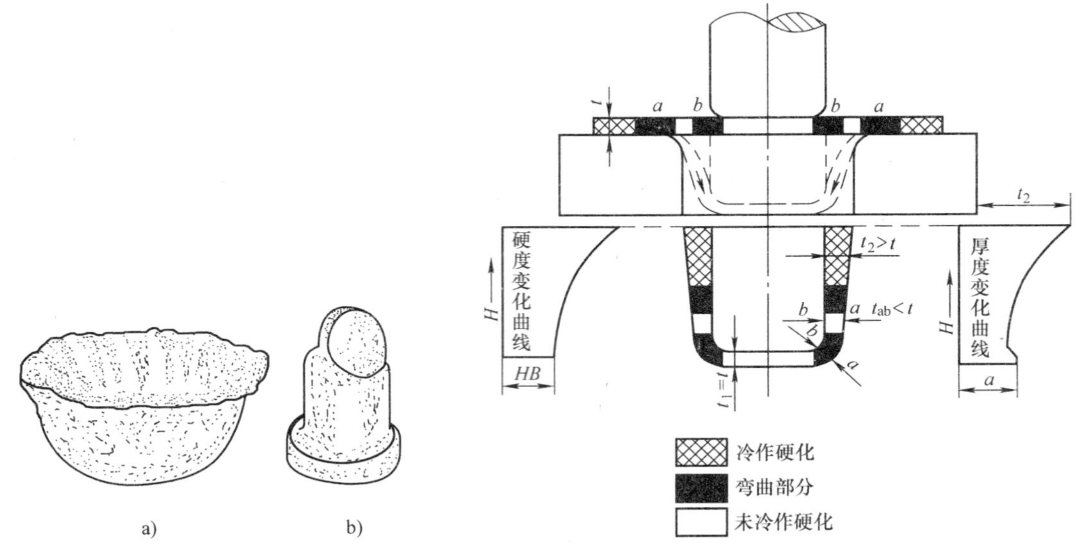

图 4-23 拉深件的起皱和拉裂
a）起皱 b）拉裂

图 4-24 拉深件壁厚硬度的分布

2）拉深件质量。拉深件的质量问题主要是起皱和拉裂。

在拉深过程中，毛坯边缘部分的材料受到切向压应力的作用，可能使板料失去稳定而发生皱折，这种现象称为起皱。若皱折很小，在通过凸凹模间隙时会被烙平，但当皱折严重时，不仅无法烙平，而且在通过模具间隙时可能因阻力太大而使工件断裂。因此，起皱是拉深成形工艺的首要质量问题。为防止板料起皱，必须使用压边圈将板料压紧。压边力要适当，过大容易造成拉裂，过小则会因作用力不够而仍使拉深件起皱。

为避免工件拉裂，凸模和凹模的工作部分应加工成圆角。凸模和凹模间要留有 1.1～1.2mm 板厚的间隙，以减少拉深时的摩擦阻力。每次拉深时，板料的变形程度都有一定的限制，通常是拉深后圆筒的直径不应小于板料直径的一半左右（0.5～0.8 倍）。对于要求拉深变形量较大的零件，必须采用多次拉深，每次拉深中间要进行退火。

（3）板料弯曲　把板料、棒料或管材弯成一定曲率、角度和形状的冲压变形工序称为弯曲。弯曲时，弯曲横断面上外侧壁厚发生拉伸变形，内侧壁厚发生压缩变形。由于弯曲件的形状和使用的工装及设备的不同，弯曲方法可以分为压弯、折弯、滚弯和拉弯等，如图 4-25 所示。常见的板料弯曲是利用模具在压力机上进行压弯，此外，也可在弯板机、拉弯机和自动弯曲机上完成弯曲成形。

与冲裁模不同，弯曲模冲头的端部与凹模的边缘必须加工出一定的圆角，以防止弯曲件弯裂。同时，对弯曲半径有所规定（弯曲的最小半径约为 $r_{min}=0.25+1$ 板厚）。

由于塑性变形过程中伴随着弹性变形，因此弯曲后冲头回程时，弯曲件有回弹现象，回弹角度的大小与板料的材质、厚度及弯曲角等因素有关（一般回弹角度为 0°～10°），故弯曲件的角度比弯曲模的角度略有增大。

通常弯曲件的质量问题包括弯曲裂、尺寸偏差、扭曲及表面缺陷等。

① 裂纹的防止与消除。

a. 选用表面质量好的毛坯。

b. 设计弯曲件时，应使弯曲半径大于要求的最小弯曲半径。

c. 弯曲时，应将冲裁后毛坯有飞边的一面放在弯曲的内侧。

d. 合理润滑，减少弯曲过程中材料的流动阻力。

e. 合理进行工艺结构设计。

② 尺寸偏差的防止。

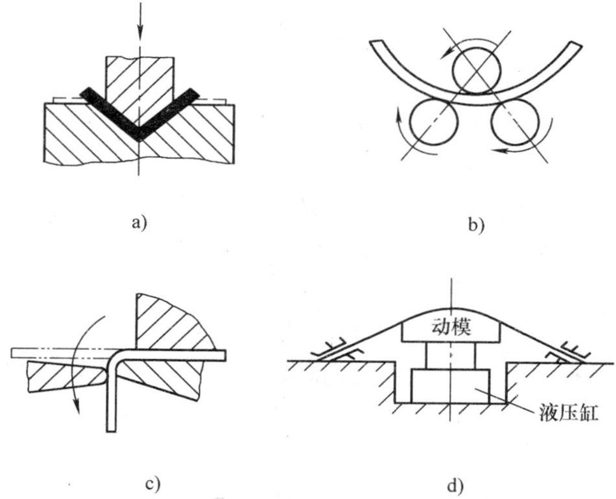

图 4-25　几种常见弯曲方法

a）模具压弯　b）滚弯　c）折弯　d）拉弯

弯曲件的形状和尺寸不符合图样的主要原因是对弹复（回弹）和定位两个问题处理不当引起的，可通过以下措施加以防范：

a. 调整凸模宽度与凹模槽口宽度的相互关系。当凸模宽度小于凹模槽口宽度时（见图 4-26a），弯曲件的直边向内弯曲，即弯曲件的弯曲角稍小于 90°；当凸模宽度大于凹模槽口宽度时（见图 4-26b），弯曲件的直边向外弯曲，即弯曲件的弯曲角稍大于 90°；当凸模宽度等于凹模槽口宽度时（见图 4-26c），弯曲件的弯曲角基本等于 90°。

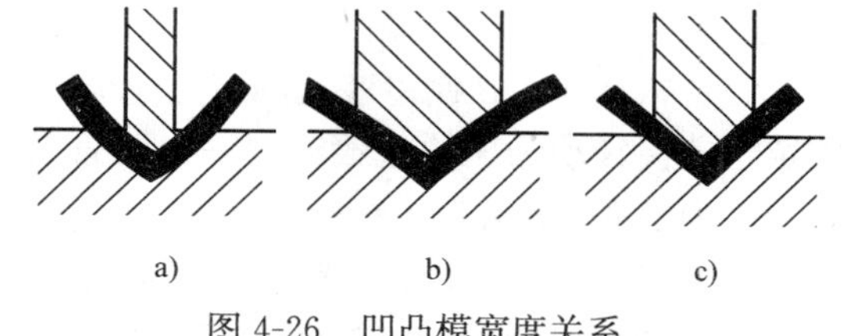

图 4-26　凹凸模宽度关系

b. 不对称的弯曲件采取对称弯曲成形法，弯曲成形后再将其切开成为两个工件，以易于定位、受力均衡，预防压弯过程中产生偏移，使工件的形状和尺寸精度明显提高。

c. 选择可靠的定位方法。

d. 重视弯曲模的安装和调整。

e. 减少弯曲件回弹可采取诸如在凹凸模上减去一个回弹角、在变形区添加强筋、采用校正弯曲、在凸模上做局部“凸起”、采用拉深工艺等方法。

③ 挠度和扭曲的消除。

弯曲件的挠度是指弯曲件垂直于加工方向产生的变形。扭曲是在产生挠度变形的基础上又发生其他方向的变形。弯曲件的挠度和扭曲如图 4-27 所示。

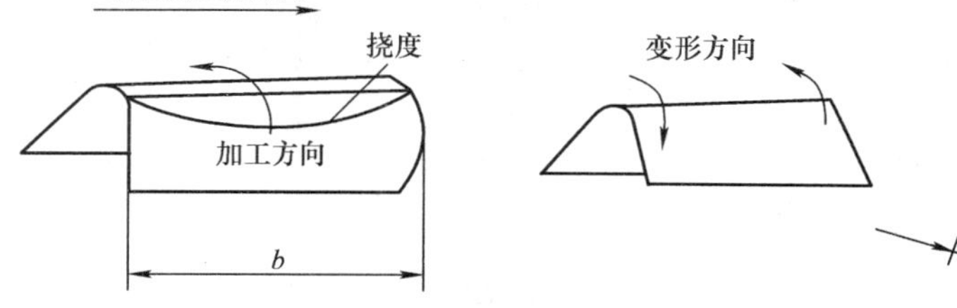

图 4-27　弯曲件的挠度和扭曲

消除挠度与扭曲的措施有：

a. 用冲模修正。

b. 改善弯曲件的结构（见图 4-28）。

c. 选择材质均匀、方向性不明显的材料。

d. 对板形不好的材料，可先校形后弯曲。

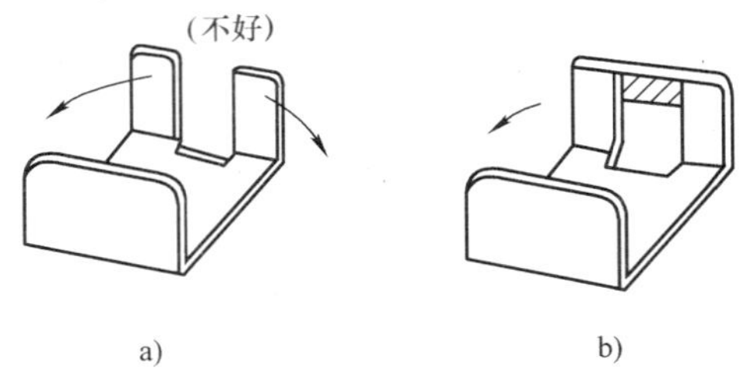

图 4-28 改善弯曲结构
a）易按箭头产生挠度
b）弯曲后将剖面线部分切除

（4）管料弯曲 制冷装置中有大量的管路弯头，换热管中许多需要弯曲成形，因此管料弯曲在制冷装置制造和维修工艺中占有重要地位。

1）管料弯曲变形。管料弯曲基本变形机理与板料弯曲加工类似，不同之处在于管料断面是中空的，弯曲变形中其管壁的伸长、压缩更趋自由。但当弯曲达到一定程度后，内侧管壁在压应力的作用下会失稳而发生皱折，外侧管壁在拉应力作用下也会产生裂纹。此外，弯管外侧的管壁由于受切向拉伸而向内侧转移，导致管料弯曲后整个断面形状呈椭圆形。

2）弯曲方法。图 4-29 所示为压弯法弯管。它是用两个支撑柱支撑管料，在其中间用具有一定弯曲半径的弯曲模进行加压弯曲。弯曲时所加的弯曲力集中在模具中部，容易发生皱折，断面的椭圆变形大，但操作简单，常用于精度要求不高的厚壁管或弯曲半径大的场合。图 4-30 所示为管料绕弯，在制冷装置制造企业被广泛应用。图 4-30a 又称为压缩弯曲，弯曲时利用绕固定弯曲模转动的压块或滚子，一边压管料一边弯曲。因为是从管料外侧以推压方式施加压力，所以多数管料弯曲后变短，薄壁管料容易起皱折。图 4-30b 又称为回转牵引弯曲，管料弯曲部分的前部被夹紧固定在回转弯曲模上，一边用压块对管料加压，一边让弯曲模转动，直到加工完成。采用心轴是为了防止断面的椭圆变形及内壁发生皱折。当弯曲半径较大或对加工精度要求不高时也可不用心轴。

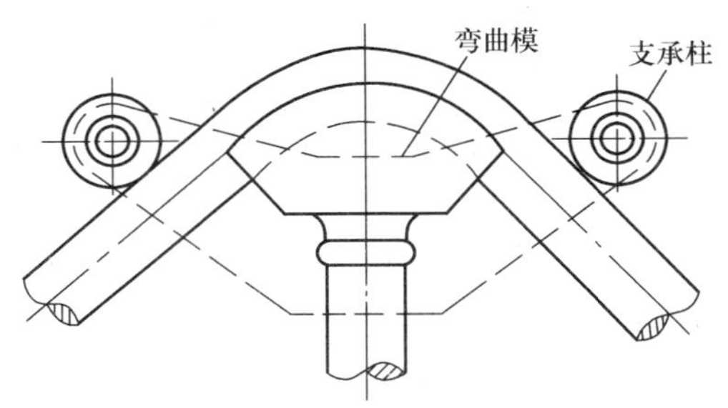

图 4-29 压弯法弯管

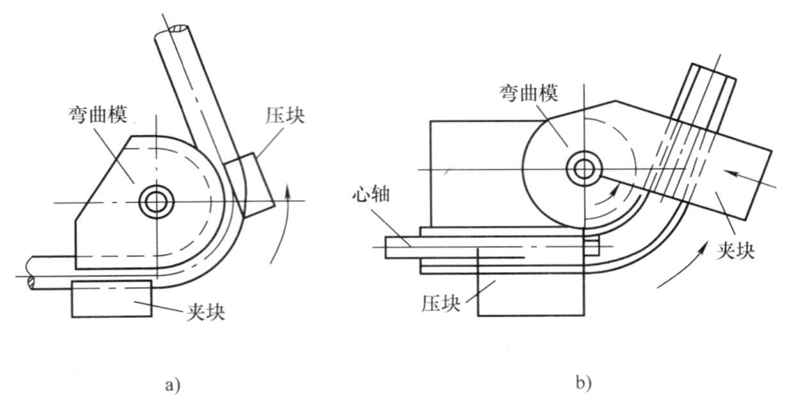

图 4-30 管料绕弯
a）压缩弯曲 b）回转牵引弯曲

3）弯管设备。管料的机械冷态弯曲大都采用各种弯管机械进行。

① 按照传动方式分类。

a. 手动弯管机。一般用以弯制管径 25mm 以下的管件。

b. 气动弯管机。一般用以弯制管径不超过 32mm 的管件。

c. 机械传动弯管机。通用性大，一般用以弯制管径 159mm 以下的管件。

d. 液压传动弯管机。便于实现自动化，可弯制各种管径的管件。

② 按照控制方式分类。

a. 人工控制弯管机。

b. 半自动控制弯管机。

c. 自动控制弯管机。

d. 数控弯管机。

4）冷挤压弯管。如图 4-31 所示，利用金属管料的塑性，在常温状态下将直管毛坯压入带有弯形槽的模具中，形成管子的弯头。加工时，管子除了受弯曲力矩的作用外，还受到轴向力、与轴向力方向相反的摩擦力的作用。轴向力使管子外侧壁厚的减薄量减少，从而保证了弯头质量。目前用这种方法生产的弯头最小相对弯曲半径 $R/d=1.3$，制成的弯头具有较小的椭圆度（≤2%～5%），外侧管壁减薄量小于 9%。采用这种方法时，模具结构简单，不需专用机床，生产率高。制冷装置制造厂常采用这种方法生产换热器弯头。

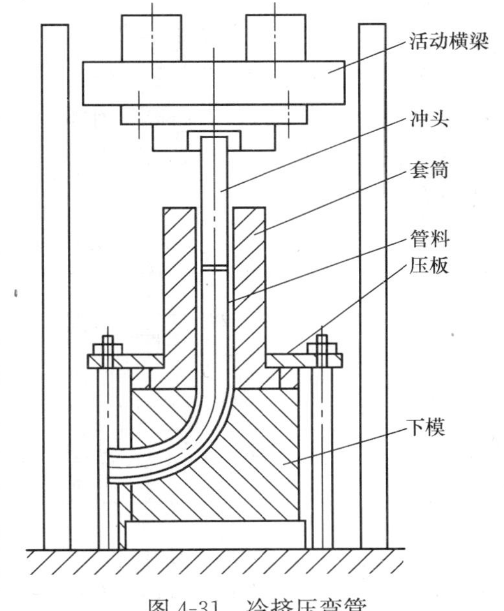

图 4-31 冷挤压弯管

为了降低冷挤压的单位挤压力，提高弯头的表面质量，延长模具的使用寿命，加工时必须进行适当润滑。生产中可在管子表面涂刷 40～50 号润滑油，再抹一层石墨粉作为润滑剂。弯曲加工时，石墨粉保护润滑油不被过早挤掉，而且随着挤压的进行，使润滑油逐渐从石墨粉中渗出，保证了整个过程润滑良好。

冷挤压弯管通常要求管子相对壁厚 $t/d\geqslant 0.06$，否则管子容易失稳而管壁内侧起皱，甚至使整个弯管扭曲。

5. 板料冲压件的结构工艺性

冲压件的结构设计不仅应保证具有良好的使用性能，还应充分考虑具有良好的工艺性能和较高的材料利用率，以及模具制造方便。

（1）冲压件的形状与尺寸

1）落料、冲孔件的形状与尺寸。冲裁件在条料上的布置方法称为排样。排样的合理性不仅关系到材料的经济利用，还影响到模具的结构及寿命、工件公差、生产率及操作方便、安全等。设计时，应尽可能使落料件的外形和冲孔件的形状简单、对称，尽量采用圆形、矩形等规则形状；尽量避免长槽和细长臂结构；尽量考虑排样时最大限度地利用材料。合理的外形设计使排样合理，材料的利用率明显提高。如图 4-32a 所示，材料的利用率为 39%，而

图 4-32b 的则为 90%，提高了一倍多。

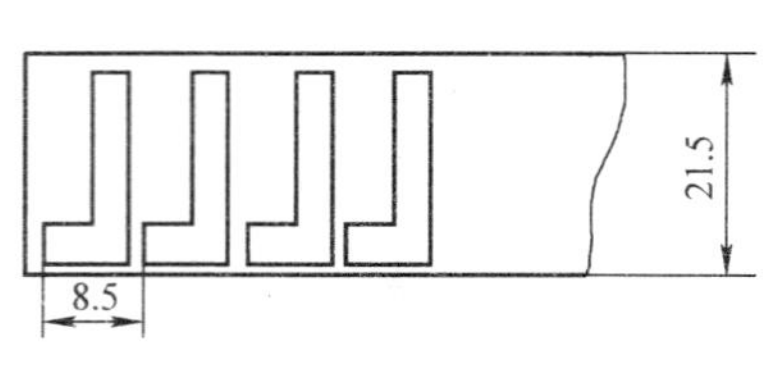

a)

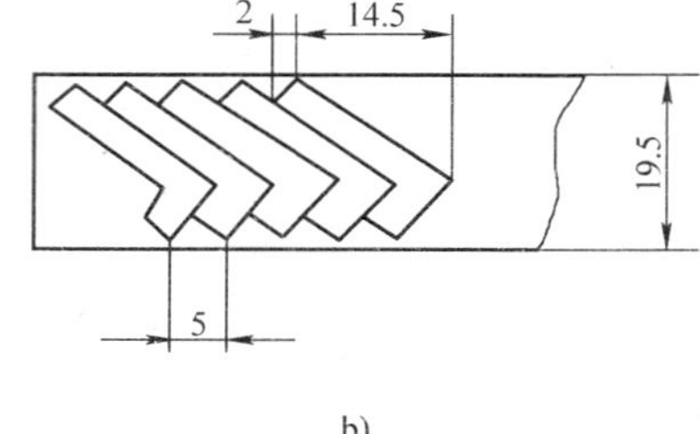

b)

图 4-32　同一个零件的不同排样对比

冲孔件的孔及有关尺寸的要求（见图 4-33）：圆孔的直径不小于材料的厚度 t，方孔的边长不小于 $0.9t$，孔的间距、孔与工件边缘间的距离不小于 t，外缘凸出或凹进的尺寸不小于 $1.5t$。

冲孔、落料件上直线与直线、直线与曲线、曲线与曲线的交接处，均应采用圆弧连接，以免尖角处应力集中而被冲裂。表 4-3 列出了一些材料的最小圆角半径。

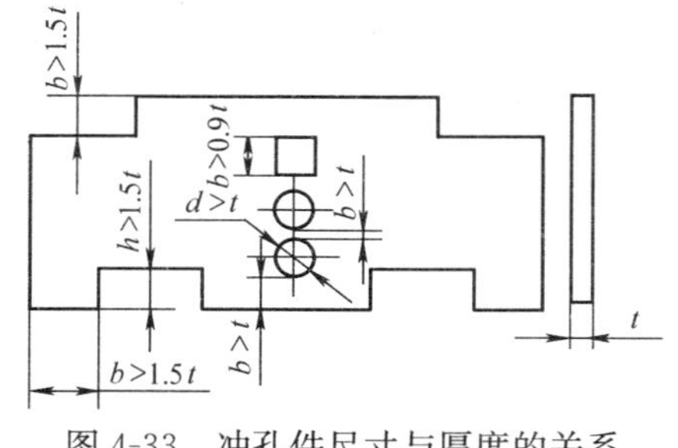

图 4-33　冲孔件尺寸与厚度的关系

表 4-3　落料件、冲孔件的最小圆角半径

工　序	圆弧角	最小圆角半径		
		黄铜、纯铜、铝	低碳钢	合金钢
落料	$\alpha \geq 90°$	$0.24t$	$0.30t$	$0.45t$
	$\alpha < 90°$	$0.35t$	$0.50t$	$0.70t$
冲孔	$\alpha \geq 90°$	$0.20t$	$0.35t$	$0.50t$
	$\alpha < 90°$	$0.45t$	$0.60t$	$0.90t$

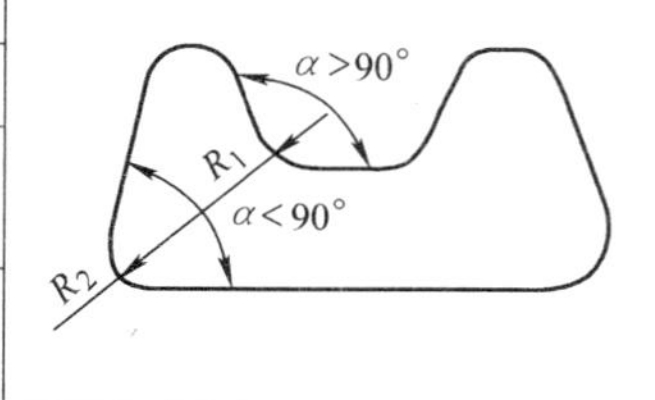

2）弯曲件的形状与尺寸。弯曲件的形状要尽量对称，内弯曲半径不得小于材料的最小允许值，并应使弯曲线与材料纤维方向垂直。

弯曲边过短难以成形时（见图 4-34），一般应使弯曲边的平直部分高度 $H > 2t$。如果要求 H 很短，工艺设计时应先取较大的 H，待弯曲成形后再切去多余材料。

弯曲带孔件时，应保证孔的位置。图 4-35 中的 L 须大于（1.5～2）t，以免孔发生变形。

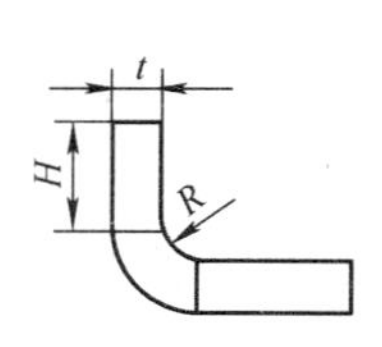

图 4-34　弯曲边高

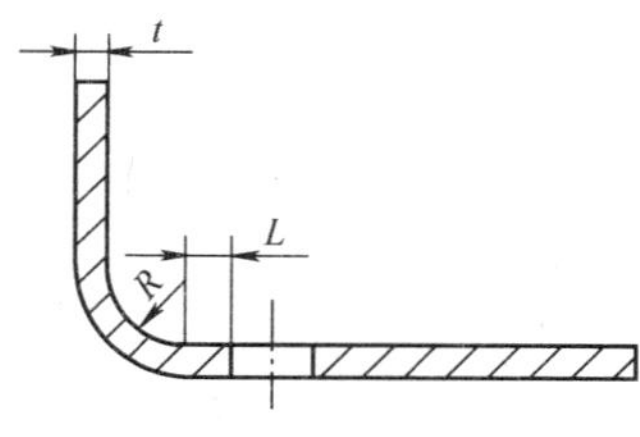

图 4-35　带孔的弯曲件

3）拉深件的形状与尺寸。拉深件的形状应尽可能简单、对称，且不宜过高，以减少拉深次数、容易成形。

在不增加工序的前提下，拉深件圆角半径的最小允许值如图 4-36 所示。若圆角半径太小，必然会增加拉深次数和整形工件，增加模具数量，易产生废品，使生产成本提高。

4）冲压件的厚度。在保证要求的强度和刚度的前提下，应尽可能采用较薄的板材来制作冲压件，以降低材料消耗。在局部刚度不够的部位，可设计成加强筋结构，如图 4-37 所示，从而实现板材以薄代厚。

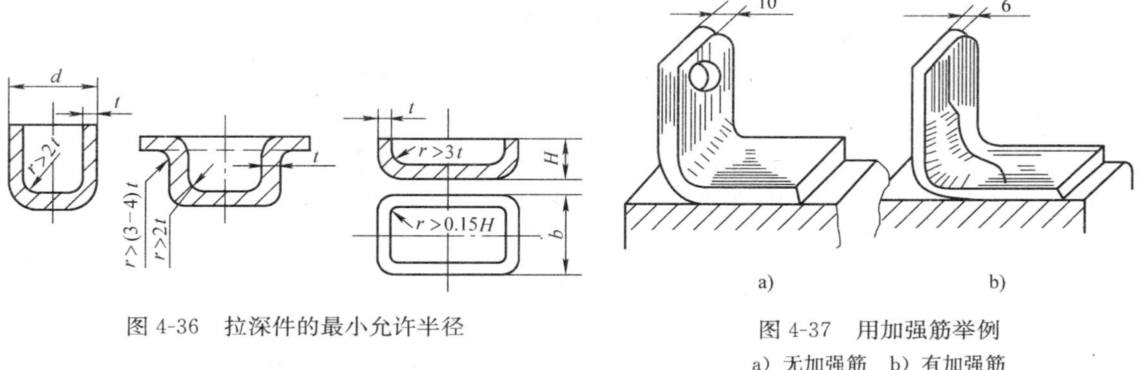

图 4-36　拉深件的最小允许半径

图 4-37　用加强筋举例
a）无加强筋　b）有加强筋

（2）冲压件的精度和表面质量　冲压件的精度要求不应超过冲压工艺所能达到的一般精度，而应在满足使用要求的前提下尽量降低精度要求，否则将增加工序，降低生产率，提高产品成本。

冲压工艺的一般尺寸公差等级如下：

落料件不高于 IT10，冲孔件不高于 IT9，弯曲件不高于 IT9～IT10。

拉深件直径的尺寸标准公差等级为 IT9～IT10；拉深件高度的尺寸标准公差等级为IT8～IT10；经过整形工序后的尺寸标准公差等级则可达 IT6～IT7。

冲压件的表面质量要求一般不应高于原材料本身所具有的表面质量，否则，会因需增加切削加工等工序而大大提高产品成本。

此外，形状复杂的冲压件一般要将其分为几个简单件，然后采用其他如焊接或机械连接的方法组合成形（见图 4-38）；同时，要注重采用冲口结构（见图 4-39），以减少组合件的数量、简化工艺、节约材料。

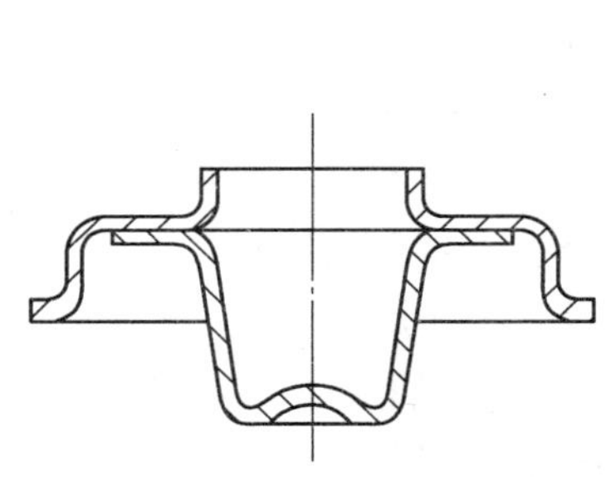

图 4-38　冲压焊接结构零件

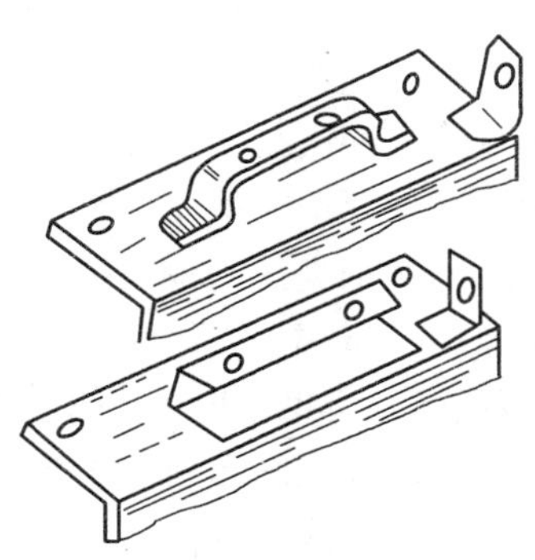

图 4-39　冲口工艺的应用

（三）焊接与焊接检验

焊接是通过适当的物理化学过程使两个物体借助于原子或分子之间的结合力而连成一体的工艺过程。焊接是金属重要的加工技术，也是制冷装置制造业常用的加工方法。

不同的金属在不同的工艺条件下和使用不同的焊接方法，其焊接性是不同的。焊接性包括两方面的内容，一是焊接接头产生工艺缺陷的倾向，尤其是出现裂纹的可能性；二是焊接接头在使用中的可靠性，包括接头的力学性能和其他特殊性能。

焊接质量的优劣必须通过一定的方法和手段来进行检验，人们还可以利用焊接检验结果来不断改进焊接工艺，提高产品的焊接性。

1. 制冷装置常用焊接方法简介

欲使两个物体间形成原子或分子间的结合力，需要使两个物体界面上的原子或分子达到足够短的距离，为此，有两种基本方法，其一是将两个物体界面加热使两个物体（或其中一个物体）达到液态，并使之相互渗透，充分接触，两物体的原子、分子间结合力足够大，从而形成焊缝；其二是采用加压，对两物体施加压力，使两物体界面处的微观凹凸点变形，界面逐渐贴合，局部材料相互渗入，两物体界面处原子、分子间的距离不断缩小，进而使原子、分子间的结合力足够大而形成焊缝。实践中，利用上述两种基本方法人们发明了各种各样的焊接方法，结合制冷装置的制造过程，现简介如下。

（1）钎焊　图 4-40 所示是制冷装置中常见的纯铜管道的焊接。将一根纯铜管管口扩胀成杯形，另一根管插入该杯形口一定深度，在两管道的插接间隙填充液态的焊料，焊料冷却凝固后形成的焊缝将两根管道连成一体。这种利用外加热源，在母材（如图 4-40 中的管道）不熔化的情况下，使加入的钎料熔化并填充到被焊工件之间的焊接方法称为钎焊。钎焊具有以下特点：

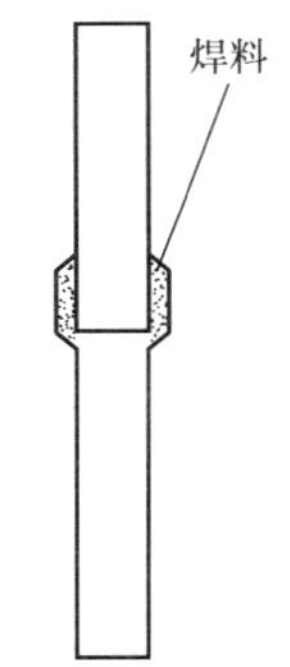

图 4-40　钎焊示意图

1）加热温度比一般电弧焊低，变形小，力学性能变化小。

2）可以焊接同种金属，也可以焊接异种金属。

3）可钎焊复杂的接头。

4）力学性能来讲，钎焊焊缝比电弧焊缝差。

钎焊根据加热源的不同可分为火焰钎焊、电烙铁钎焊、炉中钎焊、高频钎焊等。利用气体火焰作为热源的焊接方法称为火焰钎焊，制冷装置的制造过程中几乎所有的纯铜管焊接都采用火焰钎焊。火焰钎焊的详细叙述参见后续章节。汽车空调用的铝制平行流冷凝器、层流蒸发器、管带式冷凝器、管带式蒸发器中铝管与铝翅的连接常采用炉内钎焊的方式；制冷用板式换热器为增加承压能力，也常采用炉内钎焊的方式来对板与板之间的边缝进行密封。根据钎料熔点的高低不同（450℃），钎焊分为硬钎焊和软钎焊。制冷装置采用的钎焊绝大部分是硬钎焊，软钎焊主要用于电子元件的电路焊接，如锡焊（锡铅钎料）等。某些冰淇淋机冷冻缸、预冷缸的不锈钢壳体与铜管的焊接也采用软钎焊。

（2）氩弧焊　氩弧焊属于熔化焊中电弧焊的一个子类别。当制冷装置中的管道采用铝质管道或铝合金管道时，如汽车空调的管道连接，一般应采用氩弧焊。如图 4-41 所示，氩弧焊是利用电极与被焊件之间形成的电流回路加热焊丝及被焊件，使之熔化，形成焊缝。在焊接过程中，不断向焊缝吹氩气，保护焊缝不被氧化，从而使焊缝外观质量好、力学性能好。根据是否以焊丝做电极，氩弧焊可分为熔化极氩弧焊和非熔化极氩弧焊。对于非熔化极氩弧焊（见图 4-41b），若采用的是钨作为电极，另用焊丝在电弧加热下熔化焊接，此种焊接又称为 TIG 焊接，TIG 焊接应用较广。除上述铝质管道的焊接外，一些外观质量要求较高的焊接（如不锈钢外壳）也常采用氩弧焊。

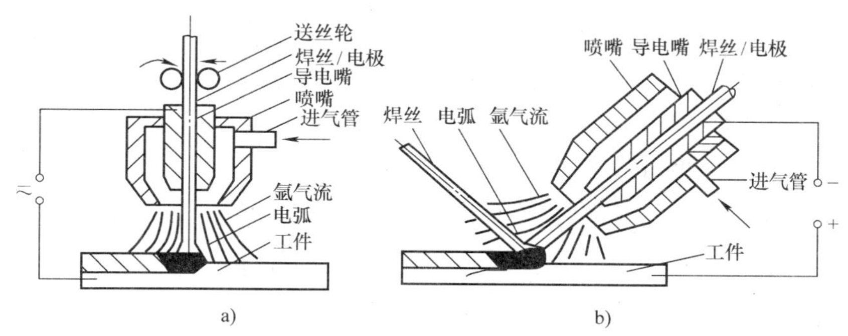

图 4-41　氩弧焊示意图

a）熔化极氩弧焊　b）非熔化极氩弧焊

近年来，随着氩弧焊机的自动化程度越来越高，氩弧焊机的应用范围正逐渐扩大。

氩弧焊的详细叙述参见后续章节。

（3）埋弧焊　埋弧焊属于熔化焊中电弧焊的一个子类别。对于普通电弧焊（见图 4-42a），由于弧光外露，能量损失大，因而难以焊透较厚的工件，采用埋弧焊则能很好地解决这个问题。埋弧焊是利用电弧作为热源的焊接方法。焊接时，电弧在颗粒状焊剂下层燃烧而完成焊接过程（见图 4-42b），由于电弧不外露，因此得名埋弧焊。因为电弧光不外露，减少了电弧热能损失，热量与电弧吹力更集中于焊缝，因此埋弧焊的熔深比普通电弧焊大得多，适于较厚工件的焊接。埋弧焊的自动化程度也较高，采用自动焊接装置时，引弧、维持电弧稳定燃烧、送进焊丝、电弧的移动以及结束时填满弧坑等主要动作完全是利用机械自动来完成，因此埋弧焊的焊接质量高，适用于重要焊缝的焊接，如压力容器壳体、罐体的直焊缝、环焊缝等。

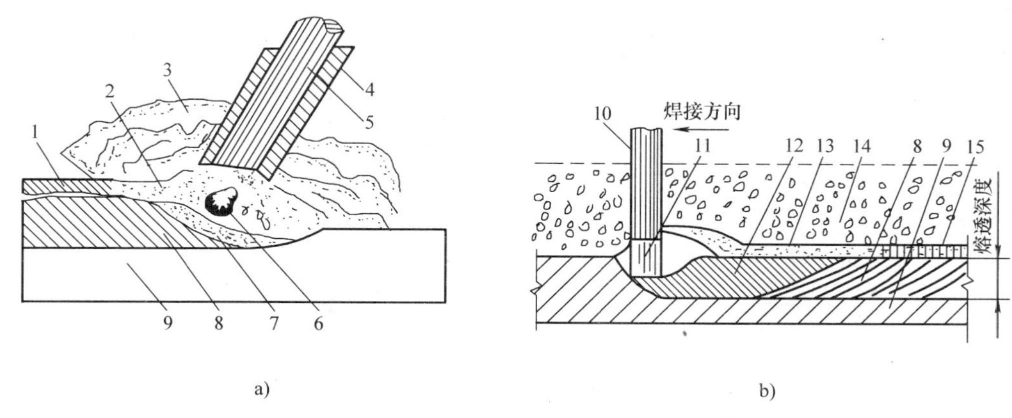

图 4-42　普通电弧焊与埋弧焊对比示意图

a）普通电弧焊　b）埋弧焊

1—固态渣壳　2—液态熔渣　3—气体　4—焊条药皮　5—焊条芯　6—金属熔滴　7—熔池　8—焊缝　9—焊件　10—焊丝　11—电弧　12—熔池金属　13—熔渣　14—焊剂　15—渣壳

埋弧焊与焊剂的配合非常重要。焊剂的作用相当于手工电弧焊焊条上的药皮。

（4）点焊　点焊属于熔化焊中电阻焊的一个子类别。如图 4-43 所示，在两工件之间施加一定预压紧力 p，然后给电极通电，则电流通过工件在工件界面处形成焦耳热，使两工件界面处的材料处于熔融态，然后加大压紧力 p，断电，使界面处熔融材料凝固，形成焊缝。此类焊缝在钣金加工工序中常用于连接两个或多个钣金（见图 4-44）。在制冷装置制造工艺中，如家用空调室外机底盘与压缩机安装螺栓及安装架点焊形成组件（见图 4-45），电动机支架、室外电控钣金等常采用此焊接方式来加工（连接）多个钣金件。

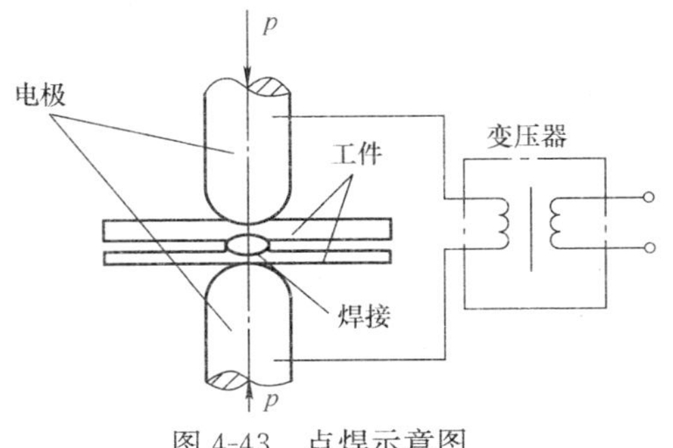

图 4-43　点焊示意图

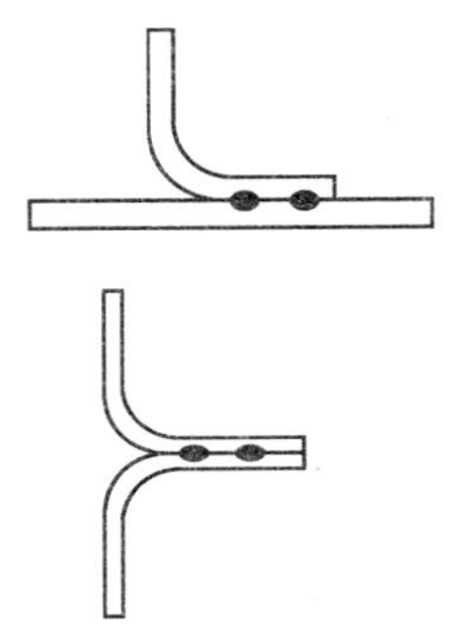

图 4-44　钣金点焊连接

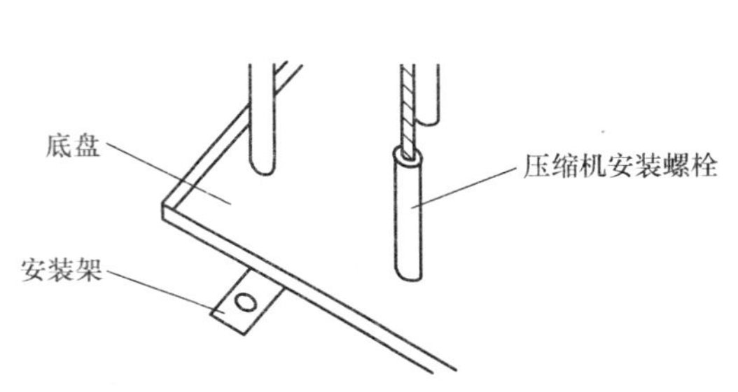

图 4-45　点焊应用举例

（5）超声波焊接　超声波焊是利用超声波的高频振荡能对焊件接头进行局部加热和表面清理，然后施加压力实现焊接的一种压焊方法（见图 4-46）。焊接时，由超声波发生器发出一定频率的电磁振荡，通过换能器把电磁振荡转换为同频率的机械振荡，经变幅杆将振幅放大，超声波由上焊极传入焊件一，使焊件一与焊件二的接触面上产生高频的切向相对摩擦运动。下焊极对焊件二施加一定的静压力，强烈的摩擦运动使两焊件接触面处金属升温，氧化膜破坏、剥落并被排除，塑性增加。在超声波和静压力的继续作用下，焊件的温度进一步升高，塑性变形更加剧烈，使焊件接触面处的原子互相嵌合和扩散，形成共同的晶粒，冷却后形成牢固的焊接接头。这种焊接方式的优点是快速（1s 即可完成）、节能、熔合强度高、无火花、无需焊料，接近冷态加工，且焊缝接口极为美观。目前，此焊接方法在制冷装置制造过程中常用于充注制冷剂后工艺管口的封口焊接。

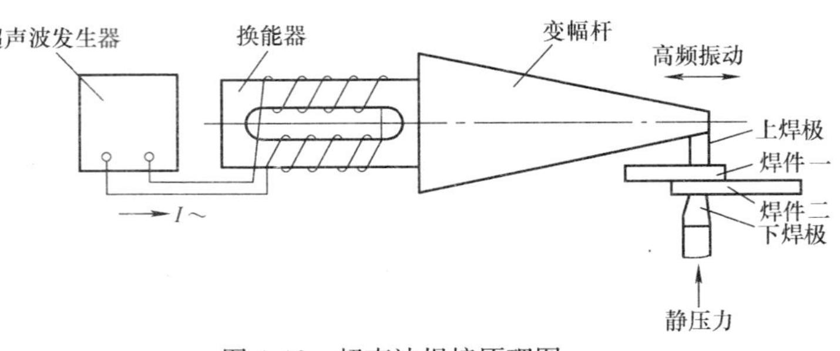

图 4-46　超声波焊接原理图

2. 火焰钎焊

许多金属都可采用钎焊的方法予以焊接，不同金属的钎焊，其焊接工艺也不相同。本节以制冷装置制造中最常见的铜材的火焰钎焊为例来讲解钎焊工艺。

（1）钎料　常用的钎料有银基钎料和铜基钎料。银基钎料（俗称银焊条）的主要成分是银（含银量在10%～72%之间）、铜、锌。现在小型制冷装置上绝大部分的焊接都采用无银或低银钎料（俗称铜焊条），主要成分是铜、磷、锌等。常用银基钎料、铜基钎料和铜锌钎料（以组成成分命名）分别见表4-4、表4-5、表4-6。

表4-4　常用银基钎料（俗称银焊条）

国家牌号	化学成分（%）				熔化温度/℃	特性/用途
	Ag	Cu	Zn	Sn		
BAg34CuZnSn	33.0～35.0	35.0～37.0	余量	2.5～3.5	630～730	工艺性能好，适宜于铜、钢及邦迪管等的气焊
BAg56CuZnSn	55.0～57.0	21.0～23.0	余量	4.5～5.5	620～650	润湿性良好，适宜于铜合金、铜等，特别适于食品工业设备的气焊

表4-5　常用铜基钎料（俗称铜焊条）

国家牌号	化学成分（%）			熔化温度/℃	特性/用途
	P	Ag	Cu		
BCu91PAg	6.8～7.2	1.8～2.2	余量	645～790	焊料工艺性能好，适宜于电冰箱、空调器、电动机和仪表等行业中铜和铜合金的气焊
BCu89PAg	5.8～6.7	4.8～5.2	余量	645～815	接头的强度、塑性、导电性及漫流性较好，适用于铜及铜合金的火焰钎焊
BCu80PAg	4.8～5.3	14.5～15.5	余量	645～800	适宜于气焊要求比BCu89PAg高的场合
BCu93P	6.8～7.5	—	余量	710～800	焊料流动性能好，适宜于焊料不受冲击载荷的铜及铜合金

表4-6　常用铜锌钎料（俗称黄铜焊条）

产品牌号	化学成分（%）			熔化温度/℃	特性/用途
	Cu	Zn	其　他		
BCu36Zn	36	余量		800～823	使用铜锌焊料时，气焊接头最佳间隙为0.025～0.1mm，需配合焊剂同时使用
BCu48Zn	48	余量		823～833	
BCu62ZnSnSi	62	余量	微量Sn、Si	890～905	

（2）钎剂　钎剂具有去除母材表面氧化物、以液体层覆盖焊缝表面防止空气氧化、改善液态焊料的润湿能力等作用。但同时，一般现行使用的钎剂都有一定的腐蚀作用，应尽量少用或不用，且焊后须清除焊剂残渣。

硬钎焊剂主要是以硼砂、硼酸及以它们的混合物为基体，以某些碱金属或碱土金属的氟化物、氟硼酸盐等为添加剂，具有合适的活性温度范围和去氧化物能力的高熔点钎剂。固体钎剂有QJ101、QJ102等（注：旧国标为QJ ***，最新机械工业部标准为FB ***，数字不变）。

另有气体钎剂，与可燃气一起供给，焊后无钎剂残渣，无需清洗。气体钎剂成分一般为硼酸三甲脂＋丙醛，或三甲基硼酸酯＋甲醇，或其他成分组成，属高挥发性液体。

(3) 加热方法　采用火焰加热，即采用可燃气体和助燃气体混合点燃后产生的高温火焰来加热被焊件。常用可燃气体是石油气、乙炔（危险性较石油气大，故绝大部分企业采用石油气或天然气），助燃气采用纯氧，也可采用压缩空气。

(4) 保护气体　常采用氮气做为焊接保护气体。

(5) 焊后处理　有时需进行清洗，可采用适当的酸液清洗。

(6) 热源设备　热源设备主要有气瓶、减压器、焊炬、焊嘴。

1) 气瓶。需定期检查，不得靠近热源/火源，不得过量使用，瓶应盖安全帽（防止撞坏瓶阀或沾油脂/禁止对氧气瓶喷漆），防止气瓶/管道带电（瓶或管道应有接地措施，在电弧场地，应将气瓶放到绝缘垫上，禁止气管路在高压电线下方经过），开启气瓶应缓慢（防止流速突增，产生静电火花）。

2) 减压器。注意区分不同的规格，不同的使用气体、不同的连接螺纹，不可混用。减压器按减压的次数分单级、双级两种；按使用对象的不同又分氧气用、乙炔用、丙烷用等。部分减压器还配有压力表。

3) 焊炬。焊炬分等压式和射吸式两种，国产焊炬全为射吸式。常见型号为 H01—2、H01—6、H01—12、H01—20，其中 H01—6 最常用。

4) 焊嘴。对应上述焊炬，每种型号各有 5 个焊嘴，分别为 1＃～5＃（1＃孔径最小）。

(7) 铜管的焊接工艺

1) 可焊性与钎料选择。

① 纯铜的火焰钎焊：可焊性优，可采用铜锌钎料、铜磷钎料、银钎料。

② 普通黄铜的火焰钎焊：可焊性优。含铜量大时，采用银基钎料、铜磷钎料和铜锌钎料；含锌量大（如 H62）时，采用铜磷钎料、银基钎料。

③ 铅黄铜的火焰钎焊：可焊性良（但当 Pb＞3％时，基本不可焊）。制冷中所用接头为 HPb59—1（含铅 1％，锌 31％），由于含锌量太大、氧化膜太多，故需加钎剂。

④ 铝黄铜的火焰钎焊：可焊性差。

2) 火焰的选择。

① 中性焰：适于大多数金属的焊接，一般常用于碳钢、纯铜、低合金钢。

② 碳化焰：又称还原性火焰，适合焊高碳钢、铸铁、硬质合金。

③ 氧化焰：不适用于焊钢，适用于焊黄铜、锰铜、镀锌铁皮，不适用于焊含氧铜（T2、T3），可焊无氧铜（TU—2）。

3) 钎剂的选择（见表 4-7）。

表 4-7　钎剂的选择

钎　料	母　材	钎　剂
铜磷料	铜、普黄铜	无需
铜磷料	HPb59—1	QJ102
铜锌料	铜	YJ1 或 YJ2（除残渣较难）
银基料	铜或铜合金	QJ101 或 QJ102

4）接头的插入深度（见表4-8）。

表4-8　接头的插入深度　（单位：mm）

内插管外径	插入深度	外套管内径	内插管外径	插入深度	外套管内径
D=6	L≥8	ϕ=6.2～6.25	D=12	L≥15	ϕ=12.3～12.4
D=8	L≥10	ϕ=8.2～8.3	D=16	L≥20	ϕ=16.3～16.4
D=10	L≥12	ϕ=10.2～10.3			

5）其他工艺参数。

① 火焰距离：焰心距焊件2～4mm。

② 气体压力：氧气为0.5～0.8MPa；LPG为0.05～0.08MPa。

③ 保护性气体：氮气，极微的气体流动即可。

6）焊前处理。

① 去油清洗：三氯乙烯或活性清洗剂。

② 去氧化皮：5%～15%硫酸水溶液。

7）焊后处理。去钎剂残渣：磨刷或如上述的酸洗。

8）焊后自检。焊缝饱满、均匀，无焊瘤，无裂纹、无过烧。

3. 手工钨极氩弧焊

（1）手工钨极氩弧焊的特点和应用　氩弧焊是以氩气作为保护气体的一种电弧焊方法。它利用从喷嘴流出的氩气，在电弧及焊接熔池的周围形成连续封闭的气流，保护电极、焊丝和熔池，避免了空气对熔化金属的侵蚀，焊缝美观。

手工钨极氩弧焊（TIG焊）即采用高熔点的钨棒作为电极（简称钨极），在氩气流的保护下，依靠不熔化的钨极与焊件之间产生的电弧来熔化焊件金属及填充焊丝的一种焊接方法。

1）特点。

① 由于用惰性气体氩保护，最适于焊接各类合金钢、易氧化的有色金属以及含锆、钽、钼等的合金。目前，手工钨极氩弧焊主要用于铝、镁、钛及其合金、耐热钢、不锈钢等的焊接。

② 由于电弧受到氩气流的压缩，热量集中，熔池较小，焊接速度快，热影响区域较小，焊件焊后变形小。

③ 焊缝区无熔渣，可看清熔池和焊缝形成情况，便于操作。

④ 由于受焊机功率限制，氩弧焊熔深不深、电流不大，目前仍只能焊接薄件（<6mm），且焊接速度较慢。

⑤ 氩气不像还原性和氧化性气体那样可以脱氧或脱氢，所以对焊前的除油、去锈、去水要求较高。

⑥ 设备较复杂，焊接成本较高（氩气较贵），一般只能在室内焊接。

2）应用。手工钨极氩弧焊的焊接应用主要有两种，一是焊缝各层全部采用氩弧焊焊接，二是用氩弧焊打底，然后采用电焊进行填充及盖面焊接。一般厚度5mm以上的采用氩弧焊打底、电焊盖面的方法；厚度稍小的全部采用氩弧焊方法。对于铝、铜、钛及其合金则全部采用氩弧焊方法。

手工氩弧焊在制冷行业中用于焊接薄板，不锈钢板、薄壁不锈钢箱体、罐体，铜-铝接头等，在汽车空调的铝制管道及接头的焊接中也采用了氩弧焊。除此之外，手工氩弧焊在家居装饰、家具制造业中经常使用。

（2）焊前准备

1）焊前清理。为了保证焊接质量，焊缝坡口附近和焊丝的表面不应有氧化物、铁锈、水分、油污等。在焊口 20～30mm 范围内，坡口表面、焊件内外表面均要处理干净，露出金属光泽。不同的材料采用不同的方法清理。清理方法一般有机械方法和化学方法两种。对于不锈钢，可用砂布打磨；对于电冰箱的铜铝接头焊接，应经过碱洗、水洗、酸洗、水洗四道工序，然后再施以氩弧焊，以确保焊接质量。由于铝的导热性强，冷却速度快，如果焊缝中有水分，水解氢不能及时逸出，焊缝有可能形成气孔，降低了焊缝强度，甚至引起焊缝泄漏。所以，焊件及焊丝在焊前应彻底清理并烘干。

2）坡口加工。氩弧焊焊接坡口质量要求相比电弧焊、气焊要高，一般采用机械方法加工。如果采用气割或其他热源切割，均要把热处理层用机械方法磨掉。坡口的尺寸和形式与电、气焊相同。

3）焊接接头的装配。氩弧焊焊接接头的装配质量要比电焊、气焊的要求高。一定要根据各种材料的焊接性能和焊接位置等客观因素确定组装形式和装配质量。

4）焊缝根部的气体保护。氩弧焊喷嘴只能保护正面焊缝，而有些金属（如不锈钢、钛及钛合金）的热影响区和背面必须要有氩气保护，才能获得质量优良的焊缝。所以，要根据不同的材料和空间位置、工件规格、形状等来制作相应的保护罩等，根据实际情况采取措施。

（3）手工钨极氩弧焊焊接规范　手工钨极氩弧焊的焊接规范主要有焊接电流、焊接速度、电弧长度，钨极直径及形状、气体流量及喷嘴直径等。

1）焊接电流。焊接电流是氩弧焊的最主要参数。电流增大，焊缝透过厚度和焊缝宽度增大，而余厚减小，易产生烧穿、焊瘤、背部成形不好等现象。电流过小，则易产生未熔透、夹渣及不规整等现象。

2）焊接速度。焊接速度增大时，焊缝的厚度以及焊缝宽度都相应减小，同时还会影响氩气对熔池的保护。当焊接速度太快时，气体保护受到破坏，焊缝容易产生未焊透和气孔。如果焊接速度太慢，会产生凹陷、烧穿等现象。

3）氩气流量。氩气流量是影响焊缝熔池保护性能的重要因素。氩气流量的大小与焊接速度、电弧长度、喷嘴直径、钨极外伸长度以及接头形状等因素有关。

随着焊接电流和电弧长度的增大，以及喷嘴直径和钨极外伸长度的增大，气体流量也要相应增大。否则，氩气保护性能变坏，以至失去保护性能。

4）电弧长度。电弧长度是指钨极末端到熔池表面的距离。随着电弧长度的增大，电弧电压也增大，焊缝宽度会加宽，而背面焊透高度减小。当电弧长度太长时，容易因焊不透、氩气保护不好而发生氧化现象。所以，在保证电极不短路、不影响送丝操作的情况下，应尽量采用短弧焊接。

5）钨极直径和形状。钨极直径和端部形状对焊接过程稳定性和焊缝成形有很大影响。钨极直径要根据焊件种类、厚度和焊接电流来选择。钨极端头太小，钨极烧损严重，电弧窄，熔深透，焊缝不均匀；端头大，电弧飘动不稳。

（4）手工氩弧焊设备　手工氩弧焊的设备分为电源系统、控制系统、供气系统、焊炬等几部分。

图 4-47 为手工氩弧焊的设备示意图。

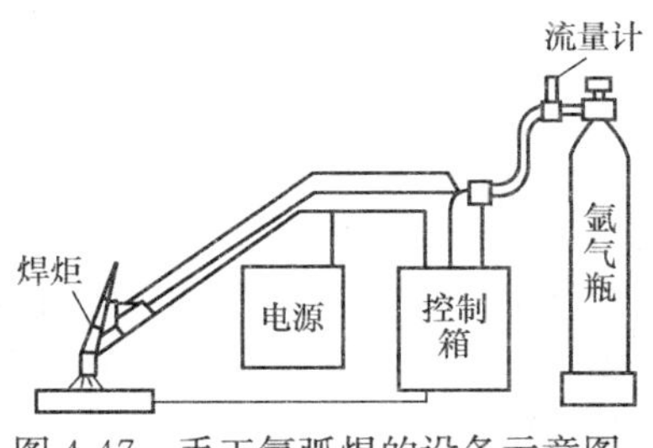

图 4-47　手工氩弧焊的设备示意图

电极材料的选择对电弧的稳定燃烧和焊接质量影响很大，对电极要求耐高温，又要有较强的电子发射能力。钨的熔点高达 3 380～3 600℃，但需在钨中加入钍、铈等元素增强电子发射能力。由于钍有放射性，故实际应用中多采用铈。

氩弧焊电流种类有直流和交流两种。直流钨极氩弧焊反接法很少用，这是因为钨极接正极，受到大量电子轰击，热量多，温度高，钨极易烧损。正接法：焊件接正极，热量大，熔池深而窄；钨极接负极，热量小，可选用直径较小的钨电极，使电流密度增大，电弧稳定。除了焊接铝、镁用直流反接法外，一般都选用直流正接法。某些电冰箱生产厂家箱体、门体成形薄钢板角焊缝就采用这种方法。上述铝、镁采用反接法的原因是：反接法虽然钨极温度较高，但存在“阴极雾化”作用，即氩气被电离后，大量正离子在阴极区电场的加速作用下，高速冲击到工件熔池上，使难熔的金属氧化物分解还原，有利于消除表面的氧化膜。

交流钨极氩弧焊在性能上介于上述两种接法之间。在负半波，“阴极雾化”起作用；在正半波，钨极表面加热减弱，并发射足够电子，电弧较稳定。

氩弧焊的紫外线辐射比一般电弧焊强，容易引起电光眼，并使裸露的皮肤脱皮、出红斑等。而且，臭氧、氮氧化物、金属烟尘及高频磁场等对人体健康有害，应采取劳动保护措施。

近年来，随着自动化氩弧焊机的研制与应用，氩弧焊的应用范围逐渐扩大。自动化氩弧焊机通常由焊接电源、引弧及稳弧装置、焊枪、供气系统、水冷系统和焊接程序控制装置、机械行走机构及送丝装置等部分组成，可用于薄壁壳体的纵缝焊接（直缝焊机），环缝焊接（如法兰，管管对接，圆筒环缝焊接等），不规则工件焊接等。

4. 焊接检验

（1）焊接质量检验　焊接件生产中，由于各种原因常使焊缝产生各种缺陷。这些缺陷包括：

① 对于熔化焊，常见的缺陷有焊缝外形尺寸不合格、咬边、气孔、夹渣、未焊透、焊瘤和裂纹等。其中，以未焊透和裂纹危害性最大。

② 对于钎焊，常见的缺陷有间隙未填满、气孔、夹渣和过烧等。

焊接质量检验是焊接质量的技术监督保证，它包括：

1）焊前检验。它主要检查技术文件（图样、工艺规范等）是否齐备；焊接材料（焊条、焊丝、焊剂）和金属原材料质量验收。必要时应对基体金属原材料的化学成分和力学性能进行复验。对新材料、新工艺还要进行焊接性能试验、工艺评定试验。

2）焊接过程监测。它包括对设备运行监视、焊接工艺规范的监督以及焊接中各种缺陷的监测。其目的是针对焊接中的问题及时调整，减少不必要的损失。

3）焊后检验。它是焊接检验的最后一道工序，是鉴定焊接质量优劣的根据，也是发现焊缝隐患的必要手段。

（2）焊缝质量检验方法 焊后检验可分为外观检验、破坏性试验和非破坏性检验三种。采用何种方法决定于焊缝的形状、特征、受压情况等，由设计部门按相应标准决定。

1）外观检验。外观检验是用肉眼直接检查焊缝外部缺陷，或用放大镜检查焊缝表面裂纹。检查前需要清理焊缝表面的熔渣和粉尘。

由于合金钢焊后有裂纹延迟形成的倾向，所以焊后10～30天应作第二次外观检验。

2）破坏性检验。破坏性检验分为力学性能试验、金相试验和化学成分分析。

① 力学性能试验用于评价焊缝力学性能。试验取样如图4-48所示，这些试验包括：拉伸试验、弯曲试验、冲击试验、硬度试验、疲劳试验、剪切试验等。

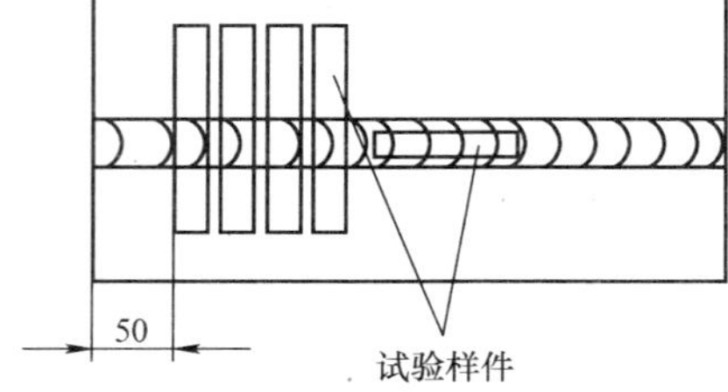

图4-48 焊缝试验取样图

② 金相试验包括宏观金相检验和微观金相检验。宏观金相检验是采用肉眼或放大30倍左右的放大镜直接进行观察。它可以确定焊接接头的组织结构及各区域的界线，还可以确定焊透程度以及检查焊缝的夹渣、裂缝、气孔、偏析，缩孔等缺陷。微观金相检验是借助显微镜（放大100～2000倍）来进一步查明焊接接头详细的组织状态。它是焊接试验研究中不可缺少的检验项目。通过微观金相检验可以确定熔化区、热影响区及母材的组织特征、晶粒大小及大致的力学性能；焊缝金属及热影响区的冷却速度；合金钢焊接时碳化物的析出情况；焊接接头的显微缺陷（如气孔、夹渣、显微裂纹、过热及过烧）。

根据显微组织分析的结果能确定焊接材料的类型、焊接方法、焊接工艺以及焊后热处理规范是否合理。

③ 化学成分分析。一般是用直径6mm的钻头，从焊缝的中心钻取样品，样品质量约为50～60g，可作碳、锰、硅、硫、磷五种元素含量的分析，有时还需分析铜、钒、钛、钼、铬、镍等元素的含量；还可以分析接头的晶间腐蚀情况。

3）非破坏性检验。非破坏性检验分为致密性检验和无损探伤。

① 致密性检验。储存液体或气体的焊接容器，其焊缝的不致密缺陷（如贯穿性的裂纹、气孔、夹渣、未焊透以及疏松组织等）可用致密性试验来检查。致密性检验方法有水压试验、气压试验和氨气试验等。

水压试验常被用来检查管子、油箱、水箱、水密舱室以及各种容器，目的是测定这些容器的水密性和构件在承受一定压力下的致密性。方法有以下几种：

a. 用水把容器灌满，并堵塞好容器上的一切孔和眼，用水泵把容器内的水压提高到技术条件规定的数值（一般是工作压力的1.25～1.5倍），在此压力下保持一段时间，然后把压力降低到工作压力，用1～1.5kg左右的圆头小锤在距焊缝15～20mm处沿着焊缝轻轻敲打。

b. 用水将容器灌满，不加压力，检查是否漏水。

c. 在焊缝的一面用高压水流喷射，而在焊缝的另一面观察是否漏水。若焊接接头上发现有水滴或细水纹，则表明该焊接接头不致密。

水压试验时必须注意以下几点：

a. 焊件内的空气要先排尽。

b. 焊件和水泵上应同时设置校验合格的压力表。

c. 试验场地的温度一般不应低于5℃。

d. 压力应按规定逐级上升，中间应作短暂停压，不得一次升到试验压力，试验场地应有防护设施。

e. 低合金高强度结构钢焊接的构件，水温应符合相应的技术条件规定，防止结构发生脆性破坏。

f. 对水中氯离子含量应严格控制。

对于某些管子或小型受压容器，常采用气压试验。具体方法包括：① 将压缩空气通入密闭的管子或容器内，在焊接接头表面涂抹上肥皂水；② 较小的容器可全部浸入水中；③ 用压缩空气对着焊缝的一面猛吹，焊缝另一面涂上肥皂水。

氨气试验是将容器的焊缝表面用5%硝酸汞水溶液浸过的纸带盖上，在密闭的管子或容器内加入氨气浓度为10%的气体，加压至所需的压力值时，如果焊缝有不致密的地方，氨气就透过焊缝并作用到浸过硝酸汞的纸上，使该处形成黑色的图像，则表明该焊接接头不致密，根据这些图像就可以确定焊缝的缺陷部位。这种方法比较准确、便宜和迅速，同时可在低温下检查焊缝的致密性。

② 无损探伤。常用于压力容器的焊缝检验，一般常见的有射线探伤检验（RT）、超声波探伤检验（UT）、磁力探伤检验（MT）及渗透探伤检验（PT）。其各自特点及适用范围见表4-9。

表4-9 无损探伤检验类型、特点及适用范围

探伤方法		基本原理	适用范围	可发现缺陷及灵敏度	判定方法	主要优点	主要缺点
射线探伤检验	X射线检查	利用一种波长短、能量大、穿透能力很强的电磁波	2～120mm厚度的焊件，焊接表面不需要特殊加工	气孔、夹渣、未焊透、未溶合、裂缝等，灵敏度一般为厚度的10%	由胶片观察缺陷的位置、形状、大小及分布情况	灵敏度高，能保存永久性的缺陷记录	费用高，设备较重，不能发现与射线方向平行的裂缝一类极细的线状缺陷，有放射性，对人体有一定的影响
	γ射线检查	利用某些放射性物质的射线，具有较短的波长，较强的穿透能力	厚度小于300mm的焊件，焊接表面不需要特殊加工				
超声波探伤检验		利用声波通过有缺陷的金属时会有不同的渗透性，若将这些声波反映在示波仪的荧光屏上，即可与正常的声波作出鉴别、比较	厚度一般为8～120mm的形状简单的焊件，表面须光滑	任何部位的气孔、夹渣、裂缝，灵敏度高，且不受厚度变化影响	根据信号指示可测定缺陷的位置、大小和分布情况	适用范围广，对人体无影响，灵敏度高，能及时得出探伤结论	焊件形状须简单，表面粗糙度要高，对探伤人员的技术水平要求高，不能测定缺陷性质，不能保留永久性探伤记录

（续）

<table>
<tr><th colspan="2">探伤方法</th><th>基本原理</th><th>适用范围</th><th>可发现缺陷及灵敏度</th><th>判定方法</th><th>主要优点</th><th>主要缺点</th></tr>
<tr><td colspan="2">磁力探伤检验</td><td>利用焊件磁化后，在缺陷的上部会产生不规则的磁力线这一现象来判断焊缝中缺陷的位置</td><td>厚度不限的铁磁性金属焊件，表面须光滑</td><td>表面及表面下 1～2mm 的毛发裂缝，灵敏度取决于磁化方法、磁化电流、磁粉粒度等因素</td><td>目视磁粉在焊接接头上分布情况来判定缺陷的形状和大小</td><td>灵敏度高，速度快，能直接观察，操作方便</td><td>不能检验非铁磁性材料，不能发现内部缺陷，不能测定缺陷的深度</td></tr>
<tr><td rowspan="2">渗透探伤检验</td><td>荧光探伤检验</td><td>利用紫外线照射某些荧光物质产生荧光的特性来检查工件表面缺陷</td><td>厚度不限的各种铝合金焊件，表面粗糙度 Ra＝3.2～6.3μm</td><td>宽度为 10^{-4} mm，深度为 10^{-2} mm 的细小的表面缺陷</td><td>通过荧光直接观察缺陷的位置、形状和大小</td><td>操作方便、设备简单</td><td>紫外线能产生臭氧，对人体有一定的影响，只能发现外部缺陷</td></tr>
<tr><td>着色探伤检验</td><td>利用某些渗透性很强的有色油液，渗入工件的表面缺陷中，除去工件表面的油液后，涂上吸附油液的显像剂，就在显像剂层上显示出彩色的缺陷形状的图像</td><td>厚度不限的任何材料的焊件，表面粗糙度 Ra＝3.2μm</td><td>宽度不小于 0.01mm，深度为 0.03～0.04mm 的表面</td><td>直接观察焊件上显影粉来确定缺陷的位置、形状和大小</td><td>不需专门设备，操作简便、费用低廉</td><td>灵敏度较低，速度慢，表面粗糙度要求高</td></tr>
</table>

四、相关实践

（一）家用电冰箱常用换热器的加工

由于各个企业对成本与技术水平的考虑不同，目前冰箱换热器的换热管、连接管材料也有多种。采用铜管成本较高，但技术成熟，焊接可靠性、防腐抗蚀性都不错；采用邦迪管成本低，工艺成熟，但由于管材由两种金属组成，在具有腐蚀或潮湿环境下，易产生电化学反应，降低管子使用寿命，故邦迪管表面一般应有喷漆层，且漆层质量须严控，使用裸管时，管表不应有水露，须严控接触物（胶泥、泡沫等）的材料相容性及 pH 值；铝制管道抗腐蚀性、成本方面都具有较强的优势，但是在连接接头（如锁环接头等）方面可靠性有待验证，同时铝制管道与毛细管（纯铜）、压缩机吸排气管之间的铝-铜接头的焊接可靠性与长期寿命仍有待验证；也有个别厂家采用钢制换热管及连接管。

为了增大换热管道与散热板（壁）的接触面积，个别厂家采用 D 形管来替代圆管。

下面讲述内藏平板式冷凝器及压印吹胀型蒸发器的加工工艺。

1. 内藏平板式冷凝器加工工艺

内藏平板式冷凝器是将弯制好的冷凝盘管用带胶铝箔粘结或点焊在电冰箱外壳的内侧钢板上，装在箱体后板或侧板内，然后经聚氨酯发泡成形，工艺极简单，易操作，加工成本低，无中间焊缝，可减少泄漏，冷凝器藏于箱内体，减少了运输过程中的碰撞与损坏，可靠性好，产品外观美观。铝箔胶粘带的作用是防止聚氨酯泡沫在发泡时渗入冷凝管与散热钢板之间的空间将冷凝管挤离钢板。聚氨酯泡沫固化后，靠发泡的压力把管与板挤压在一起，较好地解决了冷凝管与散热钢板的接触热阻问题。

冷凝器的后续检漏、入库等工序与翅片管换热器大致相同。

2. 压印吹胀型蒸发器加工工艺

压印吹胀型蒸发器管路有单面胀管、双面胀管（见图 4-49），加工工艺流程如图 4-50 所示。

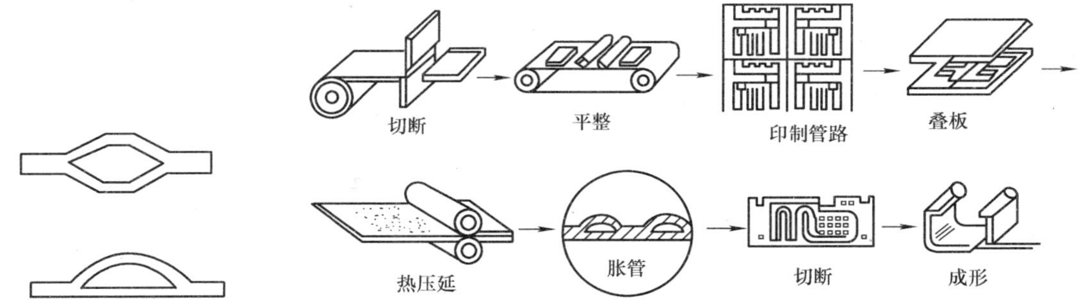

图 4-49　管路截面形状　　　图 4-50　压印吹胀型蒸发器加工工艺流程

现对压印吹胀型蒸发器加工工艺流程简述如下：

① 前处理工序。主要是针对铝板进行除油、除污物、清洗、烘干。

② 铝板落料。一般采用 L2M（软质），坯料板厚一般为 1.5～3.0mm，根据蒸发器大小形状落料，成品板厚一般为 1～2.0mm。

③ 平整。对铝板拉平校直，便于两块铝板的贴合。

④ 印制管路。对铝板上需吹胀管路处涂上阻焊剂（可采用石墨作为阻焊剂），需注意的是在后续压延工序时，管路图会沿热压延方向产生较大的变形，故印制时应考虑后续工序的管路走向变形。

⑤ 叠板。将印有管路图的铝板与另一未印有管路的铝板叠合，有时为防止叠合后两板产生滑移，还需将两铝板点焊或铆合一起。

⑥ 热压延（即轧制）。将两铝板加热到 500～600℃，在热压机上进行压延，使两铝板间未涂有阻焊剂的部分被压力焊成一体，热压延之后，坯料板厚一般变薄为原坯料的 60% 左右。

⑦ 胀管。一般在压延后，为减轻铝板的冷作硬化，可实施退火，恢复铝板的塑性。胀管即在模具的压紧下，利用高压水（10～15MPa）或高压气体（5MPa 左右）进行吹胀。此时，两板间涂有阻焊剂的部位未被压力焊成一体，在高压水或气体的吹胀作用下，这些部位的铝板被吹胀成管路。

⑧ 切断。将吹胀后的蒸发器进行切断，修边。

⑨ 成形。按设计要求对蒸发器进行折弯、冲安装孔槽等。

⑩ 后续其他工序。焊接输入输出管（或毛细管）、检漏、清洗、烘干、表面涂装（喷粉或镀膜）等，也有部分生产商是在蒸发器成形前进行喷涂的。

(二) 翅片管式换热器的加工与组装

1. 翅片加工

目前翅片的加工是用多套模具在高速冲床上进行的，最高冲片次数每分钟可达 320

次。常用翅片厚度有 5 种规格：0.115mm、0.13mm、0.15mm、0.20mm、0.25mm，其中以 0.115mm 的应用最普遍。这种用多套模具高速冲制翅片的加工工艺流程如图 4-51 所示。

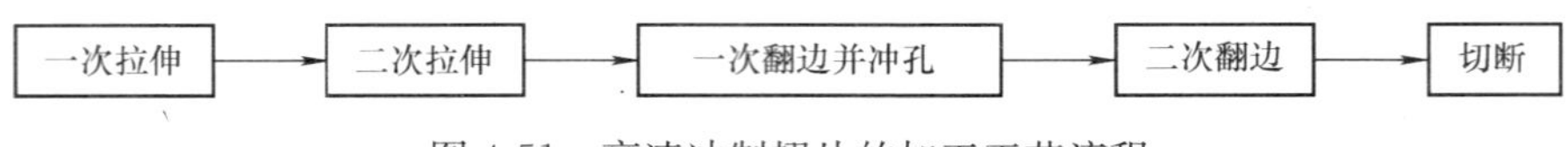

图 4-51　高速冲制翅片的加工工艺流程

其工艺过程示意图如图 4-52 所示。使用不同的冲压模具，在同一台冲床上还可冲出不同翻边高度（1.3～6mm）、不同类型的翅片。

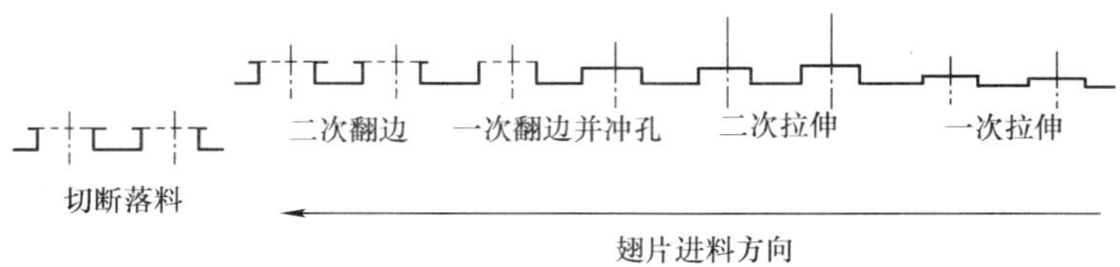

图 4-52　翅片加工工艺过程示意图

用多套模具对翅片进行二次拉伸会产生塑性变形，可大大减少翅片因翻边而产生的裂纹，避免胀管时产生破口缺陷。由于破口缺陷减少，大大改善了翅片根部与基管的接触导热状况。二次翻边还可使整个换热器的翅片片距准确均匀。

2. 内螺纹管的加工

翅片管式换热器的换热管有很多种类型。在小型制冷装置的换热器中，使用较多的是纯铜管，而纯铜换热管又分为光管和内螺纹管。光管的制造较为简单，而内螺纹管的制造工艺复杂，换热效果好（内螺纹管的凝结/沸腾换热系数为光管的数倍），因此在家用空调器及小型中央空调中已占据了主导地位。内螺纹管的内表面具有无数的小螺纹槽，各个部分的结构如图 4-53 所示。

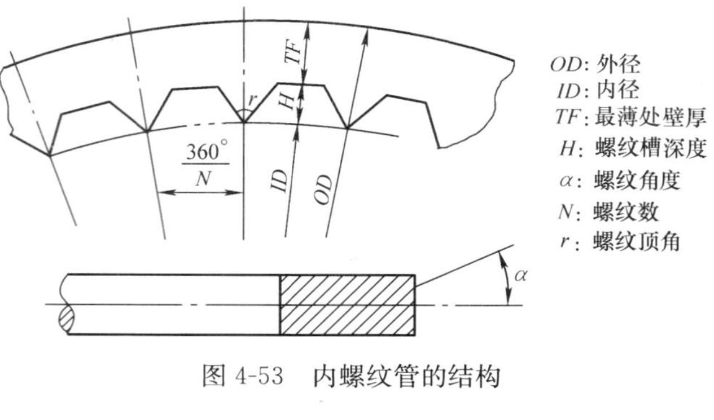

图 4-53　内螺纹管的结构

内螺纹管传热系数提高的原理：螺纹槽的存在使换热管内表面传热面积增大，使流体产生强烈的湍流作用，并使液膜厚度减小。

内螺纹管的加工工艺流程如图 4-54 所示。

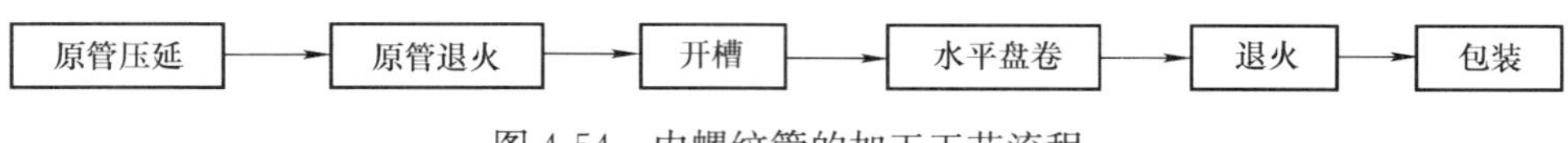

图 4-54　内螺纹管的加工工艺流程

其中，原管退火采用感应退火（见图 4-55），利用二次涡流产生的焦耳热使铜管退火，目的是消除压延之后产生的冷作硬化，以便后续开槽加工。而开槽是通过在管外侧的行星回转球（即图 4-56 中的加工球）和固定在管内侧的带槽塞子（即图 4-56 中的带槽芯杆）之间的挤压作用来实现的。

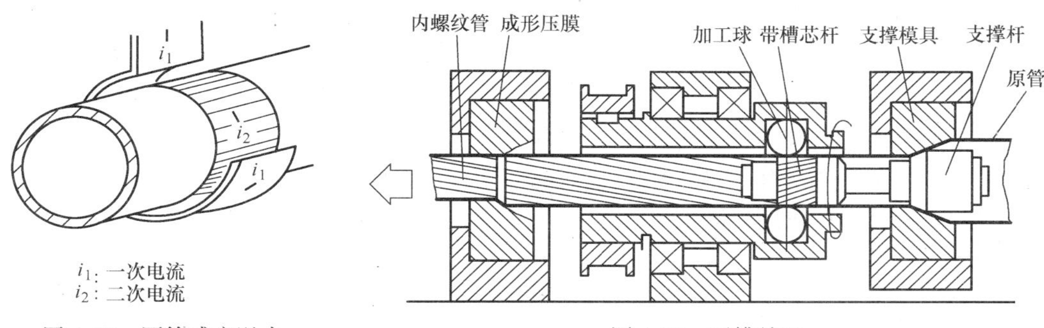

图 4-55 原管感应退火

图 4-56 开槽处理

3. 翅片管式换热器组装工艺

翅片管式换热器的组装工艺流程如下：

① 穿管。在穿管工作台上，校正U形管位置定位架，先放上左边板，再将已冲孔翻边的翅片置于其上，规定数量的翅片放好后，放上右边板；将已加工好的U形管倒置从上往下插入翅片管孔中（见图4-57），然后用扩管器将U形管管口扩成喇叭口形状。

② 胀管。翅片管式换热器由于穿管的需要，换热管外径与套片内孔的间隙较大。如何解决管子和翅片的贴紧问题是翅片管式换热器接触热阻处理的关键，而机械胀管是在国内外普遍应用的工艺手段。

机械胀管可以定量地控制管径胀大量。胀头为钢球或柱塞状，在机械力作用下强行通过管内，管径被胀大并与事先穿好的翅片根部贴紧。胀管机有立式和卧式两种。立式胀管机适用于管长不超过2m的换热器。胀管时，换热器垂直安放在托模上，托模板上有许多与U形管弯头部位形状一致的半圆形槽可托住换热器，两边有侧板夹住换热器，多头钢钎胀杆在油压作用下自上而下强行通入管内，完成胀管，然后胀杆上升退出。这种胀管机目前广泛应用于铜管换热器的胀管加工。图4-58所示是立式胀管机。管长超过2m或基管为无缝钢管的换热器胀管一般采用卧式胀管机。

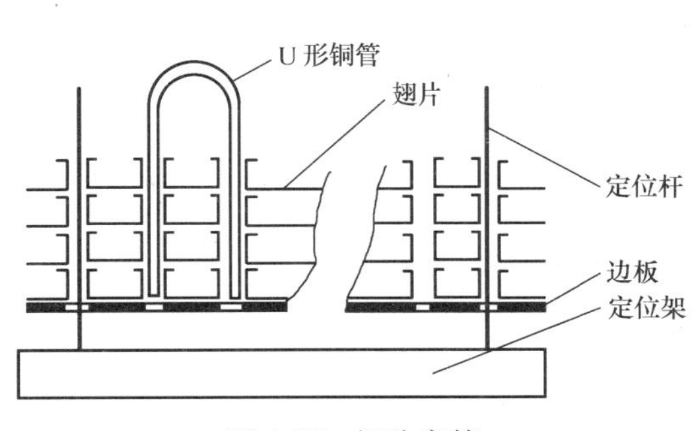

图 4-57 翅片穿管

图 4-58 立式胀管机

家用空调器、电冰箱用翅片管式换热器的胀管工序一般在立式胀管机上完成。胀管前，应先调整胀管机胀杆的行程和防止胀管时失稳的夹板位置，并装好水平组合模具以便胀管时支撑换热器。将穿管后的换热器放在水平组合模上。起动胀管机，胀杆头部在油压缸压力作用下通入管内胀管，胀管时必须用润滑油润滑。

胀管后要求叠片高度有效尺寸缩短量不大于 1mm，换热管弯曲量不得大于 2mm，翅片和换热管紧密接触，不允许松动，不允许有严重的倒片现象。

③ 清洗。将换热器置于三段清洗槽内，用化学溶液（三氯乙烯）除油并用清水漂洗。清洗后，工件上应无油污和溶液。然后，进行烘干。由于三氯乙烯对环境有一定的污染，目前绝大部分厂家采用的是活性清洗剂配以超声波；另有部分厂商在胀管时采用的是挥发性润滑油，胀管结束后，搁置一段时间，换热管中的油挥发，无需清洗工序。

④ 弯头加工、焊环制取。在半圆形弯管机上弯曲制成弯头，管端面倒角，除油清洗。

在制环机上将卷状焊料丝制成焊料环；在半圆形弯头两管口上分别套上焊料环；按图样要求将带有焊料环的弯头插入工件管孔中。

⑤ 焊接。按照换热器生产线焊接工艺进行充氮保护，使被焊换热器缓缓经过密集排列的焊炬，进行自动焊接（见图 4-59）。对于自动焊接未焊透的弯头环缝进行手工补焊，并手工焊上输入、输出管。

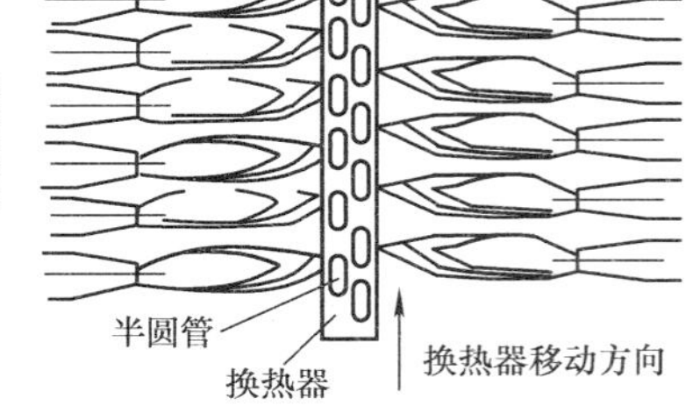

图 4-59 自动焊接

⑥ 试漏。将输出管用快换接头封住，由输入管向换热器中充入 R22 气体（卤检）或氦气（氦检）。利用卤素检漏仪或氦检漏仪（或大型氦检房）进行检漏。若有泄漏，应补焊后再检漏，直至合格为止。

⑦ 气体回收。利用真空泵将检漏用的 R22 气体或氦气回收。

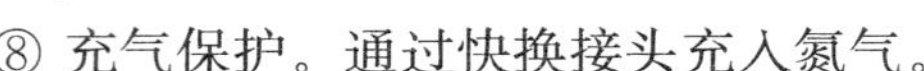

⑧ 充气保护。通过快换接头充入氮气。

⑨ 封口。将检漏充气口用封口钳夹住，用气焊封口（也可采用超声波焊封口）。

⑩ 检验。无严重伤片、倒片现象；散热翅片及基管表面无水珠，入库（注意防尘）或转入总装。

（三）壳管式换热器的加工与组装

1. 封头加工

一般封头的材料厚度大于 6mm，应该采用热压延。由于钢材的热膨胀作用增厚，所以热压模的间隙要比冷压模大些，其间隙值见表 4-10。热压延的温度也应控制在一定的范围内，其温度值见表 4-11。

表 4-10 热压模的单侧间隙值

材料厚度 s/mm	Z_{min}/mm	Z_{max}/mm
6～11	0.5	1.0
12～16	0.75	1.25
17～20	1.0	1.5
21～24	1.5	1.8
25～30	2.0	2.5

表 4-11 热压温度

钢 牌 号	热压温度/℃	
	开 始	终 了
15	<1 250	700～830
30	<1 250	730～850
40	<1 200	750～850
50	<1 180	780～870

封头成形后，用氧乙炔焰割去多余部分，切割或车削出封头焊接用的V形或U形坡口，并用砂轮打磨出金属光泽，以保证后续焊接质量。封头形状如图4-60所示。

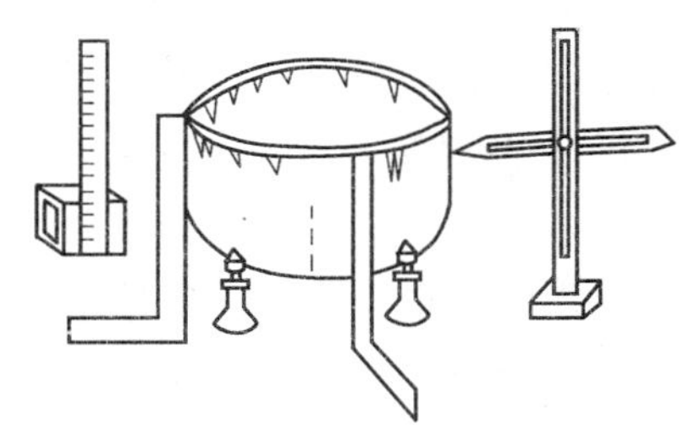

图4-60　封头加工

2. 壳体加工

一般压力容器壳体筒节除直径小于ϕ325mm采用无缝钢管外，其余都用板材通过滚弯工艺制成（见图4-61）。当上、下滚轴下降时，板材受压弯曲，由于滚轴在减速机带动下而旋转，板材靠上、下滚轴间摩擦力朝下滚轴旋转切线方向移动，因而产生弯曲。

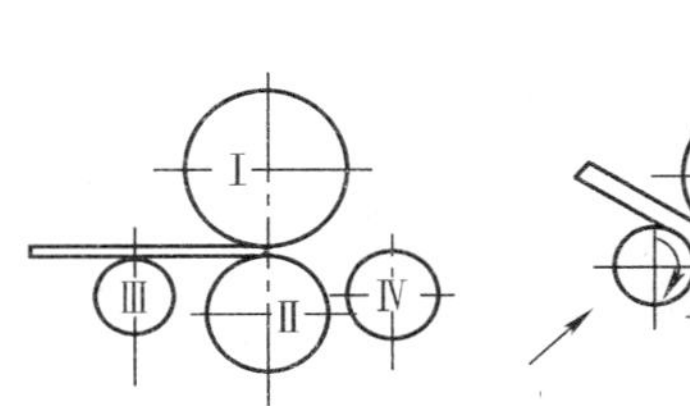

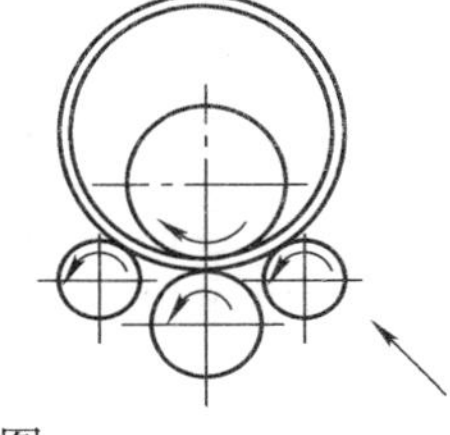

图4-61　壳体滚弯工艺示意图
Ⅰ、Ⅱ、Ⅲ、Ⅳ—滚弯辊轴

滚圆后利用夹具将卷板的接口对齐拉紧以备焊接。卷板口对接拉紧器如图4-62所示。

壳体的焊接主要是纵焊缝和环焊缝的焊接，可采用自动埋弧焊，其焊接装置如图4-63所示。整个装置由以下4部分组成：

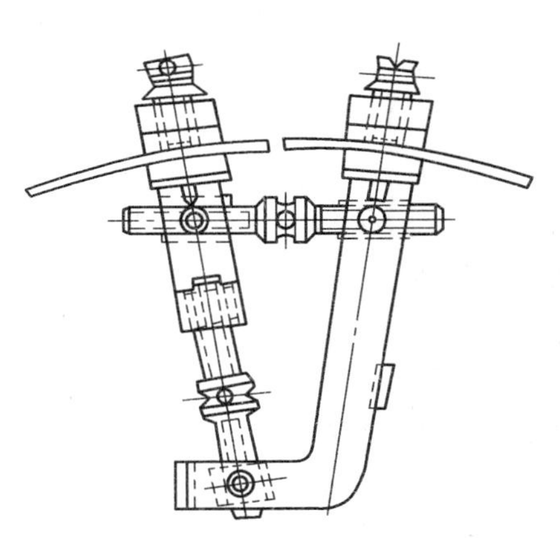

图4-62　对接拉紧器

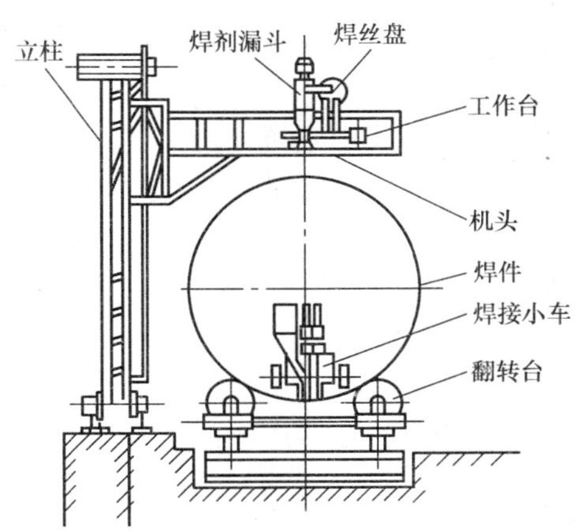

图4-63　自动埋弧焊壳体纵焊缝、环焊缝

1）可移动立式支柱。立柱可在轨道上沿着被焊筒节纵向平移，移动速度可调，以适应不同焊接速度的要求。立柱上的工作台可升降，以满足不同筒节直径的需要。

2）焊接机头。装置于工作台上的焊接机头配合立柱平移可完成纵焊缝的焊接，配合翻转台可完成外环焊缝的焊接。

3）焊接小车。焊接小车用于筒节内环焊缝的焊接。

4）滚轮翻转台。滚轮翻转台的作用是搁置筒节，在施环焊时，使筒节匀速旋转，以获得环焊时所需的焊接速度。翻转台的支承轮间距可调，以适应筒节的不同直径、不同长度要求。

对于压力容器的纵向焊接和环向焊接，为了保证焊透，常用多层焊接工艺，目前采用焊接的方法有埋弧焊、CO_2保护焊、氩弧焊。以埋弧焊为例，其焊接要点如下：

① 自动埋弧焊由于线能量较大、熔池体积大，熔深也大，当焊接第一道焊缝时，如果熔深超过基本金属厚度的70%～80%，有可能烧穿；如果接头坡口间隙较大，也可能发生熔漏现象，直接影响焊缝的质量。因此，在第一道焊接时，焊缝背面必须采取适当防漏措施，如垫焊剂、采用锁底式坡口和手工封底焊等。

② 焊剂垫是生产中广泛应用的一种防漏方法。它是把焊剂敷置于预焊缝底面，借助于某种压力使焊剂与焊件紧密接触。焊接时，熔化金属溶池被焊剂垫托住，虽然焊剂垫也有少部分熔化，但熔池金属迅速结晶冷凝。随后熔化的焊剂也凝固成渣壳，有效地防止了熔漏现象。

手工底焊防漏方法简单，对坡口要求不高，但焊接生产率低，而且常常会在底焊缝的根部产生缺陷。目前，压力容器多数是采用焊剂垫法焊内缝，然后再焊外缝，其效率高、质量好；对最后一道环焊缝则采用加垫圈的方法来焊接。近年来，为保证焊接质量，一些厂家采用氩弧焊。

3. 管板与换热管的连接

管板的作用是支持换热管，并将制冷剂与传热介质隔离。它的一侧与筒体焊接，另一侧与封头端板相配合，用螺栓联接（指卧式）。管板结构如图4-64所示，按与筒体的连接形式分为兼作法兰式和不兼作法兰式。图4-64a、b属于兼作法兰式。

管板与换热管的连接方法有胀接与焊接两种。焊接连接能保证连接部分具有较高的强度和良好的密封性，但需耗用焊接材料，且更换管子不方便。胀接连接无需耗用其他材料，操作简便，更换管子方便，但连接处的强度和严密性不如焊接连接。目前，铜管或小口径无缝钢管的换热管普遍采用胀接连接。

(1) 胀接　制冷类换热器管板与换热管的胀接属于强度胀接，根据规范，其抗拉脱力为4MPa以上，既是为了保证换热管与管板连接的密封性，又具有较大的抗拉脱强度。

胀管率一般取0.9%～3%，管板硬度应比管材端口硬度大30HBW以上。胀管前，先将管端胀接部位局部退火，退火段长度＝管板厚度＋100mm，并磨光显出金属光泽。也常用特制的偏心刀具在管孔中加工一或两道环形槽（见图4-65），槽深一般小于0.5mm。胀管时，将材质较软的管材挤压变形嵌入环形槽内，以增加连接的强度和密封性。

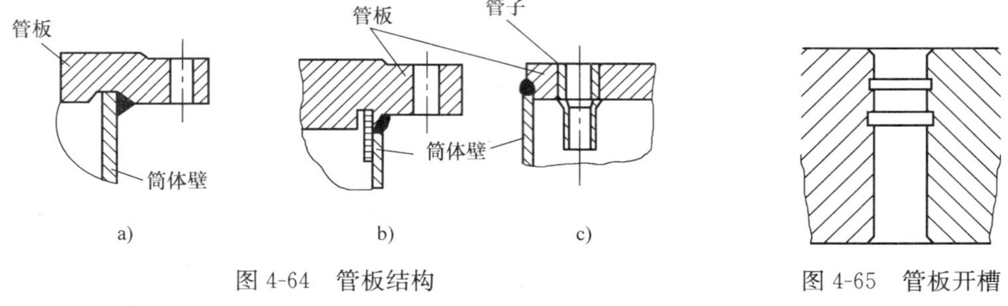

图4-64　管板结构　　图4-65　管板开槽

制冷换热器的传热管往往采用铜管或低碳钢无缝钢管，塑性较好，适应了胀管的要求。由于管子外径略小于管板的管孔直径，开始时管子胀大较容易，一旦管外壁与管孔接触，其变形就受到管板的约束。当胀管器继续加压时，由于管壁厚度比管板小得多，因此管壁继续产生塑性变形，而管板孔则主要是弹性变形。一旦胀管终了，管板孔口回缩（因为是弹性变形）就紧箍住管子，从而保证胀管连接的牢固性和严密性；另一方面，塑性变形的管壁材料一部分被挤入管孔预先加工出的槽内，也加强了牢固性和严密性。

胀管时，合理的胀管顺序应是先外层管束，后心部管束，以减少胀接过程中管板与管束间的应力。

（2）焊接　直径较大的无缝钢管、管壁较厚或材质较硬的换热管与管板胀接困难，并且由于管子较重，胀接通常不易保证牢固，采用焊接较可靠。

在连接强度要求高、泄漏量要求极低时，也可胀焊结合，一般先焊后胀（注：若采用先胀后焊，则焊接时空气排放不出去，易引起气孔夹渣）。

4. 支持板和折流板

支持板主要用于卧式壳管式换热器，其作用是支撑细长的换热管，防止它过度下垂，也便于穿管，简化工艺。

折流板的作用是增加管外侧流体的折流扰动，改变流体的流动方向（见图4-66），强化管外流体的放热，另外还辅助支撑管。

支持板通常用厚6～10mm的钢板制成，折流板则是用厚4～6mm的钢板制成或用两块2mm厚的钢板中间夹橡胶板制成。支持板的主要加工过程较为简单，钢板下料、切割成圆盘、钻孔、铣去缺口边即可。

换热器若不设置折流板，当管长超过一定限值时，应设支持板，以防换热管过分挠曲。

折流板安装最小间距、最大间距、最小厚度、折流板管孔尺寸及允许偏差、折流板外直径偏差均应满足相应的设计规范。

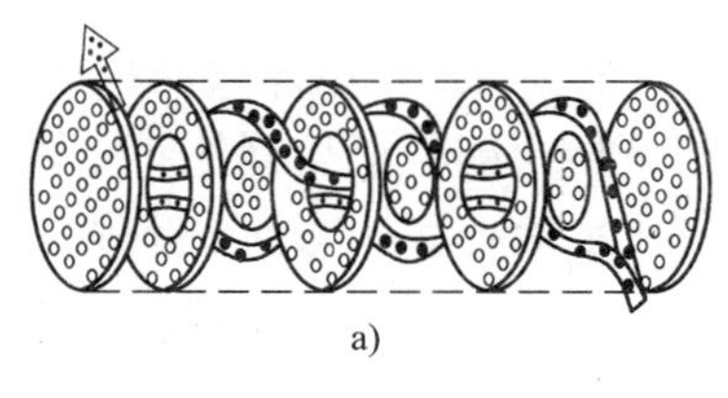

a)

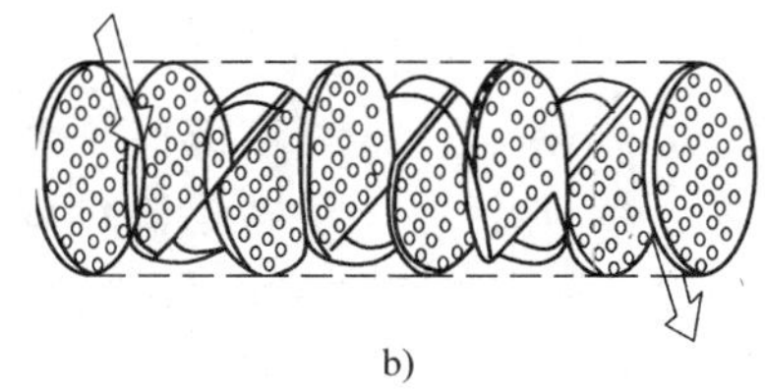

b)

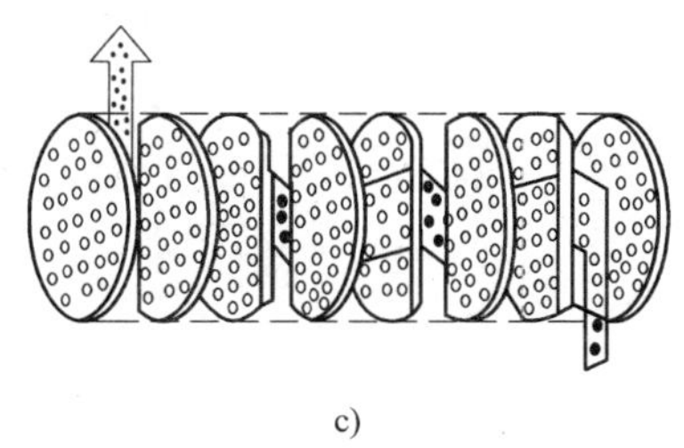

c)

图4-66　几种常用折流板

a）盘形折流板　b）圆缺形折流板1

c）圆缺形折流板2

5. 换热管加工工艺

壳管式换热器所用换热管的结构形式取决于制冷系统的设计要求，目前有光管、滚轧低肋管和内翅片管等。

光管的加工工艺很简单，只需按图样要求电锯落料，去除管端飞边，然后喷砂处理除去铁锈、油污、飞边，备用即可。

滚轧低肋管又称螺纹管，材料一般是铜管。滚轧低肋管是近年来研究开发的一类很有发展前途的换热管。

图4-67所示为由铜管滚轧制成的一种低肋管。一般肋高1.2～2mm，肋宽1.0～1.5mm。轧制是在常温下用三轴组刀片对铜管外壁作无切削挤压成型。为使轧制能连续进行，每把刀片均向同方向倾斜一个小角度（约1°），这也就是低螺纹管的螺

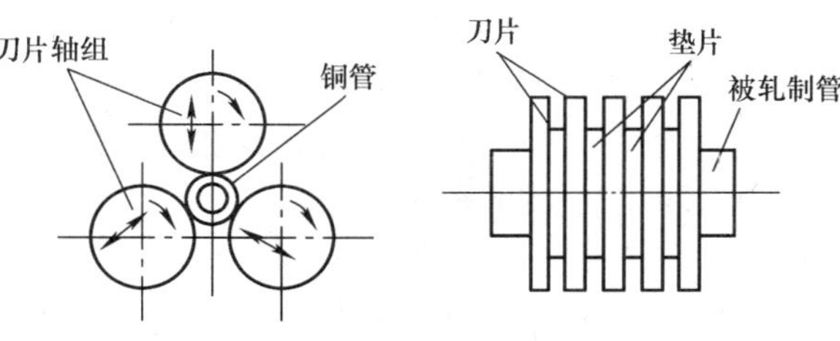

图4-67　轧制低肋管

旋角。轧制过程中，刀具和铜管上均喷有润滑油，轧制后要进行酸洗和漂洗。坯管按图样和工艺要求落料，轧制时两端均应留 80～100mm。

图 4-68 所示为两种国产内翅片管，均为管内纵向翅片。其中，图 4-68a 所示内翅管是整体式的，是在经退火的铜管中用拉刀拉制而成；图 4-68b 所示内翅管是铜管和铝肋芯复合而成的，其工艺大致为：铜坯管在复合前经退火和酸洗处理，内壁不得有铜屑和还原铜粉末存在。铝肋芯制成后作扭曲处理，约每米扭曲 450°，以增加扰动和放热强度。将比铜管内径小 1～2mm 的铝肋芯穿入铜管，再用直径比铜管外径稍小的模具挤压铜管，使之与铝肋芯压紧，保证接触良好。

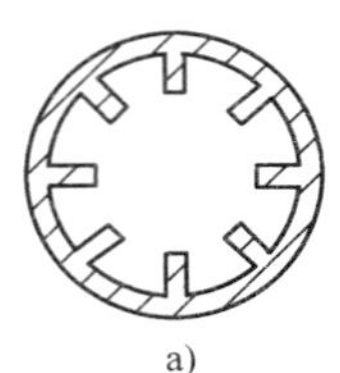

a)

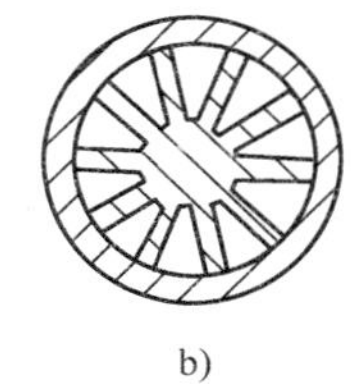

b)

图 4-68 内翅管
a）拉制内翅管 b）复合内翅管

近年来，国内在 DAE 高效传热管方面的研究有了新发展。DAE 高效传热管管内有微细螺旋槽，同时还从管外向内轧制了一条大螺纹。DAE 管可比铝芯复合管提高沸腾换热系数 10%以上，而压力损失不及铝芯复合管的一半。这种表面微细结构的高效管很有希望成为拉制内翅管和铝芯复合管的替代换热管。

6. 组装

壳管式换热器的总体组装制造工艺大同小异。下面以立式壳管式冷凝器为例进行说明。

1）检查。检查零部件是否齐全；检查主要受压零部件工艺过程记录卡是否齐备合格。

2）除锈。用手砂轮机对每一筒节的端部和距端部 20mm 内的内外表面打磨除锈至露出金属光泽，以及必须的焊接坡口，对于内纵焊缝高出部分应磨平。

3）筒节拼装。将筒节拼装在一起，使相邻纵焊缝错开 180°（见图 4-69），然后按装配定位焊操作工艺规则点焊固定。

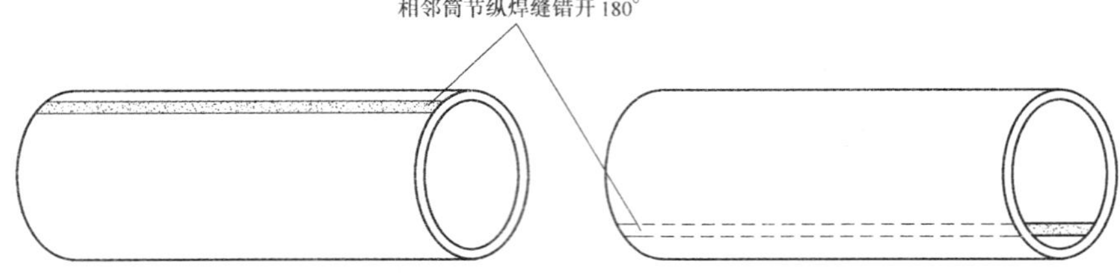

图 4-69 壳体筒节拼装示意图

4）焊接。按焊接工艺规范要求以自动埋弧焊焊内、外环缝。

5）检验。对焊缝作 100%超声波无损探伤、20%X 射线探伤。

6）画线并按图样要求气割开孔。

7）装上、下管板并（与壳体）焊接。

8）换热管装配并焊接（注：有时为保证换热管装配顺利、快速，在焊完换热管后再焊上、下管板；若换热管与管板采用胀接方式，应先将换热管穿入管板，再焊管板，然后再胀管，可获得较小的装配变形）。

9）焊接头座及支架加强筋板、铭牌衬板、出液管、进气管。

10）装配封头（螺纹联接或焊接）。

11）成品试验（如压力试验、致密性试验等）、喷漆、包装入库。

五、自我评估

1. 制冷装置常用换热器有哪些？各有何特点？
2. 板料冲压的基本工序有哪些？落料、冲孔、切断有何异同？
3. 冲孔件的断面形状如何？落料件外形的断面形状如何？各由哪几部分组成？
4. 什么是冲裁间隙？间隙过小或过大时，冲裁材料的状态如何？
5. 用 ϕ50mm 冲孔模具生产 ϕ50mm 落料件能否保证落料件的精度？为什么？
6. 当弯曲件的孔边距小于允许的弯曲孔边距尺寸时，应先冲孔还是先压弯？
7. 落料件的飞边应放在弯曲件的哪一侧？
8. 拉深系数太小有何不利？应采取什么措施？
9. 影响冲压件结构工艺性的因素主要有哪些？
10. 生产下列冲压件应采取哪种冲压工序？

铝饭盒，垫圈，荧光灯灯罩，脸盆，水壶壶底，汽车驾驶室盖板，易拉罐罐盖。

11. 什么是气焊？画出实习中气焊操作时所用的主要设备及气路连接简图，并说明所用设备的名称和功用。
12. 简述手工钨极氩弧焊的焊接特点。
13. 请简单说明下述焊接采用什么类型的焊接最适合？

1）黄铜螺纹接头与铜管焊接。

2）家用空调落地式空调室内机背板钣金与风扇电动机安装螺栓的焊接。

3）两板不锈钢外壳的焊接，外观要求高。

14. 请按照下列工艺卡格式设计一气焊焊接工艺（以 ϕ10mm 外径的两根纯铜管套接气焊为例）。

焊接工艺卡（推荐格式）
气焊工艺卡编号：
接头简图：（此处可贴简图，示明零件的材料、形状、厚度、接头间隙、焊料的放置部位、接头的装配尺寸、夹具示意）
气焊前清理：（注明清理用品，如金属丝刷、金刚砂、清洗液的名称及成分等；注明清理工艺，包括时间、温度、冲洗方法等。若采用了镀层，还应注明镀覆工艺）
焊料：（注明采用的焊料牌号、规格等）
焊剂或气体介质：（注明焊剂或气体的成分）
气焊方法：（气焊规范，如火焰类型、温度、时间，火焰气焊时的焊炬、焊嘴规格）
气焊操作要点：（注明加热、加料、焊后自检的操作要点）
气焊后清理：（注明清理用品和冲洗方法、烘干方法）

15. 壳管式换热器换热管与管板胀管时，为什么管板硬度应比管材端口硬度大？

16. 实操焊接：

1）两根纯铜管的套插再气焊。

2）两段不锈钢管的氩弧焊。

17. 自学项目——如何减少焊接过程的变形，工艺上整改措施有哪些？

1）自行拟定参考资料，查阅相关论文，教材及文献。

2）就此题目撰写相关的论文。

3）（如有条件）参观相关的企业生产焊接过程，了解企业生产中采取了哪些减少焊接变形的措施。

18. 现场实习项目——到某一换热器生产企业实习，掌握以下项目：

1）企业所生产的换热器类型及工作原理、结构形式、应用范围。

2）换热器生产工艺过程（原材料、工艺流程、生产设备、操作规范及要点、主要工艺参数等）。

3）换热器检测过程（主要控制工序点，检测手段、项目）。

4）换热器制造工艺的可改进之处（可从材料消耗、工艺流程、加工顺序、操作规范、工装夹具等方面思考）。

项目五　空调系统风管的制作与安装

一、学习目标

1. 终极目标

掌握中央空调系统风管的制作、安装加固及保温等的相关知识及方法。

2. 促成目标

1）了解风管种类、形式及管材特点。

2）熟悉风管制作、安装的要领。

3）熟悉风管加固的方法。

4）了解风管加固间距的选择。

5）了解风管保温的相关知识。

6）熟悉风管保温施工的方法。

二、工作任务

1）完成风管的制作、安装。

2）完成对风管的保温施工。

三、相关知识

（一）风管及风管用材

完整的空调系统中，风管将空调设备和送、回风口连成一个整体，并与风机一起完成空气的输送和分配任务，使经过处理的空气能够源源不断地合理分配到各个空调房间或者区域。

空调风管的种类很多，按照制作材料的不同，可分为非金属风管、金属风管和复合材料风管；按照风管端面几何形状的不同，可分为矩形风管、圆形风管和椭圆形风管；按照在工程整体中作用的不同，可分为主风管和支风管；按照可弯曲或伸展程度的不同，可分为柔性风管（软管）和刚性风管；按照管内空气流速的不同，可分为低速风管和高速风管。此外，在一些大型建筑中还可以采用直接以砖、混凝土或钢筋混凝土等建筑材料构建的建筑风道。建筑风道节省钢材、经久耐用，但施工组织麻烦、空气流动阻力损失大、不易保温。建筑风道目前较多用作高层建筑空调系统的新风竖井，在受到土建限制而采用其他风管困难，或者风管截面尺寸很大等特殊场所也可以采用建筑风道。

金属风管具有表面光滑、摩擦阻力小、不吸湿、耐腐蚀、强度高、质量小、气密性好、不积尘、易清洁等显著优点，在空调工程中广为使用。金属风管材料主要有薄钢板和镀锌钢板两种。镀锌钢板风管具有良好的加工性和防火性，但采用人工方式加工时，存在敲打工作强度大、敲打时噪声大等缺点。对于防尘要求较高的空调系统，可选用在普通钢板表面喷0.2～0.4mm厚塑料层的复合钢板风管。

近年来，出现了许多应用特定技术工艺的复合材料制成的新型风管，如复合玻纤风管、复合铝箔风管和各类柔性风管。

1. 复合玻纤风管

复合玻纤风管又称为复合玻璃棉风管，由三层玻璃棉组合而成的复合玻纤板制作而成。复合玻纤板外层采用双层玻璃丝布或玻璃丝布铝箔，中间层为一定厚度的超细或离心玻璃棉板，内层为玻璃丝布，各层以黏合剂加压粘接在一起。三层复合结构使其具备了传统风管的“风管层”＋“绝热防潮层”＋“保护层”的全部功能。根据工程设计要求，可以将玻纤板切割、粘接、加固制作成玻纤风管或各种类型的异型管件，如图 5-1 所示。管段相互之间可以用阴阳榫插接、法兰连接等方式进行连接。

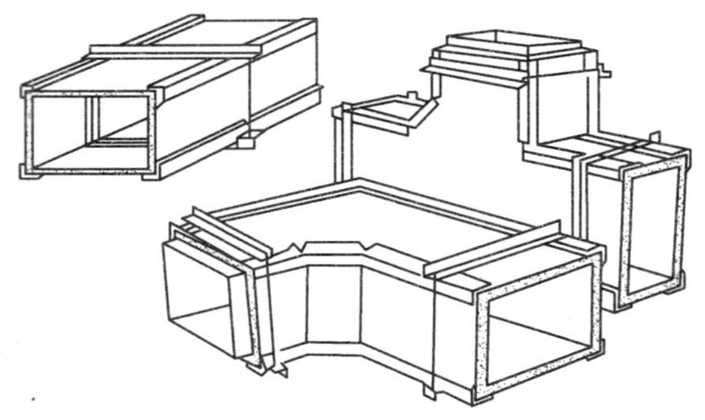

图 5-1　铝箔复合玻纤板风管成形构造

与传统的以镀锌钢板为基材的绝热风管相比，玻纤风管质量小，大约只有镀锌钢板风管质量的 30%，既大大降低了楼体的负荷，又减少了风管支、吊架的各种材料用量；漏风量低，结合面用黏合剂粘接并用铝箔胶带密封后，漏风率一般不超过 2%；消声性能好，超细玻璃棉自身是一种良好的多孔性吸声材料，不需另装消声器即可对中、高频噪声产生较好的消声效果；无绝热层脱落的问题。镀锌钢板风管的绝热棉是用保温钉固定的，当保温钉数量不足或粘接不牢固时，容易发生绝热层脱落的问题，而玻纤风管的绝热层在中间，因而不会脱落。

玻纤风管的主要缺点是摩擦阻力较大。由于玻纤风管的内表面为玻璃丝布，其表面粗糙度略大于钢板风管的表面粗糙度。但在一般情况下，风管中的摩擦阻力占整个风管系统总阻力的比例较小，因而对整个风管系统的总阻力的影响不明显。

2. 复合铝箔风管

复合铝箔风管又称为复合铝箔聚氨酯板风管，由硬质发泡阻燃聚氨酯泡沫塑料与两面覆盖的铝箔组成三层复合结构，也具备了传统风管组成材料的全部功能。

复合铝箔聚氨酯夹心板材为成形板材，制作风管时，只需先按要求在板材上画线，切割后再进行粘接，即可得到所需要的管段或各种局部管件。铝箔风管制作连接简单方便、质量高、绝热层不易损坏、外观华丽。

类似风管还可以采用聚苯乙烯泡沫塑料或酚醛泡沫塑料作夹心材料，外表面材料除了采用铝箔的，还有采用压花铝板、布基铝箔和镀锌钢板的。

3. 柔性风管

柔性风管又称为伸缩软管，质量小而柔软，运输方便，安装时可用手方便地进行弯曲和伸直，可绕过大梁和其他管道，灵活性好，并有减振和消声作用。因此，近年来在空调工程中用于连接主干风管与送（回）风口的支风管，或风机盘管机组与送风口之间的软接管等。

按材质的不同，柔性风管可分为金属风管和铝箔、化纤织物风管两大类。

金属柔性风管是用薄铝板带（或薄不锈钢带、薄镀锌板带）借助专用机械缠绕成螺旋形咬口的圆形软管，如图 5-2 所示。金属柔性风管有普通型（不带保温）、保温型和消声保温型三种。保温型柔性风管是在普通型薄铝带软管外面包上 25mm 厚的玻璃纤维保温层，再用玻纤织物外套当保护层，也有用外表面带铝箔的玻璃纤维保温壳保温的。消声保温型柔性风管是以穿孔的薄铝带软管作为内管（穿孔率约为 25%），外包 25mm 厚的玻璃纤维保温层。若在保温层外面套上柔性聚氯乙烯保护套，便成为低压消声柔性风管；若在保温层外面套上薄铝带软管，便成为高压消声柔性风管。经测试，该类风管绝无漏风现象。

铝箔、化纤织物柔性风管是以高弹性螺旋形强韧钢丝为骨架，以复合铝箔、涂塑化纤织物或聚酯、聚乙烯、聚氯乙烯薄膜为风管壁料，利用粘贴、缠绕或咬合等方式加工成形的柔性风管。该风管的断面形状有圆形和方（矩）形两种，如图 5-3 所示。但其强度低，施工现场的尖锐物（如钢筋、铁钉等）很容易将其划破，因而需要较好的施工组织和管理作保证。

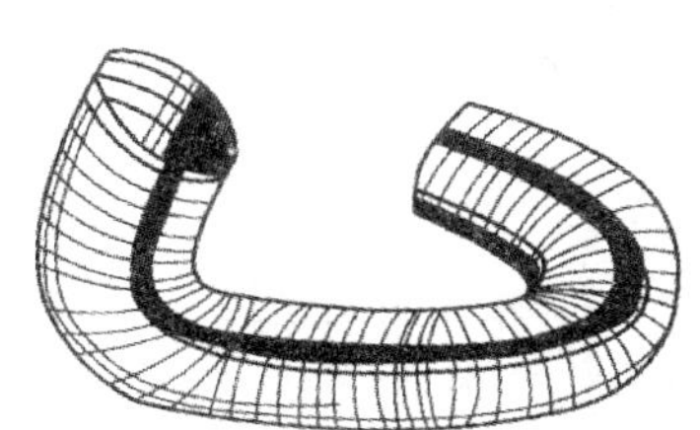

图 5-2 金属圆形伸缩软管

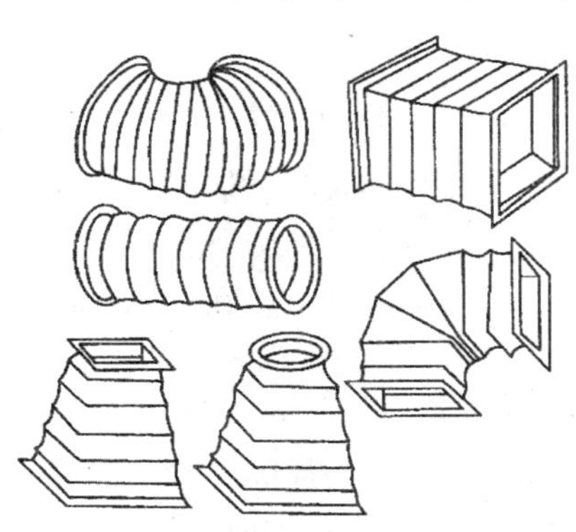

图 5-3 铝箔、化纤软管及配件

（二）风管的制作及加固

1. 风管的制作

风管的形状及走向分布一般根据现场情况确定。风管的制作有手工和机械两种。风管的拼接一般用咬口或焊接的方式。图 5-4 所示为不同的咬口形式。

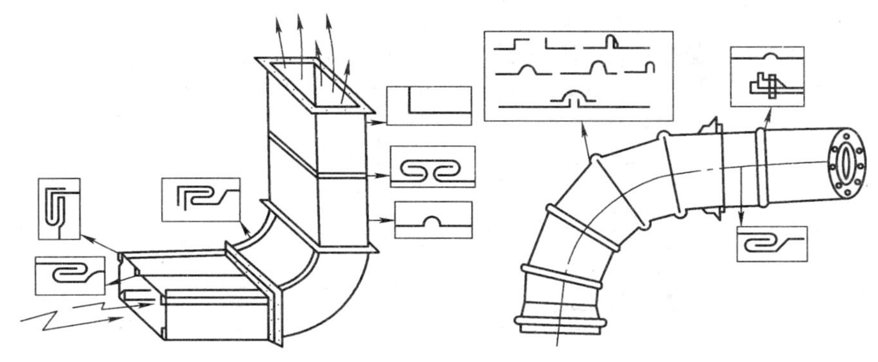

图 5-4 风管拼接咬口形式

由于安装的需要，风管是分段制作的，每段约 1.6～3.6m。这些管段用法兰、垫片和螺栓进行连接。法兰的接缝间插入厚度在 3mm 以上的石棉垫片，以防漏气。

2. 风管的加固

（1）风管加固的形式 风管一般可采取楞筋、立筋、角钢、扁钢、加固筋和管内支撑等形式进行加固，如图 5-5 所示。

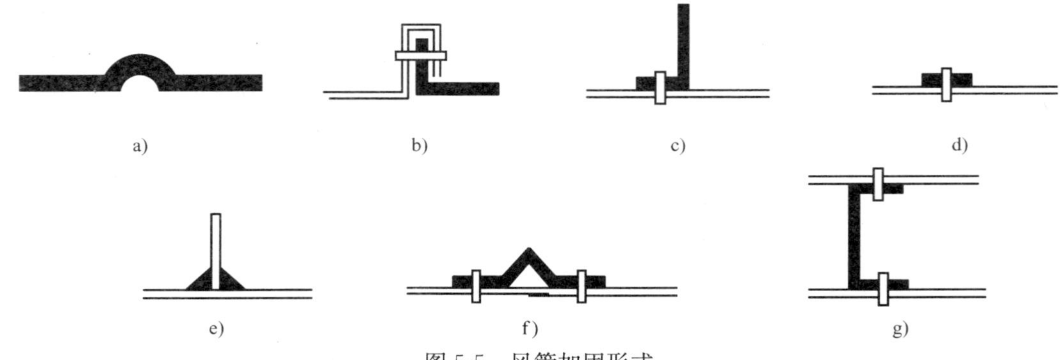

图 5-5 风管加固形式

a）楞筋 b）立筋 c）角钢加固 d）扁钢平加固 e）扁钢立加固 f）加固筋 g）管内支撑

（2）风管加固间距选择 风管加固应符合下列要求：

1）圆形风管（不包括螺旋风管）直径大于或等于 800mm，且其管段长度大于 1250mm 或总表面积大于 $4m^2$ 时，均应采取加固措施。

2）矩形风管边长大于 630mm、保温风管边长大于 800mm，管段长度 1250mm 或低压风管单边平均面积大于 $1.2m^2$、中高压风管大于 $1.0m^2$ 时，均应采取加固措施。

3）非规则椭圆风管的加固应参照矩形风管执行。薄钢板法兰风管宜扎制加强筋，加强筋的突出部分应位于风管外表面，排列间隔应均匀，板面不应有明显的变形。

4）风管法兰强度低于规定强度时，宜采用外加固框和管内支撑加固，加固件距风管连接法兰端的距离不应大于 250mm。

5）外加固件型材的高度不宜大于风管法兰高度，且间隔应均匀，与风管的连接应牢固，螺栓或铆接点的间距不应大于 220mm。外加固框的四角处，应连接为一体。

6）风管内支撑加固的排列应整齐，间距应均匀对称，应在支撑件两端的风管受力面处设置专用垫圈，长度应与风管边长相等。

7）矩形风管刚度等级及加固间距按表 5-1～表 5-5 进行选择和确定。

表 5-1 矩形风管连接刚度等级

连接形式			附件规格/mm		刚度等级
角钢法兰			L25X3		F3
			L30X3		F4
			L40X4		F5
			L50X5		F6
薄钢板法兰	弹簧夹式 插接式 顶丝卡式		弹簧夹板厚度大于或等于 1.0mm 顶丝卡厚度大于或等于 3mm 顶丝螺钉 M8	$h=25$、$t_1=0.6$	Fb1
				$h=25$、$t_1=0.75$	Fb2
				$h=30$、$t_1=1.0$	Fb3
				$h=40$、$t_1=1.2$	Fb4
	组合式		$h=25$、$t_2=0.75$		Fb3
			$h=30$、$t_2=1.0$		Fb4

（续）

连接形式			附件规格/mm	刚度等级
S形插条	平插条		大于风管壁厚度且大于或等于 0.75mm	F1
	立插条	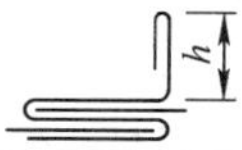	大于风管壁厚度且大于或等于 0.75mm $h \geqslant 25$mm	F2
C形插条	平插条		大于风管壁厚度且大于或等于 0.75mm	F1
	立插条		大于风管壁厚度且大于或等于 0.75mm $h \geqslant 25$mm	F2
	直角插条	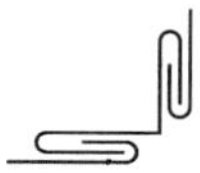	等于风管板厚且大于或等于 0.75mm	F1
立联合角形插条			等于风管厚且大于或等于 0.75mm $h \geqslant 25$mm	F2
立咬口		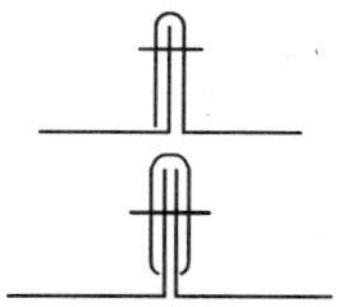	等于风管厚 $h \geqslant 25$mm	F2

注：h 为法兰高度，t_1为风管壁厚度，t_2为组合法兰板厚度

表 5-2　矩形风管连接允许最大间距　（单位：mm）

刚度等级		风管边长 b								
		≤500	630	800	1 000	1 250	1 600	2 000	2 500	3 000
		允许最大间距								
低压风管	F1	3 000	1 600							
	F2		2 000	1 600	1 250				不使用	
	F3		2 000	1 600	1 250	1 000				
	F4		2 000	1 600	1 250	1 000	800	800		
	F5		2 000	1 600	1 250	1 000	800	800	800	
	F6		2 000	1 600	1 250	1 000	800	800	800	800
中压风管	F2	3 000	1 250							
	F3		1 600	1 250	1 000				不使用	
	F4		1 600	1 250	1 000	800	800			
	F5		1 600	1 250	1 000	800	800	800	625	
	F6		2 000	1 600	1 000	800	800	800	800	625
高压风管	F3	3 000	1 250							
	F4		1 250	1 000	800	625			不使用	
	F5		1 250	1 000	800	625	625			
	F6		1 250	1 000	800	625	625	625	500	400

表 5-3　薄钢板法兰矩形风管连接允许最大间距　　（单位：mm）

刚度等级		风管边长 b								
		≤500	630	800	1 000	1 250	1 600	2 000	2 500	3 000
		最大间距								
低压风管	Fb1	3 000	1 600	1 250	650	500				
	Fb2		2 000	1 600	1 250	650	500	400		
	Fb3		2 000	1 600	1 250	1000	800	600		
	Fb4		2 000	1 600	1 250	1 000	800	800	不使用	
中压风管	Fb1	3 000	1 250	650	500					
	Fb2		1 250	1 250	650	500	400	400		
	Fb3		1 600	1 250	1 000	800	650	500		
	Fb4		1 600	1 250	1 000	800	800	800	不使用	

表 5-4　矩形风管加固刚度等级

加固形式			加固件规格/mm	加固件高度 h/mm					
				15	25	30	40	50	60
				刚度等级					
外框加固	角钢加固		L25X3		G2				
			L30X3			G3			
			L40X4				G4		
			L50X5					G5	
			L63X5						G6
	直角形加固		t=1.2	—	G2	G3	—	—	—
	Z形加固	$b\geqslant 10$mm	t=1.5	—	G2	G3	G3	—	—
			t=2.0	—	—	—	—	G4	—
	槽形加固1	$b\geqslant 20$mm	t=1.2	—	G2	—	—	—	—
			t=1.5	—	—	G3	—	—	—
	槽形加固2	$b\geqslant 25$mm	t=1.2	G1	G2	—	—	—	—
			t=1.5	—	—	G3	G4	—	—
			t=2.0	—	—	—	—	G5	—

（续）

加固形式			加固件规格/mm	加固件高度 h/mm 15	25	30	40	50	60
				刚度等级					
点加固	扁钢内支撑	h, b, $b \geqslant 25$mm	25×3 扁钢	J1					
	螺杆内支撑		≥M8 螺杆	J1					
	套管内支撑		$\phi 16 \times 1$ 套管	J1					
纵向加固	立咬口	h, $h \geqslant 25$mm	—	Z2					
压筋加固	压筋间距≤300		—	J1					

注：h 为法兰高度，t 为风管壁厚度。

表 5-5　矩形风管横向加固允许最大间距　（单位：mm）

刚度等级		风管边长 b ≤500	630	800	1 000	1 250	1 600	2 000	2 500	3 000
		允许最大间距								
低压风管	G1	3 000	1 600	1 250	625					
	G2		2 000	1 600	1 250	625	500	400	不使用	
	G3		2 000	1 600	1 250	1 000	800	600		
	G4		2 000	1 600	1 250	1 000	800	800		
	G5		2 000	1 600	1 250	1 000	800	800	800	625
	G6		2 000	1 600	1 250	1 000	800	800	800	800
中压风管	G1		1 250	625						
	G2		1 250	1 250	625	500	400	400		
	G3		1 600	1 250	1 000	800	625	500	不使用	
	G4		1 600	1 250	1 000	800	800	625		
	G5		1 600	1 250	1 000	800	800	800	625	
	G6		2 000	1 600	1 000	800	800	800	800	625

（续）

刚度等级		风管边长 b								
		≤500	630	800	1 000	1 250	1 600	2 000	2 500	3 000
		允许最大间距								
高压风管	G1		625							
	G2		1 250	625						
	G3	3 000	1 250	1 000	625					
	G4		1 250	1 000	800	625			不使用	
	G5		1 250	1 000	800	625	625			
	G6		1 250	1 000	800	625	625	625	500	400

3. 风管制作安装注意事项

1）风管缝应紧密，宽度应均匀，无孔洞、半咬口和胀裂等缺陷。

2）风管法兰联接应牢固，折角平直，圆弧均匀。

3）风管加固应可靠、整齐、间距适宜、均匀对称。

4）风管安装各项误差在允许范围内。

5）在风管制作车间工作时，对各种设备实行专人管理，所有设备的运转部件都要有防护罩等防护措施，严格遵守设备的操作规程。

6）在镀锌钢板的搬运过程中，注意不要划伤手脚。

7）风管在现场吊装过程中，要有专人指挥，吊点的选择要牢固可靠，吊装时风管下严禁站人。

8）现场使用的各种小型电动工具的漏电保护开关要灵活可靠。

（三）风管的保温

为防止空调送风管道的外表面结露（风管表面温度低于室内空气的露点温度），必须给风管外部保温。工程中一般按照设计要求选用保温材料。一般的空调送风管道采用保温板铆住的方法，保温板用铆钉固定在风管上后，还要覆盖一层沥青，用以防潮，最后用玻璃布或金属板条、装饰板包盖好。风管保温工艺流程如图 5-6 所示。

图 5-6　风管保温工艺流程

1. 风管保温要求

1）对洁净风管，一般采用难燃闭孔橡塑海绵保温材料；对排烟风管，一般采用不燃的铝箔玻璃棉板。

2）保温材料规格应符合设计要求，并具有合格证等质量证明文件。

3）下料要准确，切割面要平齐。在裁料时，要使水平垂直面搭接处以短面两头顶在大梁上。

4）涂胶厚度要均匀，不得堆积、流淌。

5）保温材料铺覆粘接紧密，无空鼓，接缝紧密无裸露。

2. 风管保温注意事项

1）保温材料的材质、规格及防火性能必须符合设计和防火要求，要查验材料的合格证明书。

2）风管与设备接头处以及易产生凝结水的部位，必须保温良好、严密、无缝隙。

3）风管保温各工序都要做好检查，办妥手续；保温前和缠玻璃丝布前都要做隐蔽检查，做好记录。

4）粘保温钉时，要适当考虑室内温度给予充分的固化时间。保温钉未粘牢时，要避免磕碰，以防脱落。

5）玻璃丝布的甩头一定要粘牢，防止松散。

6）刷防火漆时，要采取可靠措施，避免污染墙面和地面。

7）风阀保温后应不妨碍操作，启闭标志明确、清晰。

8）镀锌铁丝、玻璃丝布、保温钉及保温胶等材料要存入库房，随用随领，收工及时退库。

9）管道试压时要注意检查，防止大量漏水浸泡保温。

四、相关实践

（一）共板法兰风管的制作与安装

共板法兰风管采用全自动生产线，并结合世界上先进的数控及光纤信息技术加工生产，适用于矩形金属风管且大边长不超过 2 500mm 的场合。风管自成法兰，与传统角铁法兰相比，节约了法兰型钢及联接螺栓，降低了耗材。同时，风管自动压筋、强度高、密封性好、生产安装快捷，满足现代化工程需要，在安装工程中发挥着越来越重要的作用。

1. 风管制作

（1）板厚规格　见表 5-6。

表 5-6　制作风管板厚规格

风管厚度/mm 风管大边尺寸/mm	矩形风管	
	中低压系统	高压系统
80～320	0.5	0.75
340～630	0.6	0.75
670～1 000	0.75	1
1 120～1 250	1.0	1.0
1 320～2 000	1.0	1.2
2 000～2 500	1.2	按设计

（2）绘制风管加工草图　根据施工图样及现场实际情况（风管标高、走向及与其他专业协调情况），按风管所服务的系统绘制出加工草图，并按系统编号。

（3）直管的生产流程　如图 5-7 所示。

（4）异形管（弯头、三通等配件）的生产流程　如图 5-8 所示。

2. 风管安装

共板法兰风管安装步骤如图 5-9 所示。

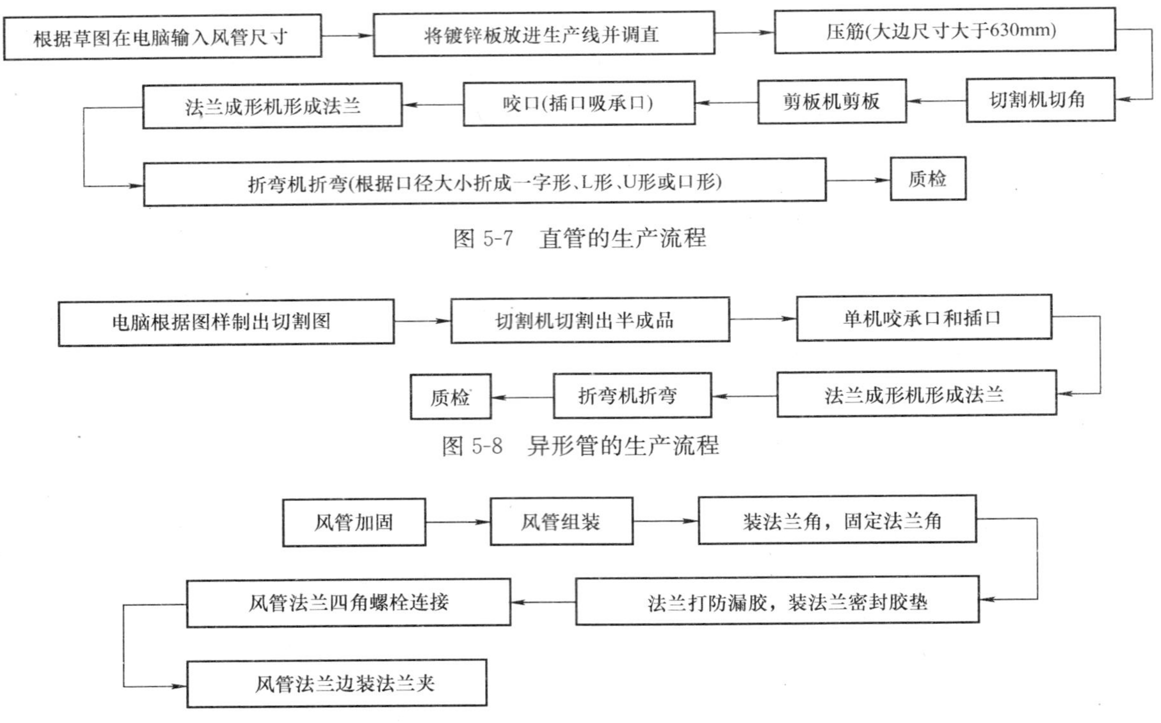

图 5-7　直管的生产流程

图 5-8　异形管的生产流程

图 5-9　共板法兰风管安装步骤

（1）风管加固　风管大边尺寸在 630～1 000mm 时，直接在生产线压筋加固，排列应规则，间隔应均匀，板面不应有明显的变形。

当风管大边尺寸在 1 000mm 以上时，可采用角钢、扁钢、钢管、Z 形槽、加固筋、通丝螺杆等进行管内、外加固。风管内、外加固形式如图 5-10 所示。

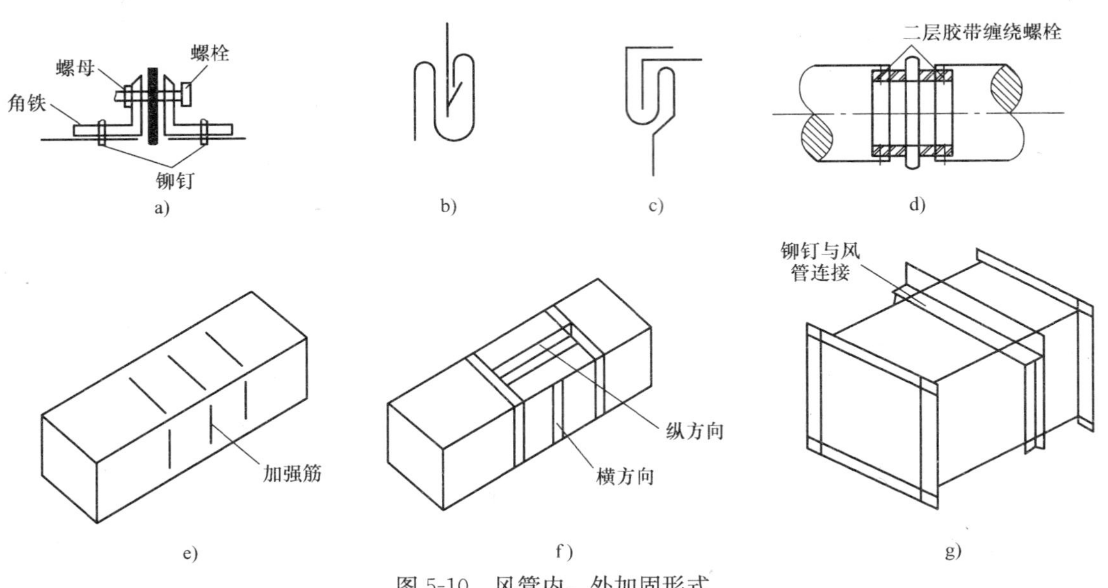

图 5-10　风管内、外加固形式

a）角钢法兰联接　b）按扣式咬口　c）联合角咬口　d）圆形风管插入连接　e）补强筋　f）角铁补强　g）角铁框中间补强

角钢或加固筋的加固，其高度应小于或等于风管法兰高度，排列应整齐，间隔应均匀对称，且不大于 220mm，与风管的铆接应牢固。

管内用通丝螺杆支撑加固，其专用垫圈对外保温风管置于风管内壁，对不保温风管或内保温风管，则放在风管外壁。通丝螺杆宜设置在风管中心处，风管断面较大时，应在靠近法兰的两侧各加一根通丝螺杆支撑加固。

风管断面＞1 250mm×630mm 时，为了保持相邻壁面互相垂直，宜在风管内四角采用 90°斜支撑加固。

中压和高压系统风管的长度大于 1 250mm 时，应采用加固框补强，对高压系统风管的单咬口缝，还应有防止咬口缝胀裂的加固或补强措施。

对于净化空调系统的风管，不得在管内壁进行加固处理，应采用三角筋、Z 形槽、角钢等进行管外壁加固。

(2) 风管连接　由于风管生产线与施工场地不可能在一起，应在车间先按绘制的草图将风管加工成半成品，并按系统编号，在工地上按照编号进行风管的组装。

机制风管采用联合角咬口连接，以加强风管的密封性。

分支管与主管连接采用联合咬口或反边用拉钉与主管铆接，并在连接处用玻璃胶密封以防漏风。

风管法兰与法兰间的连接采用特制的 TFD 法兰角，用榔头轻击将之敲入法兰中再用螺栓联接。

当风管大边尺寸超过 450mm 时，为了加强法兰及风管的强度，需使用法兰固定卡。法兰固定卡的间隔依照表 5-7 安装。

表 5-7　法兰固定卡的安装

风管边长尺寸/mm	法兰夹安装示意图	法兰夹安装要求	标准法兰夹长度尺寸
0～200		不用加	120～150mm
250～550		中央加一个	
600～1000		等距离加两个	
1050 以上		间距 250mm 以下加一个	

机制风管支、吊架的间距，如设计无要求，应符合下列规定：

1) 风管水平安装，长边尺寸≤400mm 时，间距不应大于 4m；大于或等于 400mm 时，不应大于 3m。如果直管长度过长，应加装防止摆动的固定点。

2) 风管垂直安装，间距不应大于 4m，但每根立管的固定件不应少于 2 个。

3) 矩形水平风管支吊架的最小尺寸按照有关规定执行。

(3) 风管的密封　共板法兰风管应在法兰角处、支管与主管连接处的内、外都进行密封。低压风管应在风管结合部折叠处向管内 40～50mm 处进行密封；高压风管还应在风管纵向咬口处及风管复合部进行密封。法兰密封条宜安装在靠近法兰外侧或法兰的中间。法兰密封条在法兰端面重合时，重合 30～40mm。

共板法兰风管法兰 4 个法兰角联接需用玻璃胶密封防漏，联合咬口离法兰角向下 80mm 的地方需用玻璃胶密封防漏，密封胶应设在风管的正压侧。

（二）风管保温施工

1. 准备工作

1）确认现场土建结构已完工，无大量施工用水情况发生。

2）确认风管上方管道、电气、消防等专业施工基本结束，以免大量交叉作业破坏保温。

3）风管系统安装完毕，自检质量合格并向监理报验合格，办理完隐蔽工程检查记录。

4）空调系统漏风量测试合格。

5）施工所需用各种材料已到位，其材质证明书与合格证书齐全，各项指标符合设计要求，向监理报验合格，准许使用。

6）施工用的梯子、架子、照明灯具等齐全可靠。

2. 闭孔橡塑海绵保温工艺流程

1）将风管表面擦拭干净，擦去表面的灰尘和积水并使其干燥。

2）根据风管尺寸裁剪保温材料。

保温材料下料时，要注意使其两个长边夹住短边，对正方形的风管要使其上、下边夹住两个立边。

裁剪闭孔橡塑海绵板时可以使用壁纸刀，刀片的长度要合适并使其保持锋利。裁割时用力要适度均匀，断面要平整。

对门厅、展厅等重要场所处的明露风管，为确保切割断面光洁美观，裁剪聚乙烯板时可使用手持砂轮切割机。

3）在管外壁和闭孔橡塑海绵板上分别均匀刷上 401 胶，稍候片刻，待其微干后将其粘合上。

4）用橡胶锤轻打闭孔橡塑海绵板（尤其是风管四角处），使其与风管粘牢。

5）对保温外观进行检查，如果有不合适之处，及时修补。

3. 铝箔玻璃棉板保温工艺流程

1）先将风管表面擦拭干净，擦去表面的灰尘和积水并使其干燥。

2）粘结保温钉。

① 按规定选择比保温厚度长的铝制保温钉。

② 将 401 胶分别涂抹在风管外壁和保温钉的粘结面上，稍候片刻，待其微干后将其粘上。注意保温钉的粘结密度。

③ 粘钉 24h 后，轻轻用力拉扯保温钉，不松动脱落时才可铺覆保温材料。

3）裁剪铝箔玻璃棉板。裁板时使用钢锯条，要使保温材料的长边夹住短边，小块的保温材料要尽量使用在风管的上水平面上。

4）铺覆铝箔玻璃棉板。

① 将裁好的铝箔玻璃棉板轻轻贴在风管上，稍微用力使保温钉穿出玻璃棉板，经检查准确后，用保温钉压盖将其固定。压盖应松紧适度，均匀压紧。

② 长出压盖的保温钉弯曲过来压平。

③ 保温钉铺覆时要使纵、横缝错开，板间拼缝要严密平整。

④ 对风管法兰处要单独进行可靠的保温。

⑤ 对大边大于 1 200mm 的风管，在保温外每隔 500mm 加打包带一道。打包带与风管四角结合处设短铁皮包角。

5）粘铝箔胶带。玻璃棉板的拼缝要用铝箔胶带封严。胶带宽度平拼缝处为 50mm，风管转角处为 80mm。粘胶带时要用力均匀适度，使胶带牢固地粘贴在铝箔玻璃棉板面上，不得出现胀裂和脱落。

6）缠玻璃丝布。玻璃丝布的幅宽应为 300～500mm，缠绕时应使其互相搭接一半，使保温材料外表形成两层玻璃丝布缠绕。

通常裁出的玻璃丝布有一边是毛边，使用时要注意将毛边压在里面，以达到美观的效果。

玻璃丝布的甩头要用胶粘牢固定。

对一些弯头、三通、变径管等处，缠绕时要注意布面平整、松紧适度，必要时可用胶将布粘牢在保温棉上。

7）刷防火漆。在玻璃布面刷防火漆两遍。刷漆时要顺玻璃丝布的缠绕方向涂刷，涂层应严密均匀，并注意采取必要的防护措施，以免污染其他部位。

8）保温层外包镀锌铁皮。空调机房内的风管粘贴铝箔胶带后不再缠玻丝布，而是包镀锌铁皮。

按风管保温后的尺寸裁剪铁皮，注意按搭接方式留出余量。

铁皮要由下向上进行安装，搭接处采用自攻钉固定。

弯头、三通、变径管等保温后要保持原有形状，铁皮安装要圆弧均匀，搭接缝应在风管的同侧。

为保证铁皮安装外观平整，对大尺寸风管可采用与保温厚度等厚的木方钉成框架，将铁皮用自攻钉固定在木框架上。

五、自我评估

1. 空调风管按制作材料可分为哪些种类？各有何优、缺点？按断面的几何形状可分为哪些种类？各有何优、缺点？

2. 简单说明复合材料风管是什么样的风管。

3. 风管加固有哪些形式？风管加固应符合哪些要求？

4. 简要说明风管保温工艺流程及保温要求与注意事项。

5. 共板法兰风管如何制作？如何安装？

6. 风管加固可采用哪些形式？

7. 风管保温施工的工艺流程是什么？请举例说明。

项目六　小型家用制冷设备塑料件的成型

一、学习目标

1. 终极目标

掌握小型家用制冷设备塑料件成型与涂装工艺的方法与步骤。

2. 促成目标

1）了解塑料的基本概念、组成、分类、特点。

2）熟悉小型制冷设备上常用的塑料、塑料加工助剂。

3）能进行塑料成型前预处理、制件后处理。

4）能简单编制小型制冷设备相关塑料件成型工艺流程。

5）了解涂料、涂装的基本概念。

6）了解涂料的作用、组成。

7）能对制冷设备塑料件进行涂装前表面处理。

8）熟悉制冷设备塑料件的常用涂装技术。

9）会检测涂层性能。

二、工作任务

1）编制电冰箱箱内壳和门内壳（见图 6-1）真空成型工艺流程。

2）编制电冰箱壳体隔热层硬质聚氨酯发泡工艺流程。

3）编制家用空调器前面板（见图 6-2）注射成型工艺流程。

图 6-1　电冰箱箱内壳和门内壳

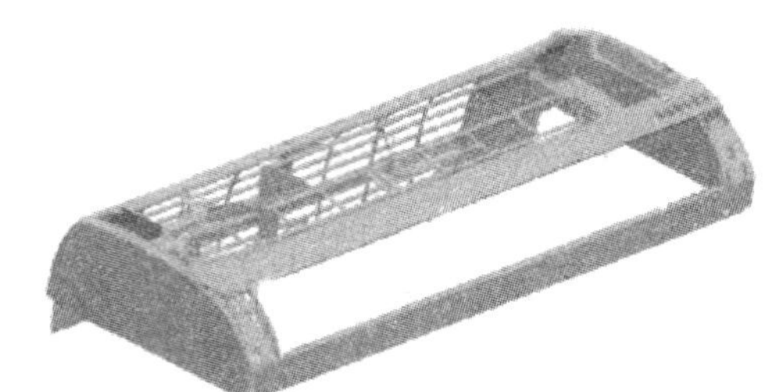

图 6-2　家用空调器前面板

三、相关知识

（一）塑料性能及小型制冷设备上常用的塑料

1. 塑料的组成

塑料因其材料本身资源丰富、性能优越、加工方便而被广为使用，并显示出其巨大的优越性和发展潜力。塑料是以高分子聚合物（或称合成树脂）为主要材料，在聚合物中适量添加各种辅助材料（如填料、增塑剂、润滑剂、稳定剂、着色剂等），在一定温度和压力下塑造成一定形状，解除外力后，在常温下能保持既定形状的高分子有机材料及其制品。

2. 塑料的分类

塑料种类繁多，主要的就有几十种。其常用的分类方法有以下几种：

（1）按理化特性分类 可分为热塑性塑料和热固性塑料。

1）热塑性塑料。热塑性塑料加热时变软或熔化，成为具有一定流动性的稳定粘稠物质，此时具有可塑性，可塑制成一定形状的塑制品，冷却后保持既定形状。若再加热，又变软并可再加工成另一种形状的塑制品，冷却后又保持这一形状的塑制品。

简言之，热塑性塑料是由可以多次反复加热但仍具有可塑性的合成树脂制得的塑料，如聚氯乙烯（PVC）、聚砜（PSU）、聚苯乙烯（PS）、聚碳酸酯（PC）、聚甲基丙烯酸甲酯（PMMA）、聚乙烯（PE）、聚丙烯（PP）、聚甲醛（POM）、聚四氟乙烯（PTFE）等。

2）热固性塑料。热固性塑料在加热之初，具有可溶性和可塑性，可以塑制成一定形状的制品，但继续加热使温度到达一定程度后或加入固化剂后，树脂变成不熔或不溶的体形结构，形状不再发生变化，再加热也不再软化、不再具有可塑性，温度过高就会发生分解。

简言之，热固性塑料是加热硬化的合成树脂制得的塑料，如酚醛塑料（PF）、环氧塑料（EP）、不饱和聚酯（UP）等。

（2）按原料树脂的合成方法分类 可分为缩聚型塑料和加聚型塑料。

1）缩聚型塑料。缩聚型塑料是指通过缩聚反应制得的树脂组成的塑料，如酚醛、聚酯等。

2）加聚型塑料。加聚型塑料是指通过加聚反应制得的树脂组成的塑料，如聚氯乙烯、聚烯烃、聚苯乙烯、聚甲基丙烯酸甲酯、聚四氟乙烯等。

（3）按塑料的应用范围分类 可分为通用塑料、工程塑料和特殊塑料。

1）通用塑料。通用塑料是指目前产量最大、用途最广、价格较低、成本较低、性能多样的一类常用塑料，如聚氯乙烯（PVC）、聚乙烯（PE）、聚丙烯（PP）、聚苯乙烯（PS）、酚醛塑料（PF）、氨基塑料六大类。其产量占塑料总产量的80%以上。

2）工程塑料。工程塑料是指具有较高的机械强度，良好的耐磨性、耐腐蚀性、自润滑性及尺寸稳定性的可用作工程技术中的工程材料或结构材料的塑料，如聚酰胺（PA）、聚甲醛（POM）、聚碳酸酯（PC）、聚砜（PSU）和聚四氟乙烯（PTFE）等。

3）特殊塑料。特殊塑料是指具有某种特殊性能的塑料。这些特殊性能包括：高耐热性、高电绝缘性、高耐腐蚀性等。特殊塑料有氟塑料、有机硅树脂、环氧树脂、导磁塑料、光敏塑料、等离子塑料等。

3. 塑料的特点

塑料的品种繁多，性能差别也大，不同品种的塑料具有不同的性能和应用。与其他材料相比，塑料的主要性能可归纳如下：

1）密度小。塑料的密度一般在0.9～2.3g/cm^3，是钢材密度的1/8～1/6，铝材密度的1/2左右。各种泡沫塑料密度在0.01～0.5g/cm^3。

2）比强度高。材料的拉伸强度与其密度的比值称为比强度。某些品种塑料的比强度并不小于金属，如钢的拉伸比强度约为160MPa，而玻璃纤维增强的塑料拉伸比强度可达

170～400MPa。比强度高的纤维增强塑料可用于负载较大的零件。

3）电、热绝缘性能优异。塑料的介电常数一般在2左右，体积电阻率高达10^{10}～$10^{20}\Omega\cdot cm$，介电损耗低至10^{-10}。塑料不仅可用于低频、低压条件下的电绝缘，而且在高频、高压条件下许多塑料也可作为绝缘材料和电容器介质材料。

塑料的热导率极小，是金属热导率的百分之几甚至千分之几。因此，塑料常被用作绝热保温材料。

4）耐化学腐蚀能力强。一般塑料的化学稳定性较好，对酸、碱、盐溶液、有机溶剂等化学药剂均有较强的耐腐蚀能力，被广泛地用作防腐材料。聚四氟乙烯的耐化学腐蚀性能最强。

5）耐磨性和自润滑性能好。塑料的摩擦因数很低，用它制造的零件能在无润滑剂的情况下有效地工作，耐磨性能较好。

6）加工成型性能优良。塑料具有可模塑性、可挤压性、可延展性等，容易成型且成型加工周期短，可用多种多样的成型加工技术生产出品种繁多的各类制品。

7）塑料制品经济效益显著。生产塑料制品所需专用设备投资少，能耗低。与金属制品加工相比，其成型周期短、加工工序少，加工过程中的边角废料多数可回收再用。生产单位体积塑料制品的费用仅仅是有色金属的1/10。

除此之外，塑料还具有绝热、隔声、减振、透光等许多优点。

尽管塑料具有其他材料所不及的优良性能，但也存在一些缺点。例如，耐热性差，在长时间工作的条件下一般使用温度在100℃以下，在低温下易变脆开裂；散热性差，塑料的热导率只有金属的1/600～1/200；刚性差，如尼龙的弹性模量约为钢铁的1/100；易燃烧，在光和热作用下性能容易变坏，发生老化现象；塑料在长期受载荷作用下，即使温度不高，也会渐渐产生“蠕变”现象；塑料的废弃物回收工作较为困难，易造成环境污染。

随着合成和塑料改性技术的发展，这些缺点正被逐渐克服，性能优异的塑料和各种复合塑料材料正不断涌现。

4. 小型制冷设备上常用的塑料

在制冷行业中，塑料制品在制冷装置零部件中占有相当大的比例，而且它的应用仍呈发展态势。在家用电冰箱中，其内胆、搁架、门封条、果菜盒、保温层、接线盒、接水盘等都是塑料件；而家用空调器中的室内机外壳、底盘、电控盒、遥控器外壳、出风导叶片、风轮、蒸发器接水盘、排水管、保温套、涡壳等也都是塑料件。

小型制冷设备上常用的塑料有以下几种。

（1）聚乙烯（PE） 聚乙烯塑料是以聚乙烯树脂为基材，添加少量助剂（如抗氧剂、爽滑剂等）经造粒而成的塑料。聚乙烯是典型的结晶聚合物，为无臭、无味、无毒的白色颗粒状塑料。聚乙烯制品为乳白色半透明状，表面有蜡状滑腻感，可浮于水面。聚乙烯成型加工性能良好，既容易又简单，可应用多种成型方法，如挤出成型、注射成型等。

（2）聚氯乙烯（PVC） 聚氯乙烯属无定形结构，为无味、无臭的白色粉状颗粒。聚氯乙烯是一种热敏性塑料，受热易分解，在100℃以上就会发生分解，在150～180℃会剧烈分解。聚氯乙烯的毒性同聚氯乙烯中单体氯乙烯的含量有关，VCM（单体含量）$<10^{-6}$的无毒，而VCM（单体含量）$>10^{-6}$的是有毒的。聚氯乙烯可应用挤出成型、注射成型、压延成型等成型方法。

（3）聚丙烯（PP） 聚丙烯是由丙烯单体聚合而成的高分子量聚合物。其相对密度为0.9，是热塑性塑料中最轻的。聚丙烯制品为乳白色，无毒、无味、表面呈蜡状。聚丙烯具有优异的耐热性，其加工温度为205～315℃，可以在135℃的环境中长期使用，可蒸煮消毒，是通用塑料中耐热性最好的品种。聚丙烯树脂可应用注射成型、挤出成型、中空吹塑成型等成型方法，可用于发泡、电镀、机械加工、加热成型等二次成型。

（4）聚苯乙烯（PS） 聚苯乙烯由苯乙烯单体聚合而成，苯乙烯则由苯和乙烯合成。聚苯乙烯为无色透明的粉状或粒状热塑性树脂。它无延展性，似玻璃状材料，有较好的流动性。聚苯乙烯树脂成型加工性能优良，可应用注射成型、挤出成型、发泡成型和焊接成型等成型方法，可用于涂覆和粘接。

（5）丙烯腈-丁二烯-苯乙烯共聚物（ABS） 丙烯腈（a）-丁二烯（b）-苯乙烯（S）是三元共聚物。它可以是三种单体共聚物，也可以是两种单体的共聚物与第三种单体接枝的共聚物，还可以是三种聚合物的共混物。ABS是无毒、无味、浅象牙色不透明的粉状或粒状热塑性塑料。ABS由三种成分组成，因而兼具橡胶的弹性和树脂的刚性，且丙烯腈赋予树脂良好的耐化学腐蚀性和力学强度，丁二烯使树脂具有良好的韧性和较高的冲击强度，而苯乙烯则使树脂具有优异的刚性和良好的加工性能。ABS的耐热性和耐低温性适中，ABS树脂成型性能良好，可应用挤出成型、注射成型、压延成型、吹塑成型、真空成型等成型方法，可用于发泡、层合、涂覆、粘接成型。

（6）聚酰胺（PA） 聚酰胺俗称尼龙，由二元胺和二元酸通过缩聚反应或由己内酰胺通过自聚反应制得。聚酰胺为半透明白色、无毒、无味的粉状或粒状树脂。聚酰胺长期使用温度可达80℃左右，熔点范围为180～280℃，挤出成型温度为190～290℃。聚酰胺综合力学性能良好，特别是拉伸强度优良，可应用注射成型、挤出成型等成型方法。

（7）聚碳酸酯（PC） 聚碳酸酯是在分子链中含有碳酸酯结构的一类高分子化合物的总称。聚碳酸酯是无色或微淡黄色透明塑料。其耐热性能较好，长期使用温度可达130℃，具有很好的耐寒性，其催化温度为－100℃。聚碳酸酯具有优异的电性能，常温下能耐水、稀酸、氧化剂、还原剂等，其吸湿率达0.5%，成型前需要干燥处理，成型温度较高。聚碳酸酯可以应用挤出成型、注射成型、吹塑成型、热成型等成型方法。

（8）聚甲醛（POM） 聚甲醛是甲醛的均聚物和共聚物的总称。聚甲醛是白色或象牙色粉状或颗粒状，有光泽、着色性好，吸水率一般，通常为0.2%～0.25%。聚甲醛的力学性能优异，硬度、弹性模量、刚性较大，有较好的耐磨性和较低的摩擦因数，耐疲劳性能优异。聚甲醛属热敏性塑料，高温易分解。聚甲醛熔点为165～175℃，分解温度为240℃，玻璃化温度为－85℃，成型加工温度为180～205℃，长期使用温度为－40～100℃。聚甲醛耐候性一般，经大气老化后性能下降，加入炭黑、紫外线吸收剂等稳定化助剂可提高其耐候性。采用挤出成型方法，聚甲醛可加工成板材、管材、棒材，还可用作食品及药品的包装容器及工业润滑油的包装材料。

5. 常用塑料加工助剂

塑料加工用助剂简称助剂，也称添加剂，是指塑料在成型过程中所需要添加的各种辅助的化学物质。加入助剂的目的是为了改善塑料成型性能以及制品的使用性能，降低塑料成本。

（1）填充剂 又称填料，它可以提高塑料的强度和耐热性能，并降低成本。填料可分为有机填料和无机填料两类，有机填料如木粉、碎布、纸张和各种织物纤维等，无机填料如玻璃纤维、硅藻土、石棉、炭黑等。

（2）增塑剂　增塑剂可增加塑料的可塑性和柔软性，降低脆性，使塑料易于加工成型。增塑剂一般能与树脂混溶，无毒、无臭。对光、热稳定的高沸点有机化合物，最常用的是邻苯二甲酸酯类。

（3）稳定剂　加入稳定剂是为了防止合成树脂在加工和使用过程中受光和热的作用而分解和破坏，从而延长其使用寿命。常用的稳定剂有硬脂酸盐、环氧树脂等。

（4）着色剂　着色剂可使塑料具有各种鲜艳、美观的颜色。常将有机染料和无机颜料作为着色剂。

（5）润滑剂　润滑剂的作用是防止塑料在成型时不粘在金属模具上，同时可使塑料的表面光滑美观。常用的润滑剂有硬脂酸及其钙镁盐等。

（6）抗氧剂　抗氧剂可防止塑料在加热成型或在高温使用过程中受热氧化，而使塑料变黄，发裂等。

（7）发泡剂　发泡剂是一类使处于粘流状态的塑料形成蜂窝状泡孔结构的物质。塑料制品发泡的目的是为了减轻质量、节约材料，使制品变得柔软、舒适，使制品具有隔热、隔声功能。发泡剂主要用于制备泡沫塑料、海绵型制品等空心制品。

（8）交联剂　加入交联剂的目的是使具有线形大分子或带支链的线形大分子的聚合物分子间产生交联，使聚合物分子结构由线形转变成为网状或体形结构，从而改变聚合物的物理力学性能和聚合物熔体的流变性能。

除了上述助剂外，塑料中还可加入阻燃剂、防霉剂、成核剂、抗静电剂等，以满足不同的使用要求。

（二）塑料成型前预处理、制件后处理

1. 塑料成型前预处理

（1）对原料进行的预处理　配料完成后，根据注射成型对物料的工艺特性要求，对原料的外观色泽、含水量、颗粒情况、有无杂质等进行检验，并测试其热稳定性、流动性和收缩率等指标。对于聚酰胺（尼龙）、聚碳酸酯、ABS等吸湿性或粘水性强的塑料，应根据工艺允许的含水量进行适当的预热干燥，以免制品表面出现银纹、斑纹和气泡等缺陷。

（2）清洗料筒　当成型过程中出现了热分解或降解反应，或需要改变塑料品种、更换塑料、调换颜色时，应对注射机的料筒进行清洗或拆换。清洗剂是一种粒状无色高分子热弹性材料，100℃时不熔融或粘结，具有橡胶的特性，将其通过机筒，可以像软塞一样把机筒内的残料带出。

（3）预热嵌件　对于有金属嵌件的塑料制品，在成型前需对嵌件预热，以减小成型时与塑料熔体的温差，抑制或避免嵌件周围的塑料产生收缩应力和裂纹。若塑料分子链柔性大，且嵌件较小，可不预热；对于苯乙烯、聚苯醚、聚碳酸酯和聚砜等分子链刚性大的塑料，一般均需预热嵌件，因为其本身就很容易产生应力开裂。预热嵌件的温度一般取110～130℃，对于表面无镀层的铝、铜等有色金属嵌件，预热温度可提高到150℃。

（4）选择脱模剂　为了使成型后的制件容易从模内脱出，有时要对模腔进行清理或加脱模剂。常用的脱模剂有硅油、液体石蜡（白油）和硬脂酸锌等。这三种脱模剂对一般的塑料均能使用，尤其以硅油脱模效果最佳，且只要施用一次即可常效脱模，但价格昂贵。液体石蜡多用于低温模具，硬脂酸锌多用于高温模具。另外，聚酰胺不能用硬脂酸锌作脱模剂，含

有橡胶的软制品或透明制品不宜采用脱模剂，否则影响其透明度。脱模剂使用时常采用手涂和喷涂两种方法。手涂成本低，但难以在模具表面形成规则均匀的涂层，影响制品的表观质量；喷涂是将液体脱模剂雾化后喷洒均匀，其涂层质量好、脱模次数多（喷涂一次可脱十几模甚至几十模）。值得注意的是，凡要电镀或表面涂层的塑料制品尽量不用脱模剂。

2. 制件后处理

制件后处理方法有退火和调湿两种。

（1）退火处理　具体方法是将制品放入一定温度的介质（矿物油、甘油、乙二醇、空气、液体石蜡等）中保持一段时间，然后再慢冷至室温。退火温度一般高于制件使用温度10～20℃或低于热变形温度 10～20℃。保温时间取决于塑料品种、加热介质温度、塑件形状和成型条件等。退火热源或加热保温介质通常采用红外线灯、鼓风烘箱以及热水、热油、热空气和液体石蜡等。

（2）调湿处理　如果将采用吸水性较强的材料（如聚酰胺）成型的制品放置在空气中，材料会不断吸湿而不断膨胀，且需经过很长时间才能达到水分平衡，因而制品尺寸在较长时间内都不稳定。调湿处理的目的是在加热保湿条件下消除残留应力，促使制件在加热介质中达到吸湿平衡，使制件的颜色、性能以及尺寸得到稳定。具体方法是将制品放入热水、热醋酸水溶液或热油水中，加热温度为 100～120℃，热变形温度低时取下限，反之取上限；保湿时间与塑料的品种、制件的形状、厚度及洁净度有关，通常取 2～9h。

（三）塑料件加工的常用方法

1. 真空成型

真空成型是目前应用最广的一种热成型方法，它是把热塑性塑料板材、片材固定在模具上，将其加热至软化温度，然后抽掉板材和模具之间的空气，在大气压作用下板材即贴在型腔上而成型，冷却后，塑件收缩，借助压缩空气脱模。真空成型具有设备简单、成本低、生产率高、能加工大型薄壁塑件等优点，制件轻而薄，美观透明，广泛用于轻工用品、食品包装和家电等行业。

真空成型的方法主要有凹模真空成型（阴模成型）、凸模真空成型（阳模成型）、凹凸模先后抽真空成型、吹泡真空成型、柱塞推下真空成型和带有气体缓冲装置的真空成型等方法。

（1）凹模真空成型（阴模成型）　凹模真空成型是一种最常用最简单的成型方法。如图 6-3 所示，将塑料片材固定在模腔的上方，并使型腔和塑料片材之间形成密闭空间，用加热器加热片材至软化（见图 6-3a）；然后移开加热器，将型腔内抽真空，在大气压作用下片材就完全贴合在凹模型腔上（见图 6-3b）；冷却后从抽气孔压入压缩空气将制件吹出（见图 6-3c）。

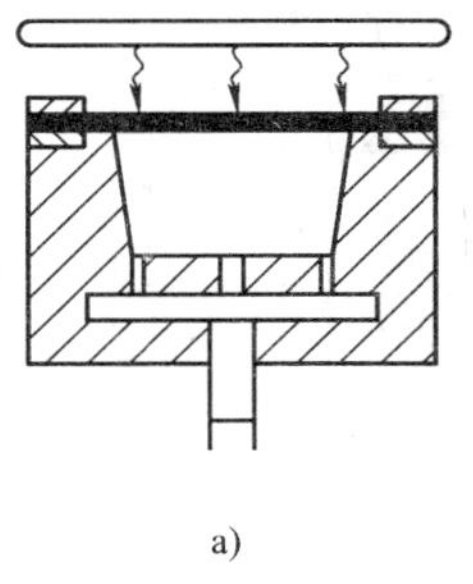
a)

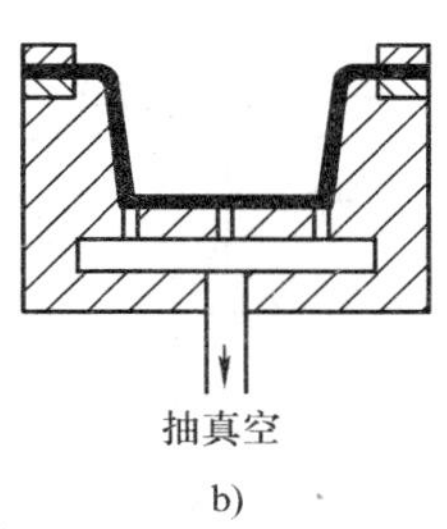

b)

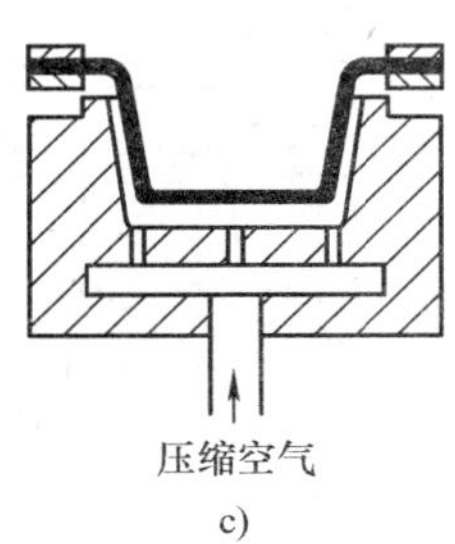

c)

图 6-3　凹模真空成型

凹模成型的制件外表面尺寸精度较高，一般用于成型较浅的制件，如果制件深度很大，特别是小型制件，其底部转角处会明显变薄。

（2）凸模真空成型（阳模成型） 如图 6-4 所示，将夹紧的塑料片材用加热器加热软化（见图 6-4a），然后下移软化后的片材，覆盖在凸模上（见图 6-4b），最后抽真空，塑料片材便紧贴在凸模上成型（见图 6-4c）。

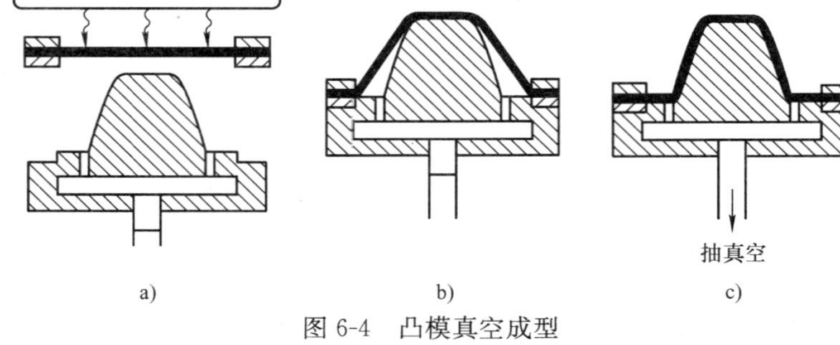

图 6-4 凸模真空成型

凸模真空成型的制件内表面尺寸精度较高，但由于成型过程中冷的凸模首先与片材接触，故其底部稍厚，所以凸模真空成型多用于有凸起形状的薄壁塑件。

（3）凹凸模先后抽真空成型 如图 6-5 所示，首先把塑料片材固定在凹模上加热（见图 6-5a），软化后移开加热器，然后通过凸模吹入少量压缩空气，而凹模微抽真空，使塑料片材呈图 6-5b 所示状态，最后凸模向下插入鼓起的塑料片材中并且从中抽真空，同时，凹模通入压缩空气，使塑料片材贴附在凸模的外表面而成型（见图 6-5c）。

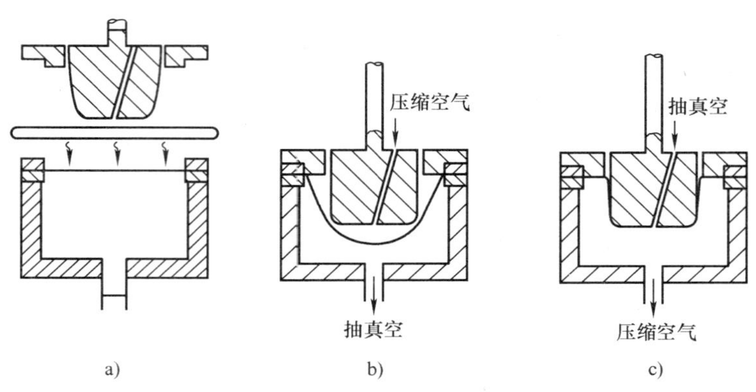

图 6-5 凹凸模先后抽真空成型

由于凹凸模先后抽真空成型将软化了的塑料片材吹鼓，使片材先延伸后再成型，故该法成型的制件壁厚较均匀，可用于成型深型腔塑件。

（4）吹泡真空成型 如图 6-6 所示，首先把塑料片材紧固在凹模上并加热（见图 6-6a），软化后移开加热器，把压缩空气吹入模腔，将塑料片材吹鼓，从而顶起凸模（见图 6-6b），停止吹气，对凸模抽真空，塑料片材便贴附在凸模上成型（见图 6-6c）。该成型方法可以获得壁厚较均匀的制品。

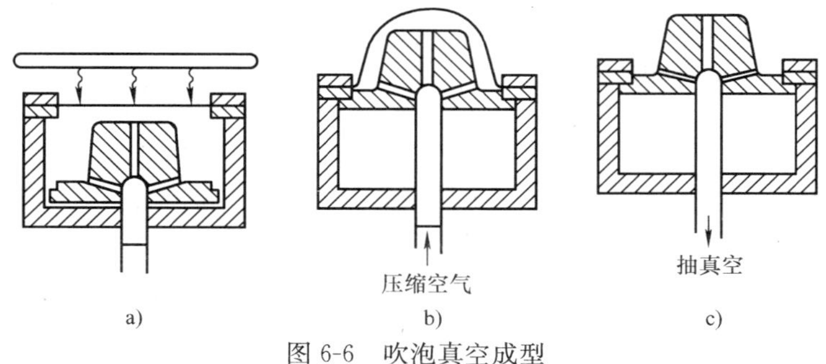

图 6-6 吹泡真空成型

（5）柱塞推下真空成型　如图 6-7 所示，首先把塑料片材紧固在凹模上并加热（见图 6-7a），软化后移开加热器，用柱塞把塑料片材推下，这时凹模里的空气被压缩，塑料板材在柱塞的推力和空气压力的作用下移动而延伸（见图 6-7b），最后对凹模抽真空而成型（见图 6-7c）。该法成型的塑件壁厚变形均匀，用于成型深型腔制件，缺点是塑件上残留有柱塞痕迹。

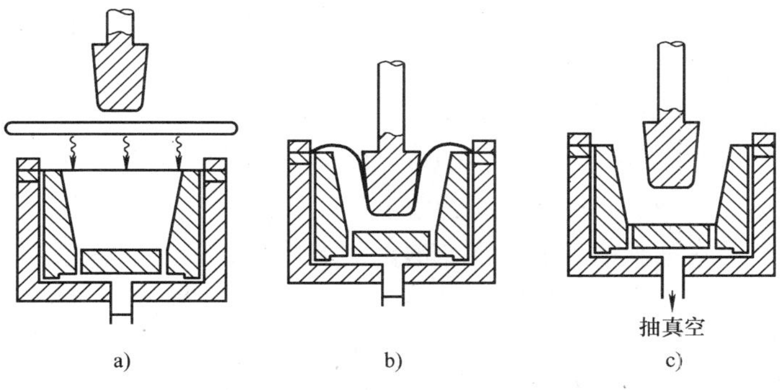

图 6-7　柱塞推下真空成型

（6）带有气体缓冲装置的真空成型　如图 6-8 所示，首先把塑料片材固定在框架上，加热塑料片材至软化，移开加热器，把框架轻轻地压向凹模，向凹模型腔吹入压缩空气，使加热的塑料片材鼓起，多余的气体从片材和凹模的缝隙中逸出，同时通过柱塞的小孔吹出已加热的空气，这时片材就处于两个空气缓冲层之间，如图 6-8a 和图 6-8b 所示。下移柱塞，使塑料片材在柱塞推力和气体共同作用下延伸变形（见图 6-8c 和图 6-8d），最后停止向柱塞内吹入压缩空气，对凹模抽真空，使塑料片材紧贴在凹模型腔上成型，同时升起柱塞（见图 6-8e）。该法成型的塑件壁厚较均匀，可成型较深的塑件。

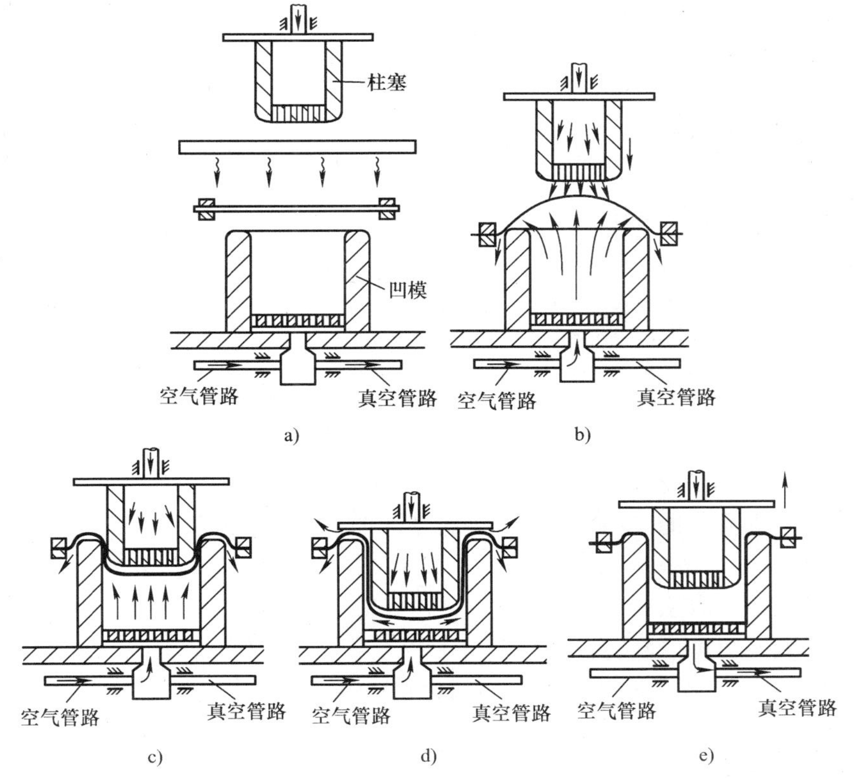

图 6-8　带有气体缓冲装置的真空成型

2. 泡沫塑料成型

(1) 泡沫塑料的用途　泡沫塑料也称为微孔塑料，它是指整体内含有无数微孔的塑料。通常用于制造泡沫塑料的树脂有聚氨基甲酸酯、聚苯乙烯、聚乙烯，聚氯乙烯、脲甲醛等。泡沫塑料有着以下共同性能：

1) 密度小，比强度高，质量是同品种的同体积塑料的几分之一，甚至几十分之一。

2) 泡沫塑料的气孔具有防止空气对流的作用，因此保温性和隔热性能好。

3) 泡沫塑料有无数微小的小孔，故吸声性能强。

根据软硬程度不同，泡沫塑料可分为软质泡沫塑料、半硬质泡沫塑料和硬质泡沫塑料三种。其泡沫在23℃、相对湿度为50%时的弹性模量大于686MPa的泡沫塑料为硬质泡沫塑料；小于68.6MPa的为软质泡沫塑料；介于两者之间的为半硬质泡沫塑料。

按照气孔的结构不同，泡沫塑料可分为开孔（孔与孔是相通的）泡沫塑料和闭孔（第一孔是独立的）泡沫塑料两种。但泡沫塑料绝不会是完全开孔或闭孔的，因此区分时只能从其主要倾向判断。某些塑料常用不止一种方法制成泡沫塑料，所以它们既可制成开孔泡沫塑料，也可制成闭孔泡沫塑料。必要时，闭孔泡沫塑料可依靠机械施压法或化学法使其成为开孔的。开孔泡沫塑料具有良好的吸声性和缓冲性，而闭孔泡沫塑料则具有较低的导热性和较小的吸水性。

泡沫塑料在制冷行业中主要用于保温、防水及包装材料（见表6-1）。

表6-1　泡沫塑料在制冷装置上的应用

用途 / 应用项目	保　温	防　水	包装/吸振
家用电冰箱/冷库	冰箱壳体的保温层 材料：PUF/PU（聚氨酯）泡沫		包装泡沫 材料：EPS（聚苯乙烯）泡沫
家用空调	1）风道保温防漏风海绵 材料：PU（聚氨酯）泡沫（软质蜂窝状） 2）蒸发器外接管保温：橡胶发泡（橡胶非塑料）	蒸发器、风道防漏水海绵 材料：PE（聚乙烯）泡沫（软质、致密、无孔）	风道结构件，如涡壳 材料：EPS（聚苯乙烯）泡沫（密度比包装用略大）
大中型管道	EPS（聚苯乙烯）或PU（聚氨酯）泡沫		

聚氨酯（PU）和聚苯乙烯（EPS）是两类主要的保温材料，两者性能相比，PU热导率稍小，吸水性小，保温性能较稳定，与其他材料的粘接性好，成型工艺简单，但PU发泡剂R11对臭氧有破坏。

(2) 泡沫塑料发泡方法

1) 物理发泡。物理发泡包括：

① 将惰性气体在加压下使其溶于熔融聚合物或糊状复合物中，然后经减压放出溶解气体而发泡。

② 利用低沸点液体蒸发气化而发泡。

③ 在塑料中加入中空微球后经固化而成泡沫塑料（通称组合泡沫塑料）等。

2）化学发泡。化学发泡包括：

① 利用化学发泡剂加热后分解放出的气体而发泡。

② 利用原料组分间相互反应放出的气体而发泡。

3）机械发泡。利用机械的搅拌作用，混入空气而发泡。

无论哪一种发泡方法，其共同特点都是待发泡的复合物处于液态或一定范围的塑性状态。泡孔的形成依靠添加能产生泡孔结构的固体、液体或气体，或是几种物料的混合物的发泡剂。

（3）硬质聚氨酯发泡

1）发泡方法。目前，硬质聚氨酯泡沫塑料作为冰箱箱体隔热材料，其获取方法兼有化学发泡法和物理发泡法，并以物理发泡法为主。其种类属于硬质闭孔型泡沫塑料。

聚氨酯泡沫塑料是由多元醇（聚醚型或聚酯型）、异氰酸酯、催化剂、发泡剂和其他助剂共同反应生成的。无论是何种发泡方法，聚氨酯泡沫塑料的生成过程自始至终都有化学反应参与。这些化学反应将产生 CO_2 而形成发泡；同时，这些化学反应还形成交联支化反应，使泡沫的分子之间形成支化交联结构并聚合在一起。在制造泡沫时，需要平衡发泡与聚合的速度。若聚合速度过快，则发泡时聚合物粘度太大，气泡不易形成，不易获得低密度、均匀孔隙的泡沫；反之，发泡过快，则大量气泡破裂，甚至溢出聚合物表面消失，也难获得低密度的泡沫体。控制的方法是：物理发泡选用适当的发泡剂；化学发泡选用适当的催化剂。

硬质聚氨酯发泡方法包括手工发泡和机器发泡。

手工发泡工艺较简单，即：称料—搅拌—浇注。与机器发泡相比，手工发泡各原料组分的混合、反应是断续进行的，因此较之机器发泡手工发泡具有以下特点：

① 设备少，投资少。

② 设备维护及保养工作量小。

③ 操作方便。

④ 泡沫塑料质量易于调整，但不易稳定。

⑤ 劳动强度大，工作效率低。

⑥ 一般原料损耗较大。

手工发泡应有合适的模具来控制柜体内、外壁的变形，使其误差符合有关标准。

机器发泡分为喷涂发泡和模具发泡。

喷涂发泡又可分为空气喷涂发泡、无空气喷涂发泡和沫状喷涂发泡。喷涂发泡即将原料经发泡机充分混合后，喷涂在管道或墙外表面上，发泡后得到完整无缝的保温层。这种方法适用于冷库隔热墙体的大面积发泡。

模具发泡根据原料混合压力不同可分为低压发泡和高压发泡。低压发泡压力为 0.6～3MPa，其混合方式是机械搅拌，混合头在每次注射发泡后必须用压缩空气喷吹或溶剂清洗，以免发生阻塞。低压发泡的溶剂混入原料中，难免影响发泡体的质量，在后期的发泡设备中已被高压发泡逐步取代。高压发泡混合压力为 10～20MPa，混合方式为高压冲击混合，其混合枪头不必清洗，原料混合均匀，所制取的聚氨酯泡沫泡孔细密，节省原料。目前，国内电冰箱厂大多数采用高压发泡。

无论是高压发泡还是低压发泡都可以用一次发泡或二次发泡。

所谓一次发泡，就是先将聚醚、发泡剂、催化剂、稳定剂等混合成 A 组分，而异氰酸酯作为B组分。灌注时，两组分相互混合发泡。二次发泡与一次发泡不同之处在于二次发泡的发泡剂由R11和R12两种成分组成，当混合原料从混合头喷出时，R12首先发泡，原料进入模具型腔，由于化学反应，温度升高，促使R11汽化发泡。因其有两次发泡过程，因此称为二次发泡。

2）发泡工艺影响因素。

① 发泡口的选择。发泡口的选择应有利于发泡混合料的流动、充型及排气，一般采用下部注入口较好。对面积较大的壳体，还应采用多注入口注料。但采用上部注入口时，模具设计较简单。

② 发泡注入量的确定。发泡注入量的多少直接影响发泡质量。注入量过小，箱体不饱满，发泡后易收缩变形，外观质量差，隔热性能差，内壳体的收缩还可能引起搁架脱落；注入量过大，易漏箱，箱体变形外鼓、泡沫密度变大，固化时间延长，隔热亦不佳。通常采用过填充方法（即增加10%～20%的注入量）以使发泡后箱体尺寸稳定。

③ 发泡剂选择。目前，硬质聚氨酯泡沫采用物理发泡的发泡剂有R11、R12和R13。三者的标准沸点分别为23.7℃、－29.8℃和47.7℃。由于在室温常压下R12发泡过于激烈，R13发泡又过于缓慢，因此R11最为合适。

④ 温度。聚氨酯泡沫塑料发泡过程中的化学反应类型较多，温度稍有波动，各种反应之间的比率就会失调，直接影响反应速度及发泡质量。其中，原料温度、箱体温度、环境温度等都能影响发泡操作及聚氨酯泡沫的物理性能。因此，在发泡工艺中除了配方合理外，温度也必须控制恒定，才能保证工艺质量的稳定。一般原料温度控制在20～25℃，箱体温度控制在40℃左右。

⑤ 搅拌速率和时间。搅拌速率和搅拌时间对泡沫塑料的结构也有影响。搅拌速率和搅拌时间反映了混合时加入能量的大小。当加入能量过低时，泡孔粗；反之，泡沫易开裂。

⑥ 熟化。对聚氨酯硬质泡沫又称硬化或固化。聚氨酯泡沫的最后熟化是指随着聚合物分子量的增加和剩余异氰酯基的消失而达到最终物理性能的过程。高温熟化有良好的效果，可缩短熟化时间，提高胺类化合物与异氰酸酯的反应速度常数，而加速异氰酸酯的消失及多余催化剂、发泡剂的挥发，熟化温度一般控制在45～60℃。

3）发泡剂的替代。目前大量使用的发泡剂R11（$CFCL_3$）由于破坏臭氧层、严重影响地球生态平衡，已与R12、R13等一起被列为限期淘汰物质。可采用加水发泡、以HCFCS取代R11等方法进行替代。具体可查阅相关资料。

（4）聚苯乙烯（EPS）硬质泡沫发泡　聚苯乙烯泡沫塑料的主要品类是可发性聚苯乙烯泡沫塑料，它是用悬浮聚合的聚苯乙烯珠粒为起始原料，将其在加温、加压条件下使低沸点的液体渗透到珠粒中制成可发性珠粒，然后再经过一系列加工并利用模具制成各种形状的泡沫塑料制品。这种泡沫塑料具有闭孔结构，其吸水性小，隔声、保温、介电性优良。不同密度的制品可有不同的用途。例如，密度为0.15～0.2g/cm^{3}的用作包装材料，0.2～0.6g/cm^{3}的用作防水、隔热材料，0.3～0.8g/cm^{3}的主要用作漂浮材料（如制成救生衣等）。

制取聚苯乙烯泡沫塑料可在普通的热压成型机上，经过可发性聚苯乙烯珠粒的制造、预发泡、熟化（即在室温下存放12h左右）、模具热压发泡成型、冷却脱模等工艺过程后制成制品。其工艺流程如图6-9所示。

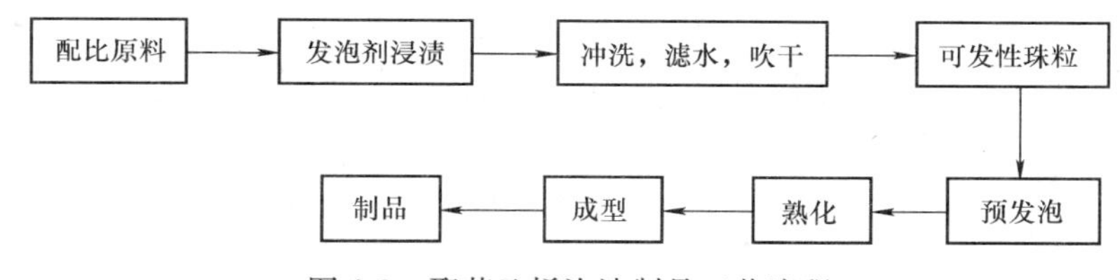

图 6-9　聚苯乙烯泡沫制品工艺流程

3. 注射成型

（1）注射成型方法　如图 6-10 所示，注射成型是将颗粒状或粉状塑料经由料斗送进加热的料筒中，加热熔化使其呈流动状态；在柱塞或螺杆压缩、推动作用下，塑料熔体向前移动，通过料筒前段的喷嘴以很快的速度注入温度较低的模具闭合型腔中；充满型腔的熔体经过一段时间保压冷却固化，使其保持模具型腔所赋予的形状；开模分型后获得一定形状和尺寸的成型制件。

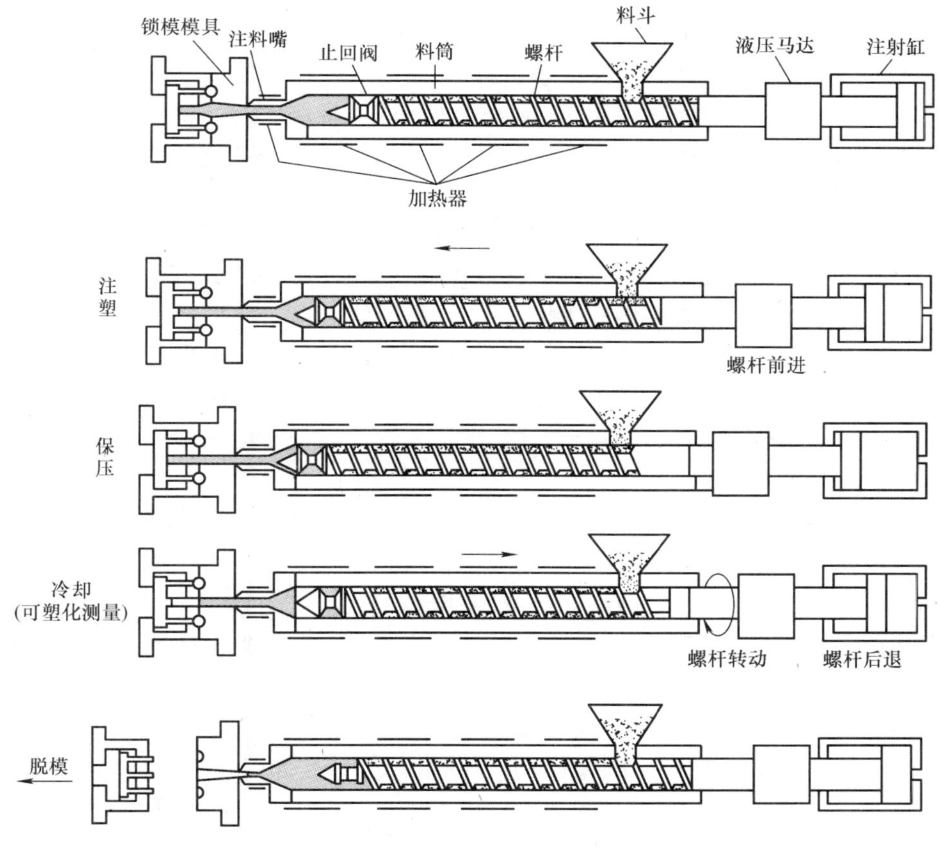

图 6-10　注射成型原理图

注射成型具有成型周期短，能一次成型外形复杂、尺寸精确，带有金属或非金属嵌件的塑料模制品；对成型各种塑料的适应性强；生产率高，易于实现全自动化生产等一系列优点。因此，注射成型是一种较经济而先进的成型技术，发展迅速。目前，家用空调器上采用注塑的主要零件有面板（ABS 或 HIPS）、电控盒（ABS、AS、PS）、底盘（改性 PP）、风扇叶等。

(2) 注射成型工艺过程　注射成型生产工艺过程如图 6-11 所示。完整的工艺过程应包括：成型前的准备、注射成型、塑件后处理等。

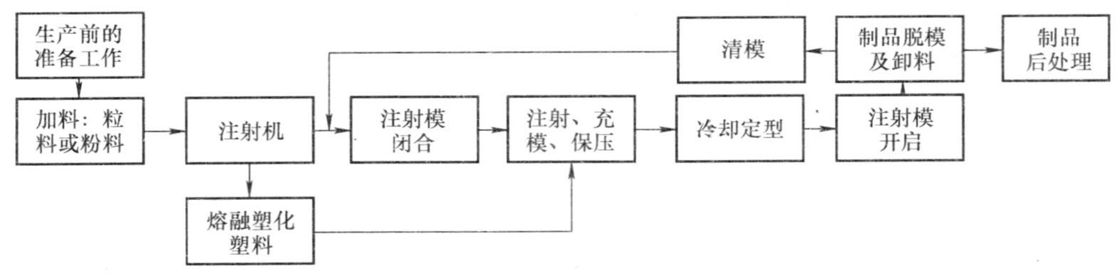

图 6-11　注射成型生产工艺过程

1) 注射前的准备。准备工作包括：对原料进行预处理、清洗料筒、预热嵌件和选择脱模剂等。

① 原材料的检验。检验原材料的种类、规格是否适合注射成型加工，色泽是否均匀、颗粒大小是否均匀、有无杂质，含水量是否超标，工艺性能是否符合注射成型加工等。

② 着色。用于塑料的着色物质有染料和颜料，染料不单能使塑料表面着色，而且能浸入塑料内部；颜料涂于制品表面使其着色。可用干混法和色母料着色法对原料进行着色。

③ 干燥。PA、PC、PMMA、PET、ABS、聚苯醚这些结构中含有亲水性的极性基团的原料，当水分超过一定量后，制品表面会出现银纹、气泡、缩孔等缺陷，严重时会引起原料降解，影响制品的外观和内在质量。小批量物料的干燥用常压烘箱干燥，批量不大时用真空烘箱干燥，大批量时用沸腾干燥器干燥。

④ 清洗料筒。当需要更换原料、调换颜色或发现塑料有分解现象时，需要对料筒进行清洗。先将料筒温度升至比平常生产温度高 10～20℃，注净料筒内的存留料，然后加入清洗剂（50～200g），最后加入欲换料，用预塑的方式连续对空注射一段时间即可。若一次清洗效果不理想，可重复清洗。

⑤ 预热嵌件。嵌件的预热要根据塑料的性质及嵌件的种类、大小决定。对有刚性分子链的塑料（如 PC、PS、聚砜和聚苯醚等）必须预热；对有柔性分子链的塑料（如 PE、PP 等），嵌件易被熔融塑料在模内加热，嵌件可不预热。

预热温度一般为 110～130℃，对表面无镀层的铝、铜等有色金属嵌件，预热温度可提高到 150℃。预热时间为几分钟。

⑥ 选择、涂抹脱模剂。常用的脱模剂有硅油、液体石蜡（白油）和硬脂酸锌等。采用手涂或喷涂的方法将脱模剂涂在模具表面上。

2) 注射过程。注射过程一般分为加料、塑化、注射和脱模 4 个步骤。

① 加料。为了保证操作稳定和塑料塑化均匀，需要定量（定容）加料。加料过多、受热的时间过长，注射机功率损耗增多，也容易引起物料的热降解；若加料过少，料筒内缺少传压介质，降低了型腔中的塑料熔体压力，容易引起塑件出现收缩、凹陷、空洞等缺陷。

② 塑化。塑化是指将加入的塑料在料筒中加热、使固体颗粒转换成具有良好的可塑性的粘流态的过程。决定塑料塑化质量的要素是：塑料的受热情况和所受到的剪切作用大小。适当的温度是塑料变形、熔融和塑化的必要条件；剪切作用使塑料熔体的温度分布、物料组

成和分子形态都发生改变，更趋于均匀，并强化了混合和塑化过程，使混合和塑化扩展到聚合物分子的水平。

③ 注射。注射是指将熔融塑料注射入模具开始，经过型腔充满及熔体冷却定型，直到塑料脱模为止的完整过程。根据熔体进入模腔的变化情况，注射分为冲模、保压补缩、倒流和浇口冻结后的冷却 4 个阶段。压力变化如图 6-12 所示。

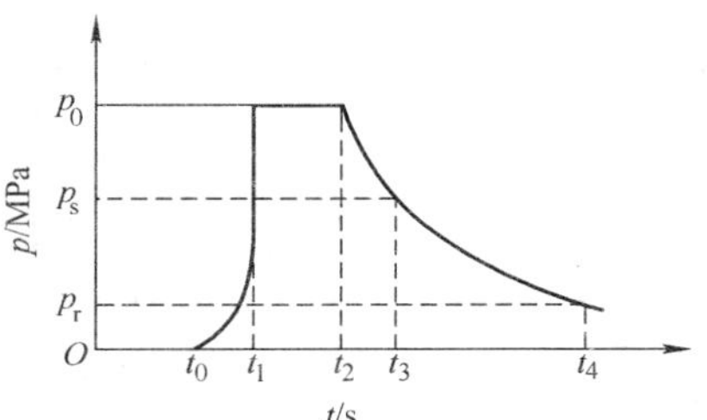

图 6-12　注射成型周期中塑料压力-时间曲线

t_0—螺杆或柱塞开始注射熔体的时刻　t_1—熔体充满模腔的时刻

a. 冲模阶段（t_0～t_1）。冲模阶段是指柱塞或螺杆从计量位置开始，将塑化好的塑料熔体经过料筒前段的喷嘴和模具中的浇注系统快速进入封闭模腔的过程。熔体未注入模具型腔时，模腔内压力基本上是零；注射过程中，熔体遇到来自料筒、喷嘴、模具浇注系统和模腔表壁对熔体的摩擦以及熔体自身内部的粘性内摩擦力作用，因而需向熔体施加一定的压力。模腔充满熔体（$t=t_1$）时，随着熔体量迅速增加，模腔内熔体压力也迅速上升，达到最大值 p_0。

冲模时间对压力和温度也有影响。高速冲模时，熔体通过喷嘴、浇注系统进入模腔产生大量的摩擦热，熔体温度上升，由于温度较高，所以冲模压力较小。当熔体充满模腔时，其压力达到最大值 p_0，熔体仍保持较高的温度。慢速冲模时，先进入模腔内的塑料受到较快的降温冷却，粘度增大，后续冲模需要较大压力。此时，塑件内高分子取向程度较大，塑件各项性能均匀，且熔接强度较大，但冲模速度也不宜过高。

b. 保压补缩阶段（t_1～t_2）。保压补缩阶段是指熔体充满型腔时起到柱塞或螺杆退回时为止的过程。在这个阶段，塑料仍处于柱塞或螺杆的压力下，熔体继续流入模腔内以弥补因冷却收缩而产生的空隙，使模腔中的塑料能成型出形状完整而致密的塑件。塑料仍在流动，且温度在不断下降。由于柱塞或螺杆继续缓慢向前移动，使料筒内熔体继续注入型腔，以补充收缩需要，因此模腔内熔体压力仍保持最大值。

c. 倒流阶段（t_2～t_3）。倒流阶段是指从柱塞或螺杆开始后退时起到浇口处熔体冻结时为止的过程。保压结束后，柱塞或螺杆后退，型腔中压力解除，喷嘴处压力迅速下降为零，导致模腔中熔料压力比浇口前方高，因而熔体从模腔倒流，使模腔内压力迅速下降。图 6-12 中 p_s为浇口冻结时的压力。若柱塞或螺杆后退时浇口已经冻结，或在喷嘴中装有止回阀，则倒流阶段不存在，即不存在 t_2～t_3之间的压力下降曲线。

保压补缩时间的长短直接影响塑件的收缩。若保压补缩时间短（t_1～t_2），则倒流的塑料熔体多，浇口冻结时模腔内的压力小，使塑件产生收缩、变形及质地疏松等缺陷；反之，则熔体倒流少。

d. 浇口冻结后的冷却阶段（t_3～t_4）。浇口冻结后的冷却阶段是指从浇口处塑料完全冻结起到制品脱模取出时为止的过程。这个阶段的冷却情况对制品的脱模、表面质量和挠曲变形有很大影响。浇口冻结后，可退回柱塞或螺杆，卸除料筒内塑料的压力，并加入新料，同时通入冷却水、油或空气等冷却介质，对模具进行进一步的冷却，模腔内的塑料继续冷却并凝固、定型，为脱模做准备。

实际上，冷却过程从塑料注入型腔起就开始了，它包括从冲模完成、保压到脱模的整个过程。

④ 脱模。塑件冷却到一定温度即可开模，在推出机构的作用下将塑料制件推出模外。开模时，模腔内的压力不一定等于外界大气压，腔内压力与外界压力之差成为残余压力（见图 6-12 中 p_r）。当 p_r为正值时，脱模比较困难，塑件容易被刮伤甚至破裂；当 p_r为负值时，塑件表面易出现凹陷或内部产生真空泡；当 p_r接近零时，塑件不仅脱模方便，而且质量较好。脱模时，塑件应有足够的刚度，不致产生翘曲或变形。

需要注意的是，塑料自注入模腔、冷却凝固直至塑件脱模为止，当冷却速度过快或模温不均时，塑件会由于冷却不均匀而导致各部位收缩不一致，使塑件产生内应力，因此冷却速度必须适当。

3）塑件的后处理。成型过程中，制件内会产生不均匀的结晶、取向和收缩力。脱模后，制件将产生时效变形，其力学性能、光学性能及外观质量会变坏，严重时甚至会开裂。为了解决这些问题，常需在塑件脱模或机械加工后，对其进行适当的后处理以消除内应力，改善塑件的性能和提高尺寸稳定性。后处理方法有退火和调湿两种。

4. 挤出成型

（1）挤出成型方法　挤出成型也称挤塑成型，是指借助于螺杆或柱塞的挤压作用，使塑化均匀的塑料强行通过模口而成为具有恒定截面的连续制品的成型方法。由挤出成型制成的产品都是连续的型材，如管、棒、丝、板、薄膜、电线电缆的涂覆和涂层制品等，电冰箱和冷藏柜的门封条也采用这种方法成型。

如图 6-13 所示，粒状或粉状塑料由料斗进入料筒，在料筒中熔融，然后在旋转螺杆的作用下，塑料沿着螺杆的螺槽向前方输送，塑料熔体在此过程中不断接受外加热和物料与物料之间的摩擦热作用，逐渐熔融呈粘流态，然后在螺杆的推动下，塑料熔体通过具有一定形状的挤出模具（机头）口模以及一系列辅助装置（定型、冷却、牵引、切割等装置），从而成型为与口模形状相似的塑料型材。

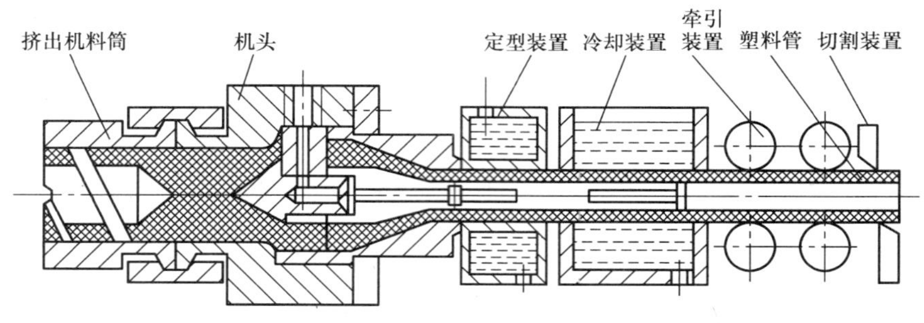

图 6-13　挤出成型原理

挤出过程可分为三个阶段：

第一阶段是成型材料的塑化阶段——变为粘流态。

第二阶段是赋形阶段——在压力作用下通过口模，得到与口模形状相似的制品。

第三阶段是定型阶段——使挤出的粘流态成为可以使用的玻璃态和结晶体制品。

（2）挤出成型工艺过程　湿法挤出一般采用柱塞式挤出机，其塑化和挤出是两个独立的过程，另外，溶剂易燃且价格昂贵，挤出物固化定型需采用脱溶剂方法，溶剂需回收。因而，湿法挤出成型存在局限性，随着物料质量的不断改善，采用湿法挤出产品的数量已相当少。现介绍热塑性塑料的干法塑化挤出成型工艺过程。

1）原料的预处理。挤出成型原料大部分是粒状塑料，粉状塑料用得很少，但粒状和粉状塑料都会吸收一定的水分。因而，在成型前应进行干燥处理，一般把水分控制在0.5%以下。原料的干燥在烘箱或烘房中进行。另外，还要尽可能去除塑料中存在的杂质。

2）成型。将挤出机预热到规定温度，保温一定时间后，起动电动机。物料由料斗进入螺杆后，在旋转的螺杆作用下通过料筒内壁和螺杆表面的摩擦作用向前输送和压实。随着物料的继续向前输送，由于螺杆螺槽的逐渐变浅，以及过滤网、分流板和机头的阻碍作用，物料被进一步压实。同时，物料受到来自料筒的外部加热和螺杆与料筒的强烈搅拌、混合和剪切热等作用，不断升温，熔融塑化。熔化后的熔体在螺杆不断推挤作用下，通过过滤板和过滤网，机头成型为与口模形状相似的连续型材。

3）定型与冷却。热塑性塑料制品离开机头口模后，如果不立即进行定型和冷却，制品会在自身重力作用下变形，出现凹陷或扭曲现象，所以在制品离开机头口模后，应立即进行定型和冷却。挤出棒材和硬管时，需要定径过程，利用定径套、定径环和定径棒等装置定径；软管的挤出不设置定径装置，靠鼓入压缩空气来维持一定的形状。

冷却一般采用空气冷却或水冷却。挤出薄膜、单丝等制品时，仅自然冷却即可；对某些特殊要求的制品（如需透明和低结晶制品时），需要独立的冷却系统。冷却速度对塑件性能影响较大，聚苯乙烯、低密度聚乙烯和硬质塑件不能冷却过快，否则容易造成残留内应力，并且影响塑件的外观；软质或结晶型塑件要及时冷却，以免塑件变形。

4）牵引、卷取和切割。塑件自口模挤出后，一方面因为压力突然降低而发生离模膨胀现象，而冷却后塑件又会收缩，从而使塑件的尺寸和形状发生改变；另一方面塑件连续不断地被挤出，自身质量不断增大，若不加以导引，会使塑件停滞，不能顺利地挤出。因此，在冷却的同时，要连续均匀地将塑件引出，即牵引。

牵引是通过牵引装置来实现的，牵引装置提供一定的牵引力和牵引速度，均匀地引出塑件，牵引速度与挤出速度相适应。若牵引速度太大，制件太薄；若速度太小，制件太厚。常用的牵引装置有履带式和轧轮式两种。

当牵引装置把冷却定型后的管材牵引到一定距离后，根据需要再切割装置上裁剪（如棒、管、板、片等）或在卷取装置上绕制成卷（如薄膜、单丝等）。管材切割的方法有两种，一是自动或手动圆盘锯切割机，适用于中小型口径的管材；二是自动行星锯切割机，适用于大口径管材。挤出的板材两边薄厚不均匀，也不规整，因而要切去一部分。板材的切割包括切边和沿板材长度方向的裁剪。切边常用圆盘切刀进行切割，裁断有电热切、锯切和剪切等方法。

（四）表面涂装

1. 涂料与涂装

（1）涂料　涂料是指涂于物体表面能形成具有保护、装饰或特殊性能（如绝缘、防腐、标志等）的固态涂膜的一类液体或固体材料的总称。

1）涂料的作用。涂料的主要作用是保护金属材料或非金属材料不受环境的腐蚀，延长产品的使用寿命，减少经济损失。涂料经施工涂敷于被涂物表面而形成涂膜（或称涂层），即可表现出4种主要作用：

① 保护作用。生产和生活中所接触的各种金属或非金属产品、设备，长期暴露在空气

中会受到空气中的水分、气体、微生物、紫外线等的长期侵蚀和破坏。用涂料涂装加以保护，在金属或非金属产品、设备的表面形成一层保护膜，就能阻止或延缓这些侵蚀和破坏。

② 装饰作用。对各种金属、非金属产品、设备的外表涂以彩色的涂料，借此提高产品的使用和商品销售价值。在涂装工艺过程中也可以按照产品的造型设计要求，配以各种色彩，改进产品外观质量，起到装饰美观的目的。

③ 标志作用。涂料可作色彩广告标志，利用不同色彩来表示警告、危险、安全、前进、停止等信号。在各种管理、容器、机械设备的外表涂上各种色彩涂料可调节人的心理，使色彩功能达到充分发挥。

④ 功能作用。涂料除了上述作用外，还有许多特殊作用，如电绝缘、导电、防污、耐热、耐腐、保温、示温、反射光、发光、吸收和反射红外线、屏蔽射线、防噪声、减振、防结冰、防滑、自润滑等。

2）涂料的组成。涂料的组成中包含组成涂膜和完成施工过程所需的组分。其中，组成涂膜的物质是最主要的，这一组分称为成膜物质。在有色的磁漆中还含有颜料、填料，具有特殊功能的涂料还含有功能性材料，这些材料称为次要成膜物质。为了施工和改善涂膜性能还需含有溶剂、稀释剂和涂料助剂等，这些材料称为辅助成膜物质。不论涂料形态如何，其基本组成均如图 6-14所示。

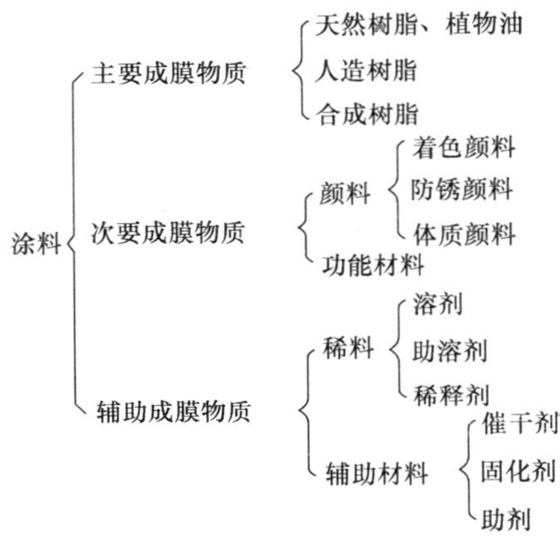

图 6-14 涂料的基本组成

涂料主要成膜物质较多采用树脂，将它溶于有机溶剂涂敷于物体表面，待溶剂挥发后，能够形成一层透明的固体薄膜。颜料和增塑剂是涂料中的次要成膜物质。着色颜料可改善色调，起装饰作用；防锈颜料具有突出的防锈能力；体质颜料又称填充颜料，是一种没有遮盖力和着色力的无色粉状物质，其作用是增加漆膜厚度，提高漆膜力学性能。在涂料中使用溶剂是为了降低树脂或油料等成膜物质的粘稠度，以便于涂装。在涂料干结成膜后，不留在漆膜中，而是全部挥发掉。助剂对涂料或涂膜的某一特定的性能起改进作用。不同品种的涂料需要使用不同作用的助剂；一种涂料中可使用多种不同的助剂，以发挥其不同的作用。助剂在涂料中使用量很少，但能起到显著的作用。

（2）涂装　涂装是指将涂料涂覆于基底表面形成具有防护、装饰或特定功能涂层的过程。涂装是物体表面的最终装饰，涂层质量的优劣对物体的价值有着直接影响。

1）制冷设备涂装要求。制冷设备、电器产品都有统一的涂装要求，一般采用高级装饰性涂层（又称一级涂层），要求涂层外观极漂亮，光亮如镜，色泽鲜艳或表面平整光滑，涂面应无肉眼能见的缺陷（划痕、皱纹、小泡和橘皮等），漆膜坚硬；供户外使用时还应具备足够好的耐候性和耐潮湿性。这一涂层一般是由底漆、中间涂层和 2～5 道面漆配套组成。有时还采用抛光打蜡等工序来提高涂层的装饰性。

2）涂装方法的选定。涂装方法一般根据涂料的物理性能、涂装性能和被涂物的类型、大小形状及生产方式来选择。涂装方法的种类、特征和使用范围见表 6-2。

表 6-2　涂装方法的种类、特征和使用范围

涂装方法	方　式	种　类	适用的涂料粘稠度	溶剂挥发速度	特　征	使用范围
刷　涂	使用刷子	调和漆、磁漆、其他水性漆	稀稠均适用	挥发慢的好	一般	一般都适用
空气喷涂	用压缩空气雾化涂料喷射涂装	挥发性涂料（硝基漆）	触变性小的涂料	挥发快的较好	膜厚涂得均匀，稀料用量大	一般都适用
刮漆	使用刀刮	各种腻子类	塑性流动大的涂料	初期挥发慢的好	一次能涂得较厚	比较平滑的被涂物
高压无空气喷涂	给涂料加压，由特殊喷嘴喷射	挥发性涂料（硝基漆）	触变性小的涂料	挥发稍慢较好	喷涂反弹少	一般都适用
高压无空气喷涂	涂料加热和泵加压喷射	同上	同上，热时流动性好的涂料	同上	能涂装厚涂层，节约稀释剂	中型物体
热喷涂	用加热器将涂料加热后喷涂	同上	同上	同上	能涂装厚涂层，白化少	一般都适用
淋涂	将涂料浇涂到被涂物上	沥青涂料、磁漆、底漆	有塑性流动的涂料	同上	涂料用量比浸漆少，易产生漆膜厚薄不均	中型物体
幕式淋涂	使涂料呈幕状流下，被涂物在下面移动	硝基漆、磁漆	触变性小的涂料	挥发快的较好	能得到一定的膜厚，涂料损失小	平面被涂物，如胶合板
电泳涂装	被涂物浸在水性涂料中，通直流电涂装	水性涂料	无关系	无关系	节约涂料，一般不易涂上漆的部位也能涂上	汽车车身、电器产品和其他金属制品
静电涂装	靠静电场使涂料雾化带点，而被吸引在被涂物上	磁漆	触变性小的涂料	挥发慢的好	涂料损失小，突出部位、锐边等部位涂得较好	金属制品均可
浸涂	被涂物浸入涂料中	沥青涂料、磁漆	具有塑性流动的涂料	挥发稍慢的好	作业简单，有流痕	复杂型工件、产品和其他小型物件
抽涂	用橡胶模孔将涂料扩展开涂装	油性清漆、硝基清漆	可塑性、流动稍大，粘度大	挥发慢的好	膜厚，均匀	棒状被涂物，如针、铅笔
粉末涂装	靠静电场涂装粉末涂料	粉末涂料	加热时具有流动性	无关系	不用溶剂，涂料损失小	金属制品

（续）

涂装方法	方　式	种　类	适用的涂料粘稠度	溶剂挥发速度	特　征	使用范围
转动涂装	将被涂物装入存有涂料的容器中，转动容器进行涂装	磁漆	低粘度、有塑性、流动性的	挥发快的较好	均匀地厚涂	形状复杂的，极小型被涂物
滚筒涂装	通过金属、橡胶滚筒将涂料转动而涂装	磁漆	需一定粘度	挥发稍慢的较好	节省涂料，可两面同时涂装，涂膜厚度均匀	胶合板、彩色镀锌钢板

2. 涂装前的表面处理

（1）金属材料涂装前的表面处理　制冷设备的金属材料在涂装前，表面上往往带有氧化皮、焊渣、铁锈、尘土和油污等，如果不对这些材料进行表面处理就进行涂装，即使能敷上一层涂料，随着氧化皮和铁锈在涂层下面继续发展，涂层也会脱落，因而这些污物必须在涂装前彻底清除。

1）表面预处理。对冲压件表面的缺陷进行处理，例如局部凹凸不平，用木锤平正，毛刺用锉刀修平，除尽焊缝的氧化皮。

2）除锈。

① 手工除锈。手工除锈是使用各种不同的手工工具，如刮刀、锤子、凿子、钢丝刷或砂轮等，用手工除去工件表面的氧化皮和锈迹，同时还可以除去旧漆膜。

② 机械除锈。机械除锈有喷丸法、抛丸法和高压水喷射法。喷丸法有喷砂和喷丸两种。喷砂清理的丸料主要采用石英砂，喷砂清理能获得较光亮和纹理较细密的表面，但是，喷砂过程中会产生大量砂尘，影响工人的健康，并对环境造成污染，因而，喷砂清理的应用受到了限制。喷丸清理黑色金属采用的丸料是铁丸、钢丸、钢丝段和玻璃珠等，清理有色金属常用铅丸和黄铜丸作为丸料。

抛丸法是利用高速回转的叶轮，将弹丸从抛丸器叶片中抛至工件表面，以清除工件表面上的铁锈和氧化皮等。抛丸清理生产率高、质量好、动力消耗少，且便于实现机械化。

高压水喷射清理是用高压水（20～50MPa）以高速（250～360m/s）喷射到工件表面以除去铁锈和氧化皮。

③ 化学除锈。化学除锈是利用酸溶液与金属氧化物产生化学反应，从而除去金属表面的锈蚀。反应产生的氢分子从金属表面析出时，对锈蚀产生压力，使氧化皮疏松并自动剥落。但氢分子容易扩散到金属内部，而降低金属的韧性和塑性。此外，氢分子从酸液中逸出，会形成酸雾，损害人体健康。在酸洗液中加入助剂（缓蚀剂、润湿剂、抑雾剂等）能缩短酸洗时间、提高酸洗质量、防止产生过蚀、减少酸雾的形成。除锈后应清洗彻底，防止残留酸液对材料及后续工序的影响。

3）化学除油。工件在制造和搬运过程中，由于机械加工和防锈的需要，经常接触各种润滑油、拉延油、防锈油以及磨光剂、抛光膏等。因此，油污是被涂物金属制件在进入涂装时最常见的油垢。最常见的除油方法有碱液清洗、有机溶剂清洗、表面活性剂清洗、电化学除油等。其基本原理是借助于溶解力、物理作用力（加热、搅拌力、压力摩擦力、研磨力、超声波、电解力等）、界面活性力、化学反应力（如皂化、氧化、还原等）、吸附力等来清除被涂物上的油污。

4）磷化处理。磷化处理是通过化学反应在金属表面生成一层非金属、不导电、多孔的磷酸盐薄膜。涂料可以渗入到孔隙中，显著地提高涂层的附着力。磷化膜使金属表面由优良导体转变为不良导体，从而抑制金属表面微电池的形成，有效地阻碍涂层腐蚀，提高涂层的耐蚀性和耐水性，所以磷化膜是涂层最好的基底。

工件经过磷化后，要彻底清洗磷化膜上残留的可溶性盐，以免在湿热环境中引起涂层早期起泡。最后一次水洗采用不循环的脱离子水效果较好，然后烘干或直接转入涂装工序。

（2）非金属材料涂装前的表面处理　塑料在日用电器（如手机、相机、家电产品、计算机、工艺品以及部分汽车外壳件）中广为使用，为了增强美观性及耐用性，都对塑料制件进行了涂装处理，涂装前也应根据其特性进行相应的表面处理。

1）消除塑料制品残留应力。塑料制品成型后有残留应力，特别是注塑成型品，残留应力大，涂装时和溶剂、油等接触会发生开裂或细纹，影响涂层质量。因此，涂装前应作消除应力处理。

消除残留应力的方法有：

① 退火除应力。

②用溶剂降低应力。塑料表面涂装适当的溶剂后，局部的高应力区在溶剂的作用下会发生应力释放，表面变毛糙，从而使整个表面应力趋于均匀。溶剂的基本组成如下：乙酸丁酯45％；乙酸乙酯25％；醇类15％；其他15％。

2）清除表面污物。塑料制品在成型过程中，其表面往往粘附脱模剂、机油、尘土等污物，影响涂层的附着力，涂装前需清洗干净。

常用的清洗方法有：

① 溶剂清洗。

② 用中性或碱性清洗剂清洗。

③ 砂纸打磨。

3）除静电。塑料制品易带静电，使灰尘容易在其表面吸附，影响涂装质量，涂装前应除去静电。

除静电的办法有：

① 压缩空气通过火花放电装置使空气离子化，再吹塑料表面，既能除尘又能除静电。

② 在塑料制品表面涂防静电液。

③ 在涂料中添加防静电剂，再制造成品。

在应用后两种方法时，所用物质必须不影响涂层的粘附。

4）表面改性。由于许多塑料与涂料的结合力低，因此，塑料制品涂装前需用物理或化学方法进行处理，改变其表面状态或性质，如引入羧基、羟基等氧化基团，或增加表面粗糙度，增加表面的极性和化学活性，以提高涂层的附着力。

① 机械处理法。采用压力喷砂。使用带有棱角的磨料，在压缩空气推动下，高速冲击塑料制品表面。

② 溶剂侵蚀法。

③ 化学氧化处理。将塑料制品浸入强氧化剂溶液中，使其表面生成碳-氧键，增加与涂料的结合力。

④ 火焰处理。用可燃气体的氧化焰处理塑料制品的表面，火焰温度应保持在 1 000～2 500℃，空气应稍过量，处理时间必须短；使其增加表面粗糙度和极性，提高涂层的附着力。

⑤ 低温等离子体处理。使用高频率、微波等在 13～133Pa 的压力下产生的低温等离子体，作用到塑料表面。由于电离状态的气体和紫外线等的能量的作用，使塑料表面发生化学变化，提高涂层的附着力。

⑥ 紫外线照射。用高能量短波紫外线照射处理，能使塑料表面生成极性基团，提高涂层的附着力。

⑦ 电晕处理。电晕处理又称电火花处理，是利用尖端型和狭缝型电极用高电压使空气电离产生臭氧，臭氧使塑料表面发生氧化，增加极性，同时电场中产生动态电子，不断冲击塑料表面，增加表面粗糙度，从而提高涂层的附着力。

⑧ 表面接枝。在塑料表面用接枝聚合反应引入极性基团，改变表面化学结构，提高涂层的附着力。

3. 涂装工艺

（1）电泳涂装　电泳涂装是利用外加电场使悬浮于电泳液中的颜料和树脂等微粒定向迁移并沉积于电极之一的基底表面的涂装方法。电泳过程实际是正、负离子分别向两极移动的过程，水溶性电泳涂料中的高分子羧酸负离子在直流电场作用下，夹带和吸附着颜料和填料一起泳向阳极。同时，铵（胺）的正离子向阴极移动。具体做法是：把工件和对应的电极放入水溶性涂料中，在水中电解成阳离子 M^+ 和阴离子 M^-，在直流电场作用下沿着与电荷相反的电极方向运动，并在电极（工件）上失去电荷而沉积下来，形成不溶于水的漆膜。

1）电泳涂装工艺过程。电泳涂装包括电解、电泳、电沉积和电渗 4 个过程。

① 电解（分解）。电泳涂料在溶于水后，产生了电解反应，形成阴离子和阳离子，同时，当直流电场施加于含电解质水溶液时，水在电场中会发生电解，阴、阳极区分别有氢和氧气析出。

② 电泳。在胶体溶液中，分散在介质中的带电胶体粒子在直流电场的作用下，向着带异种电荷的电极方向移动，犹如泳动，因此称为电泳。其中，涂料粒子（对于阴极涂料是 $R_1R_2NH^+$；对于阳极涂料是 $RCOO^-$）在泳动时夹带吸附着颜料和填料一起移动。

除上述反应外，从电极附近收集的气体经分析还有少量的二氧化碳析出。

电泳涂装过程中应尽量防止杂质离子带入电泳液中，以保证涂装质量。

③ 电沉积（析出）。在直流电场作用下，高分子羧酸负离子夹带和吸附着颜料和填料一起泳向阳极（被涂工件）后，失去电子，沉积在阳极表面上，生成不溶于水但带有水分（5%～15%）的漆膜，该过程称为电沉积。它是电泳涂装过程中的主要反应。

④ 电渗（脱水）。在电场作用下，沉积在被涂件上涂层中的水分从涂层内渗出移向溶液的现象，称为电渗（也称电内渗）。电渗的作用是对沉积下来的涂层进行脱水，使新形成的涂层中含水量为 5%～15%。若电渗不好，涂层中含水量太高，烘烤时就会出现气泡和发生流挂等现象，影响涂层质量。

2）电泳涂装工艺流程。目前，对钢铁工件进行电泳涂装时，其一般工艺流程为：除油→水洗→除锈→水洗→中和→水洗→磷化→水洗→电泳涂装→水洗→烘干。

对要求不高的工件，有些不要求磷化或钝化处理，一般用喷砂法或喷丸法进行表面处理；对涂层质量要求很高时，工件表面处理程序应采取相应的处理措施。

3）电泳涂装工艺条件选择。电泳涂装工艺过程是个复杂的物理化学、胶体化学和电化学过程。其主要影响因素包括电泳电压、电泳时间、电泳液 pH 值、电泳温度、固体含量、极间间距等。

① 电泳电压。电泳电压是由电泳树脂本身结构性能决定的，在适用的电压范围内，涂层的厚度随电泳电压的升高而增加，如图 6-15 所示。如果电泳电压超过涂层的击穿电压，涂层即被击穿，造成涂层粗糙、臃肿、橘皮、针孔等疵病。电泳电压除了与电泳树脂的分子量和分子结构有关外，还与固体含量、温度、级间距等参数有关，因此在特定的系统中，需经常调整电泳电压至最佳值。

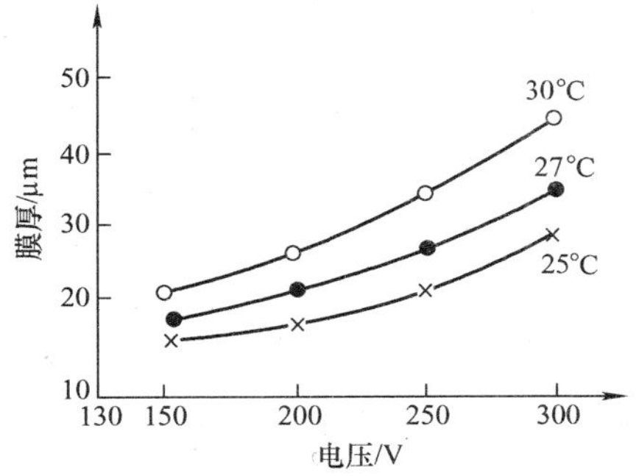

图 6-15　电泳电压与膜厚关系

② 电泳时间。随着电泳时间的延长，沉积量在不断增加。对于几何形状不太复杂的工件，2～3min 即可；对于表面几何形状复杂的被涂工件，应适当提高电压和延长电沉积时间。

③ 电泳液 pH 值。电泳液为胶体溶液，pH 值直接影响电泳液的稳定性。阳极电泳液 pH 值一般控制在 8～9 之间。pH 值过低时，电泳液亲水性下降，轻则电泳液变成乳浊状，重则使树脂从电泳液中析出，无法进行电泳；pH 值过高时，促使电解过程加剧，气泡析出增多，使沉积的涂层再溶解，厚度显著减薄。目前，维持电泳液 pH 值稳定的最先进的方法是采用电泳超滤技术。阴极电泳的 pH 值可达 6 以上，接近中性的范围。

④ 电泳温度。随着电泳液温度的升高，电泳液粘度减小，涂料粒子布朗运动加快，电阻下降，电沉积量增大。温度过高时，水电解过程加剧，气泡释放量增加，导致涂层粗糙、橘皮，甚至流挂；温度过低时，涂料的水溶性下降，电沉积量减少，涂层较薄，深凹表面可能沉积不上，还可能产生涂层粗糙、无光等疵病。一般将电泳温度控制在 20～30℃之间。

⑤ 固体含量。固体含量是指电泳槽中成膜物质（树脂与颜料）的含量，一般以质量百分数表示。固体含量增加会使电泳液粘度增加，粒子的泳动速度降低；固体含量过低会导致涂层过薄，涂层外观劣化，易出现粗糙、橘皮等疵病。所以，电泳液的固体含量要保持在合适的范围，一般阳极电泳的固体含量为 10%～15%，阴极电泳的固体含量为 18%～20%。

⑥ 极间间距。极间间距的一般取值范围为 100～800mm，应根据工件形状来确定，形状简单的极间距可取小些，反之应加大极间距。表 6-3 是电泳涂装部分工艺参数。

表 6-3　电泳涂装部分工艺参数

项　　目	环氧、酚醛 阳极电泳	聚丁二烯 阳极电泳	第一代 阳极电泳	第二代 阳极电泳	第三代厚膜 阳极电泳
膜存/μm	18～20	18～20	18～22	18～22	30～35
pH 值	8～9	8～9	3～4	6～7	6～6.7
固体含量（%）	10～15	10～15	10～20	18～20	18～20
电泳电压/V	40～60	100～180	100～180	200	200～300

（续）

项　　目	环氧、酚醛阳极电泳	聚丁二烯阳极电泳	第一代阳极电泳	第二代阳极电泳	第三代厚膜阳极电泳
电泳时间/min	2～3	2～3	3	3	3
电导率/(S/m)	0.5～1	0.5～1	1～2	1～2	—
泳透力（%）	6～8	70	50	75	80
烘烤温度/(℃/min)	180/30	180/30	185/30	175/30	150～175/30

（2）静电涂装

1）静电涂装基本原理。如图 6-16 所示，以接地的被涂工件为阳极、喷枪（或喷盘）为负高压阴极，在两极间形成高压静电场。当电场强度足够高时，枪口附近的空气即电晕放电，使空气电离，涂料粒子在枪口带电，通过电晕放电区时，与电离的空气结合再次带电，在高压静电场作用下，向极性相反的被涂工件阳极运动，并沉积在工件表面，形成均匀的涂层。

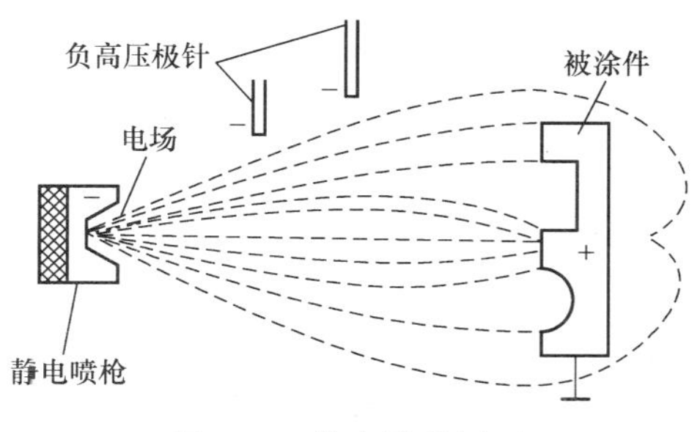

图 6-16　静电涂装原理

2）静电涂装工艺条件选择。静电涂装的质量与许多工艺参数有关，现以旋杯式静电涂装为例，说明静电涂装的主要工艺条件。

① 静电场强度。电场强度是静电涂装的动力，它的强弱直接影响静电涂装效果。静电场电场强度主要取决于电压和极距。根据经验，静电涂装最适宜的平均电场强度为 0.3～0.4kV/m。为了防止电压过高起火，除某些品种涂料必须高电压外，一般电压范围控制在 90kV 左右。极距与电压的高低有关，电压增高，极距必须增大。理论极距至少为 9cm，低于此值极限就有击穿极间，引起火灾的危险。极距过大时，涂装效率会显著下降。实际使用时，必须取 3 倍的安全系数。综合安全性和涂装质量考虑，在 90kV 的电压下，极距以 30～35cm 为宜。

② 旋杯转速。旋杯式静电涂装中，涂料的雾化主要依靠旋杯高速旋转产生的离心力，进而在高压静电场中静电雾化，在电场作用下，涂装于工件表面，同时涂料粒子在自身重力的作用下发生沉降。其沉降速度与粒子半径平方成正比，即雾化粒子越细，越不易沉降，涂装效率越高。因而转速越高，越有利于雾化；但同时粒子的运动速度也越高，对其在电晕区荷电不利。目前，电动式旋杯转速为 2 000～4 000r/min。

③ 喷枪的布置。如图 6-17 所示，旋杯式静电涂装的喷雾轨迹是一个中空状圆环，中空厚度不均，一般配置多支喷枪以使涂装轨迹相互重叠，而获得厚度均匀的涂层。一般喷枪之间的距离保持在喷枪喷幅宽度的 1.5 倍以上。

④ 涂料的电性能。静电涂装时，要求涂料的电阻率低。一般采用电阻率低的材料或加入溶剂的办法来调整涂料的电阻率。

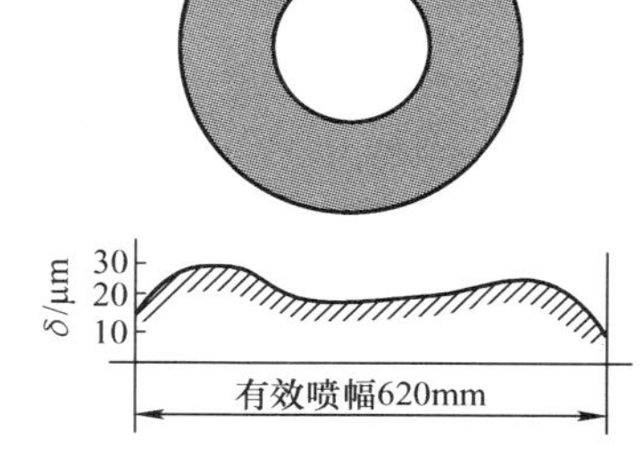

图 6-17　喷雾轨迹及厚度分布

⑤ 极针配置。为了防止漆雾被喷枪枪身、喷枪支架等吸

附（即“反漆”现象），应在喷枪口适当位置配置极针，并在极针上施加同样负高压。使带负电的涂料粒子与负极性的极针产生强烈的排斥作用，从而阻止漆雾向反方向飞散，同时极针还可使喷雾轨迹发生多种形状的变化。

（3）粉末涂装　粉末涂装是指把粉末涂料涂到清洁的、经过表面处理的被涂物上，然后烘烤成膜的工艺方法。

1）粉末涂装涂料。粉末涂料可分为热固性涂料和热塑性涂料两大类。热固性涂料包括环氧聚酯、丙烯酸酯、聚氨酯等；热塑性涂料包括聚乙烯、聚氨乙烯、氯化聚醚、聚苯硫醚、氟树脂、聚酰胺、聚丙烯等。

2）粉末涂装方法。粉末涂装方法有流化床法、静电流化床法、粉末静电法涂装等。表 6-4对这三种方法的特点进行了对比。

表 6-4　三种涂装方法的对比

涂装方法	优　　点	缺　　点
静电流化床法	设备结构简单，回收和供粉装置要求较低，粉末屏蔽易解决，易实现自动化涂装，对喷涂形状复杂工件效率高，设备小，占地少，投资少，操作方便，冷涂装，涂膜薄，能保证产品质量	大型流化床工艺复杂，设备造价高，宜用于线材及小零件
流化床法	涂膜较厚，适用于防腐、绝缘等工业领域，设备简单，操作方便，易实现机械化、自动化生产	涂层质量受工件形状、大小、环境、温度、操作速度的影响，涂膜不合格时修补困难
粉末静电涂装法	可冷喷涂，涂层均匀，可薄涂，涂敷效率高，操作简单，对大平面工件涂装效果更好，易于实现自动化生产	设备较复杂，要求高，造价高，换色较难

（4）固化成膜　涂料由液态或粉末状变成无定形的固态薄膜的过程即成膜过程，就是涂层的固化过程，也即涂料的干燥过程。涂膜的固化方法有自然干燥、加热固化、辐射固化三种。

1）自然干燥。自然干燥即将涂装好的工件放置在大气中常温下干燥。因此，自然干燥仅适用于挥发性涂料、自干型涂料和触媒聚合性涂料。涂层的自干速度与气温、湿度、风速、光照条件等有关，一般气温高、湿度低、通风条件好，光照条件好，则自干速度快。干燥过程中如遇到温度、湿度急变，水分、雨、霜、烟气和二氧化碳等会阻碍涂层干燥，甚至在涂层上会残留下各种缺陷。一般要求相对湿度不大于 80%，温度不低于 5℃。

2）加热固化。加热固化可分为加热干燥和强制干燥。加热干燥是指靠加热使涂层干燥，按温度划分，加热干燥可分为低温（100℃以下）、中温（100℃～150℃）和高温（150℃以上）。强制干燥是指加热能自然干燥的涂料，加热是为了促进干燥时间。强制干燥一般采用低温固化，固化温度为 60～100℃。温度过高时涂层容易起皱、气泡。

3）辐射固化。辐射固化是指紫外线、电子束固化有机涂料成膜的新技术。一般生产线上使用高压水银灯和紫外线荧光灯；电子束是利用高能量的电子束照射，使被照射涂层的分子内产生活性基团，引发聚合反应而使涂层成膜。电子束固化时间极短（几秒），且常温下即可固化，能固化到涂层底部。

4. 涂料成膜后的性能及其测定

涂层性能检测是获得高质量涂层必不可少的环节，对涂层性能进行检测可以确定涂层性能是否达标，也有助于发现涂装施工中存在问题的具体环节。常规的涂层性能测试项目及相应标准见表 6-5。本节只介绍其中的硬度及耐候性测试方法。

表 6-5 涂层物性常规检测项目

检测项目	检测标准
漆膜附着力	GB/T 1720—1979
漆膜柔韧性	GB/T 1731—1993
漆膜耐冲击性	GB/T 1732—1993
漆膜耐水性	GB/T 1733—1993
漆膜耐湿热性	GB/T 1740—2007
漆膜耐霉菌性	GB/T 1741—2007
漆膜回粘性	GB/T 1762—1980
漆膜抗藻性	GB/T 21353—2008
绝缘漆漆膜击穿强度	HG/T 3330—1980
绝缘漆漆膜体积电阻系数和表面电阻系数	HG/T 3331—1978
漆膜耐油性	HG/T 3343—1985
漆膜吸水率	HG/T 3344—1985
绝缘漆漆膜耐油性	HG/T 3857—2006
绝缘漆漆膜吸水率	HG/T 3856—2006
漆膜老化（人工加速）	GB/T 1765—1979

(1) 涂层硬度检测　涂层硬度的测定方法有：铅笔硬度测定法、摆杆硬度测定法、压痕硬度测定法。这里简单介绍常用且简便的铅笔硬度测定法。

铅笔硬度测定法是采用一套已知硬度的绘图铅笔芯来测定漆膜硬度。漆膜硬度由能够穿透漆膜而达到底材的铅笔硬度等级来表示。例如，采用一组中华牌高级绘图铅笔，其硬度等级为 6H、5H、4H、3H、2H、H、HB、B、2B、3B、4B、5B、6B，其中以 6H 为最硬，6B 为最软，由 6H～6B 硬度递减，两相邻硬度等级笔芯之间的差视为一个硬度单位。

将测试用的铅笔削到露出柱形笔芯 5～6mm，注意切不可松动或削伤铅芯；使铅笔与 400 号砂纸面成 90°，在砂纸上不停地划圈摩擦铅芯端面，直至获得端面平整、边缘锐利的铅芯端面为止。铅笔每使用一次后要旋转 180°或者重磨后再用。

① 手工操作。把试样固定在水平面上，握住已削好的铅笔，使其与漆膜表面成 45°，以 1mm/s 的速度用力（此力大小或使铅笔端缘破碎，或划伤漆膜）拉动铅笔。从最硬的铅笔开始，每级铅笔画 5 道 3mm 的痕，直至找出都不划伤漆膜的铅笔为止，该铅笔的硬度即代表所测漆膜涂层的铅笔硬度。

② 仪器试验。其测试方法如图 6-18 所示。涂漆面朝上，把试样置于试验仪的试件台上，调节通过试验仪砝码重心的垂线到通过铅笔端与漆膜交点，把已削好的铅笔装入与漆膜成 45°的铅笔夹，用平衡砝码

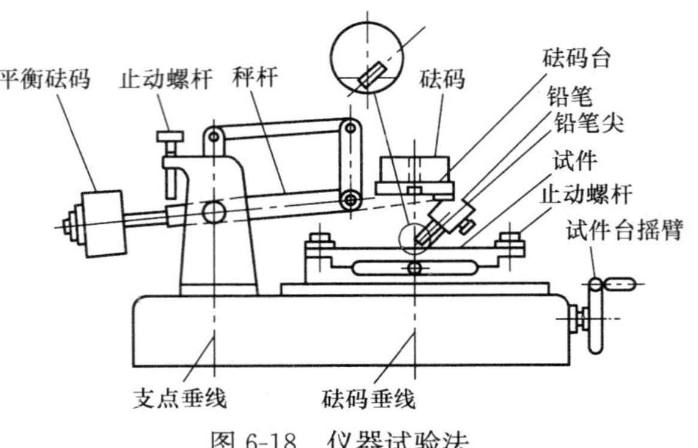

图 6-18 仪器试验法

把铅笔上的负荷调到使铅笔刚好接触试样的状态，拧紧止动螺杆，在砝码台上加载（1±0.05）kg的砝码，松开止动螺杆，以便铅笔端与漆膜接触。摇动试验台的移动摇臂，使试样与铅笔端以约0.5mm/s的速度反向移动3mm，拧紧止动螺杆，转动铅笔180°并变换试样位置，依次划出5道痕。从最硬的铅笔开始测试，并相继换上低一级硬度的铅笔，直至找出5道痕中只有一次划伤漆膜的铅笔，以其下一级硬度铅笔代表所测漆膜的铅笔硬度。如果未划伤漆膜，则以此级硬度的铅笔代表所测漆膜的铅笔硬度。

（2）耐候性检测　采用老化试验对涂层的耐候性进行测定。涂层会由于经受大气中光、热、氧气、风、雪、雨、露、温度、湿度及各种化学介质等因素的影响而老化。涂层老化的主要表现为失光、变色、粉化、裂纹、起泡、泛金、斑点、长霉、脱落等现象。测试涂层的耐老化性最直接、最可靠的方法是大气老化试验，即把涂层试样置于一定的大气条件下曝晒，通过试样的外观检查以鉴定其耐久性。为了全面考核一个产品的耐老化性，必须在各种气候条件下同时进行曝晒试验。

大气老化试验虽然方法简单、数据可靠，但费时过长，某些耐候性好的品种可能需要几年、十几年甚至更长的时间才能看出结果，这样既不利于涂料新产品的研制，也不利于产品的更新换代。因而，在考核涂层的耐候性方面就广泛地应用了人工加速老化试验，即在试验室内模仿自然界中各种气候因素，并且达到一定的加速性。人工加速老化试验可以在实验室内较快地比较出不同涂料产品耐候性的优劣，但却难以确定其实际使用寿命，所以，涂料产品的耐候性最终还需依赖于大气曝晒试验。但人工加速老化试验仍不失为一种快速、实用的评价涂料产品耐候性的方法。

试件的评价主要从涂层的失光、变色、粉化、裂纹、起泡、泛金、斑点、长霉、脱落、生锈、沾污11个方面进行。同时，对于保护性涂层与装饰件涂层的评价侧重点也是不同的。

四、相关实践

（一）编制电冰箱箱内壳和门内壳真空成型工艺流程

1. 坯件准备

电冰箱箱内壳和门内壳的材料一般用热塑性材料，如丙烯腈-丁二烯-苯乙烯共聚物（ABS）或高抗冲聚苯乙烯（HIPS）。估算制件的展开图，利用估算的形式和尺寸进行实验验证，确定坯件形状和尺寸；从片材上用冲裁、锯切、剪切和熔割等机械加工方法按坯件图下料，并注意科学合理排样，减少片材的浪费。

2. 加热

将坯件固定在模具上，用加热器将坯件加热至软化。加热时间一般占成型时间的50%～80%。要求：加热均匀，一般采用双面加热，严格控制片材的厚度偏差，加热器不能离坯件太近；加热温度要严格控制，若温度太高，坯件会过分下垂，甚至降解，若温度太低，制件在变形最大区域会出现发白的拉伸花纹。有时为了控制局部变形过大，常将局部坯件用绝热纸遮盖。加热可采用高频加热或远红外加热等先进技术。

3. 成型

用真空泵将板材和模具制件的空气抽出，使型腔呈真空状态，塑材在大气压力下成型。要求：① 使制品壁厚尽可能均匀。成型时，坯件与模腔或模塞接触有先后，先接触的坯件部分的变形速率低于其他部分，导致壁厚不均匀。② 合理选择拉伸速度。拉伸速度过高，坯件流动不足使制品厚度不均；拉伸速度过低，坯件降温引起变形能力下降，制品出现拉伸花纹甚至裂纹。

4. 冷却脱模

成型过程结束后，必须在成型压力下冷却一段时间，才能泄压脱模。若冷却不足，制品脱模后会继续变形；若冷却过度，制品过度收缩紧包模具而难以脱模。冷却方法有自然降温、金属模通水冷却、风冷、压缩空气喷枪冷却。因聚合物分解或模腔粗糙引起脱模困难时，可在成型面上涂抹脱模剂。

5. 制件后处理

热成型制品的后处理主要是修整和热处理。修整即将边缘修整光滑，切除废边。

（二）编制电冰箱壳体隔热层硬质聚氨酯发泡工艺流程

1. 电冰箱壳体隔热层硬质聚氨酯泡沫原料

1）异氰酸酯：现有三种，即 PAPI、C-MDI、TDI，其中 TDI 毒性大，故前两者应用较广。

2）多元醇：有聚醚型和聚酯型。

3）催化剂：叔胺类（三乙胺、三乙烯二胺、三乙醇胺等）和有机锡类（二月桂酸二丁基锡、辛酸亚锡等）。

4）发泡剂：用低沸点的卤化碳（如 R11）和少量水。R11 用量约相当于多元醇量的 30%～40%，水的用量为 2%左右。

5）泡沫稳定剂：水溶性硅油，如 Si-C、Si-O-C 型硅油。

6）其他助剂。为了提高自熄性而加入含卤含磷有机衍生物及无机溴化氨等，为了提高制品的耐温性及抗氧化性而加入防光剂 264（2，6-二叔丁基对甲酚）。

表 6-6 是聚氨酯保温泡沫塑料配方。

表 6-6 聚氨酯保温泡沫塑料配方

原　　料	配比（质量）	原　　料	配比（质量）
聚醚（羟值 430～470mg/g）	100	硅油	2
二己基乙醇胺	1	一氟三氯甲烷（R11）	38
二月桂酸二丁基锡	0.1	PAFI（多聚异氰酸酯）	117

2. 电冰箱壳体隔热层硬质聚氨酯发泡工艺流程

1）先把电冰箱壳体预加热到 40℃左右。

2）把加热后的冰箱壳体装入发泡压紧模里。

3）起动发泡机从压紧模注入口注入混合料（混合料的温度为 20～30℃），开始发泡。硬质聚氨酯泡沫发泡工艺过程如图 6-19 所示。

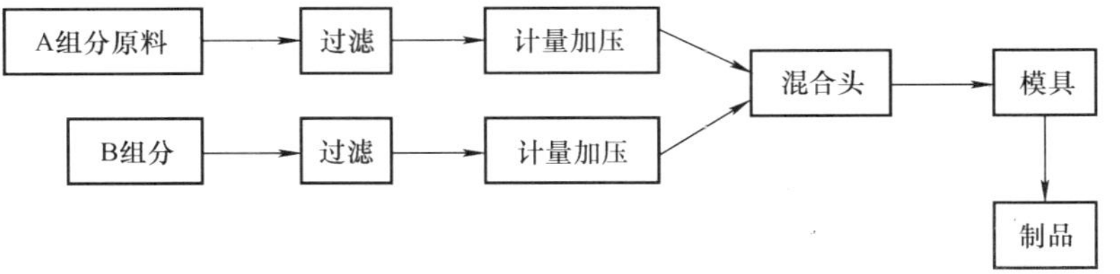

图 6-19 硬质聚氨酯泡沫发泡工艺过程

其中，A 组分由聚醚、发泡剂、催化剂、稳定剂等混合，而将异氰酸酯作为 B 组分。

4）保温，促使聚氨酯熟化（对于硬质聚氨酯泡沫又称固化或硬化）。熟化温度一般在 45～60℃，保温时间一般从几分钟到十几分钟。

5）脱模，完成发泡。

3. *发泡设备*

硬质聚氨酯发泡设备因生产厂家情况不同各有差异。图 6-20 所示为硬质聚氨酯高压发泡机系统。图中，A_1、A_2、A_3 是原料罐，分别储存聚醚、各种助剂和发泡剂 R11，根据电脑指令，起动计量泵 P_3、P_4、P_5 可以按要求的比例输送原料到预混合头，混合后的 A 料进入 A 料罐。A、B 料罐是特制的夹套罐，夹套中的循环工质（水）可对原料进行加热或冷却，使之始终处于所要求的温度。为了温度均匀及配料均匀，A、B 料罐都装配有搅拌器，夹套循环工质有专设的制冷机 R 提供冷量，加热器 W_1、W_2 提供热量。A、B 料罐还装有液位指示器和自动液位控制器与电脑配合以维持正常液位。B 料罐与 A 料罐结构相同，但储存的是 B 料，即异氰酸酯。发泡灌注开始时，通过电脑控制起动计量泵 P_1、P_2 把 A、B 料送入混合枪头 F，经冲击混合注入发泡腔体空间。发泡完毕后，混合枪头 F 内的活塞动作，把剩余的 A、B 料推动分别返回料槽，避免阻塞枪头。Y_1、Y_2 分别为异氰酸酯和聚醚的原料桶，桶上的泵 P_{11}、P_{12} 可以根据指令及时补充原料。此外，0.32MPa 压缩空气为各料罐提供了所需的压力。

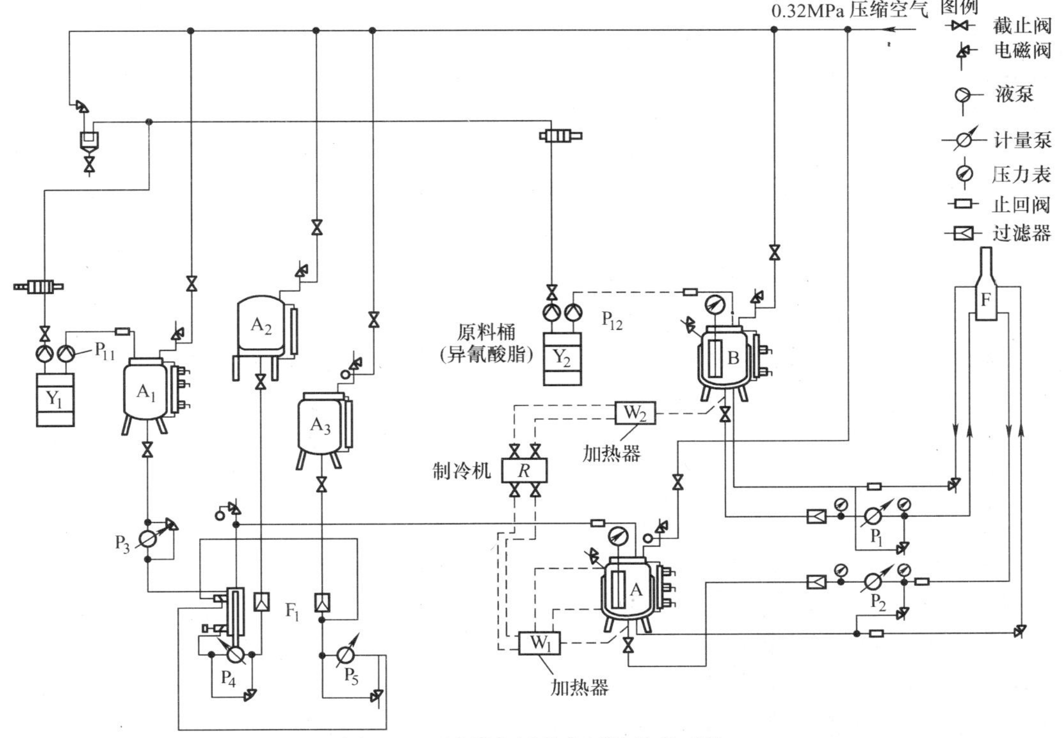

图 6-20　硬质聚氨酯高压发泡机系统

（三）编制家用空调器前面板注射成型工艺流程

现以 ABS 为原料（丙烯腈-丁二烯-苯乙烯共聚物）编制家用空调器前面板注射成型工

艺流程。

1. 注射前的准备

1）检验ABS的颗粒大小是否均匀，色泽是否均匀，有无杂质等。

2）干燥。ABS结构中含有亲水性的极性基团，必须进行干燥。干燥温度一般在85℃左右，干燥时间应在2～4h，使含水量降到0.02%以下。

3）选择、喷涂脱模剂：脱模剂用甲基硅油。喷涂脱模剂时要控制脱模剂的用量，用量过大会影响制品的外观质量，出现油斑或使制品表面发暗。对外观质量要求较高的塑料制品，只能在制品脱模困难的部位应用脱模剂。

2. 注射成型

1）加料。为了保证操作稳定和塑料塑化均匀，需要定量（定容）加料，加料量也要控制在合理的范围，一般不能低于注塑机注射量的10%，也不能高于注塑机注射量的70%。

2）塑化。塑化过程要求：① 物料在注射前达到规定的成型温度；② 保证塑料熔体的温度及组分均匀，并能在规定的时间内提供足够的熔融物料；③ 保证物料不分解或极少分解。

3）注射。压力、时间和温度是影响注射成型工艺的三大条件，需合理选择各工艺参数。

4）脱模。当制品从模具上脱下时，需要一定的顶出力克服制品与模具的附着力。顶出力太小时，不能脱模；顶出力太大时，会使制品翘曲变形，甚至会顶坏制品。

3. 注射成型工艺参数

1）料筒温度。料筒温度直接影响到物料的温度和流动性。为使经料筒塑化的ABS高速流经喷嘴和模具流道时达到最大流动性和良好的充模性，对于熔体流动速率较高的物料，料筒温度应控制得低一些；对熔体流动速率较低的物料，料筒温度则需控制得高一些。料筒温度分三段控制，从靠近料斗一端到喷嘴为止，温度逐渐升高，以使物料逐步塑化。第一段温度为150～170℃，第二段温度为165～180℃，第三段温度为180～220℃。

2）喷嘴温度。喷嘴温度一般低于料筒前端温度，过高时易发生流涎现象（不应超过230℃），但喷嘴温度也不能太低，否则会堵塞。喷嘴温度应在180～200℃。

3）模具温度。升高模具温度能提高制品的密度和结晶度，有利于力学强度和制品表面粗糙度的提高，但会增加制件的冷却时间、增大制件收缩率和脱模后的翘曲，冷却时间的增加会增长制件成型周期，降低生产效率。模具温度也不能太低，否则会出现固化不完全，使制品产生的各向异性大，并有气泡、空隙等缺陷。对于ABS模具，定模温度一般为70～80℃，动模温度一般为50～60℃。

4）注射压力。注射压力是指马达或油缸驱动螺杆或柱塞沿轴向前进推动熔融物料前移时，其头部向塑料熔体施加的压力。注射压力主要用来克服熔体在成型过程中的阻力，并对熔融物料起到一定程度的压实作用。当注射压力过低时，塑料缓慢进入型腔，最先与模腔壁面接触的熔融物料会由于温度急剧下降而使粘度增高甚至凝固，并很快向流动轴心处波及，这样会使塑料流动通道在很短时间内变得狭窄，降低了进入模腔的压力，结果会使制件表面出现波纹、缺料、气泡，严重时有些塑料的制件还会出现脆性断裂。当注射压力过高时，熔料充模过快，在浇口附近以湍流形式进入而发生自由喷射，并且会夹带空气进入制件，会使制件表面出现云雾斑或闪光一类缺陷。过高的注射压力往往会造成制件产生飞边。同时，高压制件产生的残留应力大，脱模困难，容易发生翘曲变形。对小型、构造简单、厚度大的制件注射压力取 70～100MPa；而复杂、薄壁、长流程、小浇口制品，注射压力可提高到 100～140MPa。

5）保压压力。保压压力是指对模腔内熔体压实，并且维持继续向模腔内进行由于冷却造成的收缩而留下的空间补料所需要的压力。保压压力会影响到注塑制品的质量。保压压力通常是塑料充填模腔时最高压力的 50%～60%。在生产过程中，保压压力有时也采用注射压力。

6）注射时间。注射时间与制件的厚度、质量成正比，与充模速率成反比。注射时间长、流速平稳，则注塑后制件尺寸比较稳定，变形波动较小、制件内应力低、翘曲变形较小，但容易使制件出现分层和结合部的熔接痕。注射时间短，注射速度则快，熔料从浇口射入模腔，直到熔料到达型腔壁为止，后来的熔料接踵压缩，最后相互熔合成为一个整体，最后使制件均匀，但此时注射压力高，物料温度及粘度下降小。注射压力高则充模迅速，高速充模能改进制件的光泽度和平滑度，消除了接缝现象及分层现象，颜色更均匀一致。充模速度过快时，有可能转化为自由喷射，出现湍流或涡流现象，从而混入空气，使制品出现气泡。一般注射时间为 3～5s。

7）保压时间。保压时间是指从模腔充满后到保压结束为止所经历的这段时间。制品尺寸准确性和外观都与保压时间有关。在保压期间，模腔内的塑料仍有流动，加上温度持续迅速下降，塑料冻结较多，制件分子在这段时间形成并固定下来。若保压时间过长，会造成制件各个位置和方向的内应力差异变大，脱模时就容易发生翘曲和龟裂。保压时间的长短与物料温度有直接的关系，随着熔料温度升高，浇口封闭时间增加，保压时间也变长；反之，保压时间变短。一般保压时间为 15～30s。

8）冷却时间。冷却时间是指保压结束后到开启模具所经历的时间。冷却时间的长短主要取决于制品的厚度、塑料的结晶性能、热性能和模具温度等。冷却时间过长不仅没有必要而且会降低生产效率，对复杂制件还将造成脱模困难，强行脱模甚至会产生脱模应力。一般冷却时间为 15～30s。

4. 制件后处理

制件后处理方法有退火和调湿两种，详见制件后处理部分。

五、自我评估

1. 简述塑料的组成及种类。
2. 热塑性塑料和热固性塑料有何异同?
3. 塑料具有哪些特点？常用的塑料有哪些?
4. 塑料成型前的预处理包括哪些内容?
5. 塑料制件的后处理方法有哪些?
6. 真空成型的方法有哪些?
7. 泡沫塑料在制冷装置上有哪些应用?
8. 什么是一次发泡？什么是二次发泡？简述硬质聚氨酯发泡的工艺流程。
9. 塑料注射成型的特点是什么？试述注射成型的工艺流程。
10. 什么是挤出成型？试述挤出成型的工艺流程。
11. 什么是涂料？涂料的主要作用有哪些?

12. 什么是涂装？如何选定涂装方法？

13. 金属材料涂装前需经哪些表面处理？非金属材料涂装前需经哪些表面处理？

14. 什么是电泳涂装？电泳涂装包括哪4个工艺过程？

15. 试述电泳涂装的工艺条件。

16. 简述静电涂装的基本原理。

17. 说明静电涂装的主要工艺条件。

18. 什么是粉末涂装？试对流化床法、静电流化床法和粉末静电法三种粉末涂装方法进行比较。

19. 什么是固化成膜？涂膜的固化方法有哪三种？

20. 试述涂层硬度的检测方法。

项目七　制冷装置的装配与检验

一、学习目标

1. 终极目标

掌握常用制冷装置装配的内容及方法。

2. 促成目标

1）了解制冷装置装配、装配精度、装配尺寸链等基本概念和主要内容。

2）熟悉装配工作的主要内容。

3）熟悉装配的一般工艺原则。

4）熟悉建立装配尺寸链的步骤。

5）了解装配尺寸链的计算方法。

6）熟悉常用装配工艺方法及其适用场合。

7）了解制订装配工艺规程的基本原则和原始资料。

8）熟悉制订装配工艺规程的步骤。

9）会进行产品装配方法的选择。

10）能够初步完成典型制冷装置的装配和检验。

二、工作任务

1）完成活塞式制冷压缩机的装配与检测。

2）完成双门直冷式家用电冰箱的装配。

3）完成家用空调器的装配与检测。

4）完成中央空调系统机组的装配与检验。

三、相关知识

（一）概述

1. 装配的概念

装配是根据总装配图将合格零件按照规定的技术要求装配、调试成合格产品的过程。它是机械制造生产过程中重要的也是最后一个阶段。该阶段包括装配、调整、检验和试验、涂装、包装等工作。产品的质量必须由装配工作最终保证。

任何机器设备都是由许多零件组成的，零件是组成机械的基本单元。

若干零件的永久结合（焊、铆等）或是组合后再加工的零件接合（如在连杆小头孔中压入衬套后再镗孔）就构成了套件，又称为合件。套件的装配称为套装。

通常以某一零件作为基准零件，将若干个零件（或零件和套件）组装在基准零件上，构成在结构上及装配操作中有一定独立性的部分，称为组件。组件一般是可拆的，在以后的装配或检修中可拆开再装，而套件一般不再拆开。组件的装配称为组装。

将若干个零件、组件组装在基准零件（或组件）上而构成的具有相对独立性的部分称为部件，例如开启式制冷压缩机的卸载装置部件、轴封部件、油泵部件、油压调节阀部件、安全阀部件等。为形成部件而进行的装配工作称为部装。

将若干个零件、套件、组件、部件共同安装在基准件上，就组装成了机器设备，这就是总装配。例如，制冷压缩机就是在机体上装上曲轴、气缸组件、连杆活塞组件及上述部件等制成的。图 7-1 所示为机器装配系统图，它表明了各有关装配单元间的从属关系。显然，机械产品的装配包含套件装配、组件装配、部件装配和总装配。

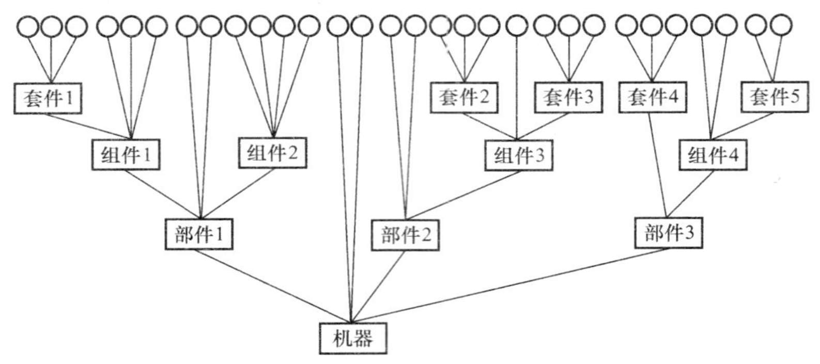

图 7-1 机器装配系统图

为了制造合格的产品，必须抓住以下主要环节：

1）产品结构设计的正确性。

2）组成产品的各零件的加工质量（包括加工精度、表面质量、热处理性能等）。

3）装配质量和装配精度。

4）产品制造全过程质量控制。

产品结构设计的正确性是保证产品质量的先决条件，零件的加工质量是产品质量的基础，装配是保证产品生产质量的最后一环。装配过程并不是将合格零件简单地连接起来的过程，而是根据各级部装和总装的技术要求，通过校正、调整、平衡、配作以及反复检验来保证产品质量的复杂过程。若装配不当，即使零件的制造质量都合格，也不一定能装配出合格的产品；反之，即使零件的质量不良好，在装配中采取合适的工艺措施也能使产品达到或基本达到规定的要求。

综上所述，装配工作对保证和提高产品质量、提高劳动生产率、降低制造成本都起到了十分重要的作用。所以，研究装配工艺过程和装配精度、采用有效的装配方法、制定出合理的装配工艺规程对保证产品质量具有十分重要的意义。

近年来，毛坯制造和机械加工等方面的机械化和自动化程度有了很大的提高，许多新工艺的应用既提高了生产率，又节省了人力和费用。装配工作的技术水平和劳动生产率必须大幅度提高才能适应机械工业的发展形势要求。目前，我国压缩机和制冷装置生产企业越来越多地采用风动或电动扳手、机械手、输送带、随行夹具、清洗机、自动平衡机等设备，特别是在小型全封闭式压缩机生产企业以及电冰箱、家用空调器等小型制冷装置生产企业中，装配工作的机械化、自动化程度日益提高。

2. 装配工作的主要内容

（1）清洗　机械产品装配过程中，零、部件的清洗对保证产品的装配质量和延长产品的使用寿命均有重要的意义。特别是对于轴承、密封件、精密件以及有特殊清洗要求的工件，清洗更为重要。清洗的目的是去除制造、储藏、运输过程中所粘附的切屑、油脂和灰尘，以保证装配质量。清洗的方法有擦洗、浸洗、喷洗和超声波清洗等。

清洗工艺的要点主要是清洗液（如煤油、汽油、碱液及各种化学清洗液等）及其工艺参数（如温度、时间、压力等）。清洗工艺的选择需要根据工件的清洗要求、工件材料、批量大小、油脂、污物性质及其粘附情况等因素确定。此外，工件清洗后应具有一定的中间防锈能力，清洗液的选择应与清洗方法相适应。

（2）连接　连接即将两个或两个以上的零件结合在一起。在装配过程中，有大量的连接工作。连接的方式一般有两种：可拆卸连接和不可拆卸连接。常见的可拆卸连接有螺纹联接、键联接和销钉联接等，其中螺纹联接应用得最广。螺纹联接时，应根据被联接零、部件的形状和螺栓的分布情况，合理地确定各螺栓的紧固顺序，且施力要均匀，否则会引起被联接件的变形，降低装配精度。对于重要的螺纹联接，还需要规定预紧力的大小。常见的不可拆卸连接有焊接、铆接和过盈连接等，其中过盈连接多用于轴、孔的配合。过盈连接的方法有压入法和热胀（或冷缩）法。为保证过盈连接的质量，装配前要将零件清洗干净。

（3）校正、调整与配作　装配过程中，特别是单件、小批量生产的条件下，为了保证装配精度，常需要进行一些校正、调整和配作工作。这是因为完全靠零件精度来保证装配精度往往是不经济的，甚至是不可能的。

校正是指产品中相关零、部件间相互位置的找正、找平并通过各种调整方法以保证达到装配精度要求。在产品的总装和大型机械基体件装配中常需进行校正。常用的校正方法有平尺校正、角尺校正、水平仪校正、拉钢丝校正、光学校正、激光校正等。

调整是指相关零部件相互位置的调节。它除了配合校正工作去调节零部件的位置精度外，运动副间的间隙调节是调整的主要内容，例如滚动轴承内外圈及滚动体之间间隙的调整、镶条松紧的调整、齿轮与齿条啮合间隙的调整等。

配作是指在装配中，零件与零件之间或部件与部件之间的钻、铰、刮和磨等。钻和铰多用于固定连接，钻多用于螺纹联接，铰则多用于定位销孔的加工，刮多用于运动副配合表面的精加工，如按轴颈配刮轴瓦等。配刮可以提高工件尺寸精度和几何精度，减小表面粗糙度和提高接触刚度。因此，在机械装配或修理中，刮削仍是一种重要的工艺方法。但刮削的生产率低、劳动强度大。

（4）平衡　对于转速较高、运转平稳性要求高的机械（如内燃机、压缩机），为了防止使用中出现振动，影响机械的工作精度，装配时应对其旋转零部件（整机）进行平衡试验。旋转体的不平衡是由于旋转体内部质量分布不均匀引起的。对旋转零件或部件消除不平衡的工作称为平衡。平衡的方法有静平衡法和动平衡法两种。对于直径较大、长度较小的零件（如带轮等盘状旋转体零件），一般只需进行静平衡；对于长度较大的零件（如曲轴、传动轴），则需进行动平衡。

对旋转体内不平衡量一般可采用下述方法校正：① 用补焊、铆接、胶接、喷涂或螺纹联接等方法加配质量；② 用钻、铣、锉等机械加工方法去除不平衡质量；③ 在预制的平衡槽内改变平衡块的位置和数量（如砂轮的静平衡）。

（5）验收试验　机械产品装配完成后，根据有关技术标准的规定对产品进行较全面的验收和试验工作，合格后才准出厂。各类产品检验和试验工作的内容、项目是不相同的，其验收试验工作的方法也不相同。

除上述装配工作外，涂装、包装等也属于装配工作，应相应考虑安排。

3. 装配的一般工艺原则

1）装配时的顺序应与拆卸顺序相反。要根据零、部件的结构特点采用合适的工具或设备，严格按顺序装配，注意零、部件之间的方位和配合精度要求。

2）对过渡配合和过盈配合零件的装配，如滚动轴承的内、外圈等，必须采用相应的铜棒、铜套等专门工具和工艺措施进行手工装配，或按技术条件借助设备进行加温加压装配。如遇有装配困难的情况，应先分析原因，排除故障，提出有效的改进方法，再继续装配，千万不可乱敲乱打、强行装配。

3）对油封件必须使用心棒压入；对配合表面要仔细检查和擦净，若有飞边，应修整后再装配；螺栓联接应按规定的力矩值分次均匀紧固；螺母紧固后，螺柱露出的螺牙应不少于两个且等高。

4）凡是摩擦表面，如轴颈、轴承、轴套、活塞、活塞销和缸壁等，装配前均应涂上适量的润滑油。各部件的密封垫（纸板、石棉、钢皮、软木垫等）应统一按规格制作。自行制作时，应细心加工，切勿让密封垫覆盖润滑油、水和空气的通道。机械设备中的各种密封管道和部件，装配后不得有渗漏现象。

5）过盈配合件装配时，应先涂润滑油或润滑脂，以便于装配和减少配合表面的初期磨损。此外，装配时应根据零件拆卸下来时所作的各种安装记号进行装配，以防装配出错而影响装配进度。

6）某些有装配技术要求的零、部件，如装配间隙、过盈量、灵活度、啮合印痕等，应边安装边检查，并随时进行调整，以避免装配后返工。

7）在装配前，要对有平衡要求的旋转零件按要求进行静平衡或动平衡试验，合格后才能装配。

8）每个部件装配完毕后，必须严格、仔细检查和清理，防止有遗漏或错装的零件。严防将工具、多余零件及杂物留存在箱体之中。确认无误之后，再进行手动或低速试运行，以防机械设备运转时发生意外事故。

4. 装配精度

（1）概念与内容　产品的装配精度即装配后实际达到的精度。机械产品的质量是以其工作性能、使用效果、精度和使用寿命等指标综合评定的。它主要取决于结构设计、零件质量及其装配精度。

产品装配精度一般包括：零部件间的距离精度、位置精度、接触精度和相对运动精度等。

1）距离精度。距离精度是指相关零部件间的距离尺寸精度，距离精度还包括配合面间达到规定的间隙或过盈的要求，如轴和孔的配合间隙或配合过盈，齿轮啮合中非工作齿面间的侧隙以及一些运动副间的间隙等。

2）位置精度。位置精度主要指相关零部件间的平行度、垂直度、同轴度和各种跳动等，如台式钻床主轴轴线对工作台台面的垂直度。

3）接触精度。接触精度是指两配合表面、接触表面和连接表面间达到规定的接触面积大小与接触点的分布情况。接触精度主要影响接触刚度和配合质量的稳定性，同时对相互位置和相对运动精度的保证也有一定的影响。例如，锥体配合、齿轮啮合等均有接触精度要求。

4）相对运动精度。相对运动精度是指有相对运动的零、部件间在运动方向和运动位置上的精度。运动方向的精度包括零部件相对运动时的直线度、平行度和垂直度等。零部件间在运动方向上的相对运动精度的保证是以位置精度为基础的。运动位置上的精度即传动精度，是指内联系传动链中，始、末两端传动元件间相对运动（转角）精度，例如滚齿机主轴（滚刀）与工作台相对运动精度，车床车螺纹时的主轴与刀架移动的相对运动精度等。

（2）装配精度的决定因素　机械及其部件都是由零件组成的，装配精度与相关零、部件制造误差的累积有关，特别是关键零件的加工精度。例如，卧式车床尾座移动对床鞍移动的平行度，就主要取决于床鞍移动导轨和尾座移动导轨之间的平行度（见图 7-2）。又如车床主轴锥孔轴心线和尾座套筒锥孔轴心线的等高度（A_0）即主要取决于主轴箱、尾座及座板的 A_1、A_2 及 A_3 的尺寸精度，如图 7-3 所示。

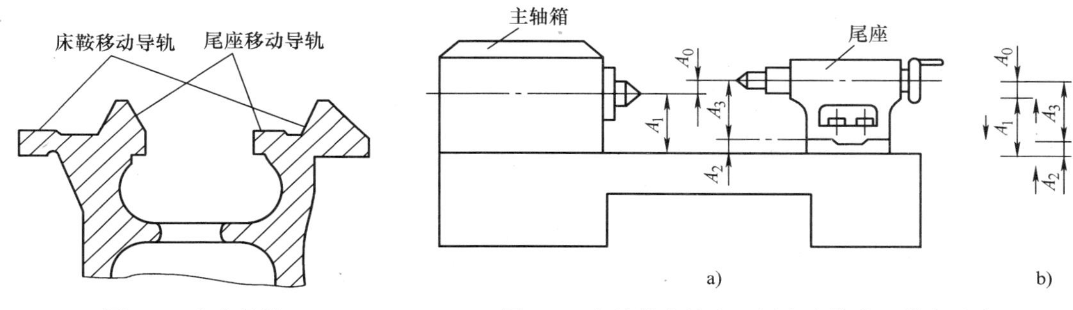

图 7-2　床身导轨

图 7-3　主轴箱主轴中心尾座套筒中心等高示意

另一方面，装配精度又取决于装配方法，在单件、小批生产及装配精度要求较高时装配方法尤为重要。如图 7-3 所示的等高度要求是很高的，如果靠提高 A_1、A_2 及 A_3 的尺寸精度来保证是不经济的，甚至在技术上也是很困难的。比较合理的办法是在装配中通过检测，对某个零部件进行适当的修配来保证装配精度。

因此，机械的装配精度不但取决于零件的精度，而且取决于装配方法。

（二）保证产品装配精度的工艺方法

1. 装配尺寸链

（1）基本概念　装配尺寸链是产品或部件在装配过程中，由相关零件的有关尺寸（表面或轴线间距离）或相互位置关系（平行度、垂直度或同轴度等）所组成的尺寸链。装配尺寸链的基本特征是具有封闭性，即由一个封闭环和若干个组成环所构成的尺寸链呈封闭形，如图 7-3b 所示。其封闭环不是零件或部件上的尺寸，而是不同零件或部件的表面或轴线间的相对位置尺寸，它不能独立地变化，而是装配过程最后形成的，即装配精度，如图 7-3 中的 A_0。其各组成环不是在同一个零件上的尺寸，而是与装配精度有关的各零件上的有关尺寸，如图 7-3 中的 A_1、A_2 及 A_3。装配尺寸链各环的定义及特征同项目二所述。显然，A_2 和 A_3 是增环，A_1 是减环。

装配尺寸链按照各环的几何特征和所处的空间位置不同，可分为线性尺寸链（或称直线尺寸链）、角度尺寸链、平面尺寸链和空间尺寸链。常见的装配尺寸链是线性尺寸链和角度尺寸链。

（2）装配尺寸链的建立　应用装配尺寸链（线性尺寸）分析和解决装配精度问题时，首先要查明和建立尺寸链，即确定封闭环，并根据封闭环的要求查明各组成环；然后确定保证装配精度的工艺方法和进行必要的计算。查明和建立装配尺寸链的步骤如下：

1）确定封闭环。在装配过程中，要求保证的装配精度就是封闭环。

2）查明组成环，画装配尺寸链图。从封闭环任意一端开始，沿着装配精度要求的位置方向，将与装配精度有关的各零件尺寸依次首尾相连，直到与封闭环另一端相接为止，形成一个封闭形的尺寸图，图上的各个尺寸即是组成环。

3）判别组成环的性质。画出装配尺寸链图后，判别组成环的性质（即增环、减环）。

在建立装配尺寸链时，还应符合下列要求：

1）组成环数最少原则。从工艺角度出发，在结构已经确定的情况下，标注零件尺寸时，应使一个零件仅有一个尺寸进入尺寸链，即组成环数目等于有关零件的数目。如图 7-4a 所示，轴只有 A_1 一个尺寸进入尺寸链，是正确的；图 7-4b 所示的注法中，轴有 a 和 b 两个尺寸进入尺寸链，是不正确的。

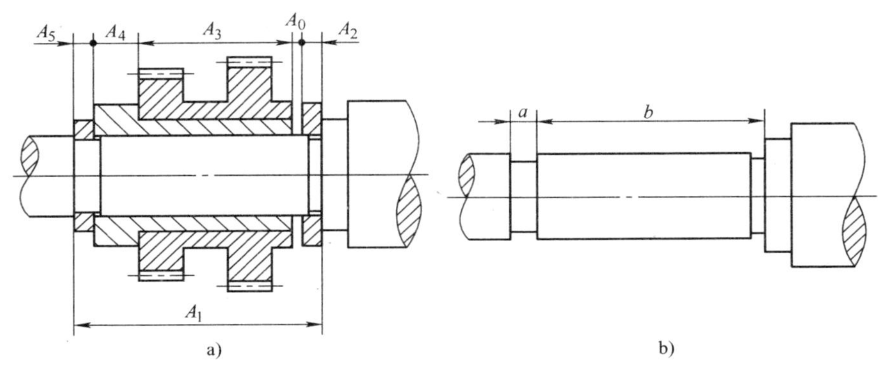

图 7-4　组成环尺寸的注法

a）尺寸链最短路线示意　b）尺寸标注不正确

2）按封闭环的不同位置和方向分别建立装配尺寸链。例如常见的蜗杆副结构，为保证正常啮合，蜗杆副两轴线的距离（啮合间隙）及蜗杆轴线与蜗轮中间平面的对称度均有一定要求，这是两个不同位置方向的装配精度，因此需要在两个不同方向分别建立装配尺寸链。

（3）装配尺寸链的计算　装配尺寸链的解算方法与装配方法密切相关。同一项装配精度，采用不同装配方法时，其装配尺寸链的解算方法也不相同。常用的装配尺寸链解算方法有极值法和概率法。

装配尺寸链的计算可分为正计算和反计算。已知与装配精度有关的各零、部件的基本尺寸及其偏差，求解装配精度要求（封闭环）的基本尺寸及偏差的计算过程称为正计算。正计算用于对已设计的图样进行校核验算。已知装配精度要求（封闭环）的基本尺寸及偏差，求解与该项装配精度有关的各零、部件基本尺寸及偏差的计算过程称为反计算。反计算主要用于产品设计过程之中，以确定各零、部件的尺寸和加工精度。

2. 装配方法

产品的精度要求最终是靠装配实现的。生产中常用的产品装配工艺方法包括：互换法、选配法、修配法和调整法等。

（1）互换法　互换法的实质是依靠控制零件的加工误差来保证产品的装配精度。根据互换程度的不同，互换法可分为完全互换法和不完全互换法两种。

1）完全互换法。完全互换法是在装配过程中，各配合零件不经任何修理、选择或调整即可达到装配精度和技术要求的方法。即在产品装配中，装配尺寸链各组成环不需要挑选或改变其大小或位置，装入后就能达到封闭环的公差要求。

采用完全互换法装配时，装配尺寸链一般用极值法进行计算。为保证装配精度要求，尺寸链各组成环公差之和应小于或等于封闭环公差（装配精度要求），即

$$\sum_{i=1}^{m} T_i \leqslant T_0$$

式中　T_0——封闭环公差要求值（装配精度）；

T_i——第 i 个组成环公差；

m——组成环环数。

完全互换装配法的优点是：

① 装配过程简单，生产率高。

② 对工人技术水平要求不高。

③ 便于组织流水作业和实现自动化装配。

④ 容易实现零、部件的专业协作，成本低。

⑤ 便于备件供应及机械维修工作。

完全互换法多用于高精度少环节尺寸链，或低精度多环节尺寸链。当封闭环精度较高且环节多时，不宜采用，以免各组成环加工公差过小，加工困难，成本提高，甚至无法加工。

2）部分互换装配法。部分互换装配法又称为不完全互换装配法。如果装配精度要求较高，尤其是组成环的数目较多时，若应用极值法确定组成环的公差，则组成环的公差将会很小，很难满足零件的经济精度要求。因此，在大批量生产的条件下，可以考虑部分互换法即用概率法解算装配尺寸链。

部分互换法与完全互换法相比，其优点是零件公差可以放大些，从而使零件加工容易、成本低，也能达到互换性装配的目的；缺点是将会有一部分产品的装配精度很差，需要采取补救措施或进行经济性论证。

（2）选配法　在成批或大量生产的条件下，对于组成环不多而装配精度要求却很高的尺寸链，若采用完全互换法，则零件的公差将过严，甚至超过了加工工艺的现实可能性。此时可采用选配法。该方法是将组成环的公差放大到经济可行的程度，然后选择合适的零件进行装配，以保证规定的精度要求。

选配法按其形式的不同分三种：直接选配法、分组选配法和复合选配法。

1）直接选配法。由装配工人从许多待装的零件中，经过多次挑选试装，凭经验判断保证装配精度。这种方法的优点是简单，但工人挑选零件的时间较长，且装配质量在很大程度上取决于工人的技术水平。因此，这种方法对大批量生产的流水线装配是不适宜的。

2）分组选配法。在成批、大量生产中，将产品各配合零件按实测尺寸分组，装配时按组进行互换装配，以满足装配精度要求。

分组选配法在内燃机、轴承等大批、大量生产中有一定应用。如图 7-5a 所示活塞与活塞销的装配情况，根据装配技术要求，活塞销孔与活塞销外径在冷态装配时应有 0.002 5～

0.007 5mm 的过盈量，与此相应的配合公差仅为 0.005mm。若活塞与活塞销采用完全互换法装配，且销孔与活塞直径公差按“等公差”分配时，则它们的公差只有 0.002 5mm。配合采用基轴制原则，则活塞销外径尺寸 d 为 $\phi 28_{-0.0025}^{0}$mm，活塞销内孔尺寸 D 为 $\phi 28_{-0.0075}^{-0.0050}$mm。显然，制造这样精确的活塞销和活塞销孔是很困难的，也是不经济的。生产中采用的办法是，先将上述公差值都增大 4 倍，则 d 为 $\phi 28_{-0.010}^{0}$mm，D 为 $\phi 28_{-0.015}^{-0.005}$mm，按此公差加工，再将加工完的零件逐件进行测量，并按尺寸大小分成 A、B、C、D 四组，涂上不同的颜色，以便进行分组装配（见表 7-1）。从表 7-1 可见，各组的公差和配合性质与原来要求相同。

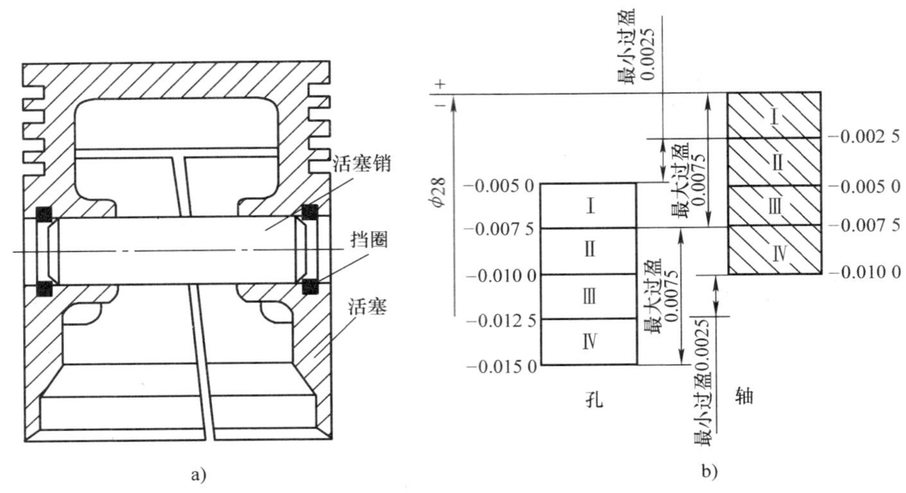

图 7-5　活塞与活塞销的装配

表 7-1　活塞销与活塞销孔直径分组

组　别	标志颜色	活塞销直径 d $\phi 28_{-0.010}^{0}$	活塞销孔直径 D $\phi 28_{-0.0150}^{-0.0050}$	配合情况	
				最小过盈	最大过盈
A	白	$\phi 28_{-0.0025}^{0}$	$\phi 28_{-0.0075}^{-0.0050}$	0.002 5	0.007 5
B	红	$\phi 28_{-0.0050}^{-0.0025}$	$\phi 28_{-0.0100}^{-0.0075}$		
C	黄	$\phi 28_{-0.0075}^{-0.0050}$	$\phi 28_{-0.0125}^{-0.0100}$		
D	绿	$\phi 28_{-0.0100}^{-0.0075}$	$\phi 28_{-0.0150}^{-0.0125}$		

分组选配应注意以下几个问题：

① 配合件的公差要相等，公差增大方向要相同，增大的倍数就是以后的分组数，因此该数应为整数。

② 分组数不宜多，多了会增加零件的测量和分组工作量，并使零件的储存、运输及装配等工作复杂化。

③ 分组后各组内相配合零件的数量要相符，形成配套。否则，会出现某些尺寸零件的积压浪费现象。

分组互换装配适合于配合精度要求很高和相关零件一般只有两三个的大批量生产中，如滚动轴承的装配。

3）复合选配法。复合选配法是上述两种方法的复合。零件装配前预先测量分组，装配时在各对应组内选择配套，这样既能达到规定的装配要求，又便于较快地选择合适的零件。

（3）修配法　修配法是指在零件上预留修配量，在装配中用手工锉、刮、研磨等方法修去该零件上的多余部分材料，使装配精度满足规定的技术要求。根据修配法的特点，必须在尺寸链中选择一个修配环，在该环事先加大一个补偿值作为预留修配量。该补偿值 δ_c 由下式计算：

$$\delta_c = T_A - [T_A]$$

式中　δ_c——修配环上预留的补偿值；

T_A——除修配环外其他组成环形成的装配公差；

$[T_A]$——装配公差允许公差。

装配时，在现场加工去除多余部分，保证封闭环的精度要求。

图 7-6 所示的键与键槽配合便是用修配法来达到装配精度的。图 7-6a 是一个键与键槽的装配，要求配合公差 0～0.05mm；由图 7-6b 可知，键的加工精度为 0.1mm，键槽的加工精度为 0.2mm，如果直接装配，将形成 0～0.3mm 的装配公差；图 7-6c 说明，在生产中，可将键作为修配环，将键的基本尺寸增加一补偿量 δ_c＝0.1mm＋0.2mm－0.05mm＝0.25mm，若键的设计尺寸为 10mm，则实际加工成$10.25_{-0.1}^{0}$mm。当键的实际尺寸正好为 10.25 mm 时，再在装配中根据情况进行修配：若键槽实际尺寸为 10.2mm，则将键磨去 0.05～0.1mm 即可；若键槽实际尺寸为 10.05mm，则将键槽磨去 0.2～0.25mm。

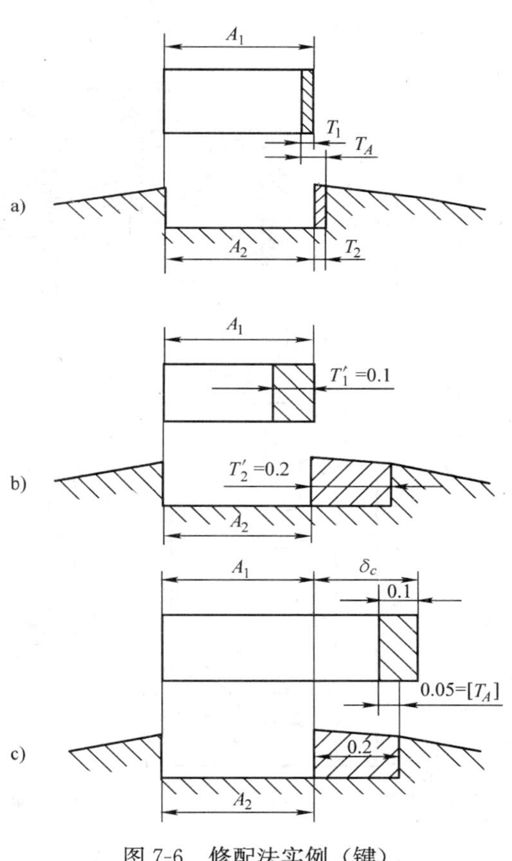

图 7-6　修配法实例（键）

修配的方法可以手工锉、刮、研磨，也可用机械加工在装配过程中临时除去。修配法虽然可扩大组成环的加工公差，使精度大为提高，但没有互换性，装配时一般需要手工修配，劳动量大、生产率低，难以组织流水生产，装配精度依赖于工人的技术水平。修配法适宜单件、小批、多环尺寸链的装配生产。合并加工修配法是修配法的发展。所谓合并加工修配法是将几个零件合在一起进行加工修配，并作为一个零件进行装配，从而减少组成环的环数，既可放大组成环的公差，又能满足装配精度的要求。例如，在制冷压缩机生产中，连杆小头孔就是与衬套装配后再精加工的，连杆大头孔也是与大头盖装配后进行精镗。加工后还应打钢印编号以便对号装配。

（4）调整法　调整法与修配法相似，各组成环也按经济精度加工。由此所引起的封闭环累积误差的扩大，在装配时通过调整某一零件的位置或尺寸来补偿影响。调整法和修配法的区别在于调整法不必去除金属，而是靠改变调整件的位置或更换调整件的方法来保证装配精度。选作调整用的组成环称为调整环。调整环可以是一个或几个，常用的调整环为垫圈、垫片、轴套、螺栓、挡环、斜面件等。

根据调整方法的不同，调整法可分为固定调整法、可动调整法、误差抵消调整法及合并调整法等。制冷压缩机、制冷装置装配常用的是固定调整法。

图 7-7 所示是开启式制冷压缩机装配局部图。图中封闭环 A_0 为余隙，余隙的大小是压缩机总装的关键之一。A_0 太小，压缩机运行中零件受热膨胀，有卡缸的危险；A_0 太大，将导致压缩机输气系数降低。因此，装配中 A_0 应严格控制。由于组成环多（图 7-7 中有 8 个组成环），实际装配时，主轴承、连杆大小头及活塞销等配合状况对 A_0 都有影响，装配累积误差大，采用调整法给予补偿最合适。装配中通过调整 A_2（调整垫片的厚度和片数）以满足余隙 A_0 的装配精度要求。实践证明，这种方法是行之有效的，在全封闭式压缩机装配流水线上，余隙装配精度的控制也是通过调整垫片厚度来实现的。

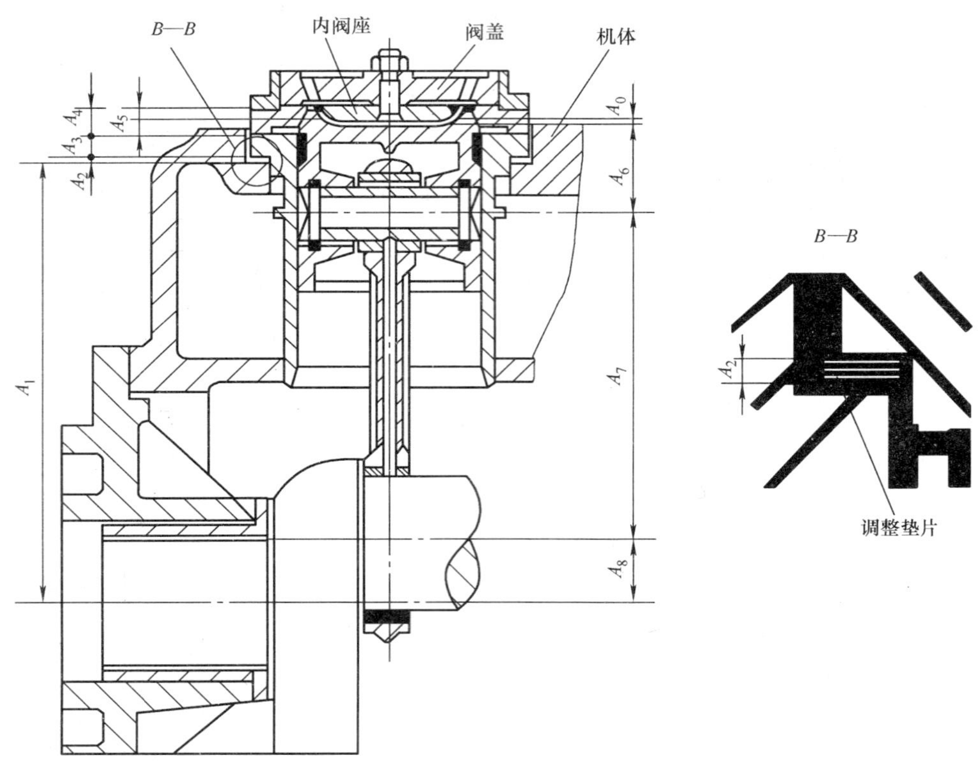

图 7-7 调整法装配实例（气缸）

3. 装配方法的选择

在选择装配方法时，先要了解各种装配方法的特点及应用范围，认真研究产品的结构和精度要求，深入分析产品及其相关零件之间的尺寸联系，建立整个产品及各级部件的装配尺寸链。根据各级装配尺寸链的特点，结合产品的生产纲领和生产条件来确定产品的装配方法。

一般说来，当组成环的加工经济可行时，优先选用完全互换装配法；成批生产而组成环又较多时，考虑采用不完全互换法；封闭环精度较高、组成环数较少时，考虑采用分组装配法；环数多的尺寸链采用调整装配法；单件、小批生产时，则常用修配法。

值得注意的是，一种产品究竟采用何种装配方法来保证装配精度，通常在设计阶段即应确定。只有在装配方法确定之后，才能进行尺寸链的计算。同一产品的同一装配精度要求，在不同的生产类型和生产条件下，可能采用不同的装配方法；同时，同一产品的不同部件也可采用不同的装配方法。

（三）装配生产的组织形式及工艺制订

将确定好的装配工艺过程用文件的形式规定下来就是装配工艺规程。对装配工作而言，它是指导性的技术文件，也是进行技术准备及制订装配生产计划的主要依据。对于设计新厂和改建老厂时，它又是设计装配车间（或分厂）的主要技术资料。

1. 制订装配工艺规程的基本原则及原始资料

（1）制订装配工艺规程的基本原则　制订装配工艺规程时，应遵循下列原则：

1）保证产品装配质量，力求提高质量，以延长产品的使用寿命。

2）合理安排装配顺序和工序，尽量减少钳工手工劳动量，缩短装配周期，提高装配效率。

3）尽量减少装配占地面积，提高单位面积的生产率。

4）要尽量减少装配工作所占的成本。

（2）制订装配工艺规程的原始资料

1）产品的装配图、重要件的零件图以及相关的技术要求；产品验收的技术条件。

2）产品的生产纲领，所编制的装配工艺规程应与生产类型相适应。

3）现有生产条件。

2. 制订装配工艺规程的步骤

根据上述原则和原始资料，可按下列步骤制订装配工艺规程：

（1）产品分析　审核产品图样的完整性、正确性；分析产品的结构工艺性；审核产品装配的技术要求和验收标准；分析与计算产品装配尺寸链。

（2）确定装配方法与组织形式　装配方法和组织形式主要取决于产品的结构特点（尺寸和质量等）和生产纲领，并应考虑现有的生产技术条件和设备。

装配组织形式主要分为固定式和移动式两类。固定式装配是全部装配工作在一个固定的地点完成，多用于单件、小批生产，或质量大、体积大的批量生产中。移动式装配是将零、部件用输送带或输送小车按装配顺序从一个装配地点移动到下一装配地点，分别完成一部分装配工作，各装配地点工作的总和就完成了产品的全部装配工作。根据零、部件移动方式的不同，移动式装配又可分为连续移动、间歇移动和变节奏移动三种方式。这种装配组织形式常用于产品的大批、大量生产中，以组成流水作业和自动作业线。

（3）划分装配单元，确定装配顺序　将产品划分为套件、组件及部件等装配单元是制订工艺规程中最重要的一个步骤，这对大批大量、生产结构复杂的产品尤为重要。无论哪一级装配单元，都要选定某一零件或比它低一级的装配单元作为装配基准件。装配基准件通常是产品的基体或主干零、部件。基准件应有较大的体积和质量，有足够的支承面，以满足陆续装入零、部件时的作业要求和稳定要求。

在划分装配单元、确定装配基准零件以后，即可安排装配顺序，并以装配系统图的形式表示出来。具体来说一般是先难后易、先内后外、先下后上，预处理工序在前。

(4) 划分装配工序　装配顺序确定后，就可将装配工艺过程划分为若干工序，其主要工作包括：

1) 确定工序集中与分散的程度。

2) 划分装配工序，确定工序内容。

3) 确定各工序所需的设备和工具，如果需要专用夹具与设备，应拟定设计任务书。

4) 制订各工序装配操作规范，如过盈配合的压入力、变温装配的装配温度以及紧固件的紧固力矩等。

5) 制订各工序装配质量要求与检测方法。

6) 确定工序时间定额，平衡各工序节拍。

(5) 编制装配工艺文件　单件、小批生产时，通常只绘制装配系统图。装配时，按产品装配图及装配系统图工作。

成批生产时，通常还制订部件、总装的装配工艺卡，写明工序次序、简要工序内容、设备名称、工夹具名称与编号、工人技术等级和时间定额等项目。

在大批、大量生产中，不仅要制订装配工艺卡，而且要制订装配工序卡，以直接指导工人进行产品装配。装配工序卡的格式见表7-2。

此外，还应按产品图样要求制订装配检验及试验卡片。

四、相关实践

(一) 活塞式制冷压缩机的装配与检验

活塞式制冷压缩机由曲轴连杆组件、气缸气阀、活塞组件、轴封及卸载装置组成。以8AS12.5型开启式制冷压缩机为例，其装配组织形式为分散工序，需经过组装、部装后，再进行总装配。

1. 部装

8AS12.5型制冷压缩机组件、部件的装配通常在装配车间组装工段完成。

(1) 装配连杆活塞组件　连杆活塞组件装配内容主要有：检验清洗零件；装连杆活塞；修锉活塞环搭口。其具体装配过程如下：

1) 拆下连杆大头盖，去飞边，修刮油孔尖角，用高压气体吹净油孔内的脏物，并用烃油、汽油等清洗干净，吹干备用。

2) 配上轴瓦，用着色法检验瓦背与连杆大头贴合面是否在70%以上，保证导热良好。

3) 装大头盖，过磅，要求质量偏差不大于3%（连杆小头已压入衬套并加工完毕)。

4) 清洗活塞销。

5) 将活塞放入80℃水池或油池内化蜡，取出活塞并用汽油洗去余蜡及其他脏物。

6) 清洗后的活塞置于软面工作台上，将导向销装入活塞销孔，通过一销孔时，将连杆装上，并使导向销通过连杆小头孔一半左右，接着将活塞销从另一销孔穿入并装好，然后在销孔上装好钢丝挡圈。

7) 修锉活塞环搭口，使搭口间隙满足要求。搭口要求尖角倒棱。

8) 用专用扩张器套装活塞环于活塞环槽内，并检查其灵活性。装配次序是先装油环，后装气环。有些厂家在总装时才装活塞环。

表 7-2　装配工序卡的格式

	装配工序卡	产 品 型 号		零部件图号			
		产 品 名 称		零部件名称		共处(　)页	第(　)页

工序号		工序名称		车间		工段		设备		工序工时	

	工步号	工步内容	工艺装备	辅助材料	工时定额/min
描图					
描校					
底图号					

											设计(日期)	审核(日期)	标准化(日期)	会签(日期)	
装订号															
	标记	处记	更改文号	签字	日期	标记	处记	更改文件	签字	日期					

9）装配后挂置于专用工件架上，总装时取用。

（2）装配阀门部件　阀门部件分为缸套组件和阀盖组件两部分。其具体装配过程如下：

1）按阀门部件明细表从库房取出备装零件。按缸套组件和阀盖组件分开零件，去飞边，清洗，吹干备用。

2）缸套组件组装。

① 将缸套倒置在干净的软面工作台上，装转动环（分左、右），转动环缺口朝下。

② 装垫片弹性圈，并检查转动环的转动灵活性。

③ 将缸套正立，装顶杆，使顶杆圆头落入转动环缺口槽内。

④ 对顶杆找平，即顶杆上放置吸气阀片，根据阀片的平衡性修锉相应顶杆平面。同一组顶杆高度差不大于0.1mm。

⑤ 提起顶杆，套入顶杆弹簧；压缩顶杆弹簧，在顶杆装上开口销。

⑥ 转动转动环，检查顶杆的灵活性。

3）阀盖组件组装。

① 阀盖大头朝下置于软面工作台上，将气阀弹簧旋入阀盖弹簧孔内。

② 在气阀螺栓上装上铝垫片，再装上内阀座（密封面朝上），然后在内阀座密封面上放上排气阀片。

③ 将装好了气阀弹簧的阀盖也装在气阀螺栓上，气阀弹簧应压住排气阀片。

④ 装上钢碗。

⑤ 用螺母拧紧，装上开口销。

⑥ 装外阀座，使螺栓孔端面紧贴阀盖4爪，拧上4只M8×30螺栓。

⑦ 检验排气阀的密封性。将汽油注入阀盖组件U形槽内，从阀片处漏出的汽油不允许超过1滴/min。

4）清点其余零件（气阀弹簧、吸气阀片、圆柱销、假盖弹簧），以备总装用。

2. 总装

活塞式制冷压缩机的总装配是以机体为基准零件进行的。其基本要求如下：

① 曲轴、连杆活塞、卸载装置、轴封、油管路等要求相互位置、前后关系正确，装配中应防止碰伤。

② 各部件装配前应用烃油、汽油等清洗干净，特别是油孔、螺纹孔等。组件、部件若已清洗过，应注意防止再沾上污垢。

③ 装配时，凡相互运动的零件，其表面应涂冷冻润滑油。各种垫片（油垫片除外）应预先浸油4～6min，以利于密封。

④ 旋紧螺栓螺母时，应对称均匀地用力。关键螺栓螺母要使用限力扳手紧固。

图7-8所示为8AS12.5型制冷压缩机装配工艺简图。装配中螺栓、螺母、垫片等的安装以及一些检验工序未在图中表示。其主要工序简介如下。

（1）机体组件装配

1）对机体攻平衡管螺孔，配缸口、油缸孔，然后用高压气体吹净铁屑。

2）将机体吊往清洗槽内清洗。

3）将清洗干净的机体吊置于支承架上，用高压气体吹干，机体内腔再用烃油或汽油清洗一次，除去残存的沉淀物和其他污物。

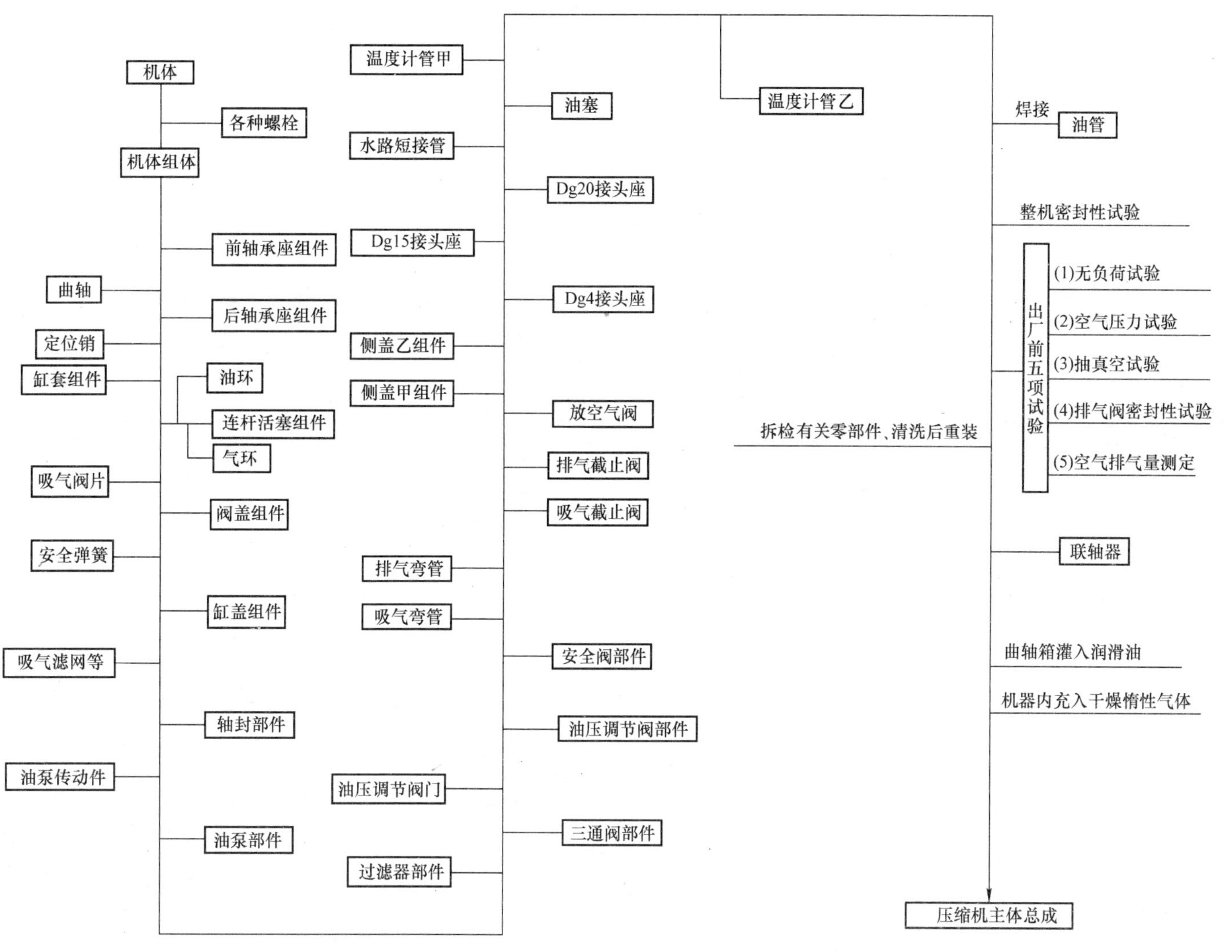

图 7-8 8AS12.5 型制冷压缩机装配工艺简图

4）拧上特种螺塞、缸盖联接螺栓（每缸有 2 只加长螺栓）、侧盖联接螺栓、前后轴承座联接螺栓、吸排气弯头联接螺栓、吸气滤网盖螺栓，卸载法兰联接螺栓、三通阀联接螺栓、安全阀联接螺栓等。

5）清洗并装吸气滤网、滤网弹簧、垫片和滤网盖，然后拧上螺母（也可在缸盖组件装配后完成）。

（2）装曲轴　在机体组件装配完前轴承座组件之后，装配曲轴。

1）修除曲轴各油孔飞边和其余部位毛刺。

2）用高压气吹净油孔里的铁屑污物。

3）用高压洗涤液清洗曲轴。

4）将曲轴吊置于支承架上，用高压气体吹干。

5）在前轴承孔内涂抹冷冻润滑油，然后将曲轴装入。装配时，在小头拧上一个螺栓，用钢管通过前轴承孔套在螺栓上，将曲轴慢慢抬入机体。抬入时，严防曲轴碰伤主轴承合金表面。

6）装后轴承座组件。

7）转动曲轴检查，应无卡阻现象；然后，将前、后轴承座螺母拧紧。

8）将曲轴推至一端，用塞尺测量曲轴与主轴承的轴向间隙，并作记录。

（3）装缸套组件　在装好卸载装置部件之后进行缸套组件装配。

1）清洗缸套组件。

2）在机体缸口上装调整垫片。

3）试装缸套组件。装配中应注意左、右转动环之分，并将其缺口对准拉杆的凸缘，推动拉杆检查其灵活性。

4）在缸口上放吸气阀片，转动缸套，使吸气阀片低于缸口密封面 0.1～0.2mm，然后用划针记下定位销位置，同时在机体缸孔边和缸套吸入孔间打上缸号。

5）取出缸套组件，钻定位销孔，装上定位销。

6）清除钻孔的铁屑，按缸号重新装上缸套组件，再检查顶杆灵活性。顶杆应能自如地被顶起或放下。

（4）连杆活塞组件装配　连杆活塞组件已装配活塞环，继续完成以下装配工作。

1）拆下连杆大头盖，清洗干净后分别装轴瓦，有孔的轴瓦装在连杆体一侧。

2）装连杆活塞组件。在缸套上安置活塞导进夹套，转动曲轴，使所装缸套对应的曲柄销转至低处并使轴线与缸套轴线同平面。使 3 个活塞环搭口互成 120°，分别在活塞、缸套和曲柄销上涂抹冷冻润滑油；用吊环吊起连杆活塞组件，手托连杆大头缓缓装入缸套，使连杆大头扣合在曲柄销表面，注意防止擦伤缸套镜面和曲柄销表面。

3）根据连杆号装上连杆大头盖，用限力扳手拧紧连杆螺栓，并穿上防松铁丝。

4）在活塞上打上与所装缸相同的缸号。

（5）装阀盖组件

1）清洗阀盖组件、吸气阀弹簧和吸气阀片。

2）测量余隙。

3）余隙合格后，在阀盖组件的外阀座上装上气阀弹簧。

4）在缸套上装上吸气阀片。

5）按缸号装上阀盖组件，并使气阀弹簧准确地压住吸气阀片。

（6）装缸盖组件

1）清洗缸盖组件及安全弹簧。

2）装气缸盖垫片。

3）装安全弹簧。

4）装缸盖。先拧紧长螺栓上的螺母，再拧紧其他螺母。

（7）轴封部件装配

1）在前轴承座上拧上螺栓。

2）装轴封盖垫片。

3）清洗轴封部件，在活动环与固定环摩擦端面上涂抹冷冻润滑油。

4）将轴封各零件依次套装在曲轴长端，然后装上轴封盖组件。

5）用力水平紧推轴封盖压迫弹簧收缩，然后拧上螺母。

（8）装油泵部件

1）在后轴承座上拧上螺栓。

2）装油泵垫片，使油孔位置与后轴承座油孔相吻合。

3）装油泵传动件于曲轴大头孔内。

4）装油泵部件，使油泵轴对准传动件的沟槽，油泵的出油孔对准轴承座的进油孔。

3. 检验

（1）密封性能试验　试验时，将1MPa的压缩空气从压缩机吸气截止阀通入压缩机后做沉水试验，水平面以淹没吸、排气截止阀法兰为宜，其连接部位及轴封处不漏气为合格。

在无水池的情况下，可以在压缩空气通入压缩机后，用肥皂水涂抹各连接部位及轴封处检验其密封性能。

（2）出厂检验　将密封性能合格的压缩机置于试验台上，装上带轮，联接电动机，找正固定，连接各仪表管路，在曲轴箱内注入冷冻机油到视油孔中心位置，轴封处滤油器注入适当润滑油，接通水管，插上温度计，做好试验准备。

1）无负荷试验。此项试验检查运动部件的装配质量、润滑系统情况和摩擦部位温升情况。试验时，打开冷却水阀门，使压缩机处于空载，起动电动机。观察油压表，应在30s内上升，否则，应停机检查。调节油压至0.15～0.25MPa表压，观察电流表，若电流过大应停机检查。转动油分配阀手柄，能量调节装置应当灵敏。然后空载运转2h，轴封处不应有油滴漏，轴封外表面温度应不超过30℃；油温不高于70℃，并对试验情况记录备查。

2）空压试验。打开吸、排气截止阀，能量调节装置上载，将排气压力调到0.25MPa表压，运行3h，排气温度应小于150℃，油温不超过70℃，轴封处不应有油滴漏，并对试验情况记录。

3）抽真空试验。关闭压缩机吸、排气阀，起动压缩机，应能将曲轴箱压力抽到真空度86.66kPa（650mmHg）以上。

4）排气阀密封性试验。将压缩机曲轴箱压力抽到真空度86.66kPa后停机，在排气总管中加压力为1MPa表压时，曲轴箱压力回升到表压0的时间不少于10min（四缸以下压缩机不少于15min）。

5）输气量测定。输气量测定采用节流装置法或气包法测试。测试条件为：吸气压力为大气压力，排气压力对氨压缩机为 0.4MPa 表压，对氟利昂压缩机为 0.3MPa 表压。测得的输气量与同类型第一台合格产品的输气量的偏差，应与标准制冷量允差一致。

气包法操作步骤如下：

① 将压缩机连接到充气试验设备上，如图 7-9 所示。打开压缩机吸、排气截止阀。

② 打开充气容器上的调节阀和放空阀 1，使容器内的初压等于大气压力。

③ 起动电动机，使压缩机运转。

④ 依次关闭放空阀 1 和放空阀 2，并调节调节阀，使缓冲器内的压力维持在规定的排气压力。

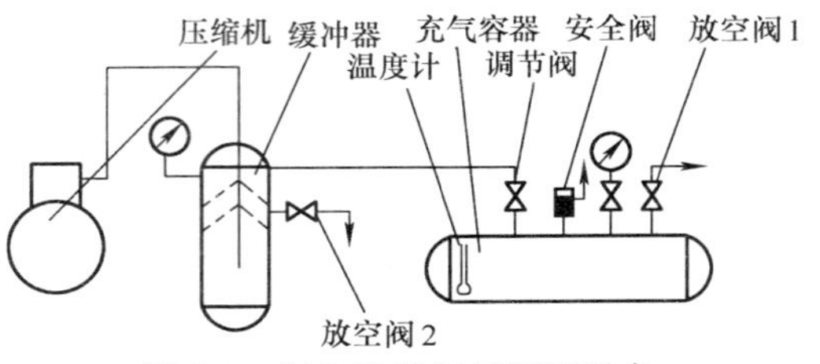

图 7-9 气包法输气量测试设备

⑤ 当充气容器内空气压力达到规定的排气压力时，关闭调节阀，开启放空阀 2。同时，记录调节阀从开启到关闭的时间。为了减小误差，空气充满容器的时间不应小于 30s。

要求试验连续进行，直至连续 4 次所测得的时间偏差不大于 5%为止。按有关公式计算输气量。

（3）制冷量测定　制冷压缩机新产品或设计结构有重大改变的定型产品均需进行型式试验。日常生产中，为了保证产品质量还必须进行抽查试验。压缩机制冷量测定是最主要的测试项目。

制冷量测量方法分为主要测量方法和辅助测量方法。

1）主要测量方法。

① 电量热器法：常用于 11.6kW 以下的开启式、半封闭式、封闭式压缩机。

② 液体载冷剂循环法：常用于 11.6～116.3kW 的开启式、半封闭式压缩机。

③ 制冷剂蒸气循环法：可用于 58.2kW 以上的开启式压缩机。

2）辅助测量方法。

① 制冷剂蒸气冷却法。

② 冷凝器热平衡法。

主要测量方法与辅助测量方法所测得制冷量偏差不应超过±3%。

（二）双门直冷式家用电冰箱的装配

家用电冰箱生产过程包括冰箱零、部件的生产加工和将这些零、部件组装成一个完整的电冰箱的过程。电冰箱生产流程如图 7-10 所示。由图 7-10 可见，电冰箱的生产包括零件加工、门体和箱体的拼装、电冰箱总装配和包装 4 部分。

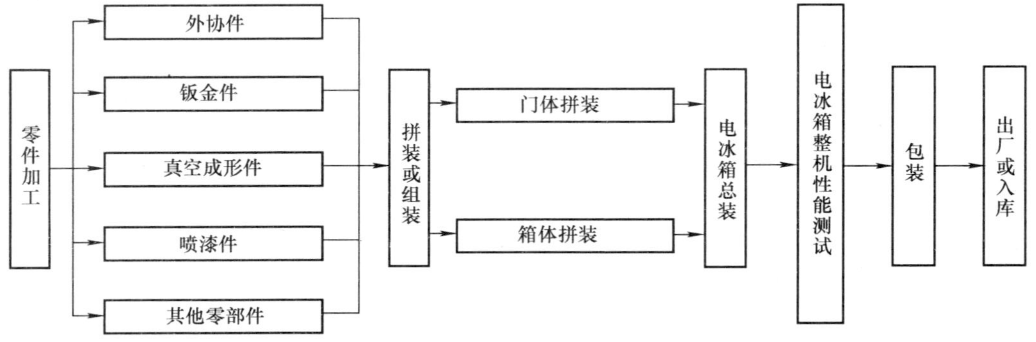

图 7-10 电冰箱生产流程

零件加工主要包括压缩机、蒸发器、冷凝器、后背板、斜板、箱内胆、门内胆、两侧板、大小门、上下连接片、顶板以及各种塑料件的生产加工。这些零件的加工可由外协配套厂商或外协配套厂商和冰箱生产企业共同完成。拼装、总装配和包装由冰箱生产企业独立完成。

1. 门体和箱体的拼装

目前，我国电冰箱的结构多为拼装式结构，需要对电冰箱的门体和箱体分别进行拼装后再进行总装配。电冰箱门体和箱体的拼装是将组成门体和箱体的各种零、部件装配成一体成为完整的门体和箱体的过程。电冰箱的箱门由门面板、门内胆、门衬板和磁性门封条组成。首先，采用0.6～1mm厚的冷轧钢板（近年来又开发出了各种彩板）经裁切、冲压、焊接成形、外表面磷化、涂漆或喷塑表面美化处理后成为门面板；用发泡机对门体进行注塑发泡，在门体内注入硬质聚氨酯泡沫塑料，使其达到隔热保温的目的。其次，在真空成型的门内胆上安装门封条。门封条一般为各种形式的单气室、多气室及带多层屏蔽翅片等结构，利用磁性胶条的磁性将门吸附在门框上，防止箱内外的热量交换。最后，将注塑门体与装好胶条的门内胆用螺钉紧密连接固定。组装时，要求注塑门体必须放置4h以后方可组装，以免因泡沫未熟化造成门体变形。

双门电冰箱箱体零、部件主要包括冷藏室蒸发器、冷凝器、防露管、箱体内胆、顶板、上顶边框、上前梁、左侧板、右侧板、后背板、下前梁、回气管、下底等（见图7-11）。箱体的拼装同样是先将各零、部件拼装成箱体后，再对箱体注塑发泡成型。箱体拼装发泡时，将冷凝器和温控器控制线预埋在箱体内部。电冰箱箱体拼装的主要工序如下：

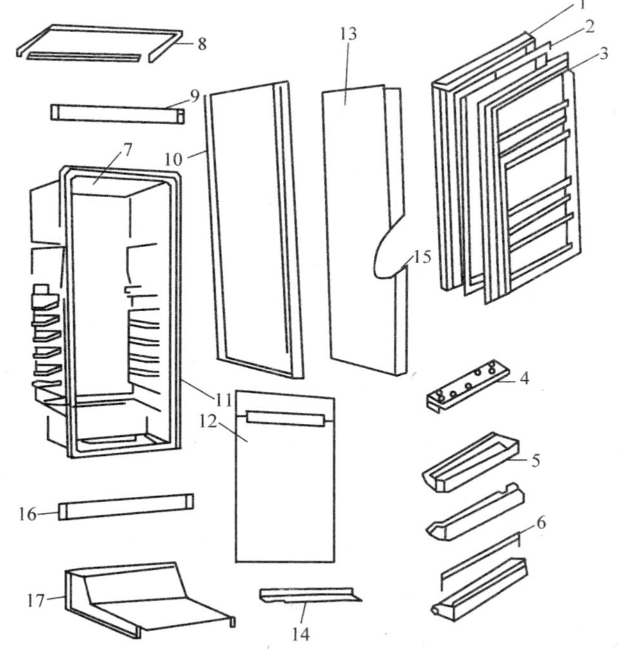

图7-11　电冰箱箱体组成

1—门外壳　2—门封条　3—内衬板
4—蛋架　5—瓶架　6—瓶栏杆　7—顶板
8—上顶边框　9—上前梁　10—右侧板
11—箱体内胆　12—后背板　13—左侧板
14—后梁　15—防露管　16—下前梁　17—下底

1）装冷藏室蒸发器、冷凝器、防露管、上前梁。

2）装箱内胆，连接内胆与冷藏室蒸发器。

3）装下前梁，装下底。

4）装回气管。

5）打压焊口，剪开毛细管。

6）施焊。

7）充氮气，卤素检漏。

8）装左、右侧板。

9）装后背板。

10）立箱，修箱。

11）装顶板。

2. 总装

总装配主要工序及要点如下：

1）备料。按照产品设计图样的明细表，将所需标准件、外协件、自制件（部件中大件也由生产部门直接转移到车间）从仓库中领料，并按实际生产需要量直接运送到班组或工位。

2）箱体摘挂。箱体是电冰箱的主要部件。一般为减少运输造成的废品率，在部件生产车间与总装车间中安装有专用的输送链。装配流水线的连接可采用人工摘挂，也可采用机械式摘挂，可采用专用挂具或通用挂具。也可用一条输送链同时输送箱体和门体两种部件。

3）箱体上线。可由人工或各种搬运机械将准备好的箱体运放在流水线始端。

4）钻孔。将箱体上需要用螺钉装配的孔用不同直径的钻头钻孔，以便于装配。

5）粘贴铭牌。电冰箱出厂铭牌及电路图一般手工粘在箱体背后的相应位置上。

6）装排水管、卡子。自动化霜式或半自动化霜式冰箱都设一排水管在冰箱背后，以便把化霜水导入蒸发器中，需要在装配线上用特制的排水管卡子固定。

7）装下底板。将下底板安装在箱体下部。

8）装前、后底角及调平螺钉。箱体下部与地面相接触的部分一般设有底角，用自攻螺钉加以固定。

9）翻箱。当背后及下部装配零件的工作完成以后，在准备装配箱体前面零件时将箱体翻转过来。

10）装上铰链、钻中铰链孔、钻下铰链孔。

11）装冷藏室门体。将冷藏室门体扣在箱体上，上部与上铰链连接。

12）装冷冻室门体。将冷冻室门体扣在箱体上，上部与中铰链连接。

13）装下铰链垫片。用风动扳手将下铰链固定。

14）立箱、加纸底。箱体前部的零、部件组装完毕后需将箱体立起，在箱体下部预先加好包装纸底，纸底兼有测试时绝缘的作用。

15）严门。由于门体存在制造公差，故需要调整门体与箱体的相对位置，以保证门封严合。

16）固定温控器。

17）装灯护罩。将照明灯外透光保护罩用螺钉固定。

18）装接水漏斗、接水槽。在蒸发器的下面应安装收集化霜水的漏斗和槽，用螺钉固定在箱内胆上。

19）装压缩机。将制冷压缩机放置在设备底板上，并加以固定。

20）拔堵。在压缩机和箱体上所有准备连接的管路端口均有密封用的橡胶堵，只有在准备进行管路连接前才拔掉，以防潮湿的空气及尘埃侵入。

21）打磨管口。用砂布将铜管管口表面的油污及氧化层打磨掉，以备焊接用。

22）毛细管剪截盘圈。毛细管管头在焊接前需将封头剪截掉，多余的毛细管应盘成圈并用铝扎带扎好。

23）过滤器除尘干燥。

24）管路钎焊连接。

25）试堵，检漏。在充灌制冷剂前充入高压氮气试堵，并用肥皂水检验。

26）装起动器、过载保护器。

27）装电源线。电源线在到达总装配线前已焊好焊片及连接卡子，依次与相应接头连接。

28）装压缩机保护罩。起动器及过载保护器外面有塑料防护罩，并用卡簧卡住。

29）装电源线卡子、地线螺钉。

30）抽真空。用专用抽真空设备对管路系统进行抽真空。

31）充灌制冷剂。用专用灌注机进行制冷剂的充注。

32）封管。用封口钳先将工艺管封死，再用气焊设备进行封焊。

33）试漏、整管。对封好的焊口进行试漏并整理管路。

34）通电试验。在专用插座上进行通电试验以保证电路系统连接正确。

3. 性能检测

总装后需对成品进行性能检测，检测不合格的产品应进行返修。性能检测工艺流程如下：

1）贴跟单。将特制的检验单贴在需要检测的成品上，以便检验员填写检验数据。

2）检漏。检验制冷剂在平衡状态下的泄漏情况。

3）高压击穿。用专用检测设备检验成品耐电压的情况。

4）接地电阻。用绝缘电阻表检验金属外露部分的接地电阻值。

5）泄漏电流。用专用检测仪器检查成品电流泄漏情况。

6）降温试验。将温度计放在指定位置，通电进行连续降温。

7）巡视修理。对运行中出现问题的成品进行应急修理。

8）检漏。用专用检测设备检验制冷剂在高压状态的泄漏情况。

9）测温。到达测试时间后检查降温情况。

10）降压起动。检查降低电压后制冷压缩机的起动情况。

11）查绝缘电阻。检验成品在热态下的绝缘情况。

12）性能抽验。成批生产时，按一定的比例进行性能指标的抽查检验。

4. 包装

电冰箱检测合格后需进行包装。包装工艺是产品出厂前的最后一道工序，包装工艺的优劣关系到制造厂能否将验收合格的产品安全、可靠地输送到用户手中。它主要包括内包装和外包装两大内容。内包装包括内部可移动部分的固定，内部易腐蚀件的防腐包装和处理内部随机文件的配备，关键部位的涂封措施。外包装包括防雨淋、防浸水、防潮湿的塑料袋，防运输磕碰的纸包装以及绑扎包装带。电冰箱包装工艺如下：

1）外观修理。更换有损伤的零件，对不符合要求的外观进行修补。

2）擦箱。用棉丝和洗净剂将产品内、外擦拭干净。

3）装附件。将所有内装的附件装进箱内各部位。

4）补漆。在干燥过滤器及压缩机的几个焊接部位涂刷黑色的调和漆以达到防腐蚀的目的。

5）出厂检验。出厂检验是成品出厂的最终检验关，根据单据上的各项检验指标进行验核，并对外观有无严重缺陷加以认定。全面检定后加盖合格章并挂上产品合格证，装进使用说明书、保修卡等。

6）外包装。从运输防护、防水、防潮、防振的角度对完整的产品加以外包装，扎上包装带，在明显部位打上出厂日期、产品等级等标志。

7）入库。将包装好的产品从车间运入成品库。

有必要指出，各厂家的产品结构设计不同，电冰箱总装配的工艺也不相同，工艺指标与工艺手段应视具体产品确定。

（三）家用空调器的装配与检测

家用空调器室内机的结构如图 7-12 所示，室外机结构如图 7-13 所示。

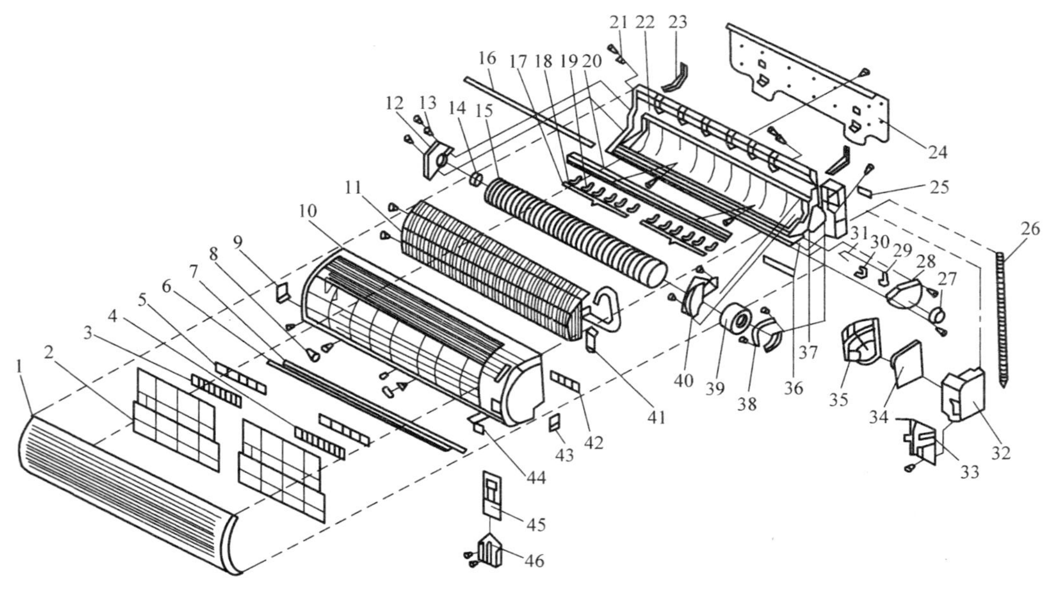

图 7-12　家用空调器室内机的结构

1—面板　2—滤尘网　3—空气清新网 A　4—空气清新网 B　5—滤清网盖　6—导风条（上）　7—导风条（下）　8—螺钉盖　9—出管盖板（左）　10—面框　11—蒸发器　12—蒸发器左支承　13—蒸发器左支承加强板　14—轴承座　15—贯流风扇　16—出风口衬条　17—连杆　18—百页 B　19—百页 A　20—出风框衬条　21—蒸发器紧固块　22—底盘　23—水道　24—室内机安装板　25—配管固定卡　26—出水喉　27—步进电动机　28—摇摆电动机安装架　29—摆杆 A　30—摆杆 B　31—摇摆连杆　32—电控盒　33—接线安装板　34—电路板安装座　35—电控盒盖　36—显示灯座　37—电动机右支承　38—电动机右支承盖　39—电动机　40—蒸发器右支承　41—蒸发器挡水板　42—显示灯镜　43—出管盖板（右）　44—接收窗片　45—摇控器　46—摇控器安装架

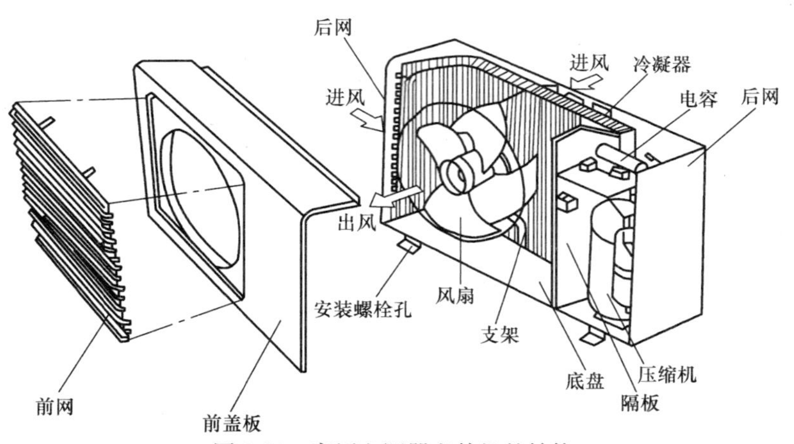

图 7-13　家用空调器室外机的结构

空调器装配的总体要求是：严格按照工艺技术人员设计的装配流程图和工序卡来操作，保证整个装配过程和装配操作规范、一致，减少人为因素对产品质量的影响；各零、部件的相互位置关系要适当，连接固定要用力恰当，卡扣到位，禁止野蛮装配；对装配后的零、部件要有必须的检查过程（包括自检和互检），对发现的问题及时报告并配合处理。

1. 装配工艺

（1）室外机装配线布置及主要工艺流程　室外机的装配线布置及主要工艺流程如下：

1）底盘上线。

2）压缩机装配。

3）压缩机接管装配及焊接。

4）隔板装配、装冷凝器。

5）装电动机支架及电动机、风扇。

6）冷凝器接管焊接。

7）抽真空。

8）充注制冷剂，封口。

9）检漏。

10）装室外电器。

11）运行检验。

12）装出风罩并贴商标。

13）包装入库。

生产线除了装配工具以外，还有基本的检验设备，如检漏仪、漏电及绝缘电阻检测仪等，以便对电绝缘安全性及运行参数进行检测。

（2）室内机装配线布置及主要工艺流程　室内机的装配线布置及主要工艺流程如下：

1）底盘上线。

2）装电动机、风扇。

3）装蒸发器。

4）装出风框、导风叶。

5）装室内电控盒及面框。

6）进行基本电控功能联机测试。

7）电绝缘安全测试。

8）包装入库。

应该指出，上述装配工艺流程在不同的企业有不同的安排顺序，同时，对于不同的产品结构，其装配工艺顺序也不相同。

2. 检测项目

对家用空调器进行装配检测，一是通过检测各种上总装线的零、部件（如电动机、电容、电控板等）的质量，以及大量的钣金件、塑料件、管路组件等结构件的尺寸精度、形状精度，保证生产装配的正常进行；二是为了检测装配线出产整机的质量，如包装、运输检验，整机噪声检验，制冷量、制热量检验，电控联机检验，最大运行、最小运行、凝露、长期运行、模拟环境检验等。其中大部分检验都须在焓差试验室中完成。表 7-3 是家用空调器部分检测项目及目的。

表 7-3 家用空调器部分检测项目及目的

检测项目	检测对象	检测目的
尺寸公差、配合、几何公差	钣金、塑料零部件及管路零件	尺寸是否符合要求、装配过程是否顺利，保证生产顺利进行
电器元件安全、使用寿命测试	电动机、电容	电器元件是否安全耐用
电控件不联机检测	电路板	电控功能是否符合要求、是否安全
生产过程检测	整机装配过程	保证零、部件在装配后符合基本的功能、安全要求
成品检测	入库后抽查样机	利用国家标准、行业标准、企业标准对可量化指标进行测定，判定成品是否合格

（四）中央空调系统机组的装配与检验

以水冷柜式空调机组的装配与检测为例，其主要流程为上线、装换热器→焊接→分装风机组件，安装风机→充氮气检漏→抽真空充制冷剂→接线→装钣金→测试→终检→入库。各主要流程结束后都需填写出厂检验记录表。其具体流程如下：

1）把底盘框架放置于流水线上，把底板放置于底盘框架上。

2）将压缩机固定板与底盘用扳手及风批套筒联接，用风批、套筒把底盘固定在底盘框架上。

3）垫压缩机垫脚，吊压缩机于底盘上，用螺母和加大平垫固定在压缩机底脚上。

4）吊装冷凝器并固定。

5）用风批、套筒及扳手将风机侧支承组件与底盘联接。

6）固定中间接水盘支承和中间接水盘。

7）安装换热器。

8）插接铜管，通氮气保护，根据管径选择氮气流量，点火，检查氧气、乙炔压力。

9）焊接干燥过滤器组件。

10）焊接压缩机排气管、回气管。

11）焊接压力开关毛细管组件。

12）焊接换热器与系统间管路。

13）分装风机组件和电动机，安装、调节带轮、传动带，将电动机用螺栓固定。

14）安装水平中间隔板、斜中间隔板。

15）吊置风机框架于风机侧支承组件上，用螺栓紧固。

16）安装侧中间隔板。

17）充氮气到规定压力值，用肥皂水检漏。

18）放气；用扎带捆扎毛细管。

19）抽真空到规定值，充制冷剂。

20）将电控箱安装到位，顺线。

21）压缩机接三相线及地线。

22）风机电动机接线，高、低压开关接线。

23）温度传感器接线。

24）把线用扎带扎整齐，将多余的扎带头剪掉。

25）用 PU 包裹毛细管。

26）固定左右大小侧板、后面板，顶板；固定前上面板。

27）连接水管，接上测试电源线。

28）安全测试：测试接地、绝缘、耐压、泄漏电流是否符合标准要求。

29）连接控制盒，运行测试：测试制冷工况，观测水流量、压力、电流。

30）拆除电源线，拆卸水管。

31）固定电控箱面板，固定前下板。

32）清洁，贴标签，套塑料袋，贴外标签。

33）搬运，入库。

五、自我评估

1. 什么是零件、套件、组件和部件？什么是机械的总装？

2. 装配工作的主要内容包括哪些？

3. 装配精度一般包括哪些内容？装配精度的决定因素有哪些？试举例说明。

4. 装配尺寸链是如何构成的？装配尺寸链封闭环是如何确定的？它与工艺尺寸链的封闭环有何区别？

5. 保证机器或部件装配精度的方法有哪几种？如何选择装配方法？

6. 选配法应用于什么场合？在什么情况下可采用分组互换法？

7. 在什么场合下采用修配法进行装配比较合适？为保证此法获得装配精度，如何选取修配环？

8. 举例说明各种生产类型下装配工作的特点。

9. 什么是装配工艺规程？制订装配工艺规程的原则及原始资料有哪些？

10. 简述制订装配工艺规程的步骤及其内容。

11. 减速机中某轴上零件的尺寸为 $A_1=40$mm、$A_2=36$mm、$A_3=4$mm，要求装配后齿轮轴向间隙 $A_0=0^{+0.25}_{+0.10}$mm，其结构如图 7-14 所示。试用极值法确定 A_1、A_2、A_3 的公差及其分布位置。

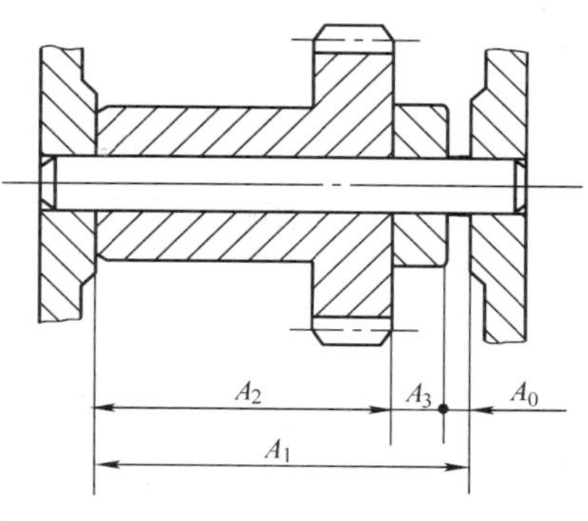

图 7-14　题 11 图

12. 图 7-15 为键与键槽装配示意图。键宽 20mm，要求保证间隙为 0.05～0.15mm。

1）当大批量生产时，采用完全互换法装配，试求各环的上、下偏差。

2）当单件、小批生产时，采用修配法装配，试确定修配环，并求各环的上、下偏差，确定最小修配量。

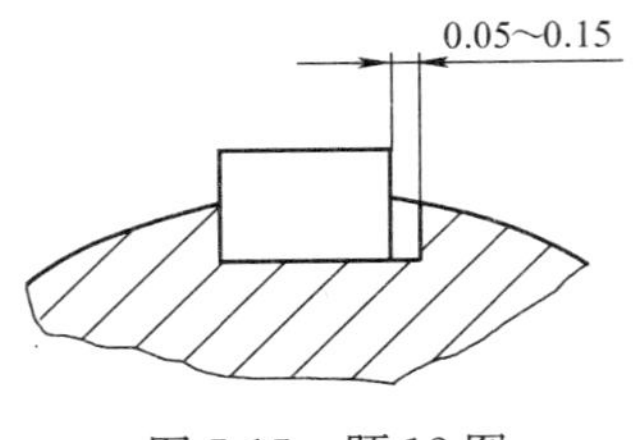

图 7-15　题 12 图

13. 图 7-16a 所示为轴承套，图 7-16b 所示为滑动轴承，图 7-16c 为两者的装配图。组装后，滑动轴承外端面与轴承套内端面要保证尺寸为$87_{-0.3}^{-0.1}$mm，但按零件上标出的尺寸$5.5_{-0.16}^{0}$mm 及$81.5_{-0.35}^{-0.20}$mm 装配，结果尺寸为$87_{+0.51}^{+0.20}$mm，不能满足装配要求。若该组件为成批生产，试确定满足装配技术要求的合理装配工艺方法。

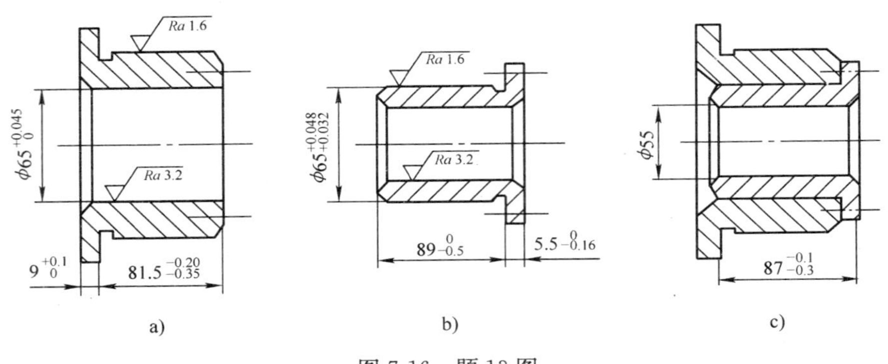

图 7-16　题 13 图

参 考 文 献

[1] 程熙．热能与动力机械制造工艺学 [M]．北京：机械工业出版社，2000.
[2] 倪森寿．机械制造工艺与装备 [M]．北京：化学工业出版社，2002.
[3] 王贵成．机械制造学 [M]．北京：机械工业出版社，2001.
[4] 费从荣，尹显明．机械制造工程训练教程 [M]．成都：西南交通大学出版社，2006.
[5] 何七荣．机械制造工艺与工装 [M]．北京：高等教育出版社，2003.
[6] 高国平．机械制造技术实训教程 [M]．上海：上海交通大学出版社，2001.
[7] 朱焕池．机械制造工艺学 [M]．北京：机械工业出版社，1999.
[8] 中国机械工业教育协会．机械制造基础 [M]．北京：机械工业出版社，2001.
[9] 栾敏．机械制造技术基础 [M]．北京：北京大学出版社，2009.
[10] 许晓静．机械制造基础 [M]．北京：化学工业出版社，2004.
[11] 李玉春．制冷装置制造工艺 [M]．北京：人民邮电出版社，2003.
[12] 孙见君．制冷技术 [M]．北京：化学工业出版社，2007.
[13] 魏龙．热工与流体力学基础 [M]．北京：化学工业出版社，2006.
[14] 赵玉奇．机械制造基础与实训 [M]．北京：机械工业出版社，2003.
[15] 张兴华．制造技术实习 [M]．北京：北京航空航天大学出版社，2005.
[16] 宋昭祥．现代制造工程技术实践 [M]．2 版．北京：机械工业学出版社，2008.
[17] 康俊远．冲压成型技术 [M]．北京：北京理工大学出版社，2008.
[18] 申小中．空调技术 [M]．北京：化学工业出版社，2006.
[19] 林钢．小型制冷装置 [M]．北京：机械工业出版社，2003.
[20] 冯爱新．塑料成型技术 [M]．北京：化学工业出版社，2004.
[21] 王加龙．塑料注射成型 [M]．北京：印刷工业出版社，2009.
[22] 刘瑞霞．塑料挤出成型 [M]．北京：化学工业出版社，2006.
[23] 王彩霞．机械制造技术 [M]．北京：国防工业出版社，2010.